S7-1200 PLC 应用技术项目式教程

主　编　戴花林

副主编　殷　欢

参　编　胡　阳　刘燕华　罗大海

北京理工大学出版社

BEIJING INSTITUTE OF TECHNOLOGY PRESS

内 容 简 介

本书介绍了西门子 S7－1200 PLC 的基本知识及其编程与应用。通过大量微课视频、案例和练习，通俗易懂地介绍了 S7－1200 PLC 的基本指令、功能指令、HMI、函数块与组织块、运动控制、模拟量、网络通信的编程与使用，同时融入了“1+X”证书及职业技能竞赛相关内容。

本书基于工学结合的指导思想，以模块化教学的方式实现理论知识与技能训练相结合，以任务驱动法的编写方式导入教学内容，前一半篇幅案例浅显易懂，后一半篇幅应用了大量工程实例，这样由浅入深地设计旨在使读者通过本书的学习，能尽快掌握 S7－1200 PLC 技术及其应用技能。

本书可作为高等院校高职院校机电一体化、电气自动化等相关专业的课程教材，也可以作为工程技术人员自学或参考用书。

本书配有微课视频，扫描课本内二维码即可观看。

图书在版编目（CIP）数据

S7-1200 PLC 应用技术项目式教程 / 戴花林主编．—北京：北京理工大学出版社，2022.6

ISBN 978-7-5763-1396-3

Ⅰ.①S…　Ⅱ.①戴…　Ⅲ.①PLC 技术-教材　Ⅳ.①TM571.6

中国版本图书馆 CIP 数据核字（2022）第 102745 号

出版发行 / 北京理工大学出版社有限责任公司
社　　址 / 北京市海淀区中关村南大街 5 号
邮　　编 / 100081
电　　话 / （010）68914775（总编室）
（010）82562903（教材售后服务热线）
（010）68944723（其他图书服务热线）
网　　址 / http：//www.bitpress.com.cn
经　　销 / 全国各地新华书店
印　　刷 / 北京广达印刷有限公司
开　　本 / 787 毫米×1092 毫米　1/16
印　　张 / 18
字　　数 / 412 千字
版　　次 / 2022 年 6 月第 1 版　2022 年 6 月第 1 次印刷
定　　价 / 86.00 元

责任编辑 / 张鑫星
文案编辑 / 张鑫星
责任校对 / 周瑞红
责任印制 / 李志强

前　　言

可编程控制器（简称 PLC）是先进控制领域不可或缺的设备之一。它是以计算机技术为核心，将微型计算机技术、自动化技术及通信技术融为一体的一种工业自动化的控制装置。它常常和传感器、触摸屏、变频器等设备配合使用，构成功能齐全、操作简单的自动控制系统，具有编程简单、使用方便、配置灵活、易于扩展、可靠性高、控制能力强等优点。许多本科、高职院校以及中职、技工学校已将 PLC 技术作为一门重要的专业课程。

西门子 S7 系列 PLC 在我国市场占有较高的份额，广泛应用于工业生产控制中。S7－1200 PLC 是西门子公司推出的面向离散自动化系统和独立自动化系统的一款小型可编程控制器，代表了新一代 PLC 的发展方向，它采用模块化设计并集成了以太网接口和很强的工艺功能，适用于多种应用现场，可满足不同的自动化需求。

为使学生或具有一定电气控制基础的工程技术人员较快熟悉并掌握 S7－1200 PLC 的编程与应用技能，本书组建了优秀的编者团队，编者团队中包括有多年工程经验及自动化相关专业教学经验的教师、技能竞赛经验丰富的教师、企业工程人员。

本书基于工学结合的指导思想，以模块化教学的方式实现理论知识与技能训练相结合，以任务驱动法的编写方式导入教学内容，使教材内容更加符合学生的认知规律，由浅入深地激发学生的学习兴趣。教材编写模式上力求突出模块化特点，每个任务都有明确的学习目标，并针对各个教学“任务目标”“任务描述”展开相关“基本知识”的介绍及“任务实施”，还设置了相应的“任务拓展”以及“思考与练习”，以便学生巩固基础知识与技能。在内容的表达方式上，本教材力求图文并茂，尽可能以图片或者表格形式将各知识点展示出来，并配有微课视频，从而提高教材的可读性。同时，本书在编撰过程中融入了 1+X“可编程序控制系统集成与应用”职业技能等级证书及全国职业院校技能大赛“工业机器人技术应用”赛项的相关内容。

本书共有八个项目，较为全面地介绍了 S7－1200 PLC 技术及其应用。

项目一　初识西门子 S7－1200 PLC 包含 2 个任务，介绍了 S7－1200 的硬件认知及 TIA 博途软件的初步使用。

项目二　电机控制系统的 PLC 应用程序设计包含 4 个任务，介绍了位逻辑指令、定时器指令、计数器指令等的应用及程序监控调试的方法。

项目三　霓虹灯控制系统的 PLC 控制包含 3 个任务，介绍了移动指令、比较指令、移位和循环移位指令、程序控制、数学函数指令等的用法。

项目四　基于结构化编程的电动机和灯光系统 PLC 控制包含 4 个任务，介绍了 S7－1200 用户程序的基本结构，FC、FB、DB 和 OB 的用法。

项目五　HMI 的组态及其应用包含 2 个任务，介绍了 S7－1200 PLC 间接寻址的用法、

SIMATIC 精简系列面板 KTP－700 Basic 的基本使用到高阶使用及初步 SCL 编程。

项目六　运动控制系统包含 2 个任务，介绍了 S7－1200 PLC 运动控制的三种方式、运动控制指令的应用、高速计数器的组态方法、增量式编码器的工作原理以及 G120 变频器的基本工作原理与使用。

项目七　模拟量的编程及应用包含 1 个任务，介绍了模拟量在 PLC 内的转化机制、线性缩放指令的使用、模拟量的常规处理算法及较为复杂的 SCL 程序编写。

项目八　S7－1200 PLC 的以太网通信包含 2 个任务，介绍了 S7－1200 PLC 开放式用户通信方式以及 Modbus TCP 通信方式。

本书由戴花林担任主编，殷欢担任副主编，胡阳、刘燕华、罗大海参编。其中，戴花林负责项目四、项目八的编写工作，殷欢负责项目二任务 2.4、项目三以及项目五任务 5.1 的编写工作，胡阳负责项目五任务 5.2、项目六以及项目七的编写工作，刘燕华负责项目一、项目二任务 2.1~任务 2.3 的编写工作，罗大海参与了微课视频的录制，戴花林负责全书的组织编写、统稿和审稿工作。

因编者水平有限，书中难免存在错误和不足之处，敬请广大读者批评指正。

编　者

目　录

项目一 初识西门子 S7-1200 PLC

任务 1.1 S7-1200 硬件的认知

任务目标

1. 了解 S7-1200 的硬件组成和输入输出接口。
2. 熟悉 S7-1200 的接线方法。
3. 掌握 S7-1200 各模块的安装与拆卸。

任务描述

某公司要设计一个 PLC 控制的恒压供水系统，要进行 PLC 设备采购，如果你作为工程技术人员，要去采购 PLC，必须要清楚 PLC 的型号、CPU 性能、I/O 点数量、扩展模块的型号、参数、价格等。本任务从 S7-1200 PLC 的硬件组成及性能入手，分析 S7-1200 PLC 的原理、结构及性能特点，并进行硬件的安装与拆卸，为完成后续各项任务打下基础。

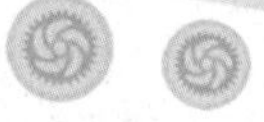

基本知识

1.1.1 硬件组成

S7-1200 PLC 的硬件认知

S7-1200 是 SIMATIC S7-1200 的简称，是西门子公司新一代的模块化小型 PLC，设计紧凑、功能强大、性价比高，具有非常强的扩展性，可用于控制各种各样的设备，以满足用户的自动化需求。同时 S7-1200 PLC 具有功能强大的指令集，可完成简单逻辑控制、高级逻辑控制、HMI 和网络通信等任务，这些特点的组合使它成为控制各种应用的完美解决方案。

为了解决上述任务，我们选用西门子模块化的小型 S7-1200 PLC，如图 1.1.1 所示。S7-1200 PLC 主要由 CPU 模块（简称为 CPU）、信号板、信号模块、通信模块和编程软件组成。系统扩展非常方便，用户可根据自身需求确定 PLC 的模块组成，同时该 PLC 具有集成的 PROFINET 接口，为实现各种设备之间的通信提供了解决方案。

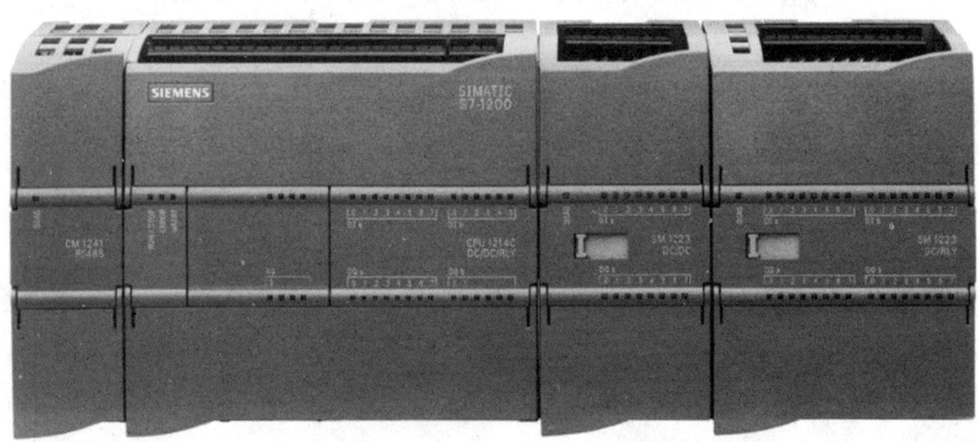

图 1.1.1 S7-1200 PLC

1. CPU 模块

1）CPU 模块组成

目前 S7-1200 主要有 8 种型号 CPU 模块，CPU 1211C、CPU 1212C、CPU 1214C、CPU 1215C、CPU 1217C、CPU 1212FC、CPU 1214FC、CPU 1215FC，如图 1.1.2 所示。

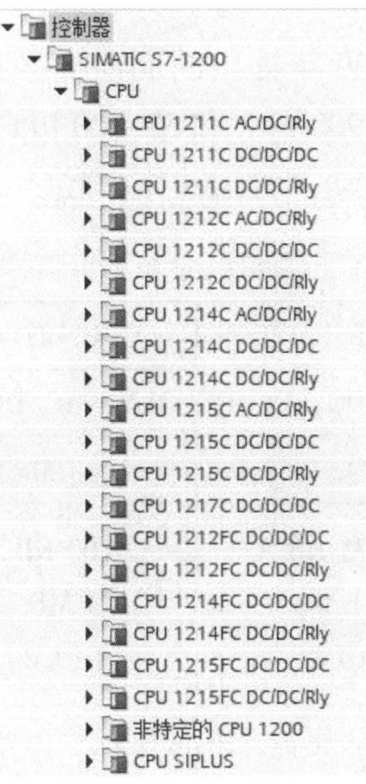

图 1.1.2　CPU 模块类型

S7-1200 PLC 的 CPU 模块（见图 1.1.3），主要由微处理器（CPU 芯片）和存储器组成，微处理器相当于人的大脑和心脏，它不断地采集输入信号，执行用户程序，刷新系统的输出，并用存储器来存储程序和数据。同时 S7-1200 PLC 集成的 PROFINET 接口用于与编程计算机、HMI（人机界面）、其他 PLC 或设备通信。此外它还可以通过开放的以太网协议与第三方设备通信。

图 1.1.3　CPU 模块

2）CPU 的技术性能指标

S7-1200 PLC 是西门子公司 2009 年推出的面向离散自动化系统和独立自动化系统的紧凑型自动化产品，定位在原有的 S7-200 PLC 和 S7-300 PLC 产品之间。表 1.1.1 所示为 S7-1200 PLC 系列 CPU 的性能指标。

表 1.1.1　S7-1200 PLC 系列 CPU 的性能指标

型号	CPU 1211C	CPU 1212C	CPU 1214C	CPU 1215C	CPU 1217C
3 种 CPU	DC/DC/DC，DC/DC/RLY，AC/DC/RLY				DC/DC/DC
物理尺寸/mm	90×100×75		110×100×75	130×100×75	150×100×75
工作存储器 装载存储器 保持性存储器	50 KB 1 MB 10 KB	75 KB 1 MB 10 KB	100 KB 4 MB 10 KB	125 KB 4 MB 10 KB	150 KB 4 MB 10 KB
集成数字量 I/O 集成模拟量 I/O	6 路输入/4 路输出 2 路输入	8 路输入/6 路输出 2 路输入	14 路输入/10 路输出 2 路输入	14 路输入/10 路输出 2 路输入/2 路输出	
过程映象存储器	1 024 B（输入）和 1 024 B（输出）				
位存储器（M）	4 096 B		8 192 B		
信号板	1				
信号模块扩展	无	2（右侧扩展）	8（右侧扩展）		
通信模块	3（左侧扩展）				
最大本地 I/O-数字量	14	82	284		
最大本地 I/O-模拟量	3	19	67	69	
存储卡	SIMATIC 存储卡（选件）				
实数时间保存	通常为 20 天，40℃时最少 12 天				
PROFINET	1 个以太网通信接口			2 个以太网通信接口	
实数数学运算执行速度	2.3 μs/指令				
布尔运算执行速度	0.08 μs/指令				

CPU 1211C、CPU 1212C、CPU 1214C、CPU 1215C 四款 CPU 按电源电压、输入回路电压、输出回路电压分类，可分成 3 种版本，如表 1.1.2 所示。其中 DC 表示直流、AC 表示交流、RLY（Relay）表示继电器。

表 1.1.2　S7-1200 CPU 的 3 种版本

版本	电源电压	DI 输入电压	DO 输出电压	DO 输出电流
DC/DC/DC	DC 24 V	DC 24 V	DC 24 V	0.5 A MOSFET
DC/DC/RLY	DC 24 V	DC 24 V	DC 5~30 V，AC 5~250 V	2 A，DC 30 W/AC 200 W
AC/DC/RLY	AC 85~264 V	DC 24 V	DC 5~30 V，AC 5~250 V	2 A，DC 30 W/AC 200 W

2. 信号板与信号模块

S7-1200 提供多种 I/O 信号板和信号模块，可以扩展 CPU 模拟量和数字量的点数，提高 CPU 的能力。S7-1200 CPU 最多可连接 1 个信号板和 8 个信号模块。各种 CPU 其具体的扩展数量如表 1.1.1 所示。

1）信号板

信号板（见图 1.1.4）可以增加少量的 I/O 点数，安装在 CPU 模块的正面，既不增加硬件的安装空间，又很方便更换，信号板的安装如图 1.1.5 所示。

图 1.1.4　信号板

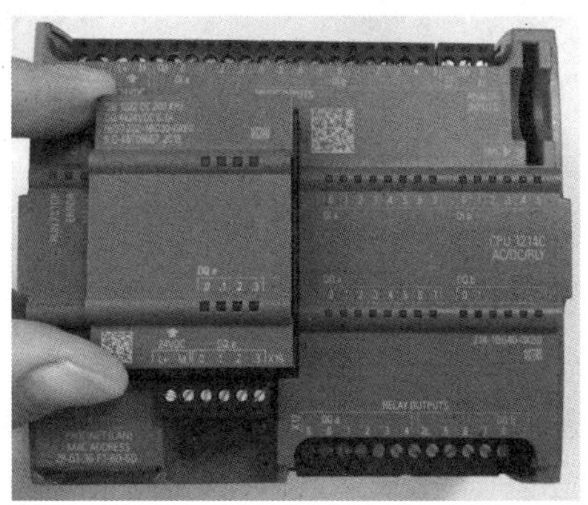

图 1.1.5　信号板的安装

目前市场上信号板主要包括数字量输入、数字量输出、数字量输入/输出、模拟量输入和模拟量输出等类型，如表 1.1.3 所示。

表 1.1.3　S7-1200 PLC 的信号板

SB 1221 DC 数字量输入	SB 1222 DC 数字量输出	SB 1223 DC 数字量输入/输出	SB 1231 DC 模拟量输入	SB 1232 DC 模拟量输出
DI 4×24 V DC	DQ 4×24 V DC	DI 4×24 V DC/ DQ 4×24 V DC	AI　1×12 bit 2.5V、5V、10V、 0~20 mA	AQ　1×12 bit ±10 V/0~20 mA
DI 4×5 V DC	DQ 4×5 V DC	DI 4×24 V DC/ DQ 4×24 V DC	AI　1×RTD	
			AI　1×TC	

2）信号模块

信号模块（见图 1.1.6）安装在 CPU 模块的右侧，相比信号板可以扩展更多的 I/O 点数。信号模块包括数字量输入模块、数字量输出模块、数字量输入/输出模块、模拟量输入模块和模拟量输出模块等，信号模块的安装如图 1.1.7 所示，信号模块如表 1.1.4 所示。

各信号模块还提供了指示模块状态的诊断指示灯，其中，绿色指示模块处于运行状态，红色指示模块有故障或处于非运行状态。同时还提供了各路数字量或模拟量的 I/O 状态指示灯，绿色灯点亮指示通道已组态且处于激活状态，红色灯指示通道处于错误状态，不亮灯表明没有输入与输出。

图 1.1.6　信号模块

图 1.1.7　信号模块的安装

表 1.1.4　S7-1200 PLC 的信号模块

型号	型号
SM 1221，8 输入 DC 24 V	SM 1222，8 继电器切换输出，2 A
SM 1221，16 输入 DC 24 V	SM 1223，8 输入 DC 24 V/8 继电器输出，2 A
SM 1222，8 继电器输出，2 A	SM 1223，8 输入 DC 24 V/16 继电器输出，2 A
SM 1222，16 继电器输出，2 A	SM 1223，8 输入 DC 24 V/8 输出 DC 24 V，0.5 A
SM 1222，8 输出 DC 24 V，0.5 A	SM 1223，8 输入 DC 24 V/16 输出 DC 24 V 漏型，0.5 A
SM 1222，16 输出 DC 24 V 漏型，0.5 A	SM 1223，8 输入 AC 230 V/8 继电器输出，2 A

信号板与信号模块是 PLC 的眼、耳、手、脚，是联系外部现场设备的桥梁。输入模块用来采集输入信号，其中：数字量输入模块是用来接收从按钮、选择开关、限位开关、压力继电器等传来数字量输入信号；模拟量输入模块用来接收电位器、测速发电机和各种变送器等提供的连续变化的模拟量电流、电压信号，或者直接接收热电阻、热电偶等提供的温度信号。数字量输出模块用来控制接触器、电磁阀、电磁铁、指示灯、数字显示装置和报警装置等输出设备；模拟量输出模块用来控制电动调节阀、变频器等执行器。PLC 检测与控制对象的示意图如图 1.1.8 所示。

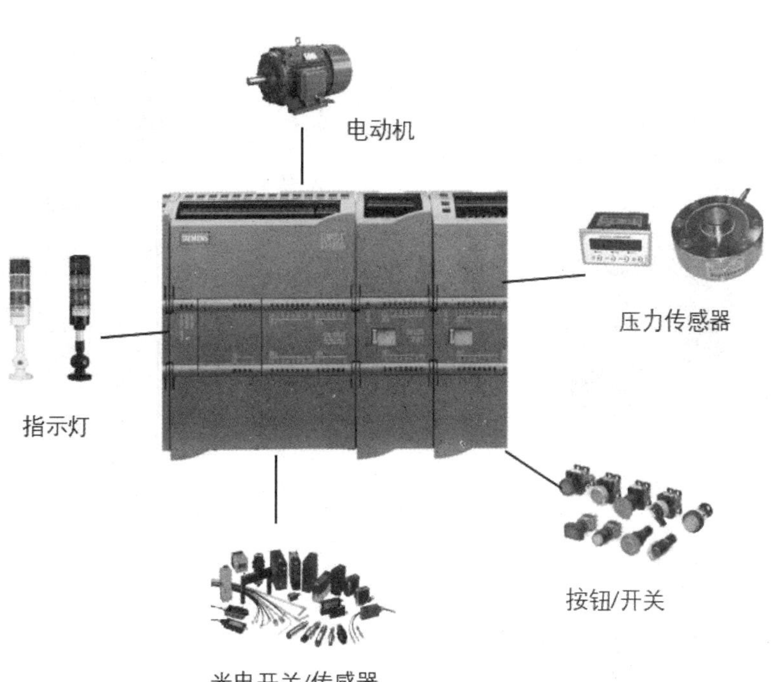

图 1.1.8　PLC 检测与控制对象的示意图

3. 集成的通信接口和通信模块

S7-1200 具有非常强大的通信功能，最多可扩展 3 个通信模块和 1 个通信板，可提供下列通信选项：I-Device（智能设备）、PROFINET、PROFIBUS、远距离控制通信、点对点（PtP）通信、USS 通信等。

1）集成的 PROFINET 接口

实时工业以太网是现场总线发展趋势，已占据半壁江山。PROFINET 是基于工业以太网的现场总线，是开放式的工业以太网标准，它使工业以太网的应用扩展到控制网络的最底层的现场设备。集成的 PROFINET 接口可与计算机的编程软件 STEP 7、其他 S7 PLC 以及 SIMATIC HMI 精简系列面板通信。此外它还通过开放的以太网通信协议 TCP/IP 和 ISO-on-TCP 支持与第三方设备的通信。该接口的 RJ45 连接器具有自动交叉网线功能，数据传输速率为 10 Mbit/s 或 100 Mbit/s，支持最多 16 个以太网连接。该接口能实现快速、简单、灵活的工业通信。

2）通信板和通信模块

S7-1200 常用的通信板和通信模块有：CB1241 RS485（见图 1.1.9）、CM1241 RS232 和 CM1241 RS485（见图 1.1.10），通信板同信号板一样安装在 CPU 的正上方，通信模块安装在 CPU 模块的左边。

RS485 和 RS232 通信模块为点对点（PtP）的串行通信提供连接。STEP 7 工程组态系统提供了扩展指令或库功能、USS 驱动协议、Modbus RTU 主站协议和 Modbus RTU 从站协议，用于串行通信的组态和编程。

图 1.1.9　通信板

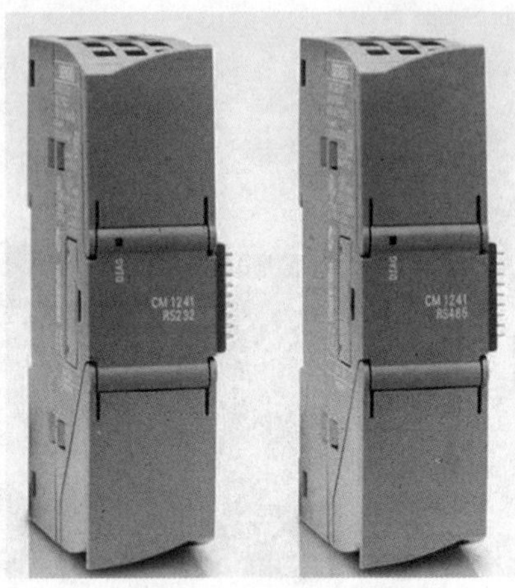

图 1.1.10　通信模块

1.1.2　输入输出接口

CPU 的输入输出接口如图 1.1.11 所示，有以下 6 种：

(1) 电源接口：用于向 CPU 模块供电的接口，有直流和交流两种接线供电方式。

(2) 存储卡插槽：位于保护盖下面，用于安装 SIMATIC 存储卡。

(3) 接线连接器：也称接线端子，包括输入和输出接线端子，位于保护盖下面，可拆卸，更换 CPU 模块时不需要重新接线，便于 CPU 模块的安装与维护。

(4) 集成以太网接口（PROFINET 接口）：采用 RJ45 连接器，位于 CPU 的底部，用于程序的下载、设备组网，这使得程序的下载更加快捷方便，节省了购买专用通信电缆的费用。

(5) 板载 I/O 的状态指示灯：通过板载 I/O 的状态指示灯（绿色）的点亮和熄灭，指示各输入或输出的有无。

(6) 运行状态指示灯：包括 STOP/RUN 指示灯、ERROR 指示灯、MAINT 指示灯，用于提供 CPU 模块的运行状态信息。

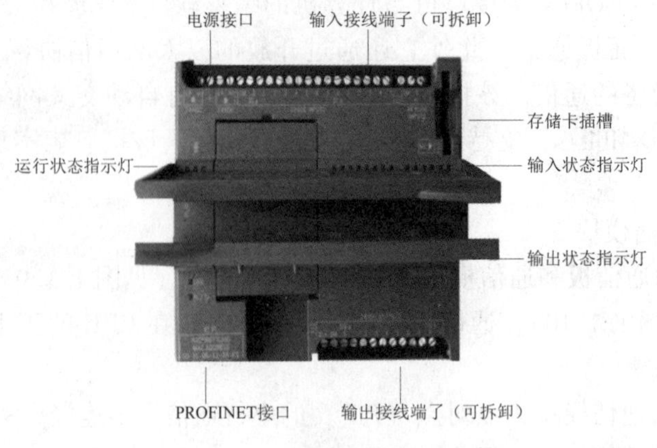

图 1.1.11　CPU 的输入输出接口

1.1.3　S7-1200 的接线方法

CPU 1214C AC/DC/Relay 的外部接线图如图 1.1.12 所示，其电源电压为 AC 220 V，输出回路为继电器输出。输入回路一般使用图中标有①的 CPU 内置的 DC 24 V 传感器电源，漏型输入时需要去除图中标有②的外接 DC 电源，将输入回路的 1M 端子与 DC 24 V 传感器电源的 M 端子连接起来，将内置的 DC 24 V 电源的 L+端子接到外接触点的公共端。源型输入时将 DC 24 V 传感器电源的 L+端子连接到 1M 端子。

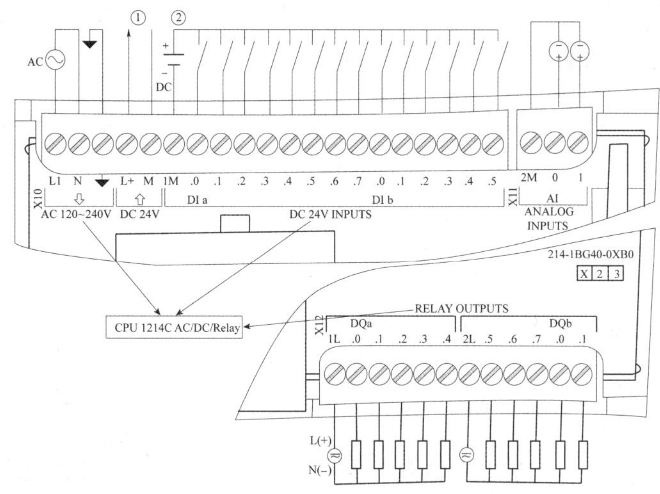

图 1.1.12　CPU 1214C AC/DC/RLY 的外部接线图

CPU 1214C DC/DC/DC 的外部接线图如图 1.1.13 所示，其电源电压、输入回路电压和输出回路电压均为 DC 24 V，输入回路电源也可以使用 CPU 内置的 DV 24 V 电源。

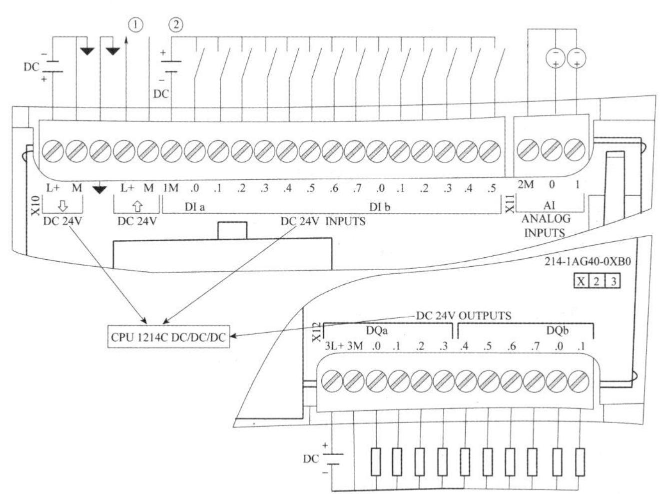

图 1.1.13　CPU 1214C DC/DC/DC 的外部接线图

任务实施

本节主要讲述 S7-1200 PLC 硬件的安装与拆卸，包括 CPU、接线端子、信号板、信号

模块和通信模块的安装与拆卸。

S7-1200 PLC 尺寸较小，易于安装，可以有效地利用空间。安装时应注意以下几点：

（1）可以将 S7-1200 PLC 水平或垂直安装在面板或标准导轨上。

（2）S7-1200 PLC 采用自然冷却方式，因此要确保其安装位置的上、下部分与邻近的设备之间至少留出 25 mm 的空间，并且 S7-1200 PLC 与控制柜外壳之间的距离至少为25 mm（安装深度）。

（3）当采用垂直安装方式时，其允许的最大环境温度要比水平安装方式降低 10℃，此时要确保 CPU 被安装在最下面。

1. CPU 的安装与拆卸

CPU 的下方自带导轨卡夹，通过导轨卡夹可以将 CPU 牢靠地安装到标准 DIN 导轨或面板上。CPU 安装示意图如图 1.1.14 所示，安装步骤如下：

（1）安装 DIN 导轨时要将导轨按照每隔 75 mm 的距离分别固定到安装板上；

（2）拉出 CPU 下方的导轨卡夹，将 CPU 安装到 DIN 导轨上方；

（3）转动 CPU 使其在导轨上就位；

（4）推入卡夹将 CPU 固定到导轨上。

图 1.1.14　CPU 安装示意图

拆卸 CPU 的步骤如下：

（1）先断开 CPU 的电源；

（2）拆除与 CPU 相连的 I/O 连接器、电缆或接线；

（3）将与 CPU 相连的信号模块或通信模块分离；

（4）拉出 CPU 下方的导轨卡夹，从导轨上松开 CPU；

（5）向上转动 CPU 使其脱离导轨，从而卸下 CPU。

2. 安装与拆卸接线端子

安装接线端子，首先要断开 CPU 的电源，安装接线端子示意图如图 1.1.15（a）所示，其具体步骤如下：

（1）打开连接器上方的盖子，准备好要安装的接线端子；

（2）使连接器的插孔、内外侧的卡口与单元上的位置对齐；

（3）转动连接器并用力按下，直到卡入到位；

（4）仔细检查，以确保连接器已正确对齐并完全啮合。

拆卸 S7-1200 PLC 接线端子，首先要断开 CPU 的电源，拆卸接线端子示意图如图 1.1.15（b）所示，其具体步骤如下：

（1）打开连接器上方的盖子；

（2）查看连接器的顶部并找到可插入螺丝刀的槽，并插入槽中；

（3）向上轻轻撬起连接器顶部，使连接器从夹紧位置脱开；

（4）抓住连接器并将其从 CPU 上卸下。

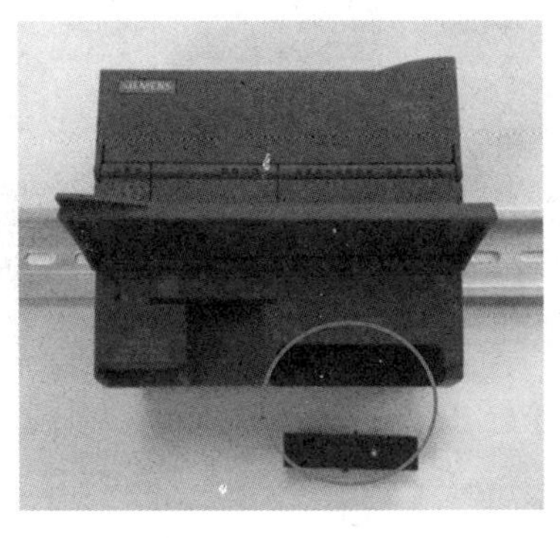

（a）

（b）

图 1.1.15　安装与拆卸接线端子示意图

（a）安装接线端子；（b）拆卸接线端子

3. 安装与拆卸信号板

在拆卸信号板（SB）之前，首先要断开 CPU 的电源，拆卸信号板示意图如图 1.1.16 所示，其具体步骤如下：

（1）打开连接器上方的盖子；

（2）查看信号板的顶部并找到可插入螺丝刀的槽，并插入槽中；

（3）向上轻轻撬起信号板，使信号板从夹紧位置脱开；

（4）抓住信号板并将其从 CPU 上卸下；

（5）重新装上两个连接器的盖子。

图 1.1.16　拆卸信号板示意图

在安装信号板之前，也要断开 CPU 的电源，安装信号板示意图如图 1.1.17 所示，其具体步骤如下：

（1）卸下 CPU 模块上、下两个连接器的盖子，露出整个信号板；

（2）将空信号板盖翘起，并从 CPU 上卸下；

（3）将信号板放入 CPU 上部的安装位置中，确保对齐；

（4）用力按下信号板，直到卡入到位；

（5）重新装上两个连接器的盖子。

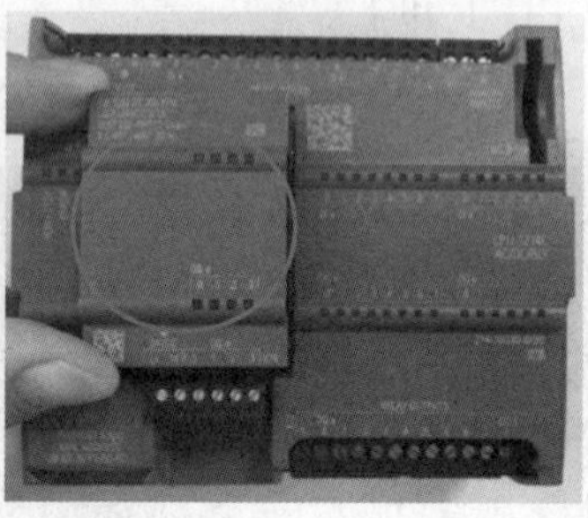

图 1.1.17　安装信号板示意图

4. 安装与拆卸信号模块

在安装好了 CPU 和信号板之后还要安装信号模块，安装信号模块示意图如图 1.1.18 所示，其具体步骤如下：

（1）将螺丝刀插入 CPU 右侧信号模块扩展接口的插槽中，轻轻撬出上方的盖板，露出信号模块扩展接口；

（2）拿到信号模块，用螺丝刀将其下方的导轨卡夹拉出，转动信号模块，使其在导轨上就位；

（3）使用螺丝刀拨出信号模块的总线连接器；

（4）向下按压连接器，同时左手推动 CPU 模块，确保总线连接器插入 CPU 的插槽中；

（5）推入导轨卡夹，将信号模块固定到导轨上。

图 1.1.18　安装信号模块示意图

拆卸信号模块示意图如图 1.1.19 所示，其具体步骤如下：

（1）将螺丝刀放到信号模块上方的小接头旁，向下按压；

（2）左手向外拉 CPU 模块，使连接器与 CPU 分离；

（3）将连接器压入信号模块中；

（4）拉出信号模块下方的导轨卡夹，转动信号模块，使其脱离导轨。

图 1.1.19　拆卸信号模块示意图

5. 安装与拆卸通信模块

安装通信模块示意图如图 1.1.20 所示，其具体步骤如下：

（1）将螺丝刀插入 CPU 左侧通信模块扩展接口的插槽中，轻轻撬出上方的盖板，露出通信模块扩展接口；

（2）拿到通信模块后，仔细观察，确保通信模块的总线连接器针头没有损坏；

（3）拉出通信模块下方的导轨卡夹，转动通信模块使其在导轨上就位；

（4）确保总线连接器和连接柱与 CPU 的孔对齐后，用力将两个模块压在一起，直到卡入到位；

（5）最后推入导轨卡夹，将通信模块固定到导轨上。

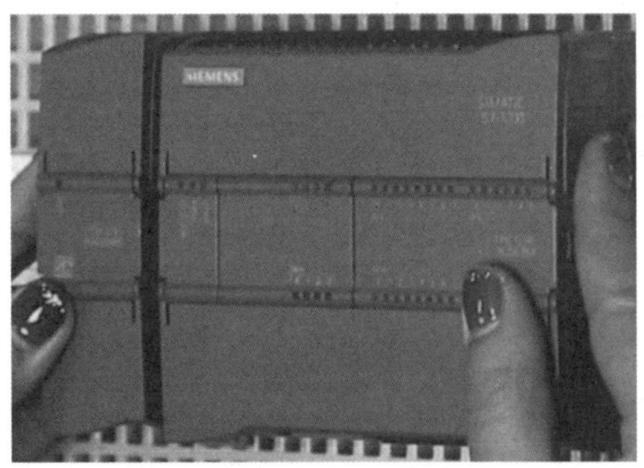

图 1.1.20　安装通信模块示意图

拆卸通信模块示意图如图 1.1.21 所示，其具体步骤如下：

（1）将螺丝刀插入 CPU 和通信模块间的缝隙中；

（2）轻轻向上撬，使通信模块连接器与 CPU 分离；

（3）拉出通信模块下方的导轨卡夹，转动通信模块使其脱离导轨。

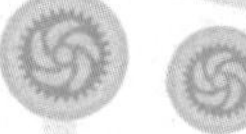

图 1.1.21 拆卸信号模块示意图

任务拓展

仔细观察 CPU 模块、接线端子、信号板、信号模块、通信模块的结构特点，按照上面的操作方法，分别进行安装与拆卸训练并总结，以达到熟练拆装的效果。

任务 1.2 TIA 博途软件的初步使用

任务目标

1. 了解 TIA 博途 V15 软件的组成。
2. 掌握 TIA 博途 V15 软件的安装方法。
3. 掌握 TIA 博途软件的基本使用。

任务描述

用三个开关控制一盏灯，任何一个开关都可以控制这盏灯的亮灭。根据控制要求编写 PLC 控制程序并进行调试。

基本知识

TIA 博途软件的安装

1.2.1 TIA 博途软件简介

TIA 博途（Totally Intergrated Automation Portal 全集成自动化）是西门子最新的全集成自动化软件平台，它将 PLC 编程软件、运动控制软件、可视化的组态软件集成在一个开发环境中，可以组态西门子绝大部分的 PLC 和驱动器，从而用户能够快速、直观地开发和调试

自动化系统。

TIA 博途软件平台包含：SIMATIC STEP 7、SIMATIC WinCC、SIMATIC Startdrive、SIMOTION Scout 及全新数字化软件选件等。

1. SIMATIC STEP 7

SIMATIC STEP 7 用于控制器（PLC）与分布式设备的组态和编程，包含两个版本，如图 1.2.1 所示。

（1）Basic 基本版：用于组态 S7-1200 控制器。

（2）Professional 专业版：用于组态 S7-1200、S7-300、S7-400、S7-1500 和 WinAC。

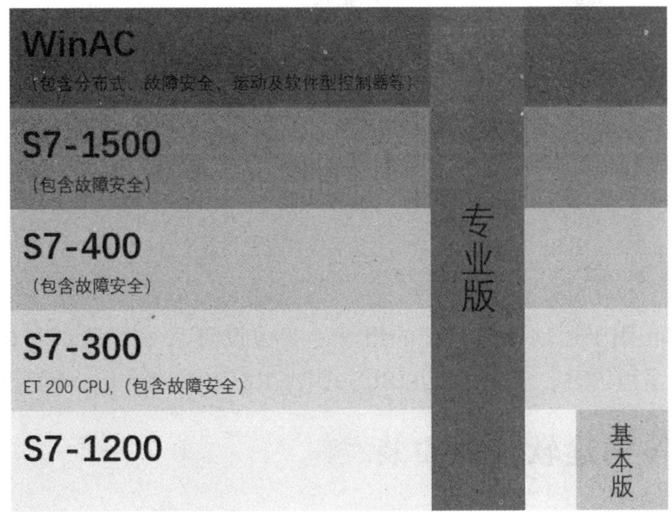

图 1.2.1　SIMATIC STEP 7

2. SIMATIC WinCC

SIMATIC WinCC 用于人机界面（HMI）的组态，包含四个版本，如图 1.2.2 所示。

（1）WinCC Basic 基本版：用于组态精简系列面板，包含在 STEP 7 基本版或 STEP 7 专业版产品中。

（2）WinCC Comfort 精智版：用于组态所有面板（包括精简面板、精智面板和移动面板），但不能组态 PC 站。

（3）WinCC Advanced 高级版：通过 WinCC Runtime Advanced 高级版可视化软件组态所有面板及 PC 站。

（4）WinCC Professional 专业版：WinCC 专业版也可以组态所有面板、PC 站及 SCADA 系统。WinCC Runtime 专业版用于运行单站系统或多站系统（包括标准客户端或 Web 客户端）的 SCADA 系统。

3. SIMATIC Startdrive

SIMATIC Startdrive 适用于所有驱动装置和控制器的工程组态平台，能够直观地将 SI-

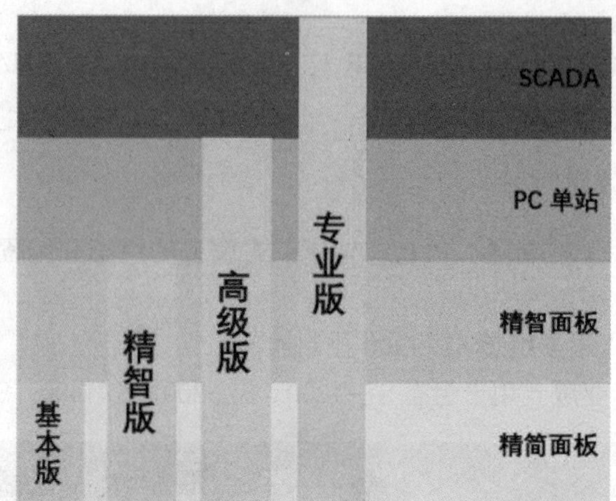

图 1.2.2 SIMATIC WinCC

NAMICS 变频器集成到自动化环境中。由于具有相同操作概念，消除了接口瓶颈，并且具有较高的用户友好性。

4. SIMOTION Scout

SIMOTION Scout 用于运动控制系统的组态、参数设置、编程调试和诊断的软件，支持 ST、LAD、FBD 等编程语言，支持 PROFIBUS-DP、PROFINET、以太网等通信方式。

1.2.2 TIA 博途软件的安装

1. 硬件要求

本书采用的是 TIA 博途 V15 版本进行讲述，该版本软件推荐使用的计算机硬件配置如下：

（1）处理器：Core i5-6440EQ 3.4 GHz 或者相当；

（2）内存：8 G 以上；

（3）硬盘：最好是 SSD，配备 50 GB 以上存储空间；

（4）图形分辨率：最小 1 920×1 080；

（5）显示器：15.6" 宽屏显示。

注：当然，上述硬件配置并不绝对，对于需要使用该软件的用户来说，低一些配置也可以安装，但是会影响运行速度。

2. 支持的操作系统

（1）Windows 7 操作系统（64 位）；

（2）Windows 10 操作系统（64 位）；

（3）Windows Server（64 位）。

注：不支持 Windows XP，安装 TIA 博途需要管理员权限。

3. 软件的安装顺序

（1）安装 STEP 7 Professional V15；
（2）安装 WINCC Professional V15；
（3）安装 SIMATIC STEP7_PLCSIM V15；
（4）工具授权；
（5）Startdrive_V15 如果不使用可以不安装。

4. 安装过程中常见问题

（1）安装前一定要关闭杀毒软件，否则无法保证安装成功或者安装完成后不能够正常使用。

（2）博途软件安装提示需要更新程序 KB3033929。该程序为“基于 X64 的 Windows 系统安全更新程序”，到微软官网下载并安装即可。

（3）软件安装过程中反复要求重新启动计算机。如重启计算机后仍然提示重启，则在 Windows 系统下，按下组合键：“WIN+R”，输入“regedit”，打开注册表编辑器，删除“HKEY_LOCAL_MACHINE \ SYSTEM \ ControlSet001 \ Control \ Session Manager \ FileRenameOperation 下 PendingFileRenameOperations”键的键值。删除后不需要重启计算机，继续软件安装便可。

1.2.3　TIA 博途软件的视图

TIA 博途软件界面介绍及初步使用

TIA 博途 V15 为用户提供两种不同的工具视图，即基于任务的 Portal（门户）视图和基于项目的项目视图，两种视图可以切换，用户可以在两种不同的视图中选择一种最合适的视图。

1. Portal 视图

安装好 TIA 博途后，双击桌面上 TIA V15 图标，打开启动画面，即进入 Portal 视图，如图 1.2.3 所示。在 Portal 视图中，可以概览自动化项目的所有任务。初学者可以借助面向任务的用户指南（向导操作），一步步进行相应的选择，以及最适合其自动化任务的编辑器进行工程组态。

选择不同的“入口任务”，可处理启动、设备与网络、PLC 编程、运动控制、可视化、在线与诊断等各种工作任务。在已经选择的任务入口中可以找到相应的操作，例如选择“启动”任务后，可进行“打开现有项目”“创建新项目”“关闭项目”等操作。

2. 项目视图

启动 TIA 博途编程软件，单击 Portal 视图界面中左下角的“项目视图”，将切换到项目视图，如图 1.2.4 所示。在项目视图中整个项目按多层结构显示在项目树中，可以直接访问所有的编辑器、参数和数据，并进行高效的工程组态和编程，本书主要使用项目视图。

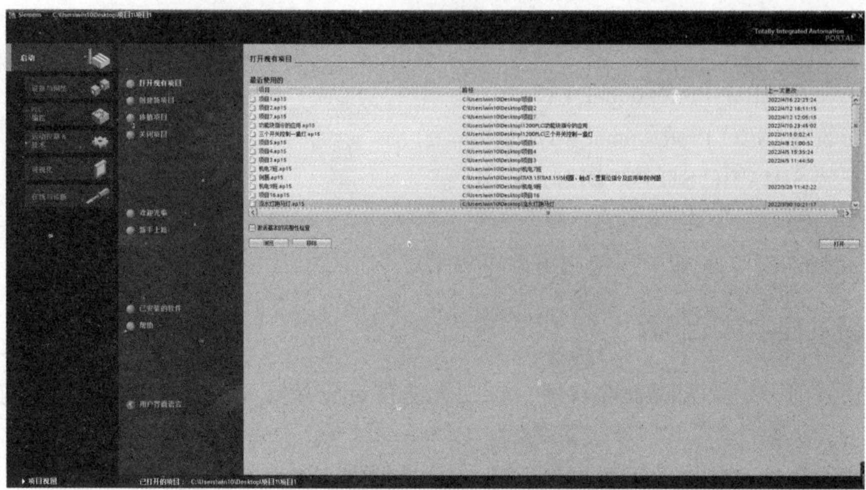

图 1.2.3　Portal 视图（启动画面）

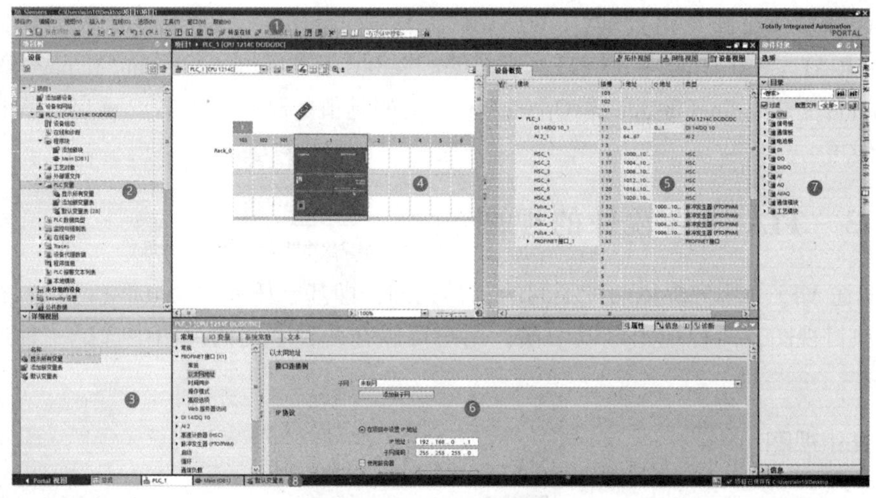

图 1.2.4　项目视图界面

项目视图界面类似于 Windows 界面，包括标题栏、菜单栏、工具栏、编辑栏和状态栏等。

1）菜单栏和工具栏

项目视图上方①所示区域即为菜单栏和工具栏。菜单栏和工具栏是大型软件应用的基础，初学者可以通过对菜单栏和工具栏进行操作，从而了解菜单栏中的各种命令和工具栏中各个按钮的使用方法。

2）项目树

项目视图左侧②所示区域即为项目树（或项目浏览区），该区域可以访问所有的项目和数据，添加新的设备，编辑已有的设备，打开处理项目数据的编辑器。

单击项目树右上角折叠按钮，项目树②和详细视图③消失，单击项目树上的自动折叠按钮，该按钮变成永久展开按钮，这时单击项目树外的任何区域，项目树和项目

下面标有③的详细视图消失。单击项目树左边最上端的展开按钮，项目树展开，单击永久展开按钮，该按钮变成自动折叠按钮，自动折叠功能消失。

3）详细视图

项目视图左侧③所示区域是详细视图区，详细视图显示项目树中选中对象的下一级的内容。详细视图中若为已打开项目中的变量，可以将此变量直接拖放到梯形图中。

4）工作区

项目视图左侧④⑤所示区域是工作区，工作区可以同时打开多个编辑栏窗口，但一般在工作区只显示一个打开的编辑器，编辑栏⑧会高亮显示已经打开的编辑器，单击编辑栏的选项，可以切换不同的编辑器。单击工具栏上的水平拆分按钮、垂直拆分按钮，可以水平或垂直显示两个编辑器窗口。

工作区右上角的4个按钮，分别为最大化、浮动、最小化和关闭按钮。当工作区最大化或浮动后，单击嵌入按钮，工作区将恢复原状。

图1.2.4中⑤显示的是“设备视图”选项卡的对象，可以组态硬件，还可以切换到“网络视图”和“拓扑视图”。

5）巡视窗口

项目视图中⑥所示区域是巡视窗口，用于显示工作对象的附件信息，有“属性”“信息”“诊断”三个选项卡。“属性”选项卡用来显示和修改选中的工作区中的对象属性。左边窗口是浏览窗口，选中其中的某个参数组，在右边窗口可以显示和编辑相应的信息和参数。

“信息”选项卡显示已选对象和操作的详细信息，以及编译的报警信息。“诊断”选项卡显示系统诊断时间和组态的报警事件。

6）任务卡

项目视图⑦所示区域是任务卡区，任务卡的功能和编辑器有关，可以通过任务卡进一步的附加操作。任务卡最右边的标签，有“硬件目录”“在线工具”“任务”“库”四个选项卡，可以任意切换任务卡显示的信息。

7）编辑栏

项目视图中⑧所示区域是编辑栏，编辑栏会显示所有打开的编辑器，可以用编辑栏在打开的编辑器之间快速地切换工作区显示的编辑器。有多个编辑器标签，可以帮助用户快速和高效的工作。

任务实施

1. 任务分析

根据任务描述可知，该系统为开关量控制系统，输入有3个开关量信号，即开关1、开关2、开关3，输出为1个开关量信号，即一盏灯。

2. I/O 分配

根据上述的任务分析，可以得到如表 1.2.1 所示 I/O 分配表。

表 1.2.1　I/O 分配表

信号类型	描述	PLC 地址
DI	开关 1	I0.0
	开关 2	I0.1
	开关 3	I0.2
DO	灯	Q0.0

3. 外部硬件接线图

本书中采用西门子 S7-1200 PLC 的 CPU 1214C DC/DC/DC 进行接线和编程，具体接线如图 1.2.5 所示。

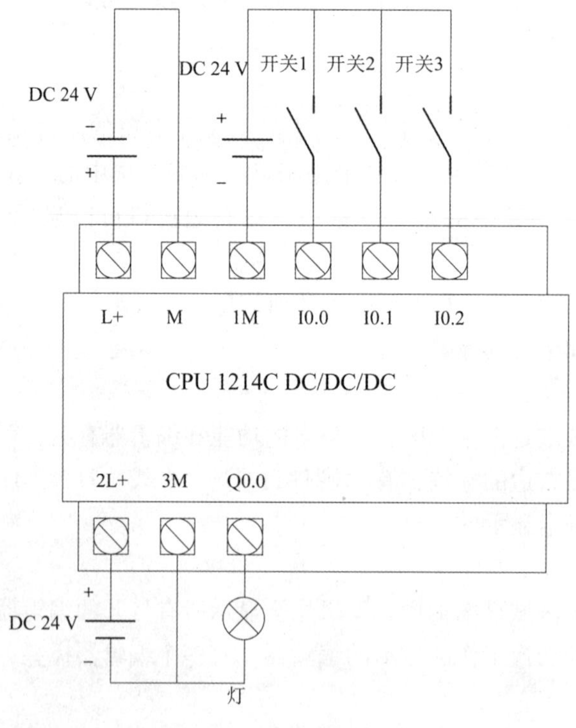

图 1.2.5　外部硬件接线图

4. 创建工程项目

（1）创建新项目，输入项目名称和存放路径，如图 1.2.6 所示。

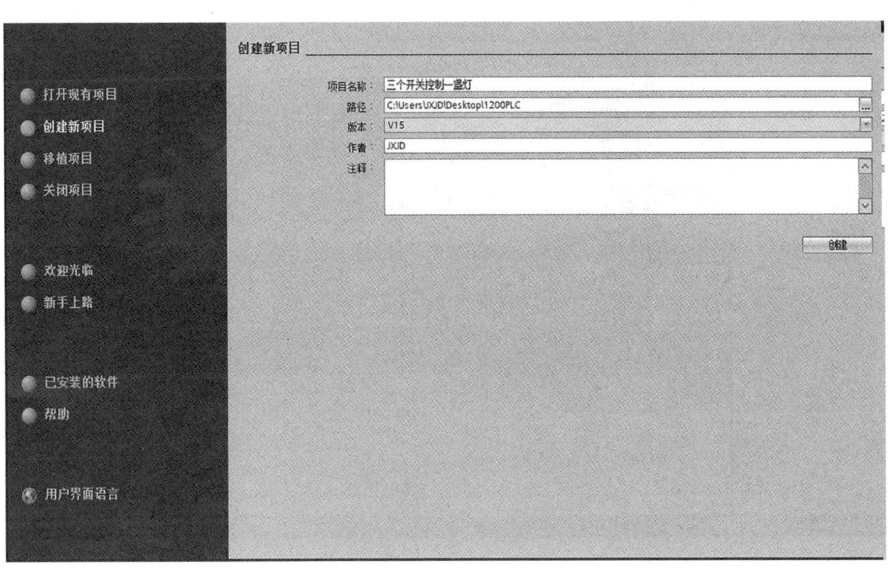

图 1.2.6　创建新项目

（2）新手上路。

创建完新项目后，就会看到“新手上路”向导界面，如图 1.2.7 所示。可以按照向导“组态设备”“创建 PLC 程序”“组态 HMI 画面”“打开项目视图”等提示一步步完成创建，也可以直接“打开项目视图”进行项目创建。

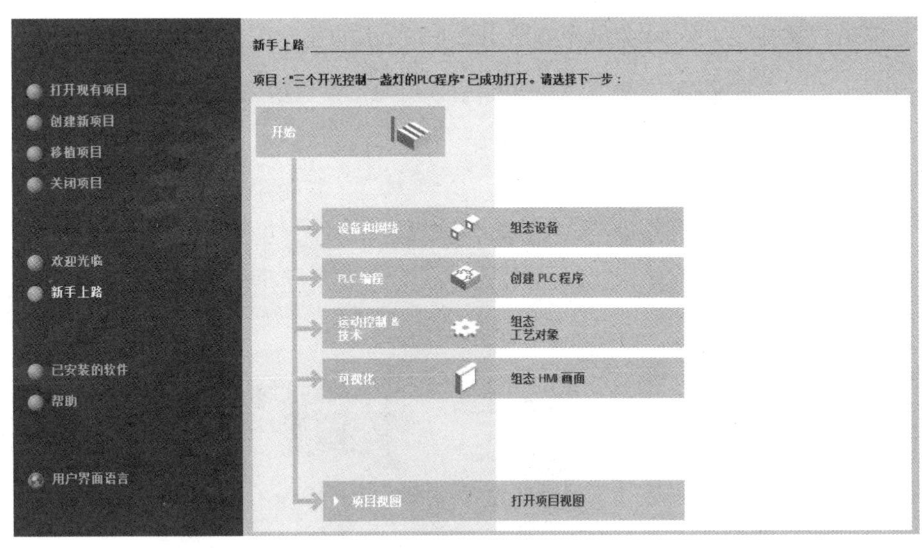

图 1.2.7　“新手上路”向导界面

（3）切换到“项目视图”，如图 1.2.8 所示，本书中主要采用“项目视图”的方式进行项目创建。单击“Portal 视图”可以切回到“Portal 视图”界面。

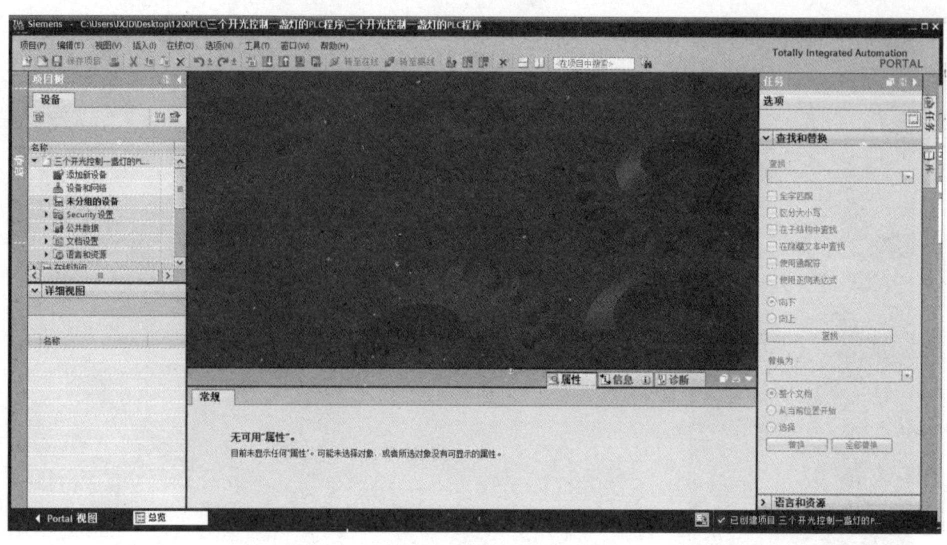

图 1.2.8　“项目视图”界面

（4）添加新设备。

与西门子 S7-200 PLC 不同，西门子 S7-1200 PLC 提供了完整的硬件配置。在项目树中选择“添加新设备”，将出现如图 1.2.9 所示的对话框。单击“控制器”，选择 SIMATIC S7-1200，并依次选择 PLC 的 CPU 类型，SIMATIC S7-1200→CPU→CPU 1214C DC/DC/DC，最后选择与硬件相对应的订货号，在此选用“6ES7 214-1AG40-0XB0”，版本号选择“V4.2”。单击“确定”后，就会出现如图 1.2.10 所示的完整设备视图。

图 1.2.9　“添加新设备”对话框

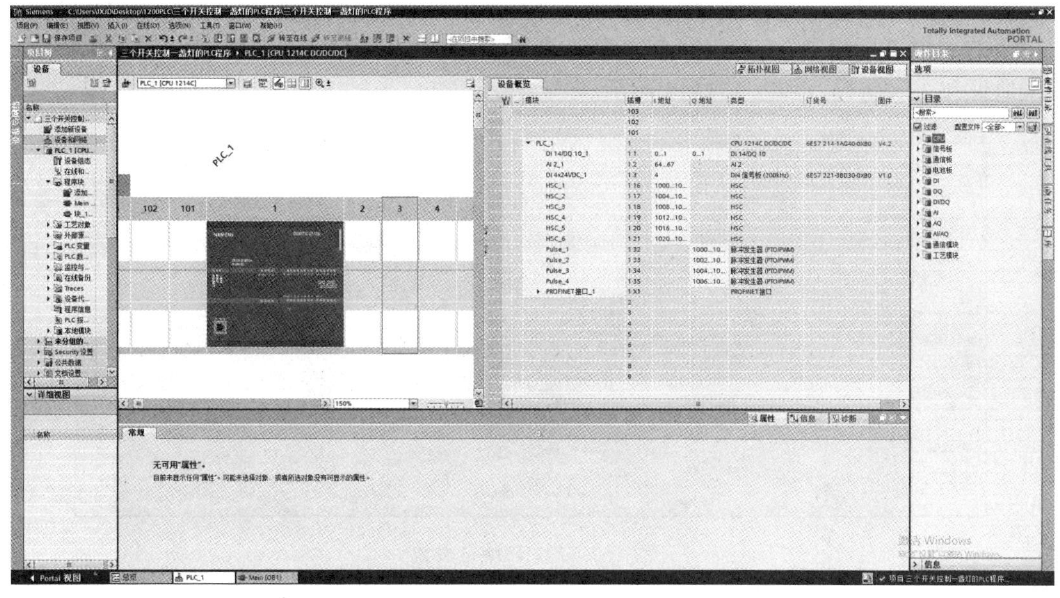

图 1.2.10　完整设备视图

（5）定义设备属性。

如果设备还包含其他扩展模块及网络等重要信息，单击要添加扩展模块的位置，从右边的“硬件目录”中拖入相应的扩展模块即可。在设备视图中，单击 CPU 模块，就会出现如图 1.2.11 所示 CPU 的属性窗口。

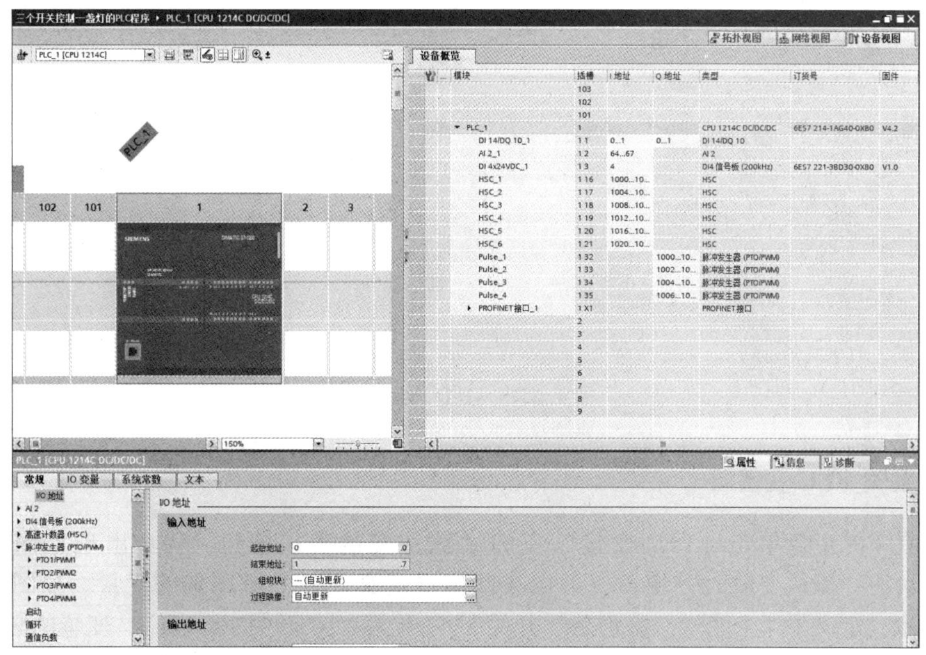

图 1.2.11　CPU 的属性窗口

计算机通过以太网接口连接 S7-1200 PLC，因此要下载用户程序，首先需组态好 PLC

的 IP 地址。如图 1.2.11 所示 CPU 的属性窗口，在“常规”选项卡中选中“PROFINET 接口”下的“以太网地址”，可以在右边窗口进行 IP 地址和子网掩码的设置，也可以采用其默认地址和子网掩码，如图 1.2.12 所示。

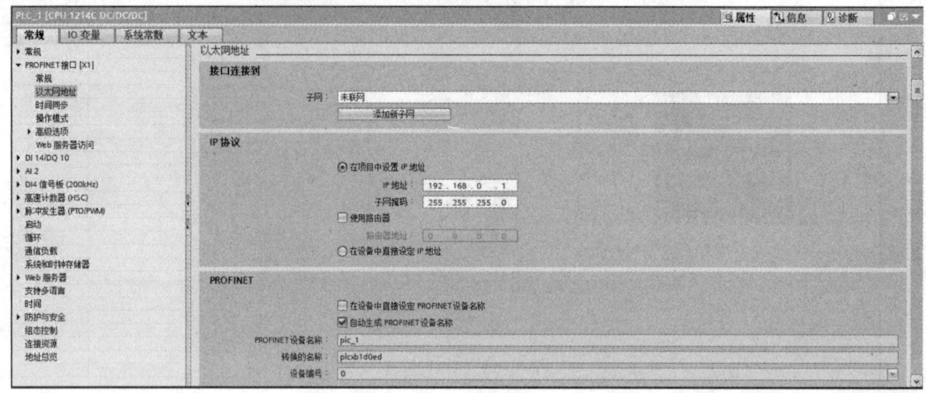

图 1.2.12　IP 地址设置

西门子 S7-1200 PLC 提供了自由的寻址功能，如图 1.2.11 所示 CPU 的属性窗口，在“常规”选项卡中选中“DI 14/DQ 10”下的“I/O 地址”，可以在右边窗口改变“输入地址”和“输出地址”的设置，也可以采用其默认地址，I/O 起始地址可以在 0~1 022 进行自由选择，如图 1.2.13 所示。

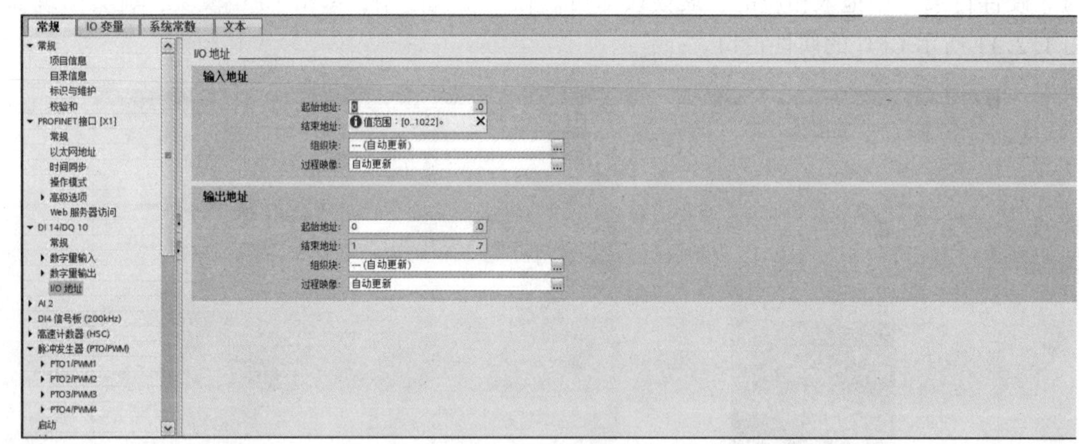

图 1.2.13　I/O 地址设置

5. 编辑 PLC 变量表

在项目树中，单击“PLC 变量”下的“默认变量表”按钮，就会出现如图 1.2.14 (a) 所示的“默认变量表”窗口，可以在此窗口定义任务中所用到的变量。如图 1.2.14 (b) 所示，定义了 4 个变量，分别是“开关 1”“开关 2”“开关 3”“灯”，变量的数据类型和地址均可自行设置，默认数据类型为 Bool 型。变量是 PLC I/O 地址的符号名称，用户创建 PLC 的变量后，TIA 博途软件将变量存储在变量表中，项目中所有的编辑器均可访问该变量表。

默认变量表

	名称	数据类型	地址	保持	可从 ...	从 H...	在 H...	注释
1	<添加>			☐	☑	☑	☑	

（a）

默认变量表

	名称	数据类型	地址	保持	可从 ...	从 H...	在 H...	注释
1				☐	☑	☑	☑	
2	开关1	Bool	%I0.0	☐	☑	☑	☑	
3	开关2	Bool	%I0.1	☐	☑	☑	☑	
4	开关3	Bool	%I0.2	☐	☑	☑	☑	
5	灯	Bool	%Q0.0	☐	☑	☑	☐	
6	<添加>			☐	☑	☑	☑	

（b）

图 1.2.14　默认变量表

6. 编写程序

TIA 博途软件具有 LAD（梯形图）、SCL（结构化控制语句）和 FBD（功能模块）三种编程方式，三种方式可以相互转换，用户在添加程序块时可以进行选择。

单击项目树下“程序块”中的“Main［OB1］”按钮，进入梯形图的编程，如图 1.2.15 所示，TIA 博途软件右侧“任务卡”区提供了各种指令，包括基本指令、扩展指令、通信及工艺等。同时，这些指令按功能分组，如基本指令又分为常规、位逻辑运算、定时器操作等。

如果用户需要编写程序，只需将任务卡中指令拖到工作区中的程序段中即可。指令的变量名除使用固定地址外，例如在开关触点的上方直接输入“I0.4”，软件会显示“%I0.4”，“%”是自动生成的，是直接寻址地址符；还可以使用默认变量表中定义的变量，如图 1.2.16（a）所示，用户可以快速输入对应触点和线圈地址的符号变量。根据以上规律，完成程序的编制，编写好的程序如图 1.2.16（b）所示。

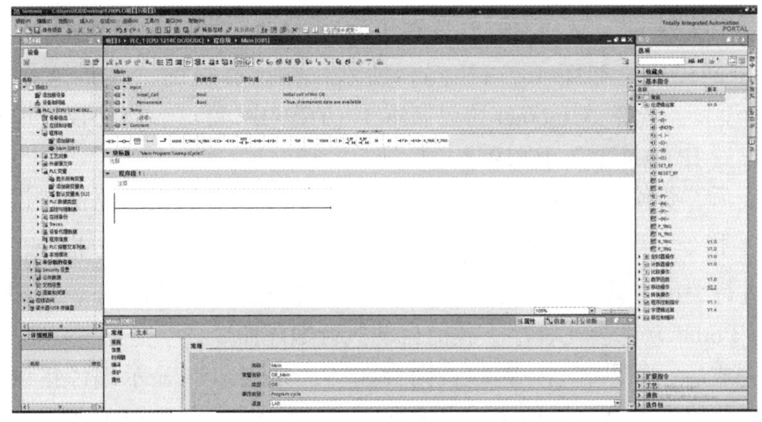

图 1.2.15　梯形图编程

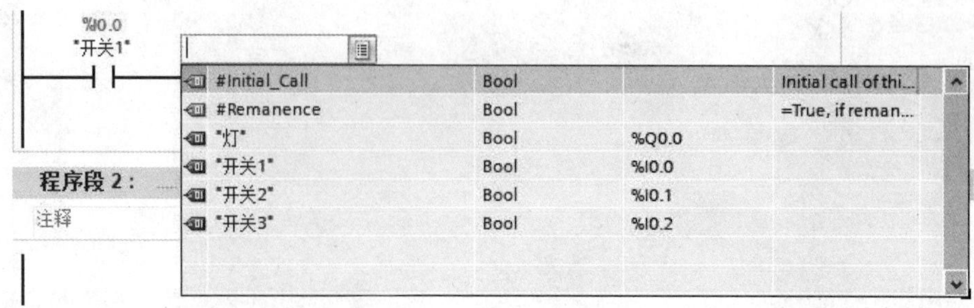

(a)

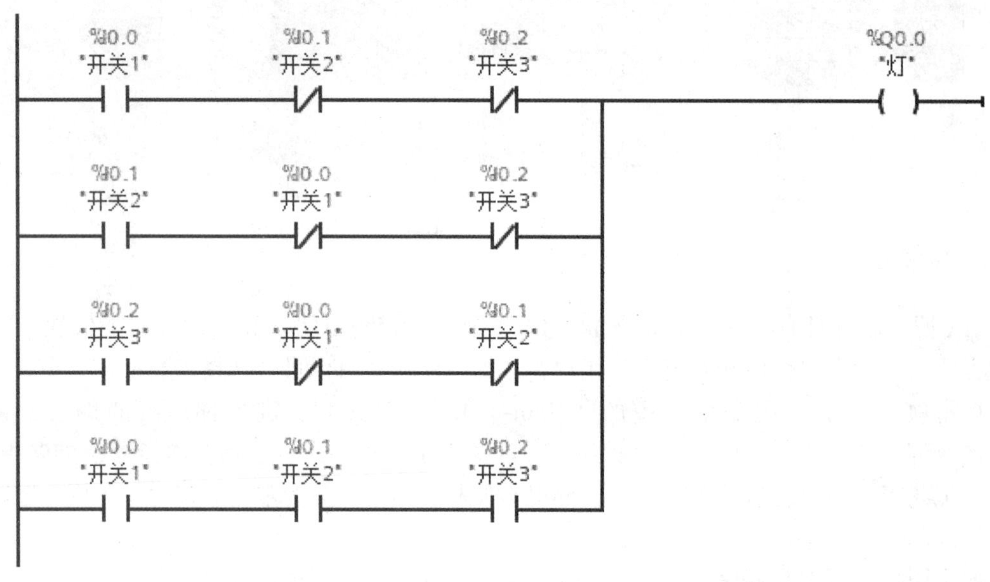

(b)

图 1.2.16　三个开关控制一盏灯的 PLC 程序

7. 编译与下载

程序下载到 PLC 之前，必须设置好计算机的 IP 地址，确保计算机的 IP 地址和 PLC 的 IP 地址在同一个网段内。如图 1.2.17（a）所示，在计算机的“本地连接属性中”进行“以太网”属性设置，选择“Internet 协议版本 4（TCP/IPv4）”，将协议地址从自动获得 IP 地址变为手动设置 IP 地址 192.168.0.8，如图 1.2.17（b）所示。

程序编辑完后，要使程序顺利下载到 PLC 中，则程序必须没有语法错误，那么程序需先执行“编译”指令。用户可以单击 或“编辑”菜单下“编译”指令，或者使用快捷键“Ctrl+B”进行编译，就可以获得整个程序的编译信息。一般情况下，用户可以直接选择下载命令，TIA Portal 软件会在程序下载前自动执行编译命令。

程序编译完成后，如果有编译错误，则会在“巡视窗口”显示编译错误信息，提示错误信息位置和具体错误类型，以便于用户进行更改，如图 1.2.18（a）所示；如果没有编译错误，则显示“错误：0”的编译信息，如图 1.2.18（b）所示。

(a)

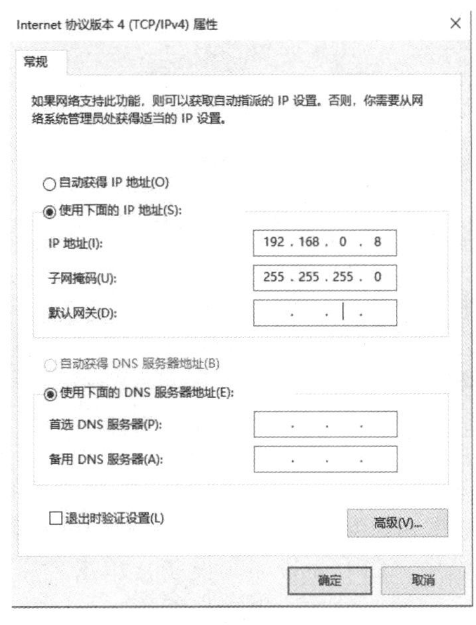

(b)

图 1.2.17　IP 地址的设置

(a)

(b)

图 1.2.18　编译信息

(a) 编译有错误；(b) 编译无错误

对于使用 TIA 博途软件的用户来说，程序调试比较方便，编译成功后，既可以将程序下载到 PLC 中，进行硬件的实物调试，还可以启动仿真软件，采用仿真调试。

(1) 仿真调试程序下载。

选中项目树中的 PLC_1，单击菜单栏的“开始仿真”按钮，S7-PLCSIM V15 启动，出现“在线与诊断功能”对话框（见图 1.2.19），显示“启动仿真将禁用所有其他的在线接口”，勾选“不要再显示此消息”复选框，以后启动仿真时不会再显示该对话框，单击“确定”按钮，出现 S7-PLCSIM 的精简视图，如图 1.2.20 所示。

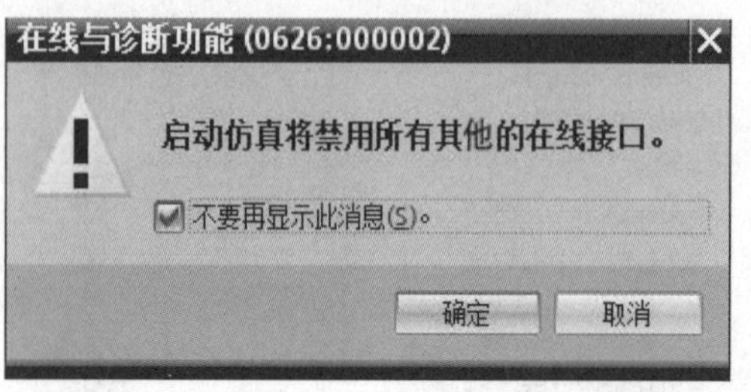

图 1.2.19　“在线与诊断功能”对话框

图 1.2.20　S7-PLCSIM 的精简视图

仿真软件打开后，会出现“扩展的下载到设备”对话框，如图 1.2.21（a）所示，单击“开始搜索”按钮，进行目标设备搜索，搜索到仿真设备后显示，如图 1.2.21（b）所示，然后选中“CPUcommon”设备，单击“下载”按钮，出现如图 1.2.21（c）所示对话框，单击“装载”按钮，出现如图 1.2.21（d）所示对话框，将选择框“无动作”切换至“启动模块”状态，出现如图 1.2.21（e）所示对话框，仿真 PLC 被切换到 RUN 模式。或者出现如图 1.2.21（d）所示对话框时，直接单击“完成”按钮，再单击“启动 CPU”按钮 ，仿真 PLC 也被切换到 RUN 模式。

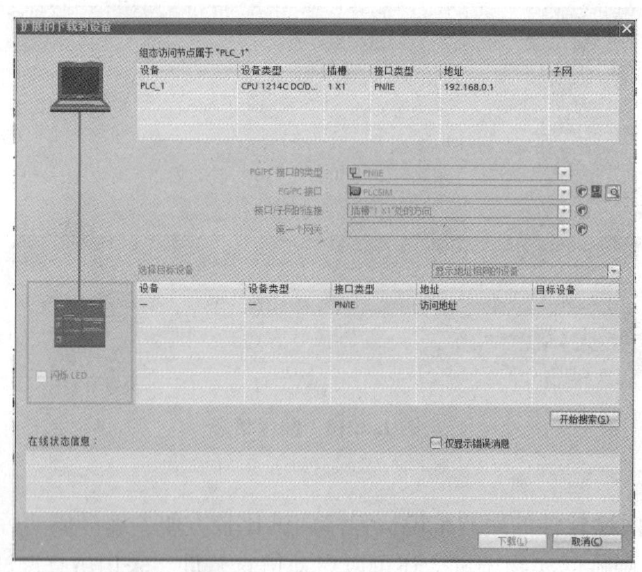

（a）

图 1.2.21　PLC 仿真下载

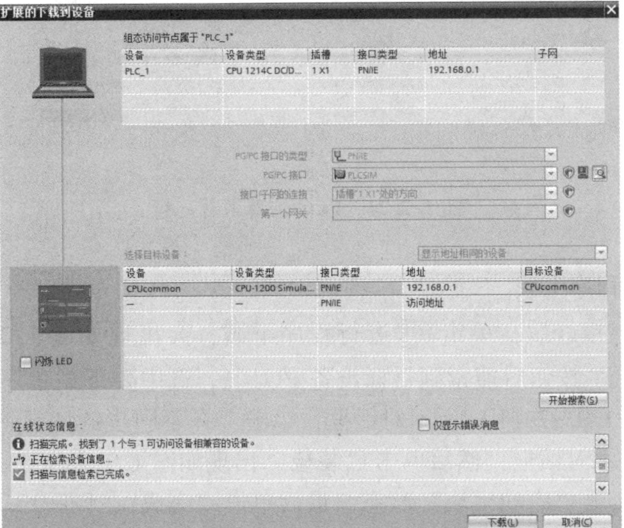

（b）

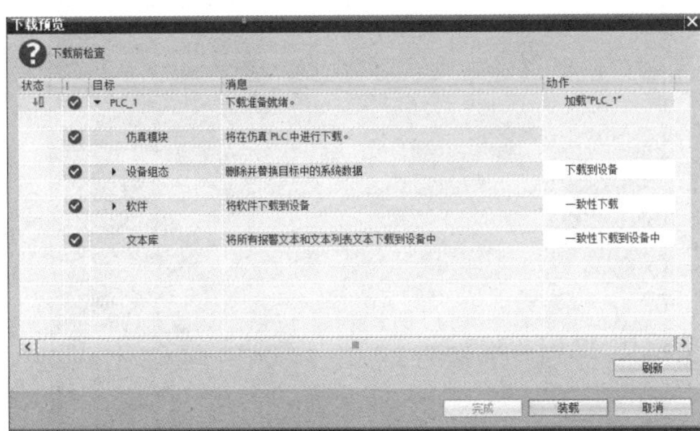

（c）

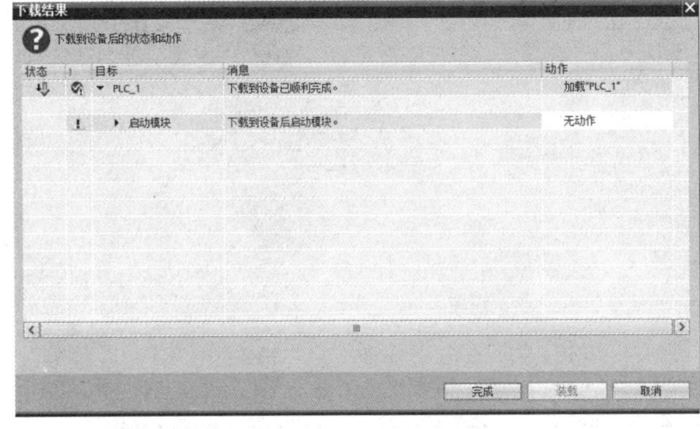

（d）

图 1.2.21　PLC 仿真下载（续）

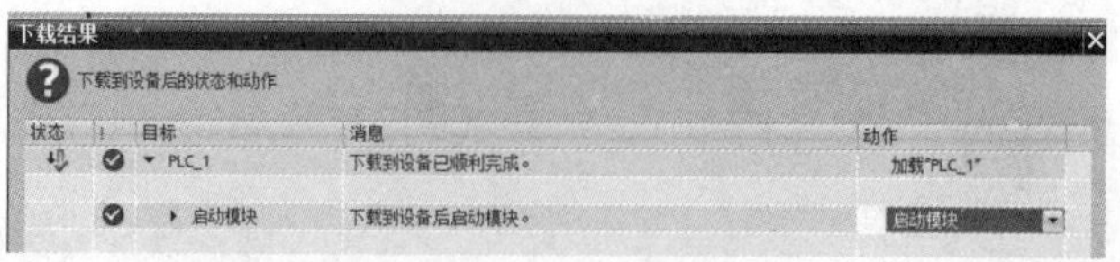

(e)

图 1.2.21　PLC 仿真下载（续）

（2）联机调试程序下载。

将电脑与 PLC 连接好后，单击 进行程序下载，会出现如图 1.2.22（a）所示对话框，单击“开始搜索”按钮后搜索到目标设备 PLC_1，选中要下载程序的 PLC 设备，单击“下载”后出现如图 1.2.22（b）所示对话框，单击“在不同步的情况下继续”按钮后出现如图 1.2.22（c）所示对话框，然后单击“装载”出现如图 1.2.22（d）所示对话框，将选择框“无动作”切换至“启动模块”状态，最后单击“完成”，则程序下载到 PLC 中。

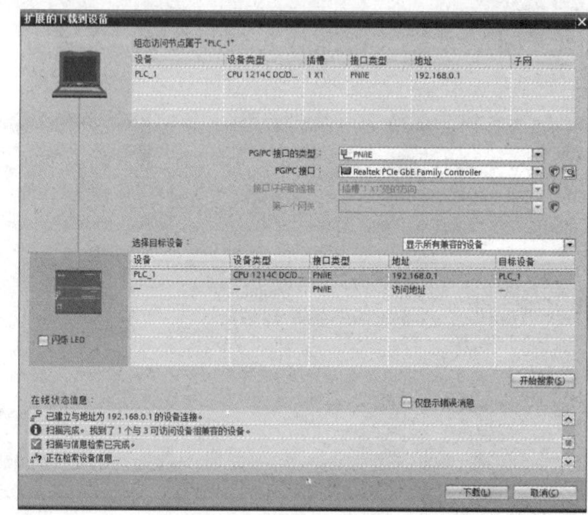

(a)

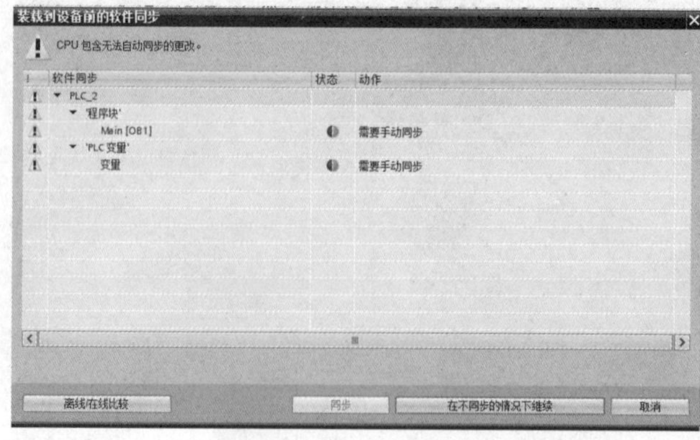

(b)

图 1.2.22　PLC 联机下载

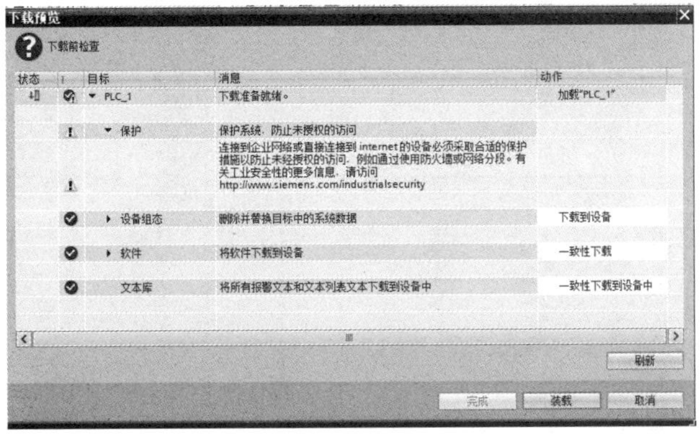

(c)

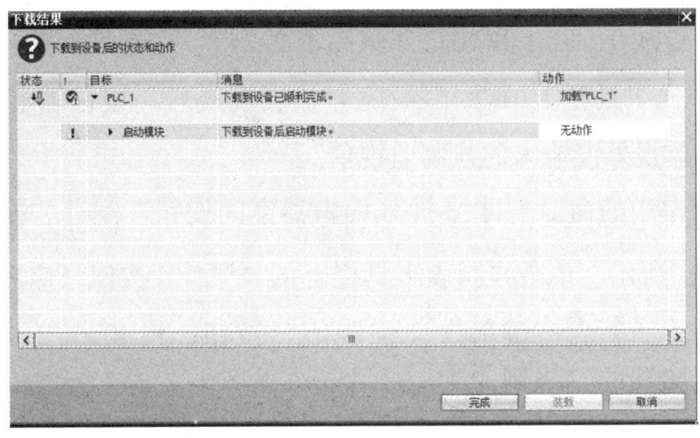

(d)

图 1.2.22　PLC 联机下载（续）

8. 程序的调试

本例题采用启动仿真软件的方式进行程序调试。仿真有两种调试用户程序的方法：程序状态监视与监控表（Watch table）监视。程序状态监视是通过程序编辑器直接监视梯形图程序的执行情况，触点和线圈的状态一目了然，但是程序状态监视只能在屏幕上显示一小块程序，调试较大的程序时往往需要用到监控表监视。监控表可以在工作区同时监视、修改和强制用户感兴趣的全部变量，同时可以生成多个监控表，以满足不同的调试要求。

（1）程序状态监视。

程序运行起来后，首先单击 转至在线 按钮，打开需要监视的代码块，单击程序编辑器工具栏上的“启动/禁用监控”按钮，启动程序状态监视，项目树出现很多绿色和，表示程序运行正常，否则需要进行诊断和重新下载。同时程序编辑器最上面的标题栏变成橘黄色，梯形图中用绿色实线来表示状态满足，即有“能流”经过；蓝色虚线表示状态不满足，没有能流经过（见图 1.2.23）；灰色连续线表示状态位置或者程序没有执行；黑色表示没有连接。

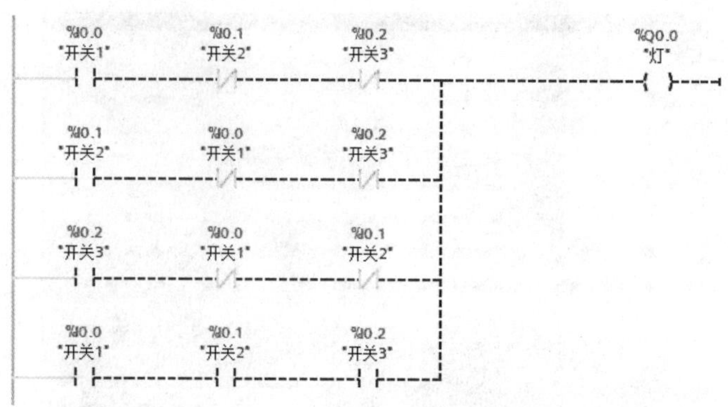

图 1.2.23　程序状态监视

可以用强制表给用户程序中的三个开关变量赋值。双击打开项目树中“监控与强制表”下的“强制表”，输入 I0.0、I0.1 和 I0.2（见图 1.2.24），它们后面被自动添加表示外设输入/输出的“:P”。单击工具栏上的“显示/隐藏扩展模式列”按钮，切换到扩展模式，只有在扩展模式才能监视外设输入的强制监视值。

单击“窗口”菜单中的命令“水平拆分编辑器空间按钮”，同时显示 OB1 和强制表，如图 1.2.24（a）所示。单击强制表工具栏上的“”按钮，启动强制表对 I 点进行强制。单击强制表的第一行，右键单击“强制值”按钮，将 I0.0:P 强制为 TRUE［见图 1.2.24（a）］，单击出现的“强制为 1”对话框［见图 1.2.24（b）］中的“是”按钮确认，出现如图 1.2.24（c）所示界面，相应强制表的行出现表示被强制的 F 符号，同时第一行“F”列的复选框中出现，梯形图中 I0.0 的上面出现被强制的 F 符号，其常开触点接通，Q0.0 也显示为接通状态。

用同样的方法强制 I0.1 和 I0.2，Q0.0 也显示为接通状态，同时可以将输入 I0.0、I0.1 和 I0.2 中的任何一个强制为 0，Q0.0 显示为断开状态。

当强制完成后，单击强制表工具栏上的按钮，停止对所有地址的强制，所有与强制有关的标志消失。单击工具栏上的按钮，可以重新启动强制。

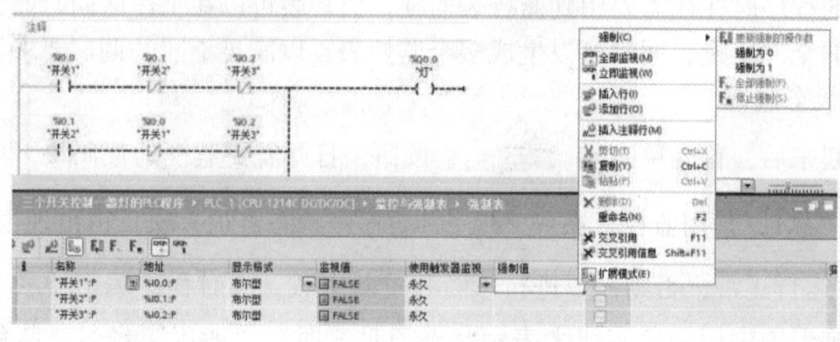

（a）

图 1.2.24　强制表外部输入强制

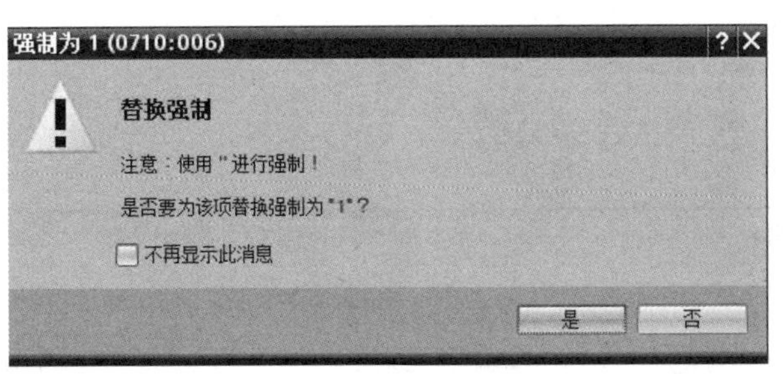

(b)

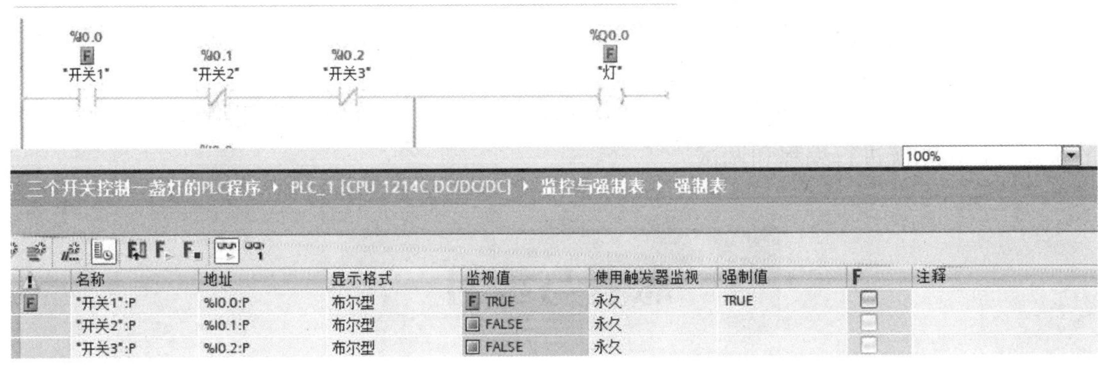

(c)

图 1.2.24　强制表外部输入强制（续）

（2）监控表监视。

打开项目树中 PLC 的“监控与强制表”文件夹，双击其中的“添加新监控表”，生成一个名为“监控表_1”的新的监控表（可自己命名），并自动在工作区打开。用户可以根据需要，为一个 PLC 程序生成多个监控表，并将相关联的变量放在同一个监控表内。

在监控表中输入要监视对象的符号名称或地址（见图 1.2.25），单击工具栏上的“显示/隐藏扩展模式列”按钮，切换到扩展模式，只有在扩展模式才能监视修改值。

单击“窗口”菜单中的命令“水平拆分编辑器空间按钮”，同时显示监控表和强制表，如图 1.2.25 所示。单击监控表工具栏上的“”按钮，对表中数据进行监视。单击强制表工具栏上的“”按钮，启动强制表对 I 点进行强制。将 I0.0 强制为 1 后，监控表中的 I0.0 监视值显示强制为 TRUE，同时 Q0.0 监视值显示为 TRUE，TRUE 前面的方形指示灯显示为绿色。同理在强制表中将 I0.1 和 I0.2 强制为 1 时，监控表中会显示相应数据的监视值。

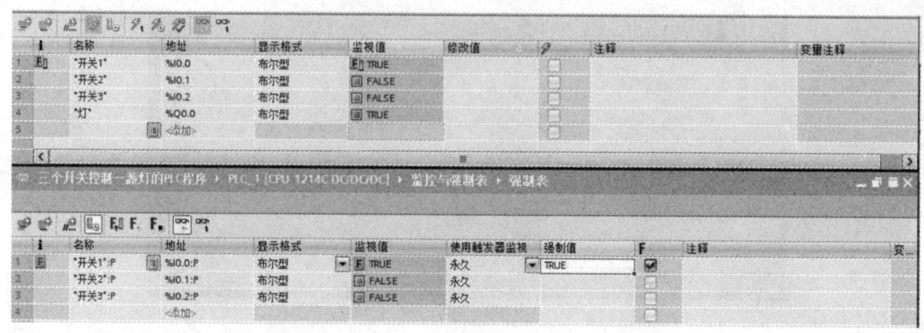

图 1.2.25　监控表监视

任务拓展

进一步熟悉 S7-1200 PLC 编程软件 TIA Portal 的使用，能够熟练运用编程软件对电动机的正反转控制系统进行编程和调试。

思考与练习

1. S7-1200 主要由________、________、________、________和________组成。

2. CPU 1214C 有集成的________点数字量输入、________点数字量输出、________点模拟量输入、________点高速输出、________点高速输入。

3. CPU 1214C 最多可以扩展________个信号模块，安装在 CPU 的________边，________个通信模块，安装在 CPU 的________边，________个信号板或通信板，安装在 CPU 的________边。

4. PLC 有________、________两种工作模式。

5. S7-1200 可以使用哪些编程语言？

6. 信号模块是哪些模块的总称？

7. 计算机与 S7-1200 通信时，怎样设置网卡的 IP 地址和子网掩码？S7-1200 CPU 默认的 IP 地址和子网掩码是多少？

8. 怎样设置保存项目的默认文件夹？

9. 怎样打开 S7-PLCSIM 和下载程序到 S7-PLCSIM？

10. 修改变量和强制变量有什么区别？

项目二 电机控制系统的 PLC 应用程序设计

任务 2.1 两台电动机的顺序启动

任务目标

1. 掌握位逻辑指令及线圈输出指令的应用。
2. 掌握置位复位指令的应用。
3. 掌握两台电动机顺序启动的 PLC 控制过程。

任务描述

有两台电动机，启动时，第一台电动机启动后，第二台电动机才能启动；停止时，第二台电动机可以单独停止，第一台电动机停止时，第二台电动机同时停止。根据控制要求编写 PLC 控制程序并进行调试。

基本知识

2.1.1 S7-1200 的存储器

S7-1200 的存储器及寻址

S7-1200 的存储器主要用于存放系统程序、用户程序和工作状态数据。系统程序相当于个人计算机的操作系统，使 PLC 具有基本的智能，由 PLC 生产厂家设计并固化在只读存储器（ROM）中。用户程序由用户设计，它使 PLC 能完成用户要求的特定功能。

S7-1200 的存储器的类型和特性如表 2.1.1 所示。

表 2.1.1 S7-1200 的存储器的类型和特性

类型	特性
装载存储器	动态装载存储器 RAM
	可保持装载存储器 EEPROM
工作存储器（RAM）	用户程序，如逻辑块、数据块
系统存储器（RAM）	过程映象 I/O 表
	位存储器
	局域数据堆栈、块堆栈
	中断堆栈、中断缓冲区

1. 物理存储器

1）随机存取存储器

随机存取存储器也称为 RAM（Random Access Memory），RAM 中的数据可以随时读写（刷新时除外），而且速度很快，价格便宜，通常作为操作系统或其他正在运行中的程序的临时数据存储介质。它与 ROM 的最大区别是数据的易失性，即一旦断电所存储的数据将随之丢失。

2）只读存储器

只读存储器也称为 ROM（Read-Only Memory），ROM 中的内容只能读出，不能写入。信息一旦写入后就固定下来，即使切断电源，信息也不会丢失，所以又称为固定存储器，因此 ROM 一般用来存放 PLC 的操作系统。

3）快闪存储器和可电擦除可编程只读存储器

快闪存储器（Flash EPROM）简称为 FEPROM，可电擦除可编程只读存储器简称为 EEPROM。它们都是非易失性的存储器，可以用编程装置对它们编程，兼有 ROM 的非易失性和 RAM 的随机存取优点，但是将数据写入它们所需的时间比 RAM 长得多，常用来存放用户程序和断电时需要保存的重要数据。快闪存储器和传统的 EEPROM 不同在于它是以较大区块进行数据抹擦，而传统的 EEPROM 只能进行擦除和重写单个存储位置，这就使得快闪在写入大量数据时具有显著的优势。

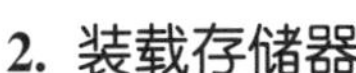

2. 装载存储器

装载存储器是非易失性的存储器，它类似于电脑的硬盘，用于保存用户程序、数据和组态等。每个 CPU 都有内部装载存储器，当用户程序下载到 CPU 后，存储在装载存储器中。该内部存储器也可以用外部存储卡来代替，如果 CPU 插入了外部存储卡，则优先使用外部存储卡作为装载存储器。不管外部存储卡的空间多大，可使用的外部装载存储器大小不能超过内部存储器的大小。

3. 工作存储器

工作存储器是易失性的存储器，是集成在 CPU 中的高速存取的 RAM，它类似于电脑的内存条。为了提高运行速度，CPU 将用户程序与程序执行有关的部分，例如组织块、函数块、函数和数据块等装载存储器复制到工作存储器中。CPU 断电时，工作存储器中的内容将会丢失。

4. 系统存储器

系统存储器是 CPU 为用户提供的存储组件，被划分为若干个地址区域，如表 2.1.2 所示。使用指令可以在相应的地址区内对数据进行直接寻址。

表 2.1.2　系统存储器的存储区

存储区	描述	强制	保持
过程映象输入（I）	在程序扫描循环中，CPU 将外部输入电路的状态读取存入过程映象输入区，待下一个循环扫描时，用户程序可以访问过程映象输入区。例如：I0.0、IB1、IW2、ID4	√	×
物理输入（I_：P）	通过该区域立即读物理输入，而不是从过程映象输入中读取，这种访问也称为“立即读”访问。例如：I0.0:P	×	×
过程映象输出（Q）	在程序扫描循环中，用户将程序计算输出值存入过程映象输出区，待下一个循环扫描时，将过程映象存储区的内容写入输出模块。例如：Q0.0、QB1、QW2、QD4	×	×
物理输出（Q_：P）	通过该区域立即写物理输出，而不是从过程映象输出中读取，这种访问也称为“立即写”访问。例如：Q0.0:P	×	×
位存储器（M）	用于存储用户程序的中间运算结果，可以用位、字节、字或双字来读/写存储区。例如：M0.0、MB2、MW4、MD6	×	√
临时局部存储器（L）	用于存储块的临时局部数据，功能类似于位存储器，区别在于位存储器是全局的，临时存储器是局部的	×	×
数据块（DB）	数据存储区与 FB 的参数存储器	×	√

2.1.2 S7-1200 的寻址

S7-1200 CPU 可以按位（Bit）、字节（Byte）、字（Word）和双字（Double Word）对存储单元进行寻址。位（Bit）的数据类型为布尔型（Bool），只有 0（FALSE）和 1（TRUE）两种状态，可以用来表示触点的断开和接通、线圈的断电和通电。位存储单元的地址由字节地址和位地址组成，例如：I3.2、M10.0、DB1.DBX10.0。如图 2.1.1 所示，I3.2 中 I 表示输入（Input）区域标志符，字节地址为 3，位地址为 2，这种寻址方式称为"字节.位"寻址方式。DB1.DBX10.0 是数据块的按位寻址，DB1 是数据块名，表示数据块 DB1 的第 10 个字节的第 0 位。

位、字节、字和双字的构成示意图如图 2.1.2 所示。

字节（Byte）是由 8 位二进制数组成一个字节，其中第 0 位为最低位（LSB），第 7 位为最高位（MSB）。例如：IB3、MB10、DB1.DBB10，IB3 由 I3.0~I3.7 组成，DB1.DBB10 是数据块的按字节寻址，表示数据块 DB1 的第 10 个字节。

字（Word）是由相邻的两个字节组成，例如：IW3、MW0、DB1.DBW100，字 MW0 由 MB0 和 MB1 两个字节组成，MB0 为高字节，MB1 为低字节。DB1.DBW100 是数据块的按字寻址，表示数据块 DB1 的第 100 个字。

双字（Double Word）是由相邻的 4 个字节（或 2 个字）组成，例如：ID3、MD100、DB1.DBD100，双字 MD0 由 MB0 ~ MB3 四个字节（或 MW0、MW2 两个字）组成，DB1.DBD100 是数据块的按双字寻址，表示数据块 DB1 的第 100 个双字。

在程序的编写过程中，还要注意一个地址的冲突问题。例如，程序中使用了 MD0，按照寻址方式，它是一个双字寻址，包含了 MB0、MB1、MB2、MB3 四个连续的字节，如果在同一个程序中还使用了 MD2，其包含了 MB2、MB3、MB4、MB5 四个连续的字节，那么 MB2、MB3 这两个字节，即 M2.0~M3.7 这 16 个位被重复使用了，它就会出现数据的覆盖，影响数据的输出结果。

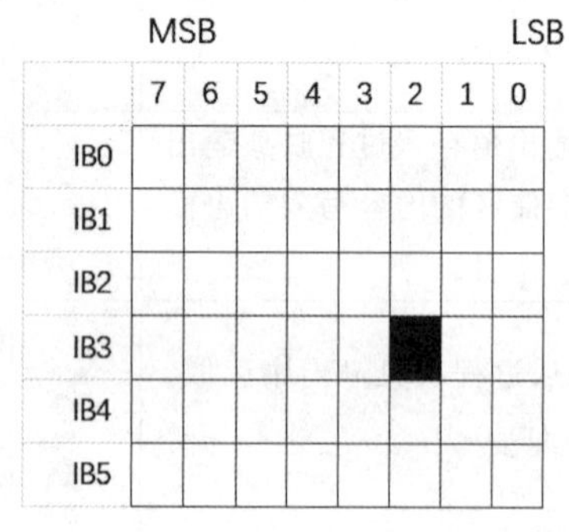

图 2.1.1 位寻址

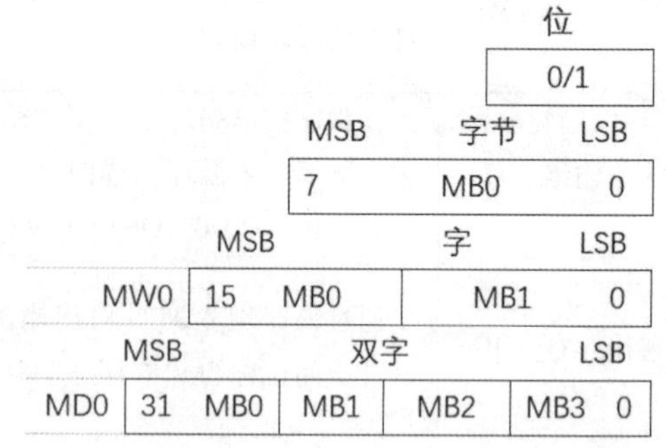

图 2.1.2 位、字节、字和双字的构成示意图

触点、线圈、置复位指令介绍及应用举例

2.1.3 位逻辑指令

使用位逻辑指令可以实现基本的位逻辑操作，位逻辑指令包括触点指令、线圈指令、置复位指令和边沿指令，如表 2.1.3 所示。

表 2.1.3　位逻辑指令

图形符号	功能	图形符号	功能
─┤ ├─	常开触点	RS	复位/置位触发器
─┤/├─	常闭触点	─┤P├─	扫描操作数信号的上升沿
─┤NOT├─	取反 RLO	─┤N├─	扫描操作数信号的下降沿
─( )─	线圈	─(P)─	在信号上升沿置位操作数
─(/)─	取反线圈	─(N)─	在信号下降沿置位操作数
─(S)─	置位线圈	P_TRIG	扫描 RLO 的信号上升沿
─(R)─	复位线圈	N_TRIG	扫描 RLO 的信号下降沿
S_BF ─( )─	置位位域	R_TRIG	检测信号上升沿
R_BF ─( )─	复位位域	F_TRIG	检测信号下降沿
SR	置位/复位触发器		

1. 触点指令

1）常开触点和常闭触点

触点分为常开触点和常闭触点（见表 2.1.3），常开触点对应的地址位为 1（TRUE）时闭合，为 0（FALSE）时断开。常闭触点对应的地址位为 1（TRUE）时断开，为 0（FALSE）时闭合。触点指令中变量的数据类型为布尔型，在编程时触点可以并联和串联使用，放在线圈的左边，如图 2.1.3 所示。

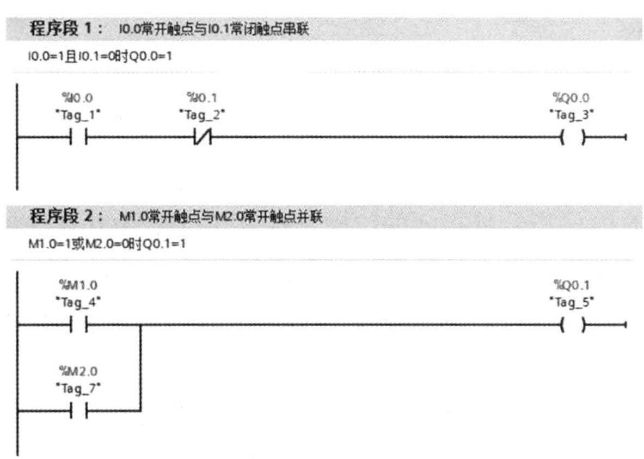

图 2.1.3　常开触点和常闭触点

注意：在使用绝对寻址方式时，绝对地址前面的“%”符号是编程软件自动添加的，无须用户输入。

2）取反 RLO 触点

RLO 是逻辑运算结果（Result of Logic Operation）的简称，指令符号中间的“NOT”表示取反 RLO 触点。如果没有能流流入取反 RLO 触点，则输出为 1，反之，则输出为 0。在图 2.1.4 中，若 I0.0 为 1，I0.1 为 0，则有能流流入取反 RLO 触点，经过取反 RLO 触点后，则无能流流向 Q0.3；若 I0.0 为 1，I0.1 为 1，则无能流流入取反 RLO 触点，经过取反 RLO 触点后，则有能流流向 Q0.3。

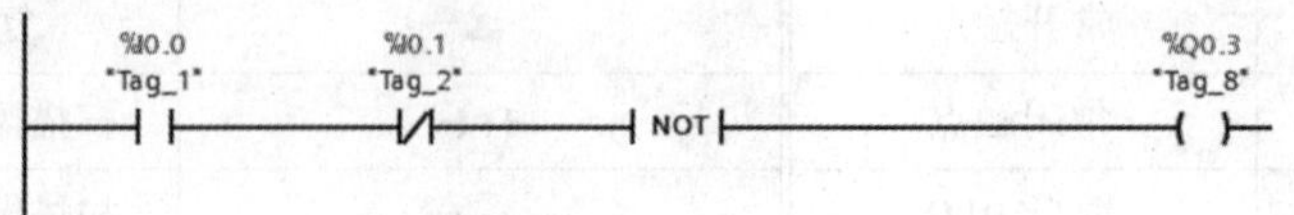

图 2.1.4 取反 RLO 触点

2. 线圈指令

线圈指令是输出指令，将输入的逻辑运算结果（RLO）写入指定的地址，RLO 的状态为 1 则线圈写入 1，反之则线圈写入 0，取反输出线圈中间有“/”符号。如图 2.1.5 所示，如果有能流流入 M4.2 的取反线圈，则 M4.2 为 0 状态，其常开触点断开，反之 M4.2 为 1 的状态，其常开触点闭合。Q0.4：P 表示立即写入对应的物理输出点，同时将结果写入过程映像输出 Q0.4。

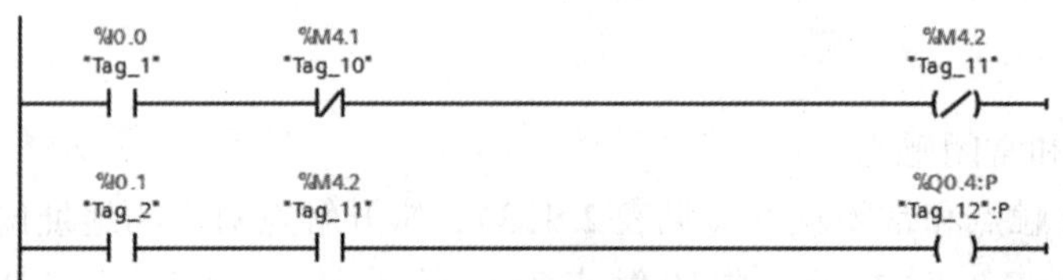

图 2.1.5 取反线圈和立即输出

注意：与 S7-200 不同，S7-1200 的梯形图允许在一个程序段内输入多个独立网络。

3. 置复位指令

1）置位复位指令

S（Set，置位输出）指令将指定的位操作数置位（变为 1 并保持）。

R（Reset，复位输出）指令将指定的位操作数复位（变为 0 并保持）。

置位和复位指令最主要的特点是具有记忆和保持功能，是对单个位进行置位和复位的指令，在使用时，这两个指令要搭配着用。如图 2.1.6 所示，若 I0.0=1，Q0.0 变为 1 并保持，I0.1=1，Q0.0 变为 0 并保持。

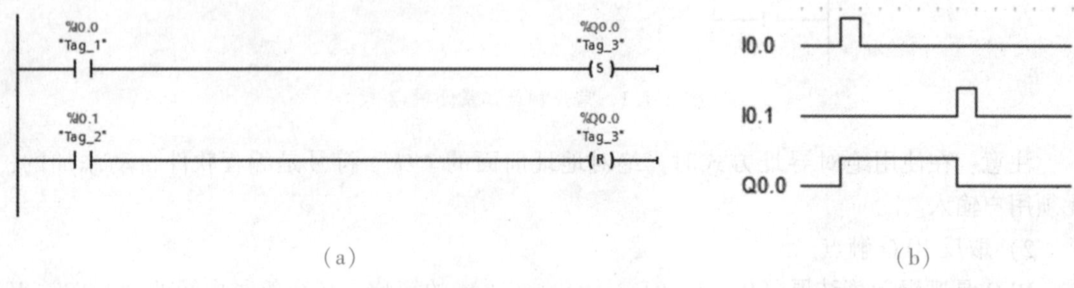

图 2.1.6 置位输出和复位输出指令

（a）梯形图；（b）时序图

2）置位位域与复位位域指令

“置位位域”指令 SET_BF 是将从指定的地址开始若干个连续地址置位并保持，“复位位域”指令 RESET_BF 是将从指定的地址开始若干个连续地址复位。指令上面输入需要置位或复位的起始地址，下面输入需要置位或复位的个数，最多可设置 65 535 个。如图 2.1.7 所示，若 I0.0 接通，从 Q0.0 开始的 5 个连续位（Q0.0～Q0.4）被置为 1，若 I0.1 接通，从 Q0.0 开始的 5 个连续位（Q0.0～Q0.4）被复位为 0。

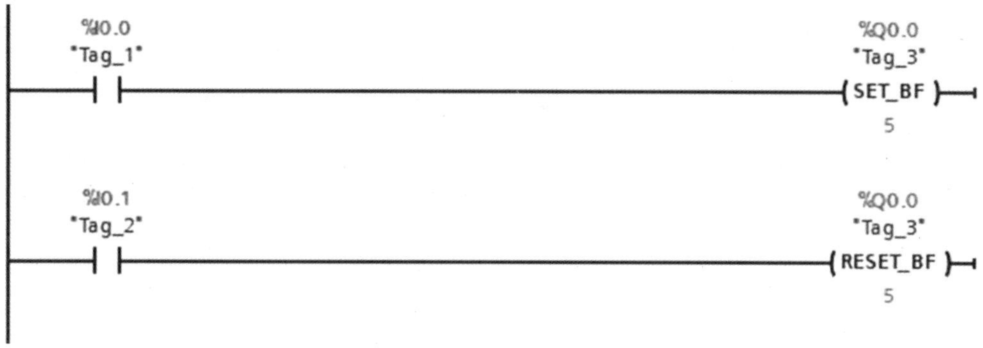

%I0.0
"Tag_1"
%Q0.0
"Tag_3"
SET_BF
5
%I0.1
"Tag_2"
%Q0.0
"Tag_3"
RESET_BF
5

图 2.1.7　置位复位位域指令

任务实施

1. 任务分析

根据任务描述可知，该系统输入有 4 个开关量信号，即 M1 启动按钮、M2 启动按钮、M1 停止按钮、M2 停止按钮，输出为 2 个开关量信号，即 M1 电动机和 M2 电动机。

2. I/O 分配

根据上述的任务分析，可以得到如表 2.1.4 所示 I/O 分配表。

表 2.1.4　I/O 分配表

信号类型	描述	PLC 地址
DI	M1 启动按钮 SB1	I0.0
	M2 启动按钮 SB2	I0.1
	M1 停止按钮 SB3	I0.2
	M2 停止按钮 SB4	I0.3
DO	M1 电动机 KM1	Q0.0
	M2 电动机 KM2	Q0.1

3. 外部硬件接线图

画出两台电动机顺序启动主电路和 PLC 控制电路 I/O 接线图，如图 2.1.8 所示。

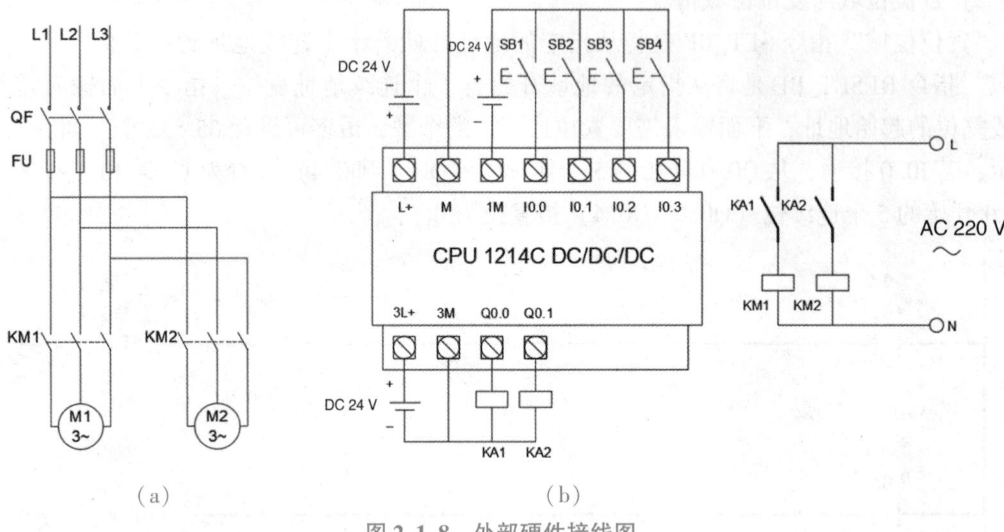

（a）　　　　（b）

图 2.1.8　外部硬件接线图

（a）主电路；（b）PLC 控制电路 I/O 接线图

4. 创建工程项目

打开 TIA 博途软件，在 Portal 视图中选择“创建新项目”，输入项目名称“电动机顺序启动”，选择项目保存路径，然后单击“创建”按钮，完成项目的创建，之后进行项目的硬件组态。

5. 编辑 PLC 变量表

PLC 变量表如图 2.1.9 所示。

		名称	数据类型	地址
1		M1启动按钮	Bool	%I0.0
2		M2启动按钮	Bool	%I0.1
3		M1停止按钮	Bool	%I0.2
4		M2停止按钮	Bool	%I0.3
5		M1继电器	Bool	%Q0.0
6		M2继电器	Bool	%Q0.1

图 2.1.9　PLC 变量表

6. 编写程序

采用了位逻辑指令进行程序的编写，如图 2.1.10 所示。

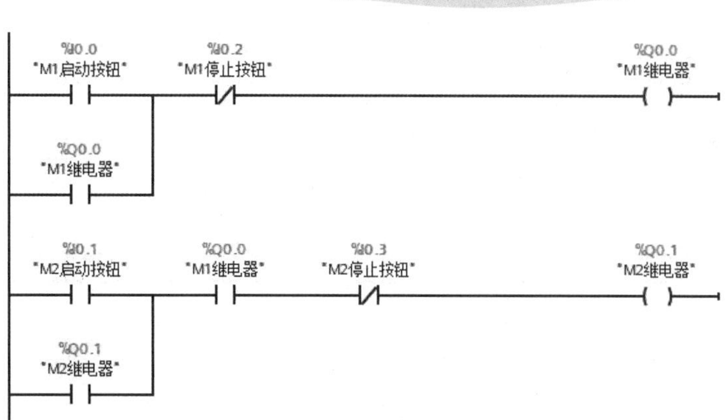

图 2.1.10　采用启保停法设计电动机顺序启动 PLC 控制程序

7. 调试程序

此程序采用连接 PLC 进行调试。计算机连接好 PLC 后，设置好计算机的 IP 地址，保证计算机和 PLC 的 IP 地址在一个网络段。单击进行程序下载，并在出现的对话框中选择相应的选项，直到完成程序的下载过程。

单击“启动 CPU”按钮，PLC 上的 RUN/STOP 指示灯亮绿灯，单击“停止 CPU”按钮，PLC 上的 RUN/STOP 指示灯亮红灯。程序运行起来后，首先选择“转至在线”按钮，项目树栏出现很多绿色和，表示程序运行正常，否则需要进行诊断和重新下载。打开需要监视的代码块，单击程序编辑器工具栏上的“启动/禁用监视”按钮，启动程序状态监视，如图 2.1.11 所示。

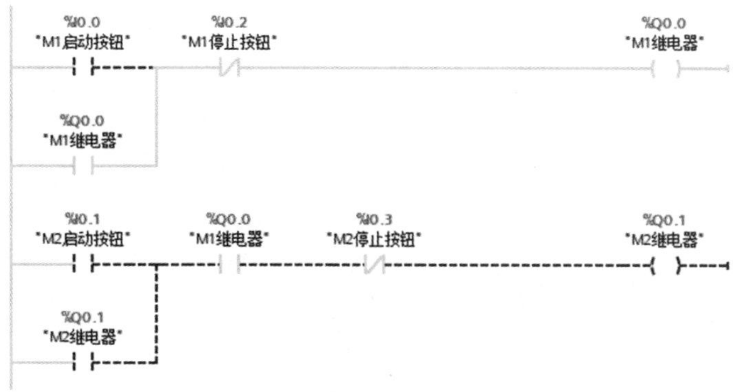

图 2.1.11 程序状态监视

那么接下来我们进行程序的调试，若先按下 I0.1 按钮，此时 Q0.0 还未接通，Q0.0 常开触点是断开的，那么 Q0.1 不接通；按下 I0.0 按钮，Q0.0 接通并保持，再按下 I0.1 按钮，由于 Q0.0 已接通，Q0.0 常开触点是闭合的，那么 Q0.1 也接通；Q0.0、Q0.1 都接通后，按下 I0.2 按钮，Q0.0 断开，Q0.0 常开触点也断开了，因此 Q0.1 也同时断开；再让 Q0.0、Q0.1 接通，先按下 I0.3 按钮，仅 Q0.1 断开，Q0.0 仍保持接通。

图 2. 1. 12 是采用 R、S 指令设计的电动机顺序启动控制程序，用户可以使用仿真进行程序的调试，这里不再具体描述。

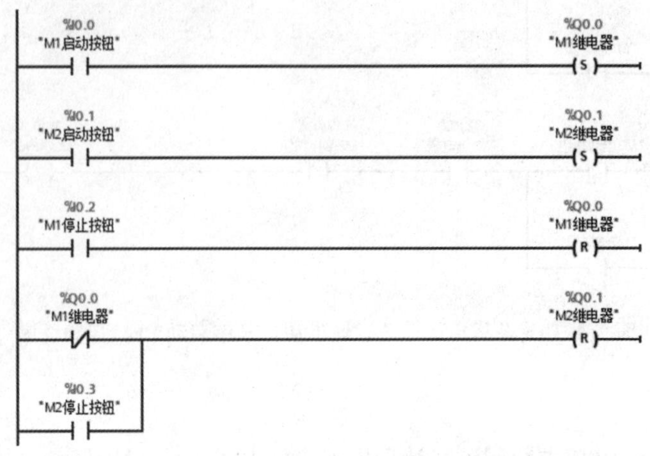

图 2. 1. 12　采用 R、S 指令设计电动机顺序启动 PLC 控制程序

注意：在程序的编写和调试过程中要注意单击“ ”进行程序的保存。上述编写和调试步骤的操作在项目一任务 1. 2 中都有比较详细的介绍，可进行参考。

任务拓展

采用基本位逻辑指令，编写抢答器程序，如图 2. 1. 13 所示。控制要求如下：开始抢答按钮为 I0. 0（一键启停），1 号嘉宾抢答按钮为 I0. 1，抢答指示灯为 Q1. 0，2 号嘉宾抢答按钮为 I0. 2，抢答指示灯为 Q1. 1，3 号嘉宾抢答按钮为 I0. 3，抢答指示灯为 Q1. 2。要求三个人任意抢答，谁先按下按钮，谁的指示灯就优先亮且只能亮一盏灯；进行下一个问题抢答前，主持人按下开始抢答按钮，抢答重新开始。根据控制要求编写 PLC 程序并进行调试。

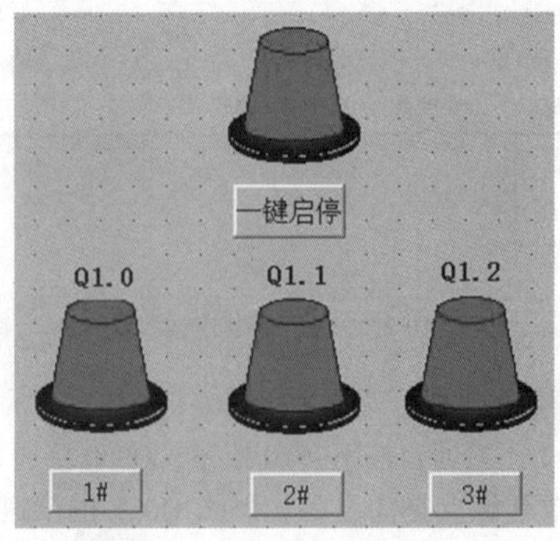

图 2. 1. 13　抢答器示意图

任务 2.2　小车自动往返运行的 PLC 控制

任务目标

1. 掌握 RS/SR 触发器指令及应用。
2. 掌握边沿检测指令及应用。
3. 掌握小车自动往返运行的 PLC 控制过程。

任务描述

用 PLC 实现控制小车自动往返运行，小车的前进后退由电动机拖动，在初始状态时小车停在中间，限位开关 I0.2 为 ON，按下启动按钮 I0.0，小车按图 2.2.1 所示的顺序运动，最后返回并停止在初始位置。

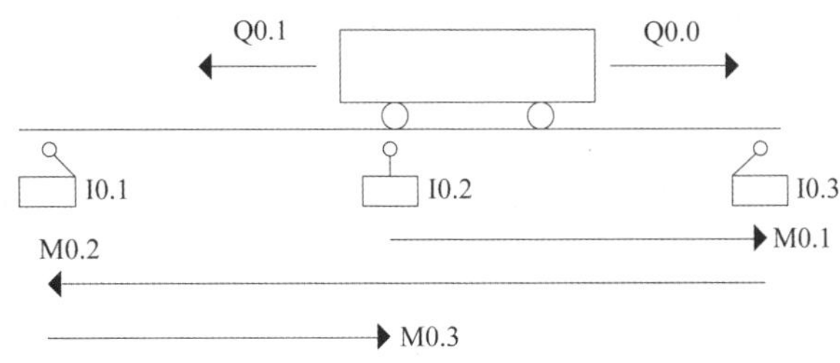

图 2.2.1　小车的往返运动示意图

基本知识

SR 触发器指令、边沿检测指令介绍及基本应用

2.2.1　置位/复位（SR）触发器与复位/置位（RS）触发器

置位/复位（SR）触发器又称为复位优先触发器，复位/置位（RS）触发器又称为置位优先触发器。两个触发器都是根据输入端的逻辑运算结果（RLO）对存储器进行位置位和复位。若两个输入端信号的逻辑结果全为 1，SR 触发器则复位端指令优先，复位为 0，RS 触发器则置位端指令优先，置位为 1。SR 触发器和 RS 触发器真值表如表 2.2.1 所示。

表 2.2.1　SR 触发器和 RS 触发器真值表

置位/复位（SR）触发器			复位/置位（RS）触发器		
S	R1	输出位	S1	R	输出位
0	0	保持之前状态	0	0	保持之前状态
0	1	0	0	1	0
1	0	1	1	0	1
1	1	0	1	1	1

图 2.2.2 所示为 RS 触发器和 SR 触发器指令应用，触发器上的 M0.0 和 M0.1 为标志位，R、S 输入端首先对标志位进行置位和复位，然后再将标志位的状态送到输出端。

后面介绍的诸多指令通常也带有标志位，其含义类似。

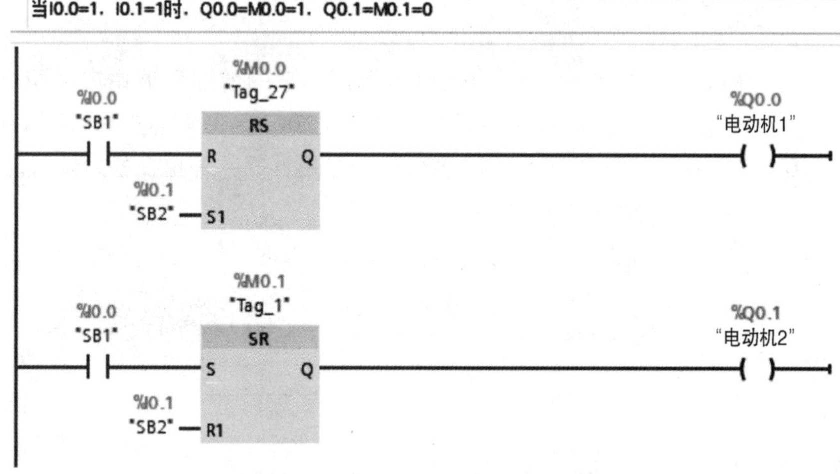

图 2.2.2　RS 触发器和 SR 触发器指令应用

注意：RS 触发器输入端 S1，1 在 S 端，则置位优先；SR 触发器输入端 R1，1 在 R 端，则复位优先。

2.2.2　边沿检测指令

1. 边沿检测触点指令

边沿检测触点指令包括 P 触点指令和 N 触点指令。P 触点指令的名称是“扫描操作数信号的上升沿”，是指当触点地址位的值从 0 跳转到 1（上升沿，Positive），则该触点接通一个扫描周期。N 触点指令的名称是“扫描操作数信号的下降沿”，是指当触点地址位的值从 1 跳转到 0（下降沿，Negative），则该触点接通一个扫描周期。边沿检测触点指令应用如图 2.2.3 所示，当 I0.0 由 0 变为 1 时，触点接通一个扫描周期，置位 M5.0～M5.3，标志位 M4.3 变为 1；当 I0.1 由 1 变为 0 时，触点接通一个扫描周期，复位 M5.0～M5.3，标志位 M4.4 变为 0。

注意：边沿检测触点指令是可以放置在程序段中除分支结尾外的任何位置。

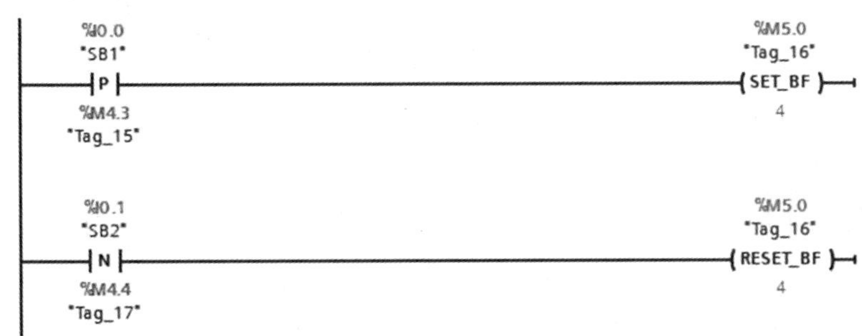

图 2.2.3 边沿检测触点指令应用

2. 边沿检测线圈指令

边沿检测线圈指令包括 P 线圈指令和 N 线圈指令，是指当进入线圈的能流检测到上升沿或下降沿时，线圈的位地址接通一个扫描周期。边沿检测线圈指令的应用如图 2.2.4 所示，当 I0.0 由 0 变为 1 时，状态位 M0.0、M0.2 变为 TRUE，Q0.0 接通一个扫描周期，Q0.3 一直接通；当 I0.1 由 1 变为 0 时，M0.1 接通一个扫描周期，状态位 M0.0、M0.2 变为 FALSE，Q0.0、Q0.1 都不接通。

注意：边沿检测线圈指令是可以放置在程序段中任何位置。

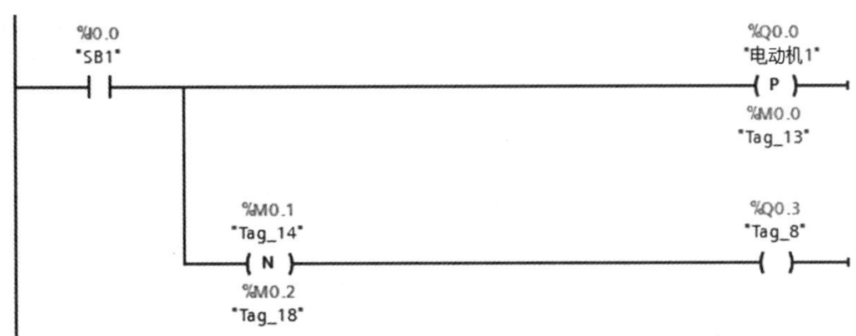

图 2.2.4 边沿检测线圈指令应用

3. TRIG 边沿检测指令

TRIG 边沿检测指令包括 P_TRIG 和 N_TRIG 指令，可以是检测单个触点的上升沿和下降沿，也可以检测 RLO 的上升沿和下降沿，即当在“CLK”输入端检测到上升沿或下降沿时，输出端接通一个扫描周期。TRIG 边沿检测指令应用如图 2.2.5 所示，当 I0.0 与 M0.0 常闭触点串联输出 RLO 由 0 变为 1 时，状态位 M1.0 变为 1，Q0.3 接通一个扫描周期。当 I0.1 从 1 变为 0 时，状态位 M2.0 变为 0，Q0.4 接通一个扫描周期，此时 N_TRIG 指令功能同 N 触点指令相同。

注意：P_TRIG 和 N_TRIG 指令不能放在网络的开始和结束处。

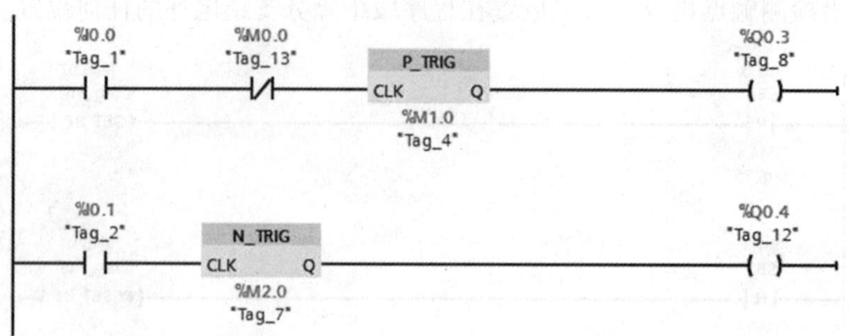

图 2.2.5　TRIG 边沿检测指令应用

4. 带背景块的 TRIG 边沿检测指令

R_TRIG 是“检测信号上升沿”指令，F_TRIG 是“检测信号下降沿”指令。它们是函数块，在调用时会自动为它们生成背景数据块。这两条指令都是将输入 CLK 的当前状态与背景数据块中保存上一个扫描周期 CLK 状态的边沿存储位进行比较，如果指令检测到 CLK 的上升沿或下降沿，将会通过 Q 端输出一个扫描周期的脉冲。P_TRIG 指令和 N_TRIG 指令是用位地址来进行信号保存。

如图 2.2.6 所示，当 R_TRIG 指令的输入 CLK 端由 0 变为 1 时，输出 M10.0 接通一个扫描周期，从而置位 Q0.0，同时背景数据块中保存了上一次扫描循环 CLK 端信号的状态；如图 2.2.7 所示，当 F_TRIG 指令的输入 CLK 端由 1 变为 0 时，输出 M10.1 接通一个扫描周期，从而复位 Q0.0，同时背景数据块中保存了上一次扫描循环 CLK 端信号的状态。

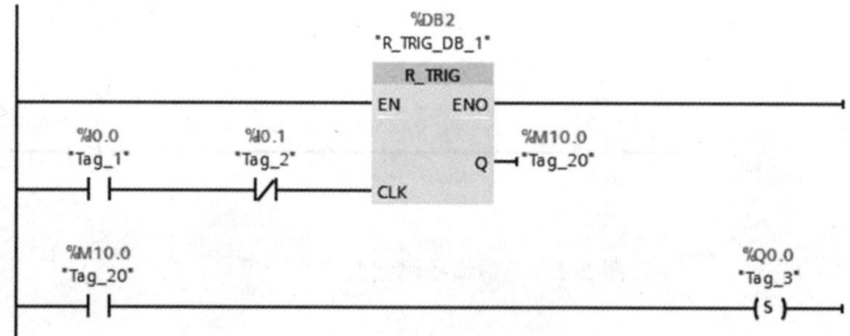

图 2.2.6　R_TRIG 边沿检测指令应用

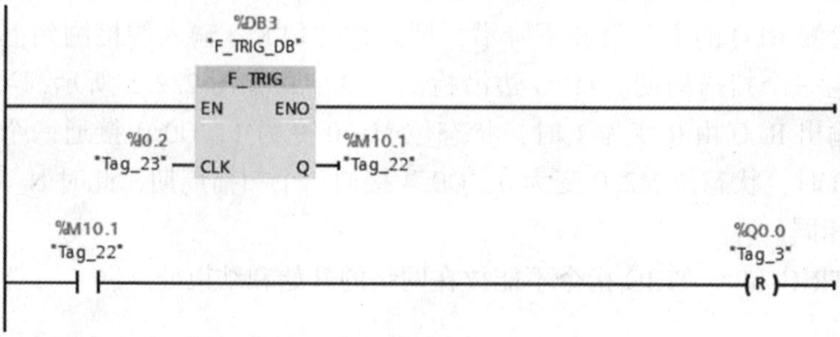

图 2.2.7　F_TRIG 边沿检测指令应用

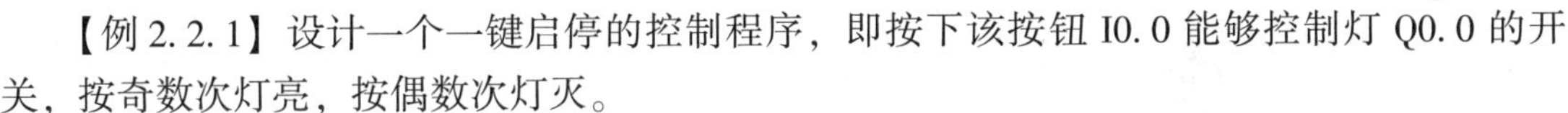

【例 2.2.1】设计一个一键启停的控制程序，即按下该按钮 I0.0 能够控制灯 Q0.0 的开关，按奇数次灯亮，按偶数次灯灭。

如图 2.2.8 所示，将脉冲信号加到按钮 I0.0 端，在 I0.0 第一个脉冲上升沿到来时，M0.0、M0.1 产生一个扫描周期的脉冲，即置位端 S 接通一个扫描周期，而此时 Q0.0 处于断开状态，即复位端 R1 为 0，因此 M10.0 置位为 1，输出端 Q 也为 1，灯 Q0.0 接通，当按钮 I0.0 松开时，灯 Q0.0 的状态保持接通不变；当按钮 I0.0 再次接通时，M0.0、M0.1 产生一个扫描周期的脉冲，而此时 Q0.0 也处于接通状态，因此置位端 S 和复位端 R1 同时接通一个扫描周期，因此 M10.0 复位为 0，输出端 Q 也为 0，灯 Q0.0 断开，当按钮 I0.0 松开时，灯 Q0.0 的状态保持断开不变；当按钮 I0.0 第三次接通时，灯 Q0.0 又接通，重复上面的过程，即按奇数次灯亮，按偶数次灯灭，这个程序也称为二分频控制程序。

该程序采用的是复位优先触发器 SR 指令进行编程，还可以采用置位优先触发器 RS 指令进行编程，这里不再赘述。

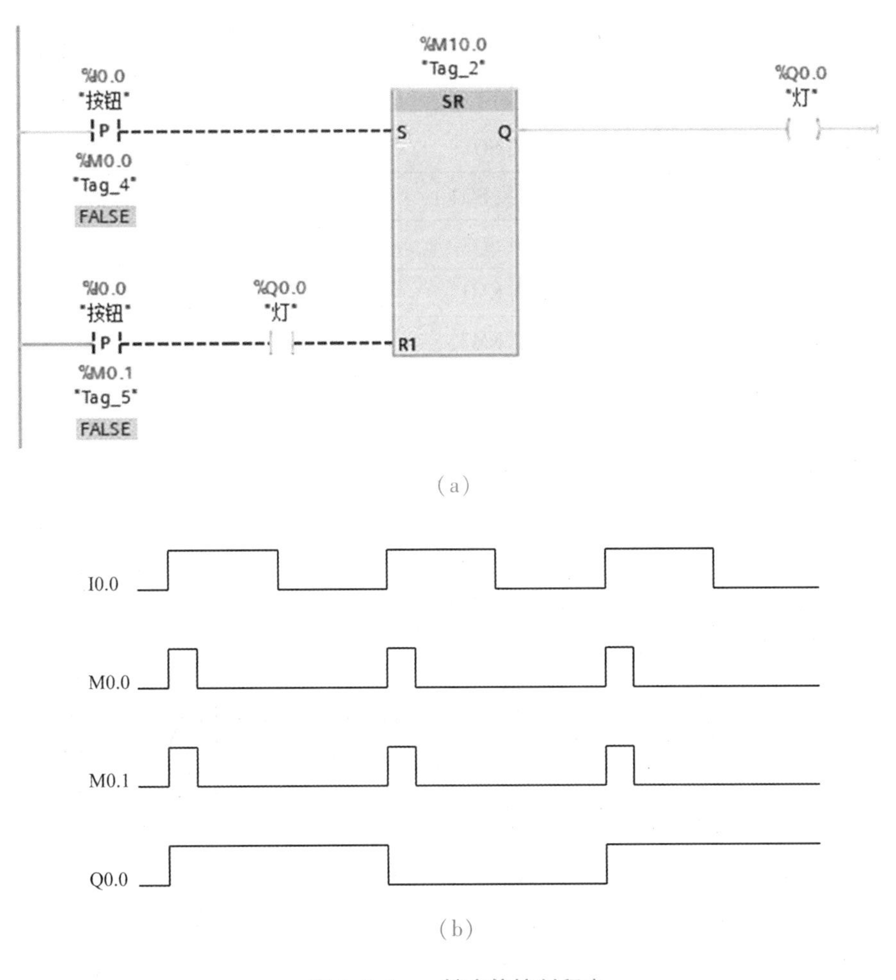

图 2.2.8　一键启停控制程序

(a) 梯形图；(b) 波形图

任务实施

小车自动往返运动的 PLC 控制

1. 任务分析

根据任务描述可知，该系统输入有 4 个开关量信号，即启动按钮、左限位开关、中间位置开关、右限位开关，输出为 2 个开关量信号，即前进电动机和后退电动机。本系统的工作流程是：初始状态时小车停在中间位置，启动后小车前进到右限位，然后后退到左限位，最后小车又前进返回到中间位置。

2. I/O 分配

根据上述的任务分析，可以得到如表 2.2.2 所示 I/O 分配表。

表 2.2.2　I/O 分配表

信号类型	描述	PLC 地址
DI	启动按钮 SB1	I0.0
	左限位开关 SQ1	I0.1
	中间位置开关 SQ2	I0.2
	右限位开关 SQ3	I0.3
DO	前进电动机 KM1	Q0.0
	后退电动机 KM2	Q0.1

3. 外部硬件接线图

画出实现小车自动往返运动主电路和 PLC 控制电路 I/O 接线图，如图 2.2.9 所示。

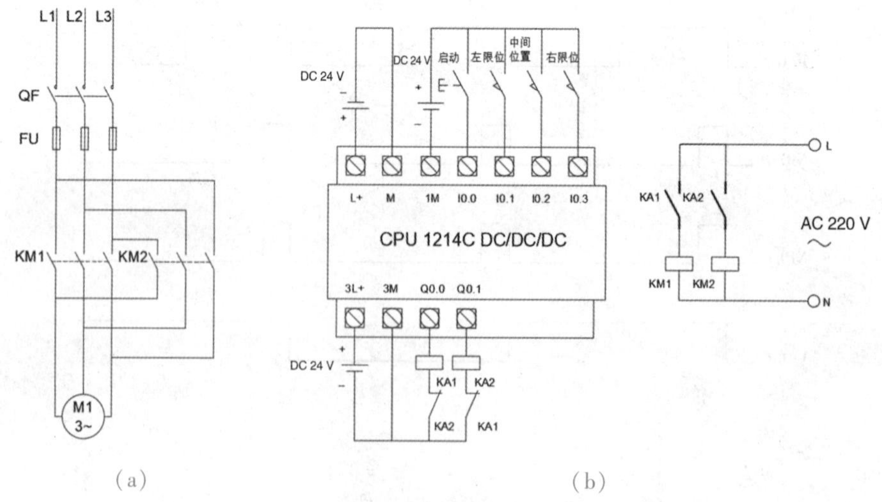

图 2.2.9　外部硬件接线图

(a) 主电路；(b) 控制电路 I/O 接线图

4. 创建工程项目

打开 TIA 博途软件，在 Portal 视图中选择“创建新项目”，输入项目名称“小车自动往返运动”，选择项目保存路径，然后单击“创建”按钮，完成项目的创建，之后进行项目的硬件组态。

5. 编辑 PLC 变量表

PLC 变量表如图 2.2.10 所示。

默认变量表

	名称 ▲	数据类型	地址
1	启动	Bool	%I0.0
2	左限位	Bool	%I0.1
3	中间位置	Bool	%I0.2
4	右限位	Bool	%I0.3
5	前进	Bool	%Q0.0
6	后退	Bool	%Q0.1

图 2.2.10　PLC 变量表

6. 编写程序

采用复位优先触发器 SR 指令设计的小车自动往返运动控制程序，如图 2.2.11 所示。

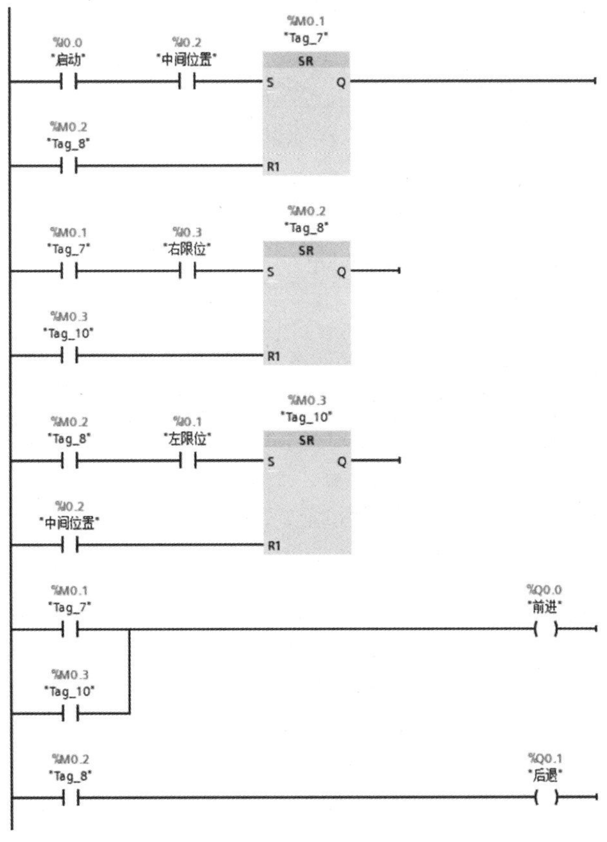

图 2.2.11　小车自动往返 PLC 程序

7. 调试程序

本程序采用仿真进行调试，首先单击菜单栏的“开始仿真”按钮，仿真启动后，单击进行程序下载。单击“启动 CPU”按钮，PLC 上的 RUN/STOP 指示灯亮绿灯，程序运行起来后，首先选择 转至在线 按钮，进行在线调试。启动程序状态监视，打开需要监视的代码块，单击程序编辑器工具栏上的“启动/禁用监视”按钮，启动程序状态监视。

双击打开项目树中“监控与强制表”下的“强制表”，输入 I0.0、I0.1、I0.2 和 I0.3，单击“窗口”菜单中的命令“水平拆分编辑器空间按钮”，同时显示 Main［OB1］和强制表，如图 2.2.12 所示。

单击强制表工具栏上的“”按钮，启动强制表对 I 点进行强制。首先将 I0.0（启动按钮）和 I0.2（模拟小车在中间位置）强制为 1 后，Main［OB1］中 Q0.0 接通，表示小车开始前进；再将 I0.3 强制为 1 后（模拟小车走到右限位位置），Q0.0 断开，Q0.1 接通，表示小车停止前进开始后退；再将 I0.1 强制为 1 后（模拟小车走到左限位位置），Q0.1 断开，Q0.0 接通，表示小车停止后退开始前进（返回）；再将 I0.2 强制为 1 后（模拟小车回到中间位置），Q0.0、Q0.1 都不接通，表示小车停止，回到了初始位置。

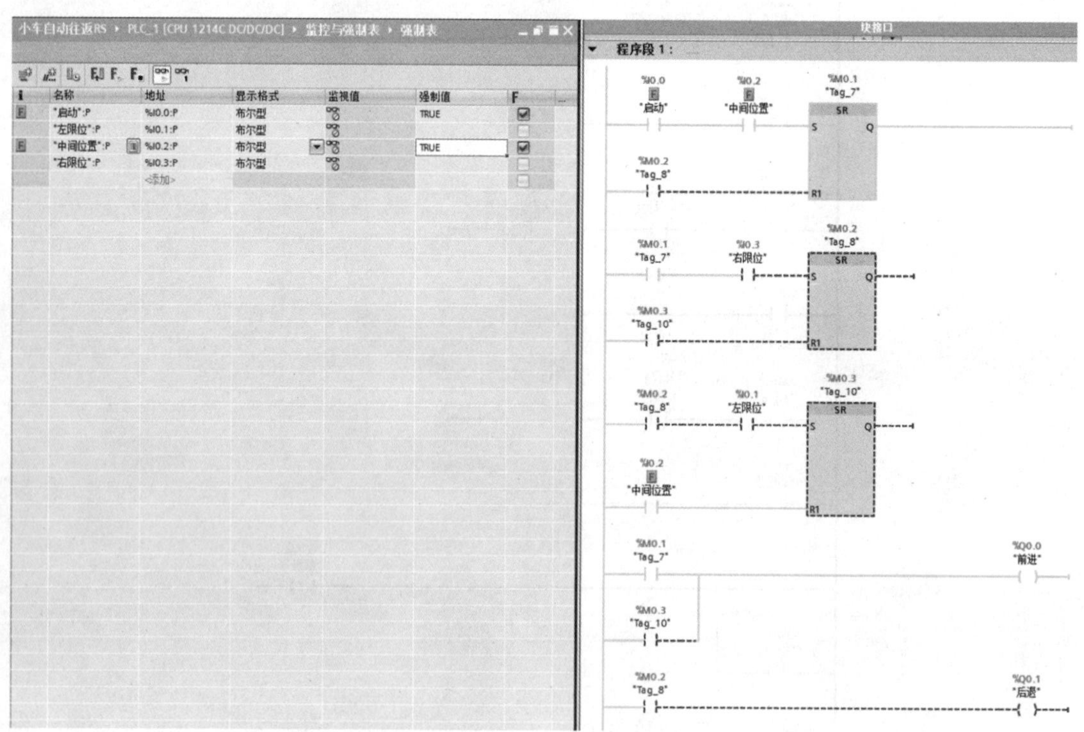

图 2.2.12　Main［OB1］和强制表

任务拓展

采用基本位逻辑指令，编写地下车库停车场出入口控制程序。控制要求如下：如图 2.2.13 所示，在地下停车场的出入口处，同时只允许一辆车进出，在进出通道的两端设置有红绿灯，光电开关 I0.0 和 I0.1 用来检测是否有车经过，光线被车挡住时，I0.0 或 I0.1 为 1 的状态，有车进入通道时（光电开关检测到车的前沿），两端的绿灯灭、红灯亮，以警示两方再来的车辆不能进入通道。车离开通道时，光电开光检测到车的后沿，两端的红灯灭、绿灯亮，别的车辆可以进入通道。

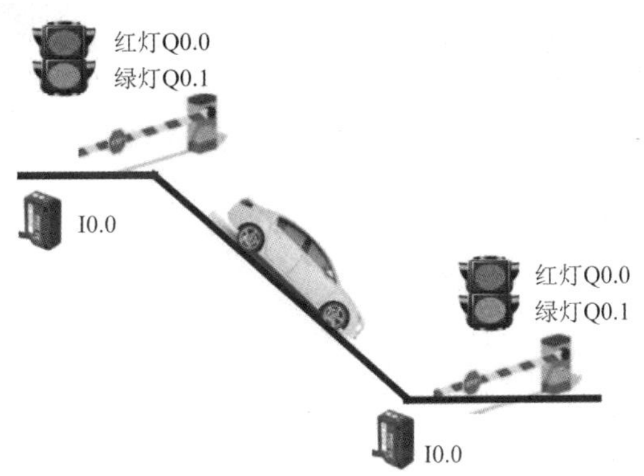

图 2.2.13　停车场出入口示意图

任务 2.3　三级皮带运输机的 PLC 控制

任务目标

1. 掌握四种定时器（TP、TON、TOF、TONR）指令的应用。
2. 掌握三级皮带运输机的 PLC 控制过程。

任务描述

某控制系统如图 2.3.1 所示，能够实现三级带式运输机的延时顺序启动、延时逆序停止控制，三级带式运输机由三相交流异步电动机 M1 ~ M3 驱动，并要求按 M1 ~ M3 的顺序启动，按 M3 ~ M1 的顺序停止，启动延时间隔时间为 5 s，停止延时间隔为 10 s。根据控制要求编写 PLC 控制程序并进行调试。

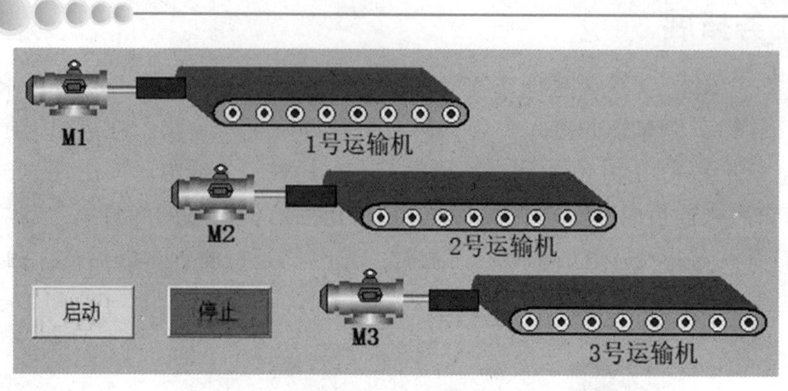

图 2.3.1　三级带式运输机运行示意图

基本知识

定时器认知

S7-1200 定时器是 IEC 定时器，IEC 定时器和 IEC 计数器都属于函数块，调用时需要分配背景数据块用于数据保存。S7-1200 PLC 提供了 4 种类型的定时器，相比 S7-200 多了一种脉冲定时器（TP），如表 2.3.1 所示。

表 2.3.1　S-1200 PLC 的定时器

类型	功能描述
脉冲定时器（TP）	可生成具有预设宽度时间的脉冲
接通延时定时器（TON）	输出 Q 在单一间隔定时达到预设延时后置为 ON
关断延时定时器（TOF）	输出 Q 在单一间隔定时达到预设延时后置为 OFF
保持型接通延时定时器（TONR）	输出 Q 在多个累计时间计时达到预设延时后置为 ON

打开指令列表窗口，将“定时器操作”文件夹中的定时器指令拖放到梯形图中适当的位置，弹出“调用选项”对话框［见图 2.3.2（a）］，定时器会自动分配背景数据块，背景数据块的名称和编号可以采用默认设置，也可以手动自行设置，生成的背景数据块如图 2.3.2（b）所示。以 TP 指令为例（见图 2.3.3），定时器的输入 IN 为启动输入端，PT（Preset Time）为预设时间值，ET（Elapsed Time）为定时器的当前时间值，Q 为定时器的位输出，可以不给 ET 和输出 Q 指定地址。ET 和 PT 的数据类型都为 32 位的 Time，单位为 ms，最大定时时间为 T#24d_20h_31m_23s_647ms。图 2.3.3 中“%DB1”是定时器的背景数据块绝对地址，“TP1”是背景数据块的符号地址，其他定时器的背景数据块也是类似的，后面不再赘述。

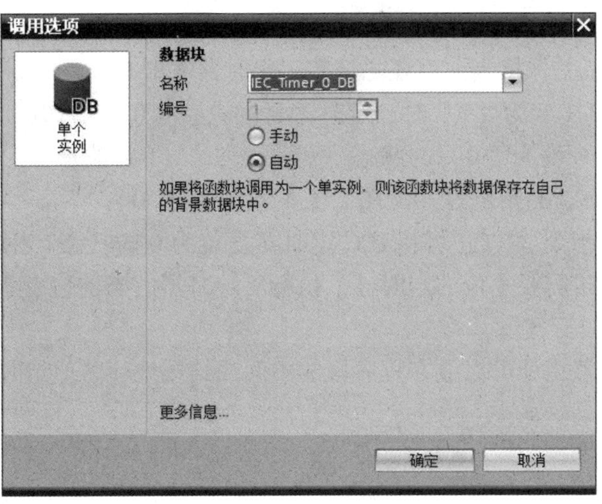

(a)

TP1

	名称	数据类型	起始值
▼	Static		
■	PT	Time	T#0ms
■	ET	Time	T#0ms
■	IN	Bool	false
■	Q	Bool	false

(b)

图 2.3.2　生成定时器的背景数据块

(a)“调用选项”对话框；(b) 背景数据块

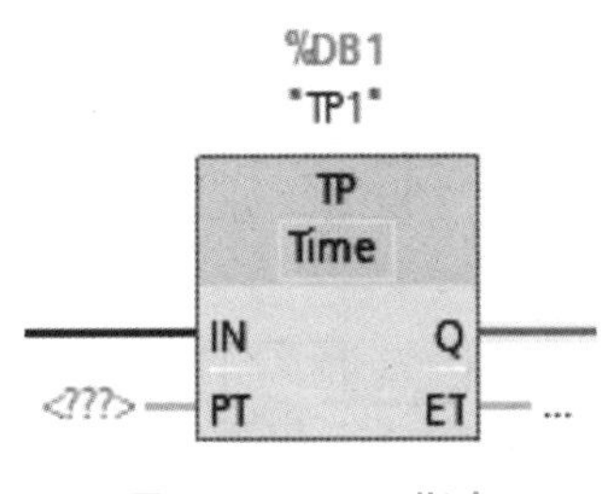

图 2.3.3　TP 指令

2.3.1　脉冲定时器指令 TP

脉冲定时器指令名称为“生成脉冲”，类似于数字电路中的上升沿触发的单稳态电路，用于将输出 Q 置位为 PT 预设的一段时间。脉冲定时器指令（TP）应用如图 2.3.4（a）所示，图 2.3.4（b）所示为其工作时序图，其工作原理如下：

（1）启动：脉冲定时器的使能输入端 IN 的输入端 I0.0 由“0”变为“1”时，定时器开始计时，此时定时器输出端 Q 置位为“1”，开始输出脉冲。当定时时间等于预设值 PT 时，定时器输出端 Q 变为“0”［见图 2.3.4（b）波形 A、B、E］。脉冲定时器 IN 输入端的脉冲宽度可以小于预设值，在脉冲输出期间，即使 IN 输入出现下降沿或上升沿，也不会影响脉冲的输出［见图 2.3.4（b）波形 B］。

（2）输出：当定时时间在定时过程中，定时器输出 Q 就为“1”状态，定时器停止定时，无论当前时间 ET 是保持当前值还是清零，定时器输出 Q 皆为“0”的状态。

（3）复位：当 I0.1 变为“1”时，定时器复位线圈（RT）通电，定时器被复位，当前时间被清零，输出端 Q 变为“0”的状态［见图 2.3.4（b）波形 C］，如果此时输入端 IN 为“1”的状态，则重新开始定时［见图 2.3.4（b）波形 D］。

定时器复位线圈指令（RT）可将 IEC 定时器复位为 0 的状态。用定时器的背景数据块的编号或符号名来指定需要复位的定时器，执行后定时器的当前值变为 0，其他定时器也一样可以采用 RT 指令进行复位。

注意：脉冲定时器指令可以放在程序段的中间或结尾处，其他定时器一样，不再赘述。

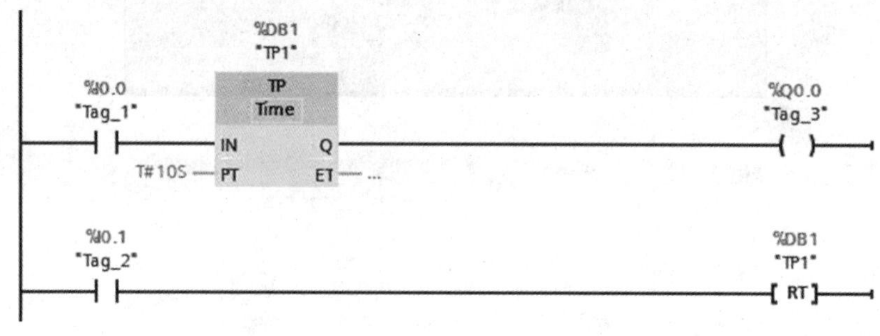

（a）

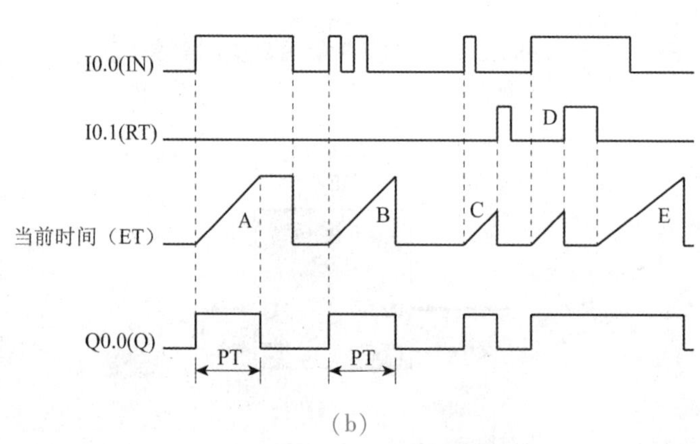

（b）

图 2.3.4　脉冲定时器及时序图

（a）脉冲定时器；（b）时序图

2.3.2　接通延时定时器指令 TON

接通延时定时器如图 2.3.5（a）所示，图 2.3.5（b）所示为其工作时序图。接通延时定时器（TON）用于将 Q 输出的置位操作延时 PT 指定的一段时间，其工作原理如下：

（1）启动：当接通延时定时器的使能输入端 IN 的输入电路由“0”变为“1”时，定时器开始计时，定时时间等于预设值 PT 时，当前时间值 ET 停止计时并保持不变［见图 2.3.5（b）波形 A］。

（2）输出：当定时时间到预置值，且输入端 IN 一直为“1”时，定时器输出 Q 就为

"1"状态；如果定时时间未到预定值，输入端 IN 又变为"0"，则定时器当前时间被清零，同时输出保持"0"状态不变［见图 2.3.5（b）波形 b］。

（3）复位：当 I0.3 变为"1"时，定时器复位线圈 RT 通电，定时器被复位，当前时间被清零，输出端 Q 变为"0"的状态［见图 2.3.5（b）波形 C］，并重新开始定时［见图 2.3.5（b）波形 D］。

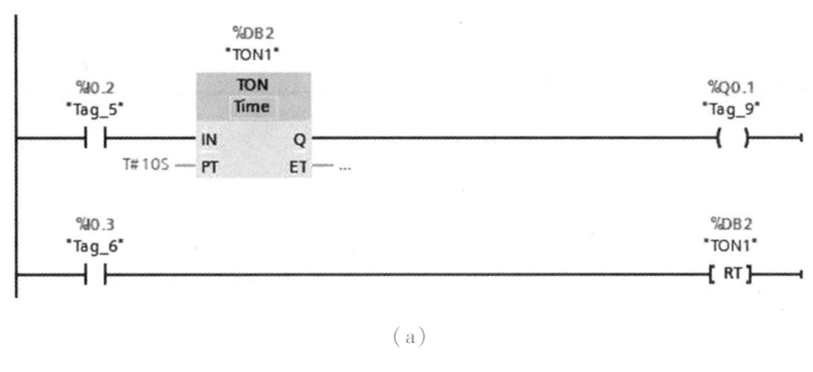

（a）

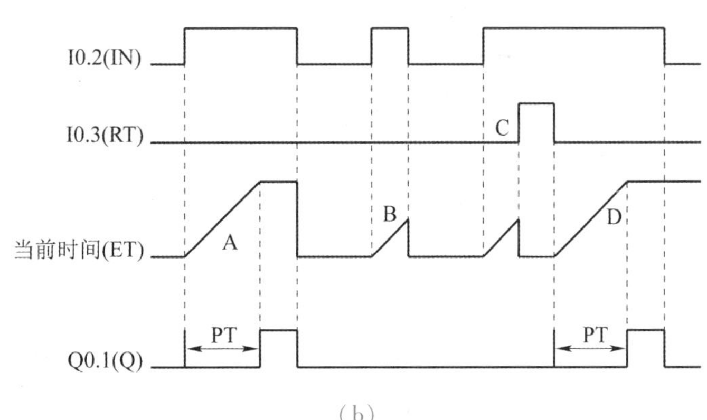

（b）

图 2.3.5　接通延时定时器及时序图

（a）接通延时定时器；（b）时序图

2.3.3　关断延时定时器指令 TOF

关断延时定时器如图 2.3.6（a）所示，图 2.3.6（b）所示为其工作时序图。关断延时定时器（TOF）用于将 Q 输出的复位操作延时 PT 指定的一段时间，其工作原理如下：

（1）启动：当关断延时定时器的使能输入端 IN 接通时，继电器输出端 Q 为 1 状态，当前时间被清零。输入端 IN 的输入电路由"1"变为"0"时，定时器开始计时，定时时间等于预设值 PT 时，当前时间值 ET 停止计时并保持不变［见图 2.3.6（b）波形 A］。

（2）输出：当定时时间到预置值，继电器输出端 Q 为 0 状态，如果定时时间未到预定值，输入端 IN 又变为"1"，则定时器当前时间被清零，同时输出保持"1"状态不变［见图 2.3.6（b）波形 B］。

（3）复位：当 I0.5 变为"1"时，定时器复位线圈 RT 通电，定时器被复位，当前时间被清零，输出端 Q 变为"0"状态［见图 2.3.6（b）波形 C］。如果 I0.5 为 1，但输入 IN

一直为“1”状态，则复位信号不起作用［见图2.3.6（b）波形D］。

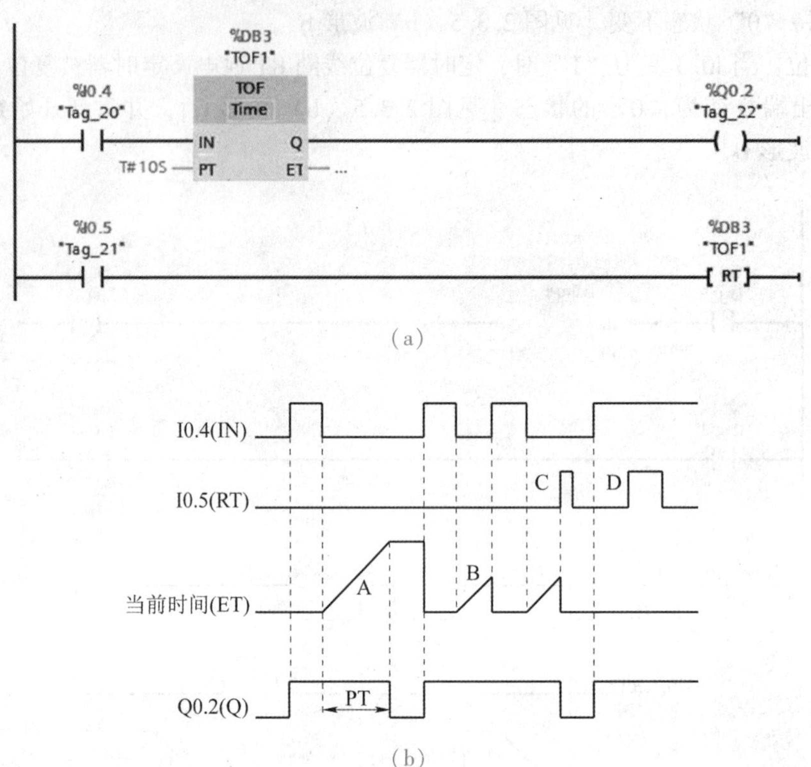

（a）

（b）

图2.3.6　关断延时定时器及时序图

（a）关断延时定时器；（b）时序图

2.3.4　保持型接通延时定时器指令TONR

保持型接通延时定时器指令如图2.3.7（a）所示，图2.3.7（b）所示为其工作时序图。保持型接通延时定时器（TONR）用于将Q输出的置位操作延时PT指定的一段时间，该时间可以是多个时间累加，其工作原理如下：

（1）启动：当保持型接通延时定时器的使能输入端IN的输入电路由“0”变为“1”时，定时器开始计时［见图2.3.7（b）波形A］。

（2）输出：当定时器输入IN又变为1时，定时器继续累计计时，如此重复［见图2.3.7（b）波形A、B］，直到定时器当前值达到预置值时，当前时间值ET停止计时并保持不变，同时定时器输出Q变为“1”状态［见图2.3.7（b）波形D］。

（3）复位：当I0.7变为“1”时，定时器被复位，当前时间被清零，输出端Q变为“0”的状态［见图2.3.7（b）波形C］。

图3.3.7中的PT线圈为“加载持续时间”指令。当I1.0接通时，将PT线圈下面指定的时间写入TONR定时器名为“T1”的背景数据块DB2的静态变量PT中（即“T1”.PT），再将“T1”.PT作为TONR的输入参数PT的实参（预设时间）进行定时器定时。用I0.7复位TONR时，“T1”.PT也被清零。

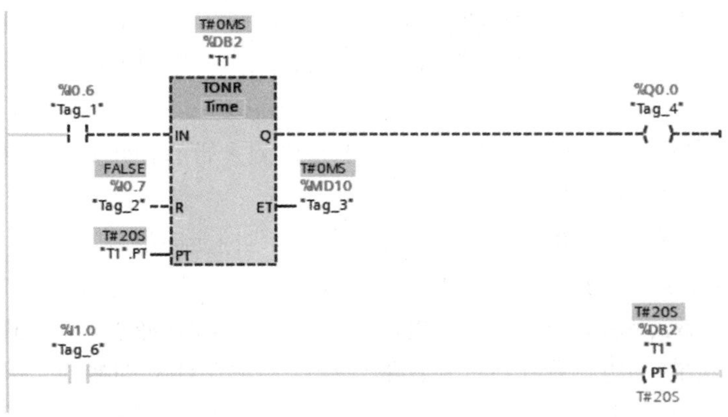

(a)

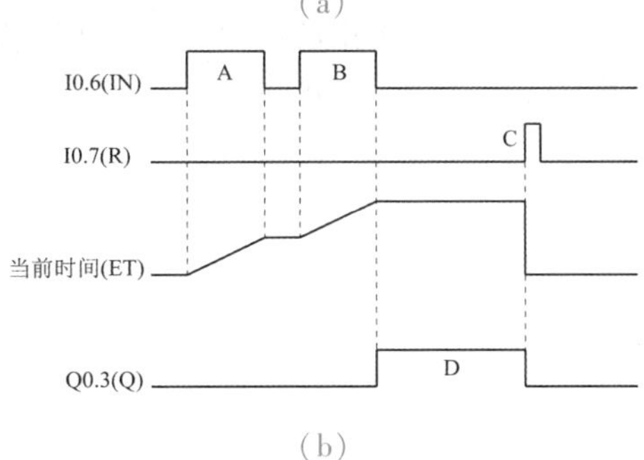

(b)

图 2.3.7　保持型接通延时定时器及时序图

(a) 保持型接通延时定时器；(b) 时序图

定时器的基本应用

【例 2.3.1】设计一个周期和占空比可调的控制程序。

如图 2.3.8 所示，采用了两个接通延时定时器 TON2 和 TON3，当 M4.0 接通后，TON2 定时器 IN 输入端信号为 1 时，该定时器开始定时，当定时时间到 1 s 时，Q0.1 接通，并且定时器 TON2 的 Q 输出端产生能流流入定时器 TON3 的 IN 输入端，使定时器 TON3 开始定时，当定时时间到 2 s 时，定时器 TON3 的 Q 输出端为 1，即“TON3”.Q 的常闭触点断开，那么 TON2 定时器断开，Q0.1 和 TON3 定时器也断开，即 M4.0 接通后，Q0.1 断开 1 s 后再接通 2 s。当下一个扫描周期到来时，由于定时器 TON3 断开，“TON3”.Q 的常闭触点恢复闭合，定时器 TON2 又开始定时，Q0.1 继续断开 1 s 和接通 2 s 交替，形成一个占空比为 2∶3 的振荡电路。

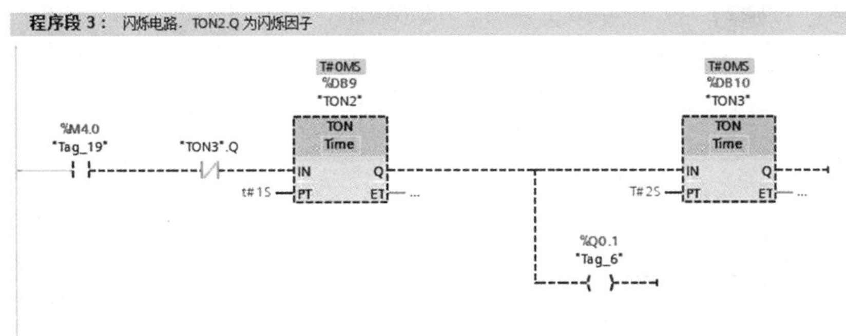

图 2.3.8　占空比可调的控制程序

【例 2.3.2】使用三种定时器（TP、TON、TOF）指令，设计卫生间冲水控制程序。控制要求如下：使用者进入卫生间 3 s 后，电磁阀冲水 4 s，当使用者离开卫生间后，电磁阀冲水 5 s。

图 2.3.9 所示为卫生间冲水控制程序，I0.1 是检测是否有使用者进入的光电检测开关，Q0.0 是控制冲水的电磁阀信号。

程序段 1 中，当使用者 I0.1 进入卫生间后，通电延时定时器 T1 开始计时，当定时时间到 3 s 时，脉冲定时器 T2 接通，TP 的 Q 输出端输出一个脉冲宽度为 4 s 的脉冲，即 M10.0 接通 4 s 后断开，那么程序段 3 中 Q0.0 也接通 4 s，即电磁阀冲水 4 s 后断开。在程序段 2 中断电延时定时器 T3 通电，程序段 3 中其常开触点“T3”.Q 立即接通，但此时 I0.1 断开。当使用者离开时，I0.1 闭合，程序段 3 中的 Q0.0 即电磁阀又开始冲水，程序段 2 中断电延时定时器 T3 开始计时，延时 5 s 后，T3 常开触点“T3”.Q 恢复断开，冲水电磁阀 Q0.0 断电，即使用者在离开后，电磁阀又冲水 5 s 后断开。

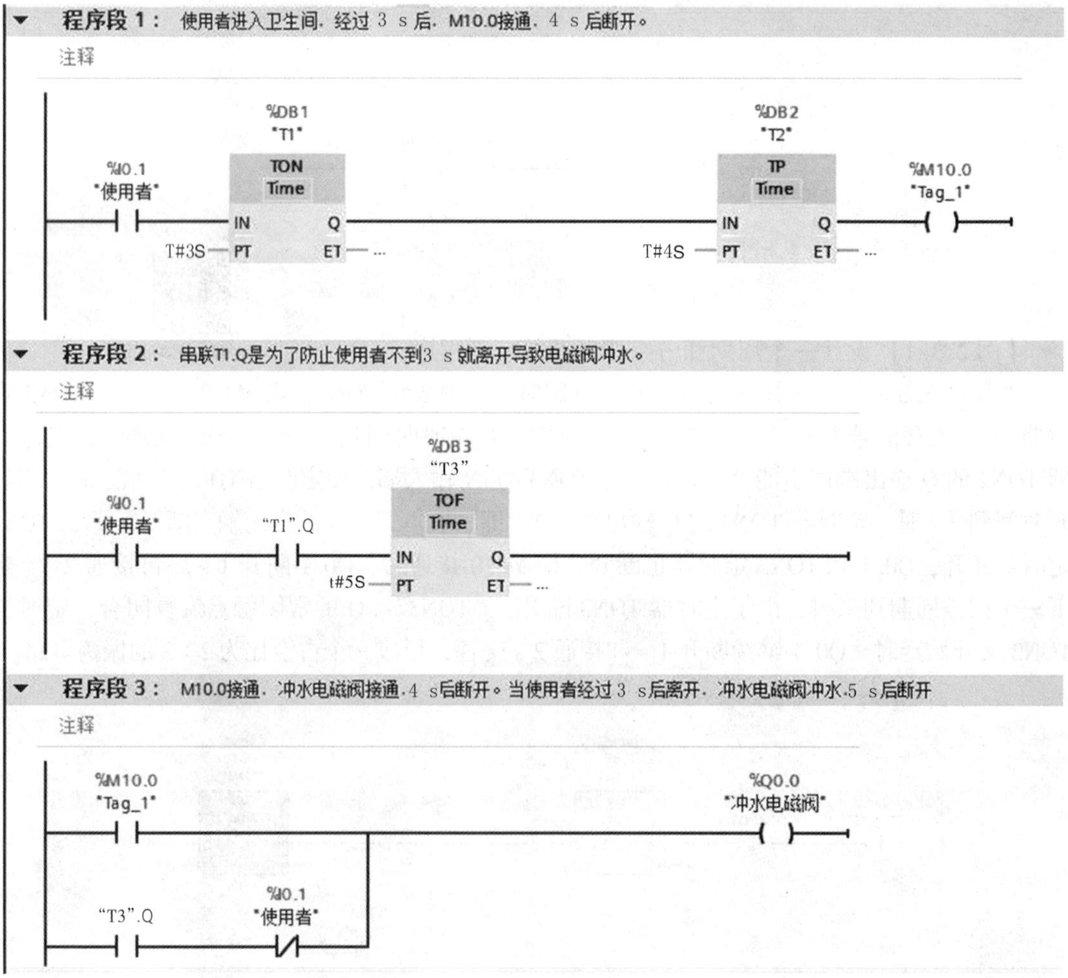

程序段 1： 使用者进入卫生间，经过 3 s 后，M10.0接通，4 s 后断开。

注释

%DB1
"T1"
%I0.1
"使用者"
TON
Time
IN Q
T#3S PT ET …
%DB2
"T2"
TP
Time
IN Q
T#4S PT ET …
%M10.0
"Tag_1"

程序段 2： 串联T1.Q是为了防止使用者不到3 s 就离开导致电磁阀冲水。

注释

%DB3
"T3"
%I0.1
"使用者"
"T1".Q
TOF
Time
IN Q
t#5S PT ET …

程序段 3： M10.0接通，冲水电磁阀接通，4 s后断开。当使用者经过 3 s后离开，冲水电磁阀冲水，5 s后断开

注释

%M10.0
"Tag_1"
%Q0.0
"冲水电磁阀"
"T3".Q
%I0.1
"使用者"

图 2.3.9　卫生间冲水控制程序

任务实施

三级皮带运输机的 PLC 控制项目实施

1. 任务分析

根据任务描述可知，该系统输入有 2 个开关量信号，即启动按钮和停止按钮，输出为 3 个开关量信号，即 M1 电动机、M2 电动机和 M3 电动机。本系统的工作流程是：按下启动按钮后，M1 电动机运行，5 s 后 M2 电动机运行，再过 5 s 后 M3 电动机运行；按下停止按钮后，M3 电动机先停止运行，10 s 后 M2 电动机停止运行，再过 10 s 后 M1 电动机停止运行。

2. I/O 分配

根据上述的任务分析，可以得到如表 2.3.2 所示 I/O 分配表。

表 2.3.2　I/O 分配表

信号类型	描述	PLC 地址
DI	启动按钮 SB1	I0.0
	停止按钮 SB2	I0.1
DO	M1 电动机 KM1	Q0.0
	M2 电动机 KM2	Q0.1
	M3 电动机 KM3	Q0.2

3. 外部硬件接线图

画出三级带式运输机启动主电路和 PLC 控制电路 I/O 接线图，如图 2.3.10 所示。

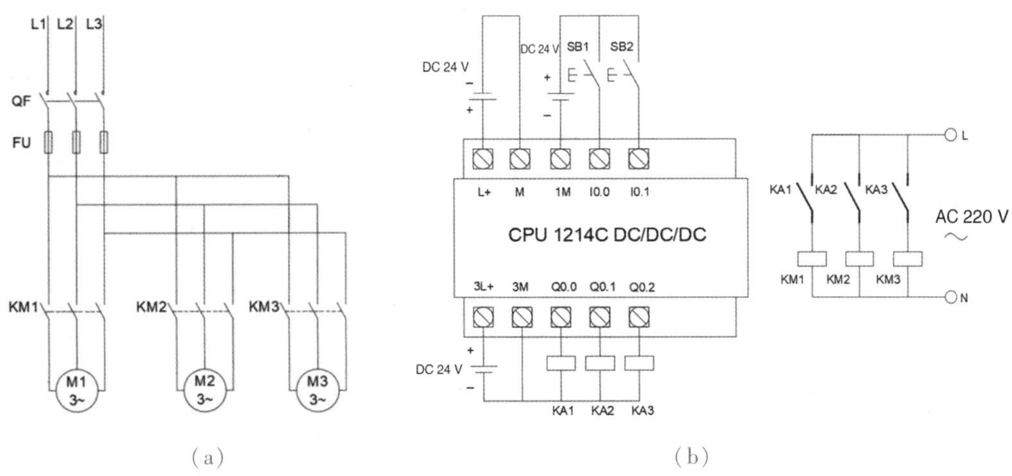

(a)　　(b)

图 2.3.10　外部硬件接线图

(a) 主电路；(b) PLC 控制的 I/O 接线图

4. 创建工程项目

打开 TIA 博途软件，在 Portal 视图中选择“创建新项目”，输入项目名称“三级带式运输机顺启逆停控制”，选择项目保存路径，然后单击“创建”按钮，完成项目的创建，之后进行项目的硬件组态。

5. 编辑 PLC 变量表

PLC 变量表如图 2. 3. 11 所示。

默认变量表

		名称	数据类型	地址	保持
1		启动按钮	Bool	%I0.0	
2		停止按钮	Bool	%I0.1	
3		M1继电器	Bool	%Q0.0	
4		M2继电器	Bool	%Q0.1	
5		M3继电器	Bool	%Q0.2	

图 2. 3. 11　PLC 变量表

6. 编写程序

采用了 TON 和 TOF 两种定时器进行程序的编写，如图 2. 3. 12 所示。

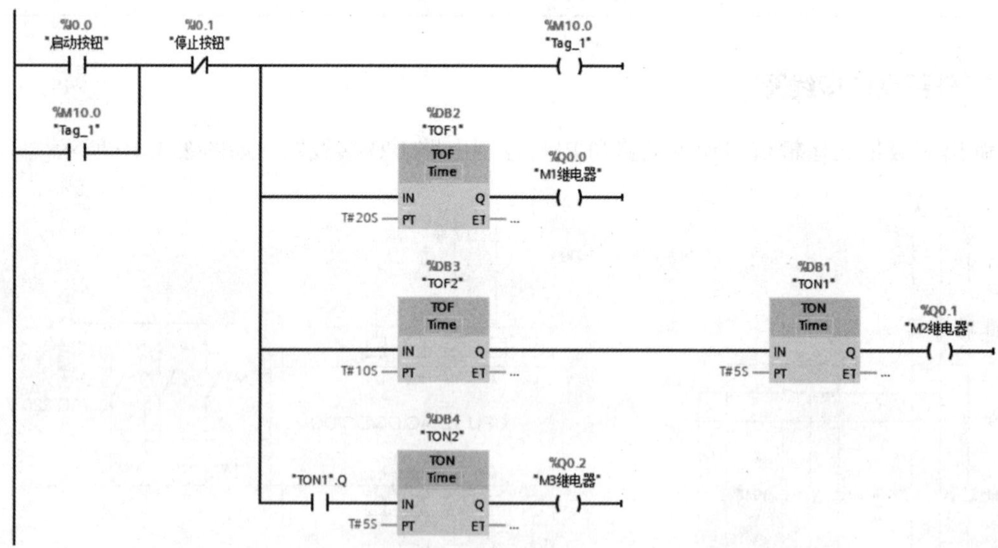

图 2. 3. 12　三级带式运输机顺启逆停 PLC 控制程序

7. 调试程序

本程序采用连接 PLC 进行调试。将计算机与 PLC 连接好后，单击进行程序下载。单

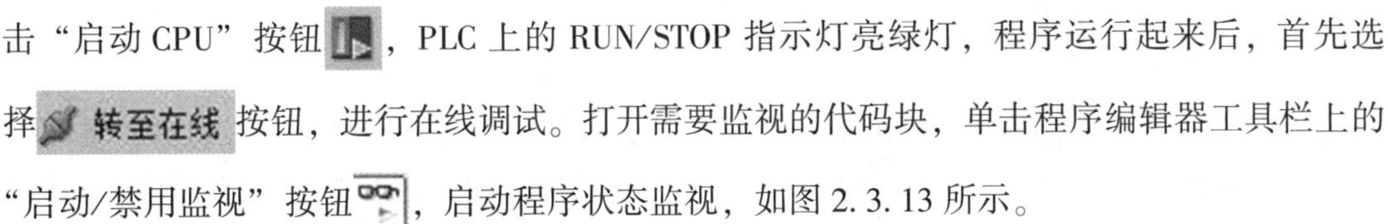

击“启动 CPU”按钮，PLC 上的 RUN/STOP 指示灯亮绿灯，程序运行起来后，首先选择 转至在线 按钮，进行在线调试。打开需要监视的代码块，单击程序编辑器工具栏上的“启动/禁用监视”按钮，启动程序状态监视，如图 2. 3. 13 所示。

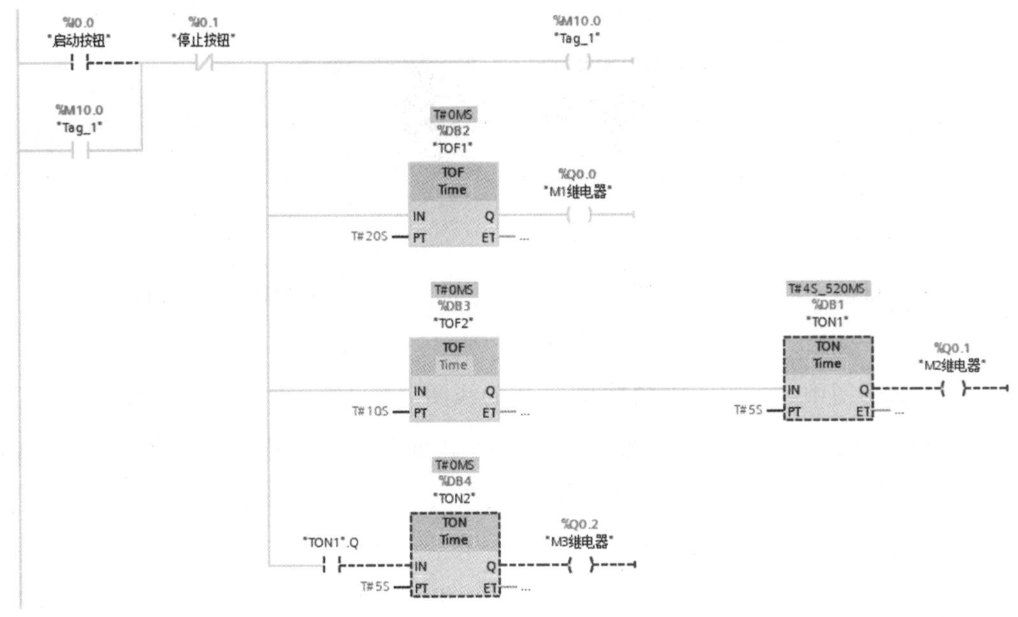

图 2. 3. 13　程序状态监控

按下启动按钮 I0. 0 后，M1 继电器立即接通，通电延时定时器 TON1 开始计时，5 s 后 TON1 的输出端 Q 变为“1”，M2 继电器接通，“TON1”. Q 的常闭触点接通，通电延时定时器 TON2 开始计时，5 s 后 TON2 的输出端 Q 变为“1”，M3 继电器接通，即完成了三台电动机的顺序启动；三台电动机都启动后按下停止按钮，M3 继电器断开，同时关断延时定时器 TOF1、TOF2 开始计时，10 s 后 TOF2 的输出端 Q 变为“0”，M2 继电器断开，又过 10 s 后（共计时 20 s）TOF1 的输出端 Q 变为“0”，M1 继电器也断开，即完成了三台电动机的逆序停止。

任务拓展

1. 四级传送带的控制

采用定时器指令，编写四级传送带延时顺序启动、延时逆序停止控制程序。控制要求如下：四级带式运输机由三相交流异步电动机 M1 ~ M4 驱动，并要求按 M1 ~ M4 的顺序启动，按 M3 ~ M1 的顺序停止，启动延时间隔时间为 10 s，停止延时间隔时间为 20 s。根据控制要求编写 PLC 控制程序并进行调试。

2. 风机的 PLC 控制

使用定时器指令，编写风机的启动和运行控制程序。控制要求如下：开机时，按下启动按钮，风机开始运行，30 s 后加热自动启动。停机时，按下停止按钮，立即停止加热，2 min后风机自动停止，并统计风机运行时间。根据控制要求编写 PLC 程序并进行调试。

思考与练习

1. 填空题。

（1）数字量输入模块某一外部输入电路接通时，对应的过程映象输入位为________，图中对应的常开触点________，常闭触点________。

（2）若梯形图中某一过程映象输出位 Q 的线圈“断电”，对应的过程映象输出位为________，在写入输出模块阶段之后，继电器型输出模块对应的硬件继电器的线圈________，其常开触点________，外部负载________。

（3）Q4. 2 是过程映象输出字节的第________位。

（4）MW4 由 MB ________和 MB ________组成，MD104 由 MW ________和 MW ________组成，MB ________是它的高位字节，MB ________是它的最低位字节。

（5）接通延时定时器 TON 的使能（IN）输入电路________时开始定时，当前值大于等于预设值时其输出端 Q 为________状态。使能输入电路________时定时器的当前值被复位。

（6）保持型接通延时定时器 TONR 的使能输入电路________时开始定时，使能输入电路断开时，当前值________。使能输入电路再次接通时________。当________输入为“1”时，TONR 被复位。

（7）关断延时定时器 TOF 的使能输入电路________时，定时器输出端 Q 立即变________，当前值被________。使能输入电路断开时，当前值从 0 开始________。当前值________值时，定时器输出端 Q 变为________。

2. I0. 3：P 和 I0. 3 有什么区别，为什么不能写外设输入点？

3. 装载存储器和工作存储器各有什么作用？

4. 4 种边沿检测指令各有什么特点？

5. 设计故障显示电路，从故障信号 I0. 0 的上升沿开始，Q0. 0 控制的指示灯以 0. 5 Hz 的频率闪烁。操作人员按复位按钮 I0. 1 后，如果故障已经消失，则指示灯熄灭，如果没有消失，则指示灯转为长亮，直至故障消失。设计梯形图程序。

6. 用 R、S 指令或 RS 指令编程实现电动机的正反转运行控制，设计梯形图程序。

7. 按下启动按钮 I0.0，Q0.3 控制的电动机运行 20 s，然后自动断电，同时 Q0.4 控制的制动电磁铁开始通电，10 s 后自动断电。设计梯形图程序。

8. 使用定时器指令，实现自动喷水池控制。控制要求如下：按下启动按钮，喷水池 A、B 喷头同时开始工作，10 s 后 B 喷头停止运行，A 喷头继续工作，5 s 后停止运行，C 喷头开始工作，同时旋转台开始旋转，10 s 重新开始运行，进行循环工作，直至按下停止按钮才可停止工作。设计梯形图程序。

任务 2.4　自动打包机的 PLC 控制

任务目标

1. 掌握计数器（CTU、CTD、CTUD）指令及其应用。
2. 掌握系统存储器字节和时钟存储器字节的使用。
3. 掌握使用监控表监视和调试程序的方法。

任务描述

打包机由送料电动机和打包电动机控制，按下启动按钮，送料电动机开始工作进行送料，当送料数量达到 6 个时停止送料，打包电动机开始工作进行打包，打包时间为 8 s，打包完成后自动开启送料电动机开始送料，一直循环工作，当按下停止按钮，本轮打包结束后才可停止运行，如按下急停按钮，立即停止运行。运行停止后，报警指示灯以2 Hz 频率闪烁，自动打包机示意图如图 2.4.1 所示。

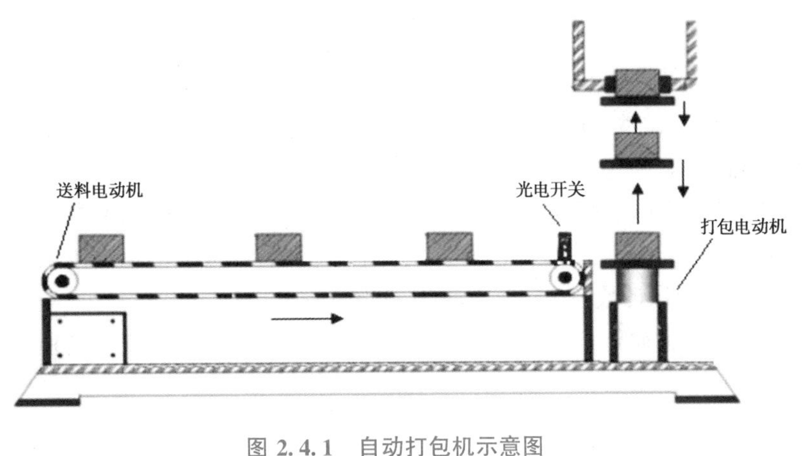

图 2.4.1　自动打包机示意图

基本知识

计数器认知

2.4.1 计数器指令

S7-1200 PLC 提供 3 种 IEC 计数器：加计数器（CTU）、减计数器（CTD）和加减计数器（CTUD）。它们属于软件计数器，其最大计数频率受到 OB1 的扫描周期的限制。如果需要频率更高的计数器，可以使用 CPU 内置的高速计数器。

与 IEC 定时器类似，由于 IEC 计数器指令是函数块，调用它们时，需要生成保存计数器数据的背景数据块，可以采用默认设置，也可以手动自行设置。

使用计数器需要设置计数器的技术数据类型，计数值的范围取决于所选的数据类型。以 CTU 指令为例，将指令列表的“计数器操作”文件夹中的 CTU 指令拖放到工作区，单击方框中 CTU 下面的三个问号，如图 2.4.2（a）所示，再单击问号右边出现的▾按钮，在下拉式列表中可以设置计数器的数据类型，如图 2.4.2（b）所示。如果计数值是无符号整数，则可以减计数到零或加计数到无符号整数限值。如果计数值是有符号整数，减计数到负整数限值或加计数到正整数限值。

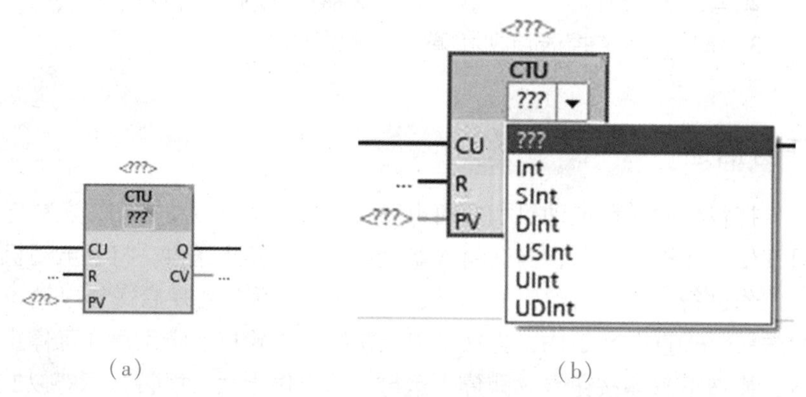

（a）　　　　　　　　（b）

图 2.4.2　设置计数器的数据类型

（a）CTU 指令；（b）计数器指令可设置的数据类型

1. 加计数器

加计数器指令由标识符 CTU、加计数脉冲输入端 CU、复位信号输入端 R、预设计数值 PV、当前计数器值 CV、布尔输出端 Q、计数器数据类型和定时器的背景数据块构成。当 R=0 时，计数脉冲有效；当 CU 输入端有上升沿输入时，当前计数器值 CV 加 1，直到 CV 达到指定数据类型的上限值，此后即使 CU 输入端有上升沿输入，CV 的值也不再增加。

当 CV 大于等于预设计数值 PV 时，输出 Q 状态为 1，反之状态为 0。当 R=1 时，计数器被复位，CV 被清零，输出 Q 状态为 0，加计数器及其时序图如图 2.4.3 所示。

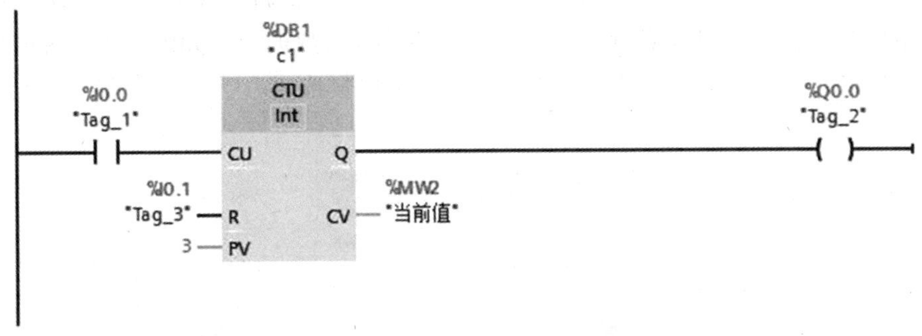

（a）

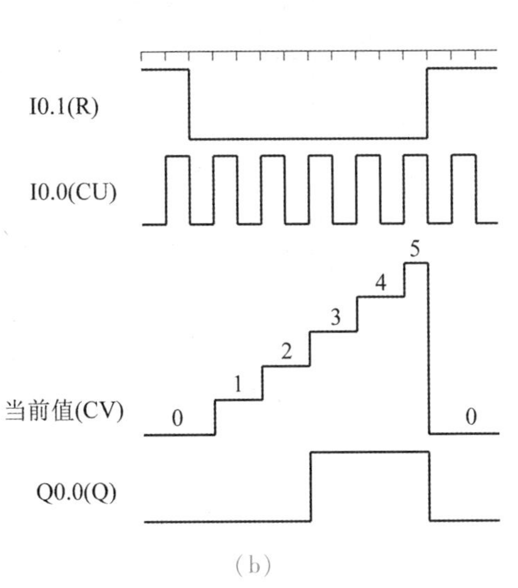

（b）

图 2.4.3　加计数器及其时序图

（a）加计数器；（b）时序图

注意：

（1）PV 和 CV 的数据类型应与计数器的数据类型相同或可隐式转换的数据类型；

（2）打开计数器的背景数据块，其结构如图 2.4.4 所示；

c1

	名称	数据类型	起始值	保持	可从 HMI/...	从 H...	在 HMI ...	设定值	注
1	▼ Static			☐	☐	☐	☐	☐	
2	▪ CU	Bool	false	☑	☑	☑	☑	☐	
3	▪ CD	Bool	false	☑	☑	☑	☑	☐	
4	▪ R	Bool	false	☑	☑	☑	☑	☐	
5	▪ LD	Bool	false	☑	☑	☑	☑	☐	
6	▪ QU	Bool	false	☑	☑	☑	☑	☐	
7	▪ QD	Bool	false	☑	☑	☑	☑	☐	
8	▪ PV	Int	0	☑	☑	☑	☑	☐	
9	▪ CV	Int	0	☑	☑	☑	☑	☐	

图 2.4.4　计数器的背景数据块结构

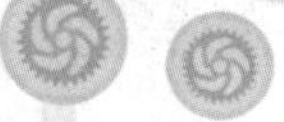

（3）各个计数器不可共用背景数据块，即每个计数器需拥有独立的背景数据空间，可通过计数器右键菜单中“更改实例”来更改计数器的背景数据块，如图 2. 4. 5 所示。

其他计数器的注意事项与上述注意事项类似，不再赘述。

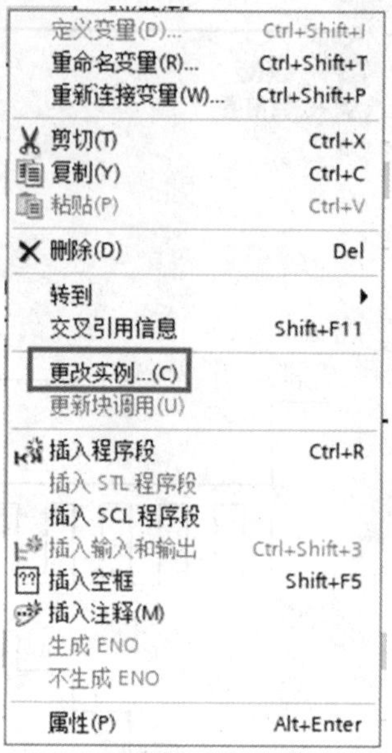

定义变量(D)... Ctrl+Shift+I
重命名变量(R)... Ctrl+Shift+T
重新连接变量(W)... Ctrl+Shift+P
剪切(T) Ctrl+X
复制(Y) Ctrl+C
粘贴(P) Ctrl+V
删除(D) Del
转到
交叉引用信息 Shift+F11
更改实例...(C)
更新块调用(U)
插入程序段 Ctrl+R
插入 STL 程序段
插入 SCL 程序段
插入输入和输出 Ctrl+Shift+3
插入空框 Shift+F5
插入注释(M)
生成 ENO
不生成 ENO
属性(P) Alt+Enter

图 2. 4. 5　计数器右键菜单

2. 减计数器

减计数器指令由标识符 CTD、减计数脉冲输入端 CD、装载输入端 LD、预设计数值 PV、当前计数器值 CV、布尔输出端 Q、计数器数据类型和定时器的背景数据块构成。当 LD = 1 时，把 PV 的值装入 CV，输出 Q 复位为 0，计数脉冲无效；当 LD = 0，计数脉冲有效，CD 输入端有上升沿输入时，当前计数器值 CV 减 1，直到 CV 达到指定数据类型的下限值，此后即使 CD 输入端有上升沿输入，CV 的值也不再减少。

当 CV 小于等于 0 时，输出 Q 状态为 1，反之状态为 0。减计数器及其时序图如图 2. 4. 6 所示。

%DB2
"C2"
CTD
Int
%I0.2
"Tag_4"
CD
Q
%Q0.1
"Tag_6"
%I0.3
"Tag_5"
LD
CV
%MW4
"当前值2"
3
PV

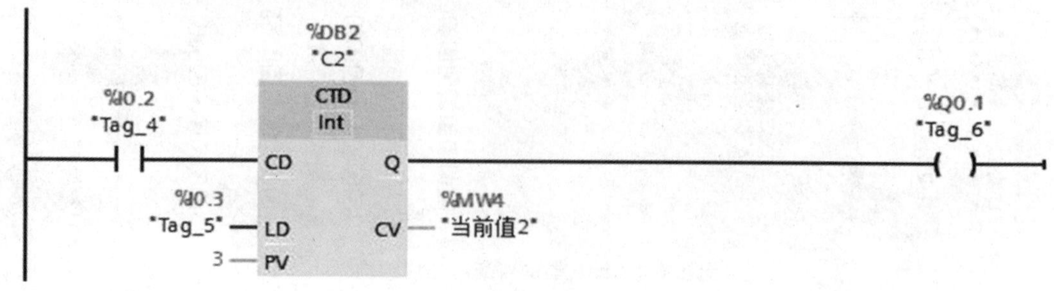

（a）

图 2. 4. 6　减计数器及其时序图

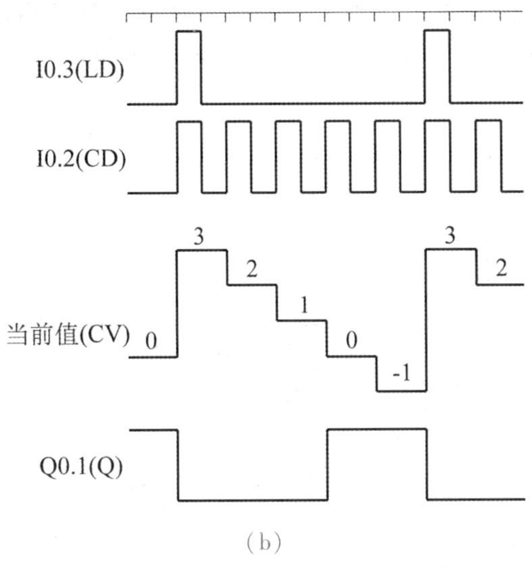

(b)

图 2.4.6　减计数器及其时序图（续）

(a) 减计数器；(b) 时序图

3. 加减计数器

加减计数器指令由标识符 CTUD、加计数脉冲输入端 CU、减计数脉冲输入端 CD、复位信号输入端 R、装载输入端 LD、预设计数值 PV、当前计数器值 CV、加计数输出端 QU、减计数输出端 QD、计数器数据类型和计数器的背景数据块构成。当 R=0、LD=0 时，计数脉冲有效，在 CU 输入端有上升沿输入时，当前计数器值 CV 加 1，直到 CV 达到指定数据类型的上限值，此后即使 CU 输入端有上升沿输入，CV 的值也不再增加。在 CD 输入端有上升沿输入时，当前计数器值 CV 减 1，直到 CV 达到指定数据类型的下限值，此后即使 CD 输入端有上升沿输入，CV 的值也不再减少。

如果同时出现计数脉冲 CU 和 CD 的上升沿，则 CV 的值保持不变。当 CV 大于等于预设计数值 PV 时，输出 QU 的状态为 1，反之状态为 0。当 CV 小于等于 0 时，输出 QD 状态为 1，反之状态为 0。

当 LD=1 时，把 PV 的值装入 CV，输出 QU 状态为 1，输出 QD 复位为 0。当 R=1 时，计数器被复位，CV 被清零，输出 QU 状态为 0，输出 QD 状态为 1，此时，脉冲输入端 CU、CD 及 LD 均不再起作用。加减计数器及其时序图如图 2.4.7 所示。

2.4.2　系统存储器字节和时钟存储器字节

系统存储器字节和时钟存储器字节的设置如下：

双击项目树中某个 PLC 文件夹中的“设备组态”，打开该 PLC 的设备视图。双击 PLC 或者选择 PLC 右键菜单中的“属性”，打开下方巡视窗口，在巡视窗口中选中“属性>常规>系统和时钟存储器”，如图 2.4.8 所示，勾选复选框，分别启用系统存储器字节（默认地址为 MB1）和时钟存储器字节（默认地址为 MB0），并可设置系统存储器字节和时钟存储器字节的地址。

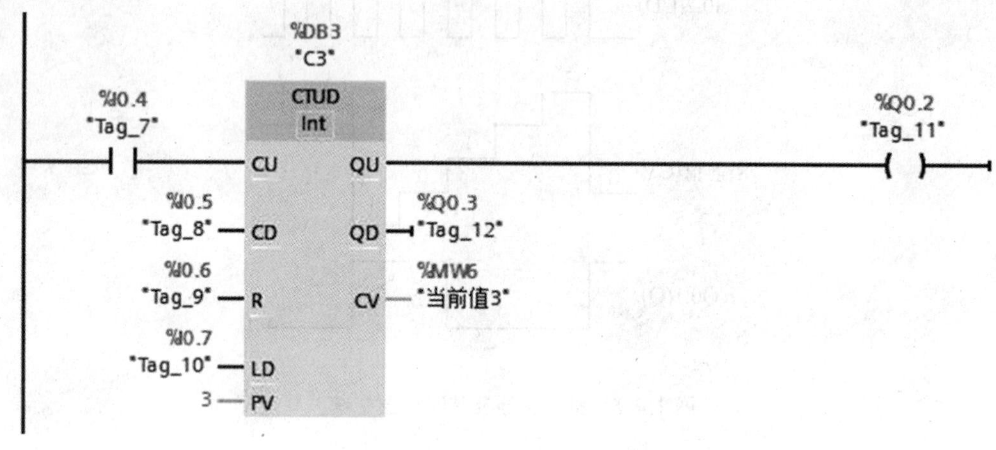

（a）

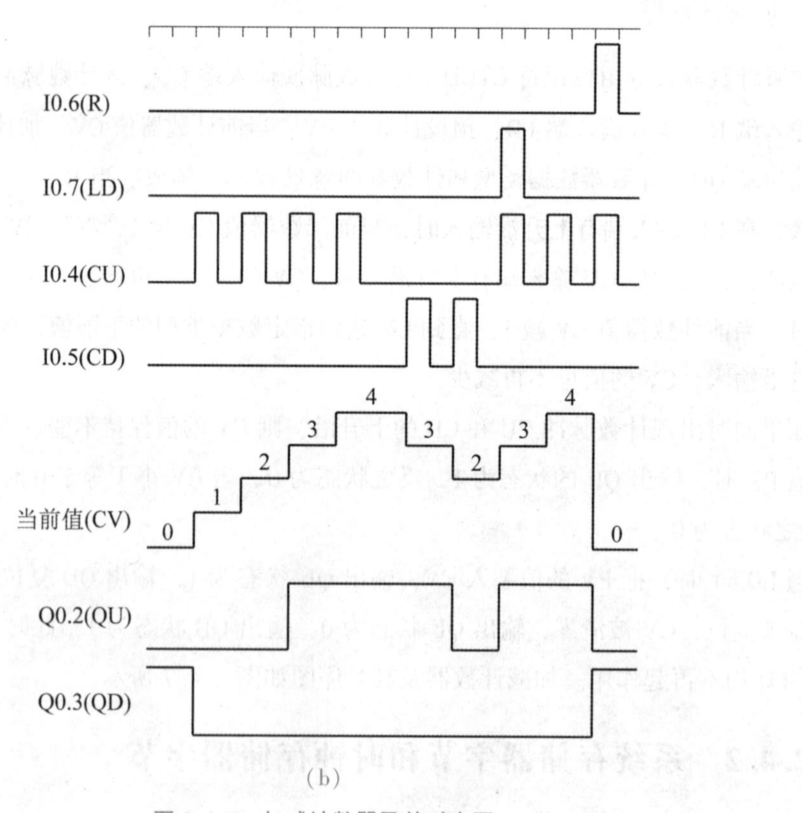

（b）

图 2.4.7　加减计数器及其时序图

（a）加减计数器；（b）时序图

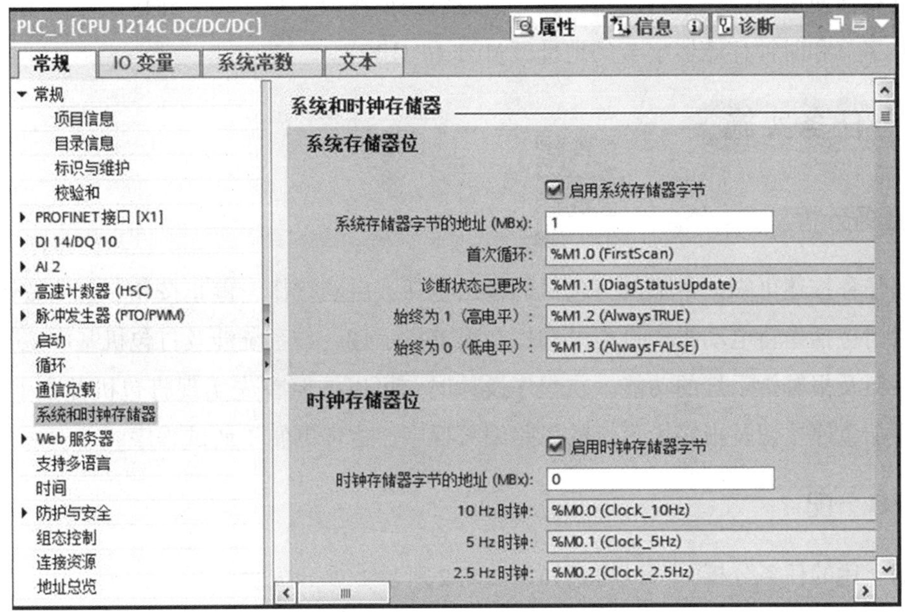

图 2.4.8　系统存储器字节和时钟存储器字节设置画面

使用默认地址 MB1 作为系统存储器字节后，该字节 M1.0~M1.3 的意义如下：

（1）M1.0（首次循环）：仅在刚进入 RUN 模式的首次扫描时为 TRUE（1 状态），以后为 FALSE（0 状态）。在 TIA 博途中，位编程元件的 1 状态和 0 状态分别用 TRUE 和 FALSE 来表示。

（2）M1.1（诊断状态已更改）：诊断状态发生变化。

（3）M1.2（始终为 1）：总是为 TRUE，其常开触点总是闭合。

（4）M1.3（始终为 0）：总是为 FALSE，其常闭触点总是闭合。

使用默认地址 MB0 作为时钟存储器字节。时钟存储器的各位在一个周期内为 FALSE（0 状态）和为 TRUE（1 状态）的时间各为 50%，时钟存储器字节每一位的周期和频率如表 2.4.1 所示。CPU 在扫描循环开始时初始化这些位。

表 2.4.1　时钟存储器字节各位的周期与频率

位	7	6	5	4	3	2	1	0
周期/s	2	1.6	1	0.8	0.5	0.4	0.2	0.1
频率/Hz	0.5	0.625	1	1.25	2	2.5	5	10

例如，M0.7 的时钟脉冲周期为 2 s，可以用它的触点来控制指示灯，指示灯将以 0.5 Hz 的频率闪动，即亮 1 s，灭 1 s。

因为系统存储器和时钟存储器不是保留的存储器，用户程序或通信可能改写这些存储单元，破坏其中的数据。指定了系统存储器和时钟存储器字节后，这两个字节不能再作其他用

途，否则将会使用户程序运行出错，甚至造成设备损坏或人身伤害。建议始终使用默认的系统存储器字节和时钟存储器字节的地址（MB1 和 MB0）。

任务实施

自动打包机

1. 任务分析

根据任务描述可知，本案例打包机的输入包括：启动按钮、停止按钮、急停按钮和光电开关，输出包括送料电动机、打包电动机和报警指示灯。本系统涉及打包机基本工作流程以及急停按钮及报警指示灯的功能，在程序设计时，可以按照首先实现打包机基本工作流程，然后再添加急停按钮及报警指示灯的思路编写程序，这样更便于调试程序。

2. I/O 分配

根据上述的任务分析，可以得到如表 2. 4. 2 所示 I/O 分配表。

表 2. 4. 2 I/O 分配表

信号类型	描述	PLC 地址
DI	启动按钮 SB1	I0. 0
	停止按钮 SB2	I0. 1
	急停按钮 SB3	I0. 2
	光电开关 SQ	I0. 3
DO	送料电动机 KM1	Q0. 0
	打包电动机 KM2	Q0. 1
	报警指示灯 HL	Q0. 2

3. 外部硬件接线图

外部硬件接线图如图 2. 4. 9 所示。

4. 创建工程项目

打开 TIA 博途软件，在 Portal 视图中选择“创建新项目”，输入项目名称“自动打包机”，选择项目保存路径，然后单击“创建”按钮，完成项目的创建，之后进行项目的硬件组态。

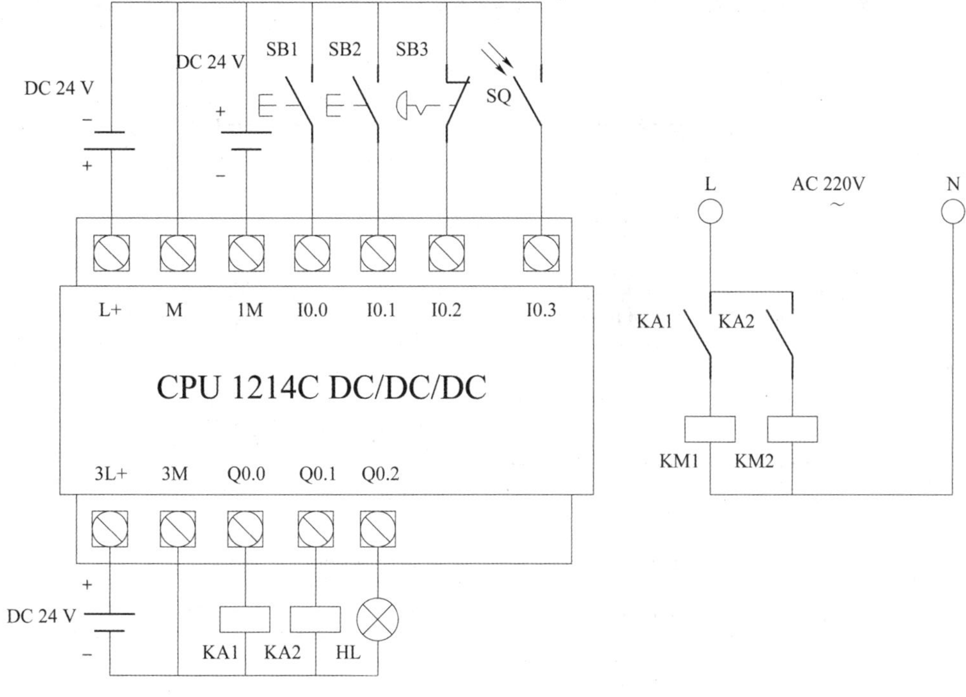

图 2.4.9　外部硬件接线图

5. 编辑 PLC 变量表

PLC 变量表如图 2.4.10 所示。

变量表_1

	名称	数据类型	地址	保持	可从 ...	从 H...
1	启动按钮	Bool	%I0.0	☐	☑	☑
2	停止按钮	Bool	%I0.1	☐	☑	☑
3	急停按钮	Bool	%I0.2	☐	☑	☑
4	光电开关	Bool	%I0.3	☐	☑	☑
5	送料电动机	Bool	%Q0.0	☐	☑	☑
6	打包电动机	Bool	%Q0.1	☐	☑	☑
7	报警指示灯	Bool	%Q0.2	☐	☑	☑

图 2.4.10　PLC 变量表

6. 编写程序

根据控制要求，本案例控制程序如图 2.4.11 所示。

程序段 1： 送料电动机启停工作

注释

%I0.0 "启动按钮"
%Q0.1 "打包电动机"
%I0.2 "急停按钮"
%Q0.0 "送料电动机"
%Q0.0 "送料电动机"
%M10.0 "系统停止标志位"
%Q0.1 "送料电动机"
N
%M10.1 "Tag_1"
%I0.0 "启动按钮"
%M10.0 "系统停止标志位"
R
%I0.1 "停止按钮"
%M10.0 "系统停止标志位"
S

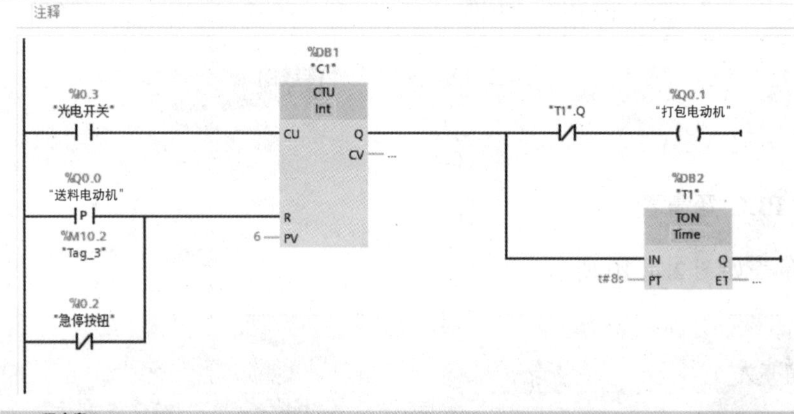

程序段 3： 报警指示灯工作

注释

%M10.0 "系统停止标志位"
%Q0.0 "送料电动机"
%Q0.1 "打包电动机"
%M0.3 "Clock_2Hz"
%Q0.2 "报警指示灯"
%I0.2 "急停按钮"

图 2.4.11　自动打包机的 PLC 控制程序

7. 调试程序

使用程序状态功能，可以在程序编辑器中形象直观地监视梯形图程序的执行情况，触点和线圈的状态一目了然。但是程序状态功能只能在屏幕上显示一个或是一个程序段的部分，调试较大的程序时，往往不能同时看到与某一程序功能大量的状态。

监控表可以有效地解决上述问题。使用监控表可以在工作区同时监视、修改和强制用户所需要的全部变量。一个项目可以生成多个监控表，以满足不同的调试要求。监控表可以赋值或显示的变量包括过程映象（I 和 Q）、物理输入（1_ ：P）和物理输出（Q_ ：P）、位存储器 M 和数据块 DB 内的存储单元。

1）监控表的功能

（1）监控变量：显示用户程序或 CPU 中变量的当前值。

（2）修改变量：将固定值赋给用户程序或 CPU 中的变量，这一功能可能会影响到运行结果。

（3）对物理输出赋值：允许在停止状态下将固定值赋给 CPU 的每一个物理输出点，可用于硬件调试时检查接线。

（4）强制变量：给物理输入点/物理输出点赋一个固定值，用户程序的执行不会影响被强制的变量的值。

（5）可以选择在扫描循环周期开始、结束或切换到 STOP 模式时读写变量的值。

2）用监控表监视和修改变量的基本步骤

（1）生成新的监控表或打开已有的监控表，输入、编辑和检查要监视的变量。

（2）建立计算机与 CPU 之间的硬件连接，将用户程序下载到 PLC。

（3）将 PLC 由 STOP 模式切换到 RUN 模式。

（4）用监控表监视、修改和强制变量。

3）生成监控表

打开项目树中 PLC 的“监视与强制表”文件夹，双击其中的“添加新监控表”，生成一个新的监控表，并在工作区自动打开它。根据需要，可以为一台 PLC 生成多个监控表。为了使用方便，应将有关联的变量放在同一个监控表内。

4）在监控表中输入变量

在监控表的“名称”列或“地址”列输入 PLC 中定义过的变量，则“名称”列将会自动出现它的名称，“地址”列将会自动出现该变量的地址，若输入的变量在 PLC 中未定义过，则仅出现变量的地址，变量的名称为空。

如果输入了错误的变量名称或地址，将在出错的单元下面出现红色背景的错误提示方框。

可以使用监控表的“显示格式”，显示出默认的数据格式，也可以在右键快捷菜单中修改成需要的显示格式。如图 2.4.12 所示，用二进制格式显示 QB0，即可同时显示和分别修改 Q0.0~Q0.7 这 8 个 Bool 变量。按照此方法，可以用字节（8 位）、字（16 位）或双字（32 位）来分别监视和修改 I、Q 和 M 存储区的多个 Bool 变量。

复制 PLC 变量表中的变量，或者将 PLC 变量表详细视图中的变量拖曳到监控表中，可以快速生成监控表中的变量，可一次复制和拖曳多个变量。

5）监视变量

可以用监控表的工具栏上的按钮来执行各种功能。与 CPU 建立在线连接后，单击工具栏上的按钮或选择右键快捷菜单中的“全部监视”即可启动监视功能，将在“监视值”列显示变量的动态实际值。再次单击该按钮，将关闭监视功能。

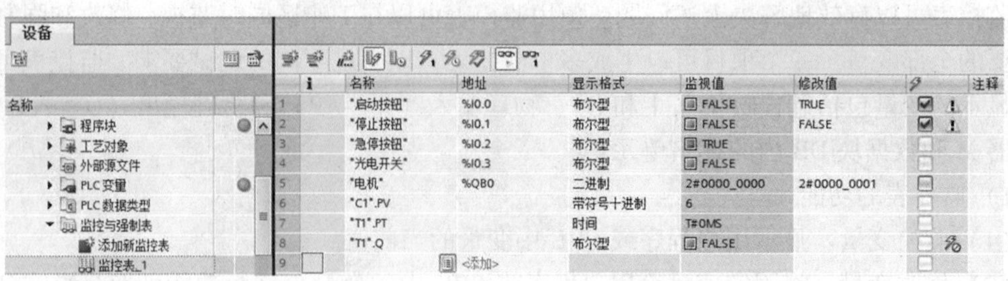

图 2.4.12　在线状态监控表

单击工具栏上的按钮或选择右键快捷菜单中的“立即监视”，可以对所选变量的数值做一次立即更新，即使没有启动监视，将立即读取一次变量值，“监控值”列以在线的橙色背景显示，几秒钟后，背景色变为表示离线的灰色。

位变量为 TRUE（“1”状态）时，监视值列的方形指示灯为绿，位变量为 FALSE（“0”状态）时，监视值列的方形指示灯为灰色。图 2.4.12 中“C1”. PV 为计数器 CV 的当前值，在自动打包机工作循环过程中，其值不断变化。

6）修改变量

按钮用于显示或隐藏“修改值”列，在某个变量的“修改值”列输入变量新的值，并勾选对应变量“修改值”列右侧的复选框，即可修改该变量的值。输入 Bool 型变量的修改值“0”或“1”后，单击监控表的其他地方，它们将变为“FALSE”（假）或“TRUE”（真），也可通过在右键快捷菜单上选择“修改为 0”或“修改为 1”来实现。

单击工具栏上的“立即一次性修改所有选定值”按钮，或在右键快捷菜单中选择“修改”→“立即修改”，将修改值立即送入 CPU。

在 RUN 模式修改变量时，各变量同时受到用户程序的控制。假设用户程序运行的结果使 Q0.0 的线圈断电，用监控表不可能将 Q0.0 修改和保持为“TRUE”。在 RUN 模式不能改变 I 区分配给硬件的数字输入点的状态，因为这些点的状态取决于外部输入电路的通/断状态。

在程序运行时如果修改变量值出错，可能导致人身或财产损害，因此在执行修改指令前，应确认不会有危险情况出现。

7）在 STOP 模式改变外设输出的状态

在调试设备时，可以用该功能来检查输出点所连接的过程设备的接线是否正确。以 Q0.0 为例，操作步骤如下：

（1）在监控表中输入物理输出点 Q0.0：P，如图 2.4.13 所示。

（2）将 CPU 切换到 STOP 模式。

（3）单击监视工具栏上的“显示/隐藏扩展模式列”按钮，切换到扩展模式，出现与“触发器”有关的两列。

（4）单击工具栏上的按钮，启动监视功能。

（5）确认所有输入点/输出点未使用强制功能。

（6）单击工具栏上的按钮，出现“启动外围设备输出”对话框，单击按钮“是”确认。

（7）鼠标选中 Q0.0：P 所在行，在右键菜单中选择“修改”→“修改为 1”或“修改”→“修改为 0”指令，CPU 上的 Q0.0 对应的 LED（发光二极管）点亮或熄灭，监控表中的“监视值”列的值随之改变，标识命令被送给物理输出点。

CPU 切换到 RUN 模式后，工具栏上按钮变成灰色，该功能被禁止，Q0.0 受到用户程序的控制。因为 CPU 只能改写，不能读出物理输出变量 Q0.0：P 的值，符号表示该变量被禁止监视（不能读取）。

	i	名称	地址	显示格式	监视值	使用触发器监视	使用触发器进...	修改值		注释
1		"启动按钮"	%I0.0	布尔型	FALSE	永久	永久	TRUE	☑ !	
2		"停止按钮"	%I0.1	布尔型	FALSE	永久	永久	FALSE	☑ !	
3		"急停按钮"	%I0.2	布尔型	TRUE	永久	永久		☐	
4		"光电开关"	%I0.3	布尔型	FALSE	永久	永久		☐	
5		"电机"	%QB0	二进制	2#0000_0000	永久	永久	2#0000_0001	☐	
6		"C1".PV		带符号十进制	6	永久	永久		☐	
7		"T1".PT		时间	T#0MS	永久	永久		☐	
8		"T1".Q		布尔型	FALSE	永久	永久		☐	
9		"送料电机":P	%Q0.0:P	布尔型		永久	永久	FALSE	☑ !	
10			<添加>						☐	

图 2.4.13　在 STOP 模式改变外设输出的状态

任务拓展

（1）为避免拥挤，某大型展厅设有人数控制系统，该展厅最多只能容纳 300 人，在进口处设一个传感器，出口处设一个传感器，进行人数控制，在人数小于 300 时绿灯亮，表示人还可以进入。人数大于等于 300 时红灯亮，表示不能再进入。

（2）自动搅拌系统如图 2.4.14 所示，该搅拌系统的动作过程如下：

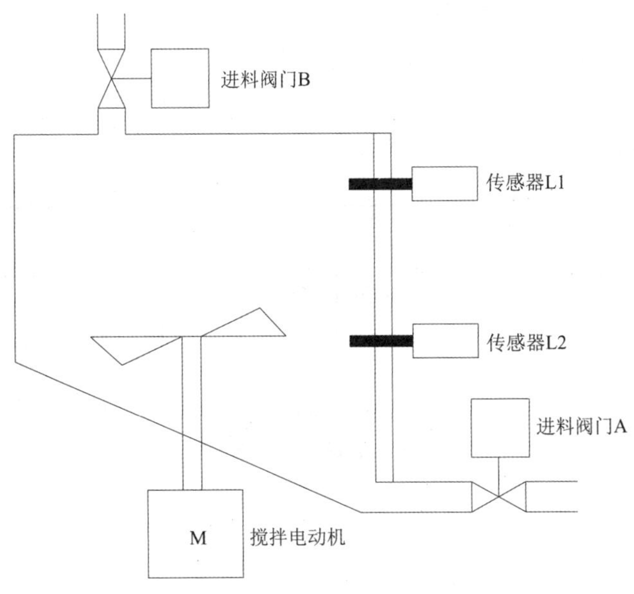

图 2.4.14　自动搅拌系统

初始状态是出料阀门 A 关闭，然后进料阀门 B 打开，开始进料，液面开始上升。当液面传感器 L1 的触点接通后，搅拌机开始搅拌。搅拌 30 s 后，停止搅拌，打开出料阀门 A。当液面下降到传感器 L2 的触点断开时，关闭出料阀门 A，又重新打开进料阀门 B，开始进料，重复上述过程。

思考与练习

1. S7-1200 的计数器包含________、________和________三种计数器，在加计数器的复位输入端 R 为________，加计数脉冲输入信号 CU 的________，如果计数器值 CV 小于________，CV 加 1，CV 大于等于预设计数值 PV 时，输出端 Q 为________。复位输入 R 为 1 状态时，CV 被________，输出 Q 变为 ________。

2. 用 PLC 实现小车往复运动控制，系统启动后小车前进，行驶 15 s，停止 3 s，再后退 15 s，停止 3 s，如此往复运动 20 次，循环结束后指示灯以秒级闪烁 5 次后熄灭。

3. 标准的工业报警电路，报警时指示灯闪烁，报警电铃鸣响。操作人员得到报警信息后关闭电铃，报警灯变为长亮，等故障消除后，报警灯熄灭。

输入输出信号分配及时序图如表 2.4.3 和图 2.4.15 所示。

表 2.4.3　I/O 分配

DI	功能	DQ	功能
I0.0	故障信号	Q0.0	报警灯
I0.1	消铃按钮	Q0.7	报警电铃
I1.1	试灯、试铃按钮		

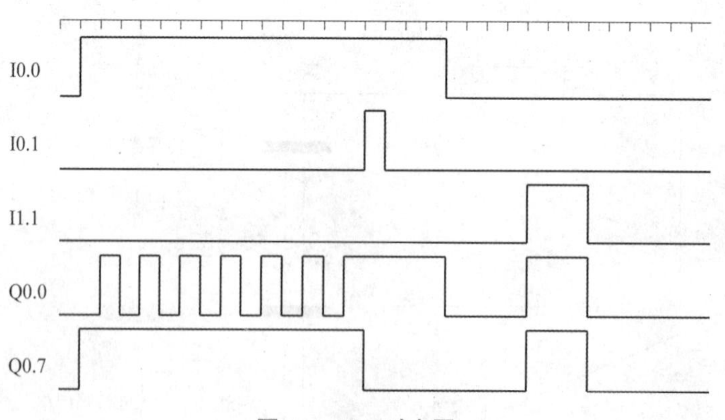

图 2.4.15　时序图

项目三 霓虹灯控制系统的 PLC 控制

任务 3.1　广告灯的 PLC 控制

任务目标

1. S7-1200 PLC 数据类型。
2. 移动操作指令及比较操作指令。

任务描述

有一组由 6 盏彩灯组成的广告灯，当按下启动按钮时，彩灯 1 点亮，以后每隔 2 s 依次顺序点亮，直到 6 盏灯全亮 2 s 后，每隔 2 s 依次逆序熄灭一盏灯，直到 6 盏灯全熄 2 s 后再循环，要求采用移动和比较指令实现 PLC 控制。

基本知识

S7-1200 的数据类型

3.1.1 S7-1200 PLC 数据类型

数据类型是用来描述数据的长度（即二进制的位数）和属性。S7-1200 PLC 使用的数据类型：基本数据类型、复杂数据类型、参数数据类型、系统数据类型和硬件数据类型。在此，只介绍基本数据类型和复杂数据类型。

1. 基本数据类型

基本数据类型包括位、位字符串、整数、浮点数、日期、时间、字符。

1）位和位字符串

位和位字符串数据类型如表 3.1.1 所示。

位（Bit）数据长度为 1 位二进制数，数据类型为 Bool（布尔）型。Bool 型变量的值为 TRUE 和 FALSE（真和假），分别对应二进制数 1 和 0，常用于开关量的逻辑运算。

数据类型字节（Byte）、字（Word）、双字（DWord）统称为位字符串。位字符串不能比较大小，一般常数用十六进制表示。

字节（Byte）数据长度为 8 位二进制数，以十六进制数表示，其取值范围为 16#00~16#FF。

字（Word）数据长度为 16 位二进制数，即相邻的两个字节组成，编号小的字节为高位字节，编号大的字节为低位字节。其取值范围为 16#0000~16#FFFF。

双字（DWord）数据长度为 32 位二进制数，即两个字（四个字节）组成，编号小的字节为高位字节，编号大的字节为低位字节，其取值范围为 16#00000000~16#FFFFFFFF。

表 3.1.1 位和位字符串数据类型

数据类型	位大小	数值类型	数值范围	常数示例	地址示例
Bit	1	布尔运算	FALSE 或 TRUE	TRUE	I1.0 Q0.1 M50.7 DB1.DBX2.3 Tag_name
		二进制	2#0 或 2#1	2#0	
		无符号整数	0 或 1	1	
		八进制	8#0 或 8#1	8#1	
		十六进制	16#0 或 16#1	16#1	
Byte	8	二进制	2#0~2#1111_1111	2#1000_1001	IB2 MB10 DB1.DBB4 Tag_name
		无符号整数	0~255	15	
		有符号整数	-128~127	-63	
		八进制	8#0~8#377	8#17	
		十六进制	B#16#0~B#16#FF，16#0~16#FF	B#16#F、16#F	

续表

数据类型	位大小	数值类型	数值范围	常数示例	地址示例
Word	16	二进制	2#0～2#1111_1111_1111_1111	2#1101_0010_1001_0110	MW10 DB1. DBW2 Tag_ name
		无符号整数	0～65 535	61 680	
		有符号整数	-32 768～32 767	72	
		八进制	8#0～8#177_777	8#170_362	
		十六进制	W#16#0～W#16#FFFF、16#0～16#FFFF	W#16#F1C0、16#A67B	
DWord	32	二进制	2#0～2#1111_1111_1111_1111_1111_1111_1111_1111	2#1101_0100_1111_1110_1000_1100	MD10 DB1. DBD8 Tag_name
		无符号整数*	0～4_294_967_295	15_793_935	
		有符号整数*	-2_147_483_648～2_147_483_647	-400 000	
		八进制	8#0～8#37_777_777_777	8#74_177_417	
		十六进制	DW#16#0000_0000～DW#16#FFFF_FFFF、16#0000_0000～16#FFFF_FFFF	DW#16#20_F30A、16#B_01F6	

2）整数数据类型

S7-1200 PLC 中共有 6 种整数，如表 3. 1. 2 所示。符号中带 S 的为短整数数据类型，长度为 8 位，符号中带 D 的为双整数数据类型，长度为 32 位，不带 S 和 D 的为整数数据类型，长度为 16 位。

带 U 的为无符号整数，不带 U 的为有符号整数。有符号整数用补码来表示，其最高位为符号位，最高位为 0 时为正数，为 1 时为负数。

SInt 和 USInt 分别为 8 位短整数和无符号短整数，Int 和 UInt 分别为 16 位整数和无符号整数，DInt 和 UDInt 分别为 32 位双整数和无符号双整数。

表 3. 1. 2　整数数据类型

数据类型	位大小	数值范围	常数示例	地址示例
USInt	8	0～255	78. 2#01001110	MB0、DB1. DBB4、Tag_name
SInt	8	-128～127	+50，16#50	
UInt	16	0～65 635	65 295，0	MW2、DB1. DBW2、Tag_name
Int	16	-32 768～32 767	30 000，+30 000	
UDInt	32	0～4 294 967 295	4 042 322 160	MD6、DB1. DBD8、Tag_name
DInt	32	-2 147 483 648～2 147 483 647	-2 131 754 992	

3）浮点数（实数）数据类型

如 ANSI/IEEE 754—1985 标准所述，浮点数（实数）以 32 位单精度数（Real）或 64 位双精度数（LReal）表示。单精度浮点数的精度最高为 6 位有效数字，而双精度浮点数的精度最高为 15 位有效数字。在输入浮点常数时，最多可以指定 6 位（Real）或 15 位（LReal）有效数字来保持精度。浮点数（实数）数据类型如表 3. 1. 3 所示。

表 3. 1. 3　浮点数（实数）数据类型

数据类型	位大小	数值范围	常数示例	地址示例
Real	32	$-3.402\ 823\times10^{38}\sim-1.175\ 495\times10^{-38}$、±0、$+1.175\ 495\times10^{-38}\sim+3.40\ 823\times10^{38}$	123. 456，-3. 4，1. 0E-5	MD100、DB1. DBD8、Tage_name
LReal	64	$-1.797\ 693\ 134\ 862\ 315\ 8\times10^{308}$ $-2.225\ 073\ 858\ 507\ 201\ 4\times10^{-308}$、±0、$+2.225\ 073\ 858\ 507\ 201\ 4\times10^{-308}\sim+1.797\ 693\ 134\ 862\ 315\ 8\times10^{308}$	12 345. 123 456 789 E+40、1. 2E+40	DB_name. var_name 规则： · 不支持直接寻址； · 可在 OB、FB 或 FC 块接口数组中进行分配

4）时间和日期数据类型

时间（Time）数据作为有符号双整数存储，基本单位为毫秒。存储的数值是多少，就代表有多少 ms。编辑时可以选择性使用日期（d）、小时（h）、分钟（m）、秒（s）和毫秒（ms）作为单位。不需要指定全部时间单位。例如，T#5h10s 和 500h 均有效。所有指定单位值的组合值不能超过以毫秒表示的时间日期类型的上限或下限（-2 147 483 648～+2 147 483 647 ms）。

日期（DATE）数据作为无符号整数值存储，被解释为添加到基础日期 1990 年 1 月 1 日的天数，用以获取指定日期。编辑器格式必须指定年、月和日。

时间日期［TOD（Time_Of_Day）］数据作为无符号双整数值存储，被解释为自指定日期的凌晨算起的毫秒数（凌晨 = 0 ms）。必须指定小时（24 小时/天）、分钟和秒，可以选择指定小数秒格式。时间和日期数据类型如表 3. 1. 4 所示。

表 3. 1. 4　时间和日期数据类型

数据类型	大小	范围	常量输入示例
Time	32 位	T#-24d_20h_31m_23s_648 ms～T#24d_20h_31m_23s_647ms 存储形式：-2 147 483 648～+2 147 483 647 ms	T#5m_30s T#1d_2h_15m_30s_45ms TIME#10d20h30m20s630ms 500h10 000ms 10d20h30m20s630ms

续表

数据类型	大小	范围	常量输入示例
日期	16 位	D#1990-1-1～D#2168-12-31	D#2009-12-31 DATE#2009-12-31 2009-12-31
Time_of_Day	32 位	TOD#0：0：0.0～TOD#23：59：59.999	TOD#10：20：30.400 TIME_OF_DAY#10：20：30.400 23：10：1

5）字符

数据类型为 Char（Character）的变量长度为 8 位，占用 1 个字节的内存。Char 数据类型将单个字符存储为 ASCII 编码形式。通常是指计算机中使用的字母、数字和符号，包括 1、2、3、A、B、C、常见符号等。

2. 复杂数据类型

复杂数据类型是由基本数据类型组合而成，广泛应用于组织复杂数据，主要有以下几种。

1）字符串

字符串（String）数据类型为字符组成的一维数组，每个字节存放 1 个字符，如“abcdefg”为字符串，其中的每个元素叫字符。字符串中的第 1 个字节为总长度，第 2 个字节为有效字符数量，字符从第 3 个字节开始存放，最多可包括 254 个字符。可在代码块的接口区和全局数据块中创建字符串和字符，如图 3.1.1 所示。变量 string1 占用 256 字节，变量 string2 占用 12 字节，变量 char1 和 char2 各占用 1 字节。

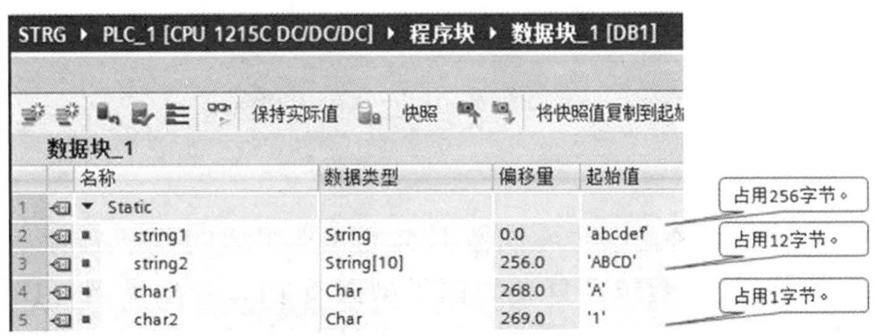

图 3.1.1　在全局数据块中创建字符串和字符

2）数组

数组（Array）类型是由数目固定且数据类型相同的元素组成的数据结构。可在 DB、OB/FC/FB 接口区、PLC 数据类型处定义，允许使用除 Array 之外的所有数据类型作为数组的元素，数组的维数最多为 6 维。

以在数据块中添加数组为例，在数据块中第 2 行的“名称”列输入数组的名称“A”，单击数据类型列中的▤按钮，选中下拉菜单中的“Array［0..1］of”，如图 3.1.2（a）所

示。选中后单击数据类型列中的▼按钮，可出现如图 3.1.2（b）所示的对话框，在数据类型中选择数组元素的数据类型。若为一维数组，则在数据限值中以“下限值.. 上限值”的形式填入；若为二维数组，则在数据限值中以“第一维下限值.. 第一维上限值，第二维下限值.. 第二维上限值”的形式填入；下限值应小于等于上限值，下限值和上限值可以是任意整数（-32 768~32 767）。一维数组和二维数组的结构如图 3.1.3 所示。

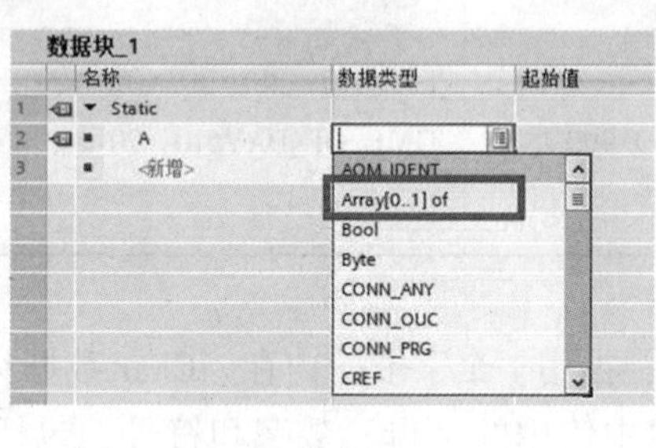

（a）

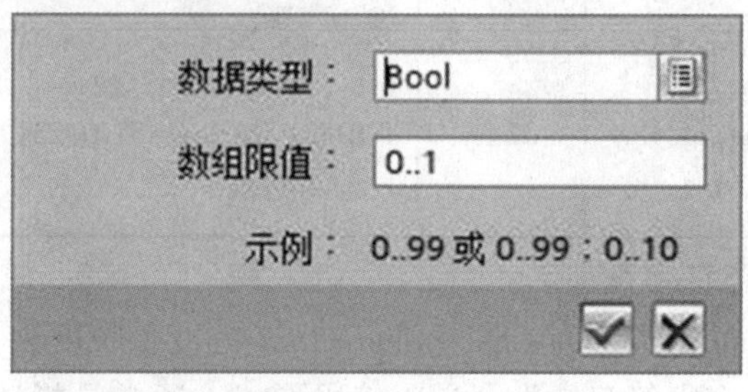

（b）

图 3.1.2　在数据块中新建数组

（a）选择数组数据类型；（b）填写数组元素数据类型及数组大小

名称	数据类型	起始值
▼ Static		
▼ A	Array[1..3] of Int	
A[1]	Int	0
A[2]	Int	0
A[3]	Int	0
▼ 仓位	Array[1..3, 1..2] of ...	
仓位[1,1]	Bool	false
仓位[1,2]	Bool	false
仓位[2,1]	Bool	false
仓位[2,2]	Bool	false
仓位[3,1]	Bool	false
仓位[3,2]	Bool	false

图 3.1.3　一维数组和二维数组的结构

3）结构

结构（Struct）类型是一种由多个不同数据类型元素组成的数据结构，其元素可以是基本数据类型，也可以是结构、数组等复杂数据类型以及 PLC 数据类型（UDT）等。结构类型嵌套结构类型的深度限制为 8 级。结构类型的变量在程序中可作为一个数据单元来使用，而不是使用大量的单个元素，为统一处理不同类型的数据或参数提供了方便。

以在数据块中添加电动机的结构类型数据为例，在数据块的第 2 行的“名称”列输入结构数据“motor”，数据类型为 Struct，在 3~7 行输入结构的 4 个元素，如图 3.1.4 所示。

结构类型可以在 DB、OB/FC/FB 接口区、PLC 数据类型（UDT）处定义使用。

单独使用组成该结构类型的元素时，和普通的变量没有区别，只是每出现一个结构类型的嵌套层级，变量名增加一个前缀，如图 3.1.5 所示。

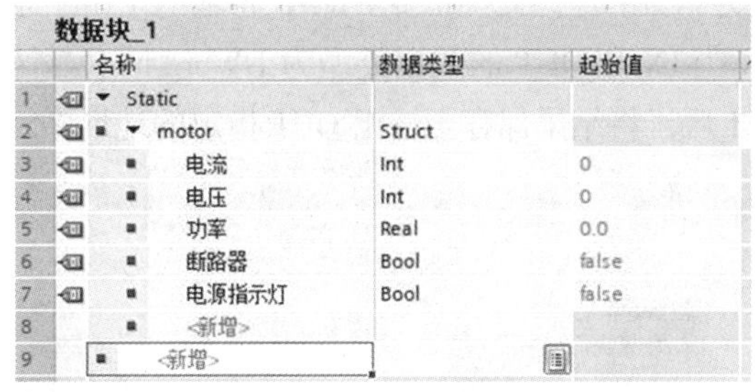

数据块_1

	名称	数据类型	起始值
1	▼ Static		
2	▼ motor	Struct	
3	电流	Int	0
4	电压	Int	0
5	功率	Real	0.0
6	断路器	Bool	false
7	电源指示灯	Bool	false
8	<新增>		
9	<新增>		

图 3.1.4　结构类型数据的定义

图 3.1.5　结构类型数据的定义与使用

3.1.2　功能指令

移动操作和比较操作指令

1. 移动操作指令

1）移动指令（MOVE）

移动指令（MOVE）用于将 IN 属于短的源数据传送给 OUT1 输出的目的地址，并转换成 OUT1 允许的数据类型（与是否进行 IEC 检查有关），源数据保持不变。IN 和 OUT1 可以是除 Bool 之外的所有基本数据类型和 DTL、Struct、Array 等数据类型，IN 还可以是常数。

支持通过一个 MOVE 指令将一个变量传送到多个变量，可单击 MOVE 指令方框中的 图标添加输出端，若添加多了，可通过选中输出端 OUT，单击键盘上的<Delete>键删除或单击在右键快捷菜单中选择“删除”选项进行删除；支持通过一个 MOVE 指令将一个数组的所有元素传送给另外一个元素数据类型以及元素个数相同的数组，如图 3.1.6 所示。

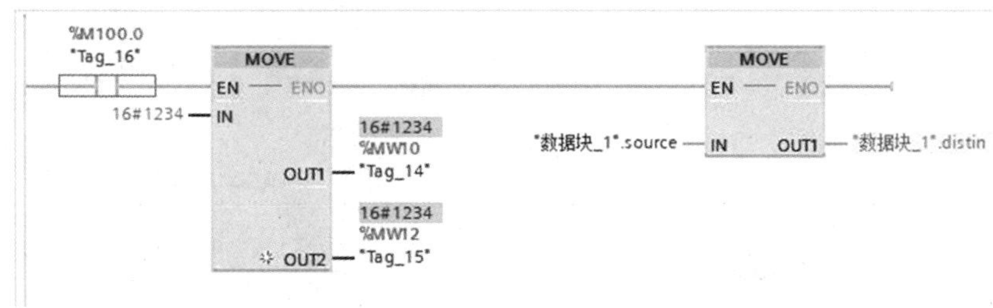

图 3.1.6　MOVE 指令的使用

2）交换指令（SWAP）

交换指令（SWAP）交换输入 IN 变量内的字节排序，并传送给输出 OUT 的目的地址中。

当 IN 和 OUT 的数据类型为 Word 时，交换指令 SWAP 将输入 IN 的高、低字节交换后，保存至输出 OUT 指定的地址中；当 IN 和 OUT 的数据类型为 DWord 时，输入 IN 中 4 个字节的顺序 1、2、3、4 交换为 4、3、2、1 后，将结果保存至输出 OUT 指定的地址中，如图 3.1.7 所示。

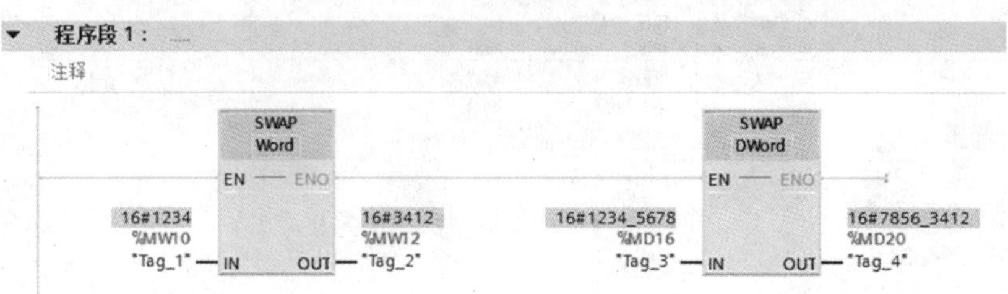

图 3.1.7　SWAP 指令的使用

3）填充存储区指令（FILL_BLK）

填充存储区指令（FILL_BLK）将输入 IN 的值填充到输出 OUT 指定地址开始的目标数据范围，输出 OUT 指定地址的数据类型可为数组，也可为结构（Struct、PLC 数据类型），COUNT 为从起始地址开始填充的个数，输入 IN 的数据类型和目标元素的数据类型需相同。

不可中断的存储区填充指令 UFILL_BLK 与 FILL_BLK 指令功能相同，区别在于前者的填充操作不会被其他操作系统任务打断。

填充存储区指令的使用以数组为例，如图 3.1.8 所示。首先定义 20 个数组元素的整型数组 Source，当 I0.0 导通时，常数 2 000 填充到了数组 Source 的 1～10 号元素中，常数 300 填充到了数组 Source 的 11～20 号元素中，完成了对 Source 数组的赋初值。

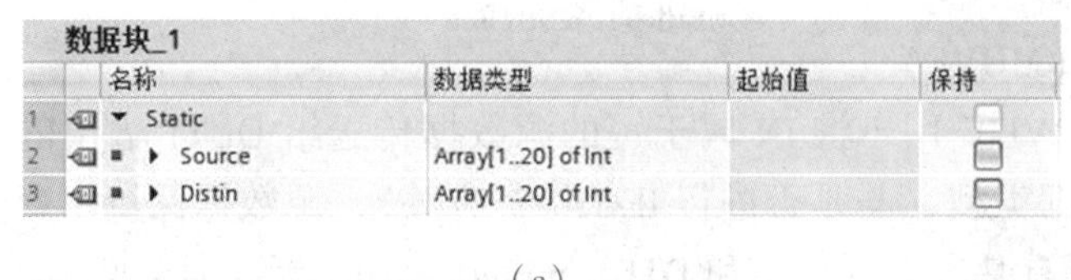

数据块_1

	名称	数据类型	起始值	保持
1	▼ Static			
2	▶ Source	Array[1..20] of Int		
3	▶ Distin	Array[1..20] of Int		

（a）

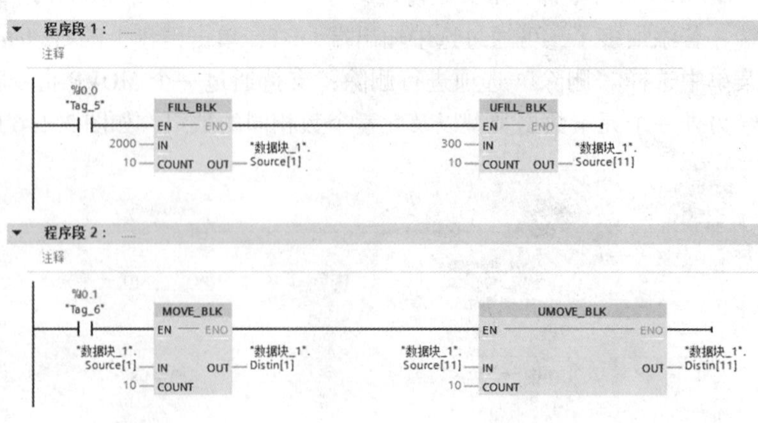

（b）

图 3.1.8　FILL_BLK 指令、UFILL_BLK、MOVE_BLK 指令、UMOVE_BLK 的使用

（a）数组定义；（b）应用程序

4）存储区移动指令（MOVE_BLK）

存储区移动指令（MOVE_BLK）将输入 IN 指定地址开始的源数据移动到输出 OUT 指定地址开始的目标数据存储区。该指令一般用于数组元素的批量移动，IN 和 OUT 分别指定源数据和目标数据的首地址（不要求是数组的第一个元素），COUNT 指定移动到目标数据区中的元素个数。

不可中断的存储区移动指令 UMOVE_BLK 与 MOVE_BLK 指令功能基本相同，区别在于前者的复制移动操作不会被其他操作系统任务打断，执行该指令时，CPU 的报警响应时间将会增大。

如图 3. 1. 8 所示，当 I0. 1 导通时，Source 数组的 1～10 号元素复制移动给 Distin 数组的 1～10 号元素，Source 数组的 11～20 号元素复制移动给 Distin 数组的 11～20 号元素。

2. 比较操作指令

1）比较指令

比较指令用来比较数据类型相同的两个数 IN1 和 IN2 的大小。操作数可以是 I、Q、M、L、D 存储区中的变量或常数。比较两个字符串时，实际上比较的是它们各对应字符的 ASCII 码的大小，第一个不相同的字符决定了比较的结果。

比较指令可视为一个等效的触点，比较符号可以是“==等于”“<>（不等于）”“>（大于）”“>=（大于等于）”“<（小于）”和“<=（小于等于）”，比较的数据类型有多种，比较指令的运算符号及数据类型在指令的下拉式列表中可见，当满足比较关系式给出的条件时，等效触点接通，如图 3. 1. 9 所示。

生成比较指令后，用鼠标双击触点中间比较符号下面的问号，单击出现的▾按钮，用下拉式列表设置要比较的数的数据类型。如果想修改比较指令的比较符号，只要用鼠标双击比较符号，然后单击出现的▾按钮，可以用下拉式列表修改比较符号。

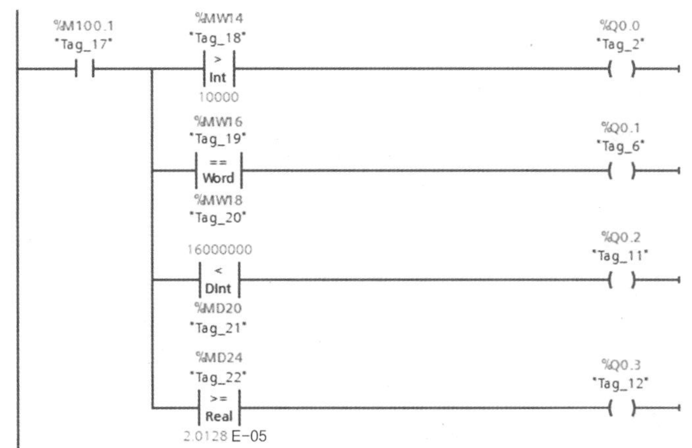

图 3. 1. 9　比较指令的使用

2）值在范围内指令（IN_RANGE）与值超过范围指令（OUT_RANGE）

值在范围内指令（IN_RANGE）可以等效为一个触点，当能流流入指令时，若参数 VAL

满足 MIN（最小值）≤VAL≤MAX（最大值），则等效触点闭合，指令框为导通（绿色）；值超过范围指令（OUT_RANGE）功能正好相反，当能流流入指令时，若参数 VAL 满足 VAL>MAX 或 VAL<MIN，则等效触点闭合，指令框为导通（绿色），如图 3.1.10 所示。

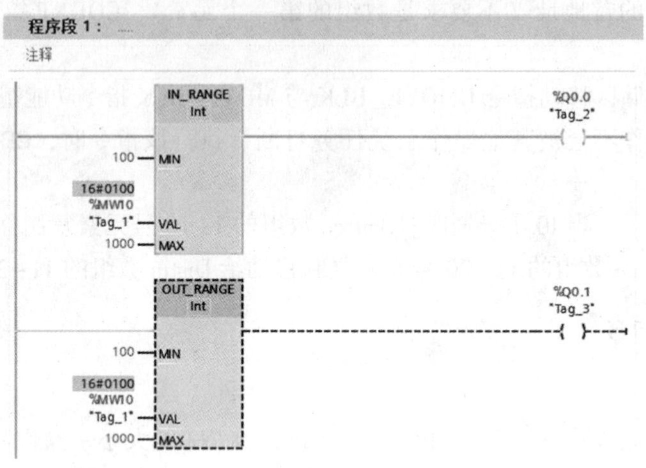

图 3.1.10　值在范围内和值超过范围指令的使用

3）检查有效性与检查无效性指令

检查有效性指令（OK）和检查无效性指令（NOT_OK），用来检测输入数据是否是有效的实数（即浮点数）。如果为有效实数，OK 触点导通，反之，NOT_ OK 触点接通，如图 3.1.11 所示。

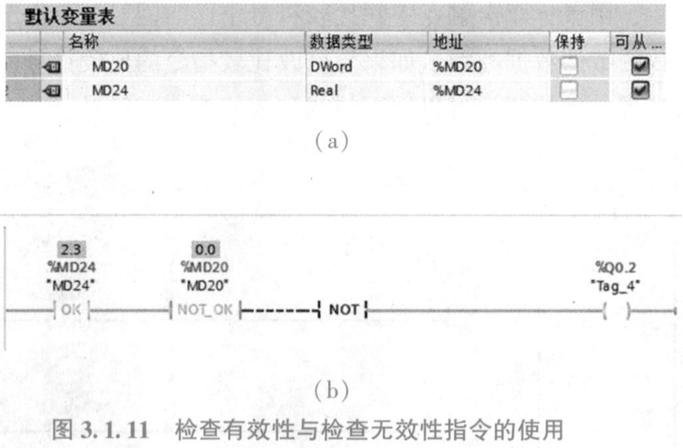

默认变量表

名称	数据类型	地址	保持	可从 ...
MD20	DWord	%MD20	☐	☑
MD24	Real	%MD24	☐	☑

（a）

（b）

图 3.1.11　检查有效性与检查无效性指令的使用

（a）数据定义；（b）应用程序

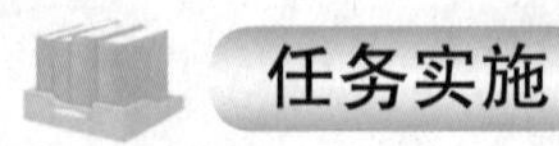

任务实施

广告灯的 PLC 控制项目实施

1. 任务分析

根据任务描述可知，6 个彩灯顺序点亮的时间为 12 s，逆序熄灭的时间也为 12 s，在按下启动按钮的瞬间为 QB0 赋值 16#1，使第 1 盏彩灯点亮，2 s 后为 QB0 赋值 16#3，使第 2

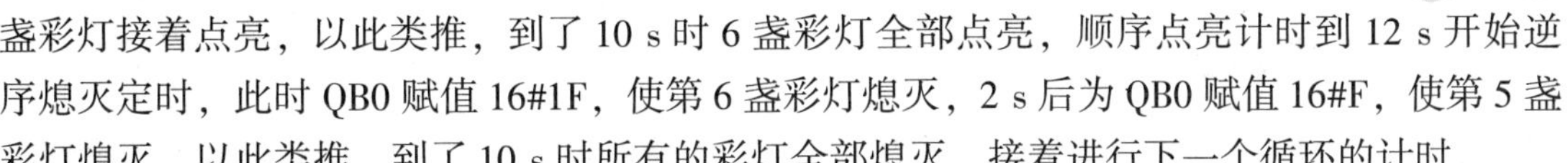

盏彩灯接着点亮，以此类推，到了 10 s 时 6 盏彩灯全部点亮，顺序点亮计时到 12 s 开始逆序熄灭定时，此时 QB0 赋值 16#1F，使第 6 盏彩灯熄灭，2 s 后为 QB0 赋值 16#F，使第 5 盏彩灯熄灭，以此类推，到了 10 s 时所有的彩灯全部熄灭，接着进行下一个循环的计时。

2. I/O 分配

根据上述的任务分析，可以得到如表 3. 1. 5 所示 I/O 分配表。

表 3. 1. 5　I/O 分配

信号类型	描述	PLC 地址
DI	启动按钮 SB1	I0. 0
	停止按钮 SB2	I0. 1
DO	彩灯 HL1	Q0. 0
	彩灯 HL2	Q0. 1
	彩灯 HL3	Q0. 2
	彩灯 HL4	Q0. 3
	彩灯 HL5	Q0. 4
	彩灯 HL6	Q0. 5

3. 外部硬件接线图

外部硬件接线图如图 3. 1. 12 所示。

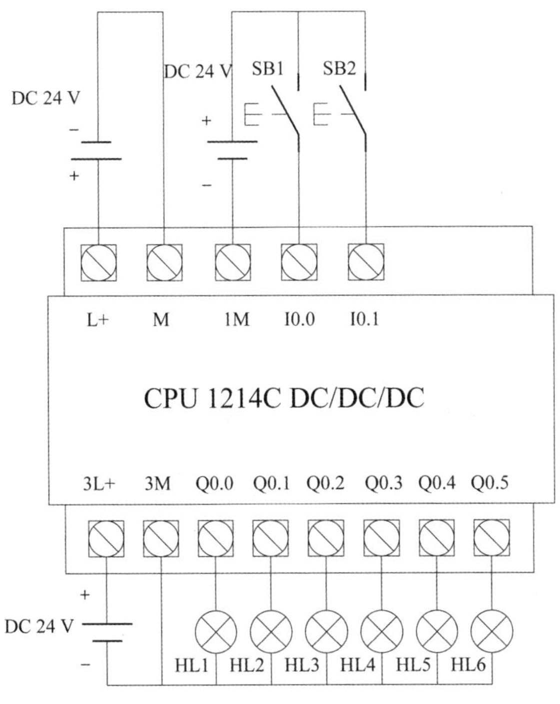

图 3. 1. 12　外部硬件接线图

4. 创建工程项目

打开 TIA 博途软件，在 Portal 视图中选择“创建新项目”，输入项目名称“广告灯”，选择项目保存路径，然后单击“创建”按钮，完成项目的创建，之后进行项目的硬件组态。

5. 编辑 PLC 变量表

PLC 变量表如图 3. 1. 13 所示。

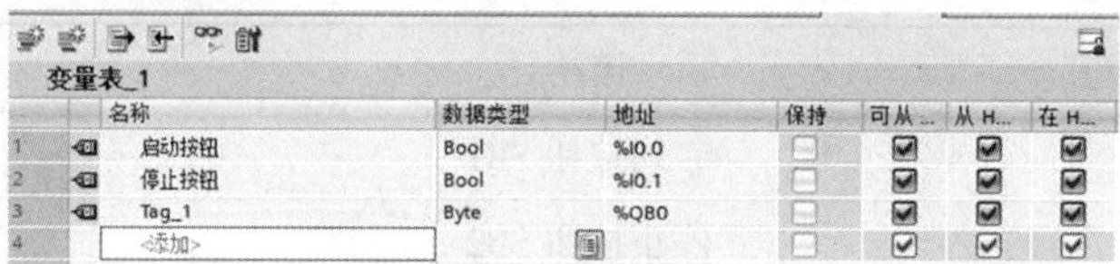

变量表_1

	名称	数据类型	地址	保持	可从...	从 H...	在 H...
1	启动按钮	Bool	%I0.0	☐	☑	☑	☑
2	停止按钮	Bool	%I0.1	☐	☑	☑	☑
3	Tag_1	Byte	%QB0	☐	☑	☑	☑
4	<添加>			☐	☑	☑	☑

图 3. 1. 13　PLC 变量表

6. 编写程序

根据控制要求，本案例控制程序如图 3. 1. 14 所示。

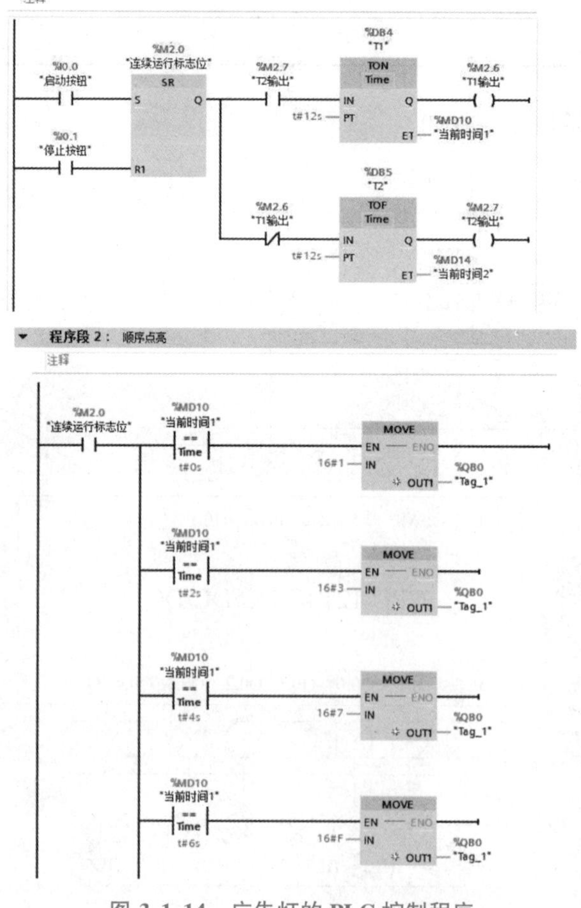

图 3. 1. 14　广告灯的 PLC 控制程序

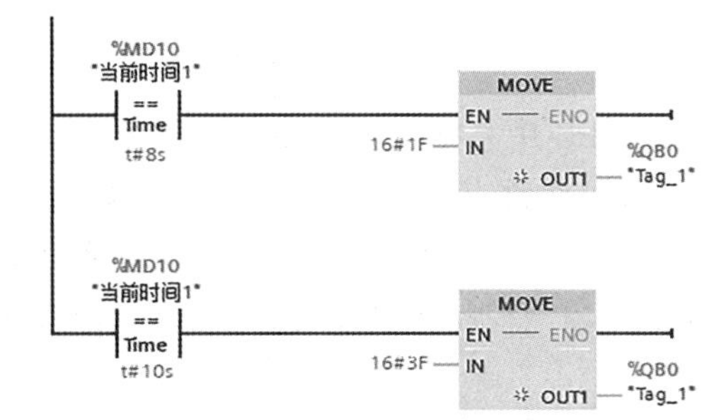

▼ **程序段 3：** 逆序熄灭

注释

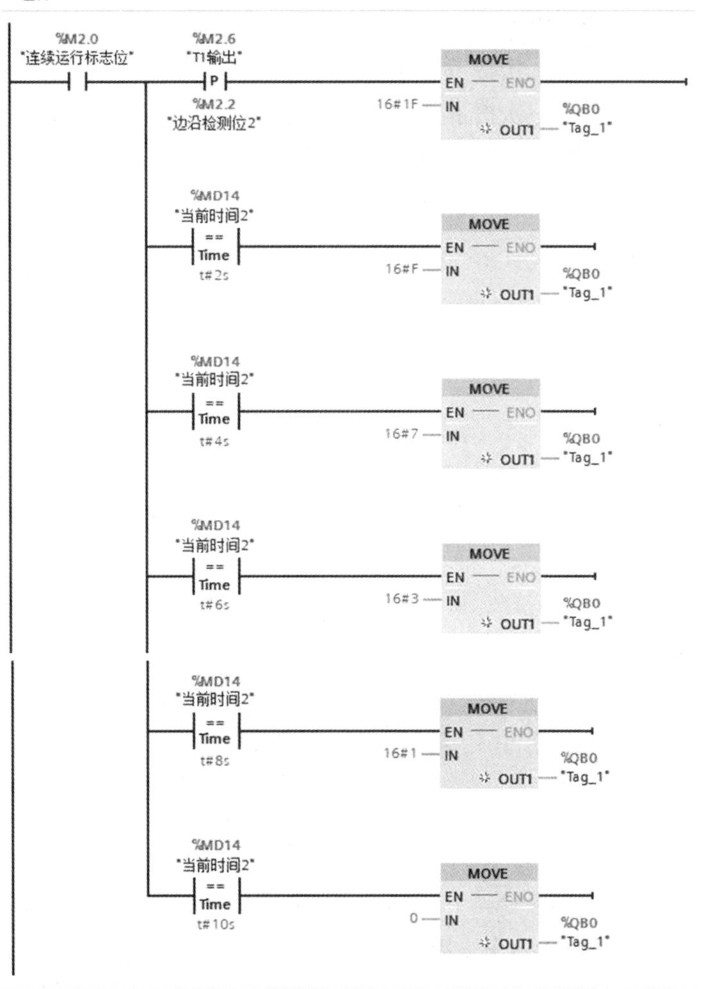

▼ **程序段 4：** 复位

注释

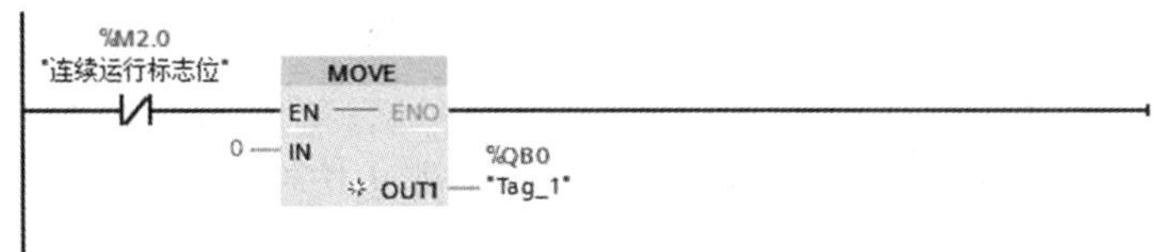

图 3.1.14　广告灯的 PLC 控制程序（续）

7. 调试程序

将调试好的程序下载到 CPU 中，并连接好线路。按下启动按钮，观察 6 盏彩灯是否每隔 2 s 循序点亮，12 s 后 6 盏灯全部点亮后再每隔 2 s 逆序熄灭，12 s 6 盏灯全部熄灭后重新从第一盏灯点亮。无论在任何时刻按下停止按钮，6 盏灯全部熄灭。按下启动按钮后系统可重新开始运行。若上述调试现象与控制要求一致，则说明本任务控制要求实现。

任务拓展

某生产线要求小车按照以下流程工作：初始状态下，小车停在行程开关 ST1 的位置，且行程开关 ST1 被压合。第一次按下按钮 SB1 后，小车前进至行程开关 ST2 处停止，5 s 后退回行程开关 ST1 处停止；第二次按下 SB1 后，小车前进到行程开关 ST3 处停止，5 s 后退回到行程开关 ST1 处停止；第三次按下 SB1 后，小车前进到行程开关 ST4 处停止，5 s 后退回至行程开关 ST1 处停止；再按下按钮 SB1，重复以上过程。生产流水线小车运动示意图如图 3.1.15 所示。

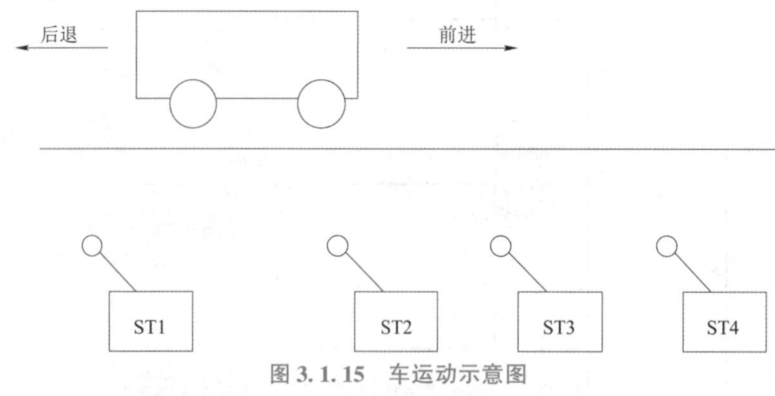

图 3.1.15　车运动示意图

思考与练习

1. 请使用比较指令完成以下程序的编写：有 5 盏灯，每个灯亮 2 s，按下启动按钮 I0.0，5 盏灯按照 1→1、2→2、3→3、4→4、5→5 如此循环，按下停止按钮全部熄灭。

2. 某停车场最多可停 50 辆车，用 2 位数码管显示停车数量，用出入传感器检测进出车辆数，每进一辆车停车数量增 1，每出一辆车停车数量减 1。当场内停车数量小于 45 时，入口处绿灯亮，允许入场；当停车数量大于等于 45 但小于 50 时，绿灯闪烁，提醒待进场车辆驾驶员注意将满场；当停车数量等于 50 时，红灯亮，禁止车辆入场。

3. 有一组回字形彩灯，每一圈均由四段灯带组成，如图 3.1.16 所示。当按下启动按钮，灯光由内往外依次点亮，间隔时间为 1 s；按下停止按钮，灯光由外往内依次熄灭，间隔时间为 1 s。

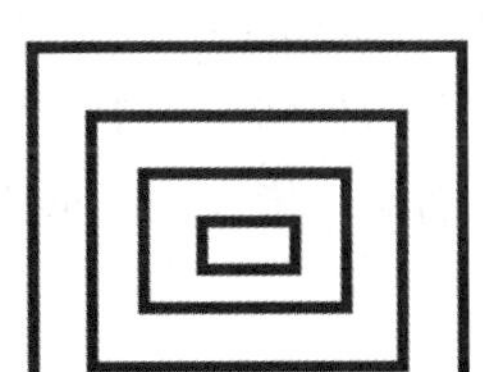

图 3.1.16　彩灯示意图

任务 3.2　彩灯闪烁与循环的 PLC 控制

任务目标

掌握移位和循环移位指令的用法。

任务描述

某霓虹灯装置，有 1 个启动按钮，1 个停止按钮，两组彩灯，每组有 8 个。当按下启动按钮后，第 1 组 8 盏彩灯周期性闪烁，亮 1 s，灭 1 s，15 s 后彩灯全部熄灭后，第 2 组彩灯开始循环左移，假设这组彩灯初始时为第一盏、第三盏灯亮（即初始值为 00000101），循环间隔时间为 1 s，要求用 PLC 控制。

基本知识

移位和循环移位指令介绍及基本应用

3.2.1　移位指令

移位指令包含右移指令（SHR）和左移指令（SHL），是将输入 IN 中操作数的内容按位向右或向左移动若干位，移动的位数用参数 N 来指定，移位的结果将保存到输出 OUT。

当参数 N 的值为“0”时，输入 IN 的值将复制到输出 OUT 中的操作数中。如果参数 N 的值大于可用位数，则输入 IN 中的操作数值将向右或向左移动可用位数个位。无符号数（如 UInt、Word）移位和有符号数（如 Int）左移时，用零填充操作数中空出的位。有符号数（如 Int）右移时，则用符号位的信号状态填充空出的位，正数的符号位为 0，负数的符号位为 1。可以从指令框的“???”下拉列表中选择该指令的数据类型。

如图 3.2.1 所示，当 M2.0 导通时，MW10 中的变量值右移 4 位后存入 MW12，而 MW10 本身的值不变。右移 N 位相当于除以 2^N，其移位过程如图 3.2.2 所示。

左移 N 位相当于乘以 2^N，因此将 16#0020 左移 2 位，相当于乘以 4，左移后得到16#40。

值得注意的是，当左移或右移指令的使能端（EN）得电一个扫描周期则移位一次，因此如果移位后的数据要送回原地址，则移位指令的使能端不能一直得电，应保证使能端每次得电一个扫描周期。

图 3. 2. 1　移位指令的使用

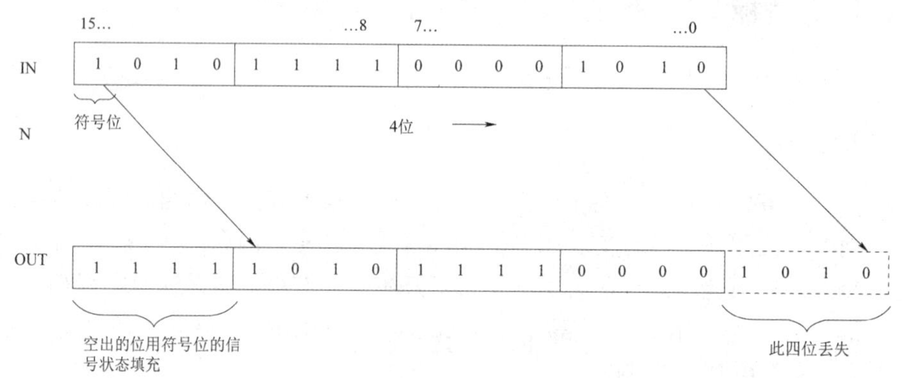

图 3. 2. 2　数据的右移

3. 2. 2　循环移位

移位指令包含循环右移指令（ROR）和循环左移指令（ROL），是将输入 IN 中操作数的内容按位向右或向左循环移动若干位，循环移位中待移动的位数用参数 N 来指定，用移出的位填充因循环移位而空出的位，移位的结果将保存到输出 OUT 。

当参数 N 的值为“0”时，输入 IN 的值将复制到输出 OUT 中的操作数中。如果参数 N 的值大于可用位数，则输入 IN 中的操作数值仍会循环移动指定位数。可以从指令框的“???”下拉列表中选择该指令的数据类型。

如图 3. 2. 3 所示，当 M2. 0 导通时，MD20 中的变量值循环右移 3 位后存入 MD24，而 MD20 本身的值不变，其移位过程如图 3. 2. 4（a）所示。MD28 中的变量值循环左移 3 位后存入 MD32，而 MD28 中的变量值保持不变，其移位过程如图 3. 2. 4（b）所示。

值得注意的是，当循环左移或右移指令的使能端（EN）得电一个扫描周期则移位一次，因此如果循环移位后的数据要送回原地址，则循环移位指令的使能端不能一直得电，应保证使能端每次得电一个扫描周期。

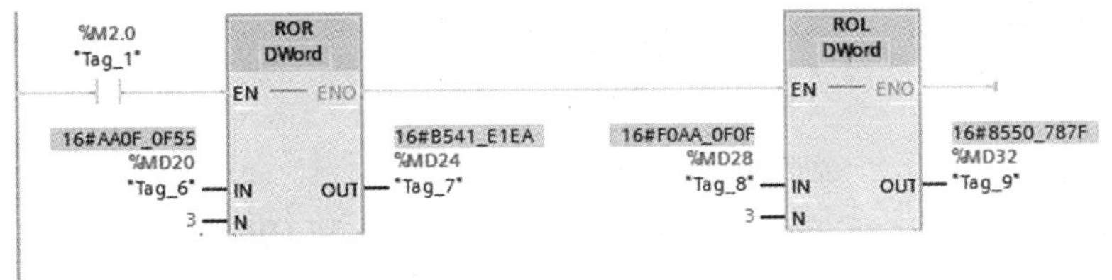

图 3.2.3　循环移位指令的使用

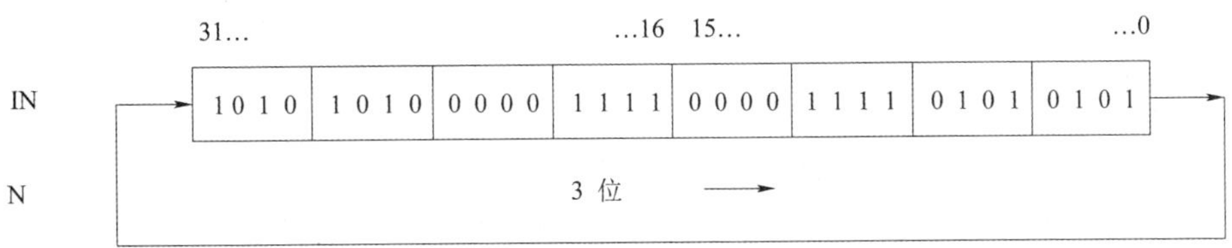

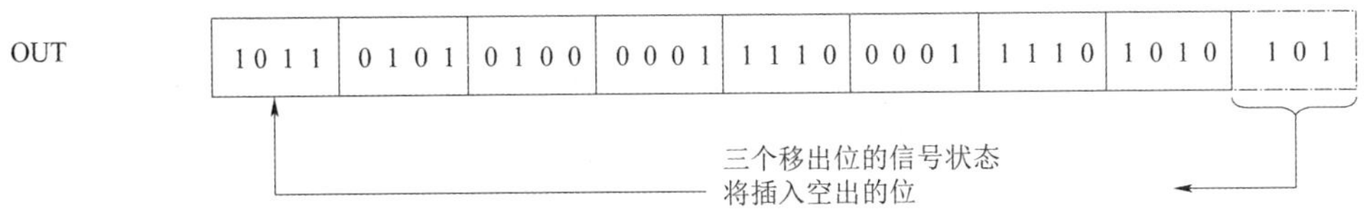

（a）

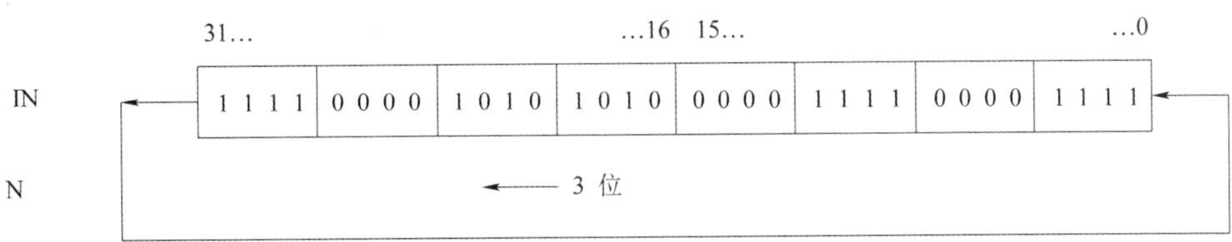

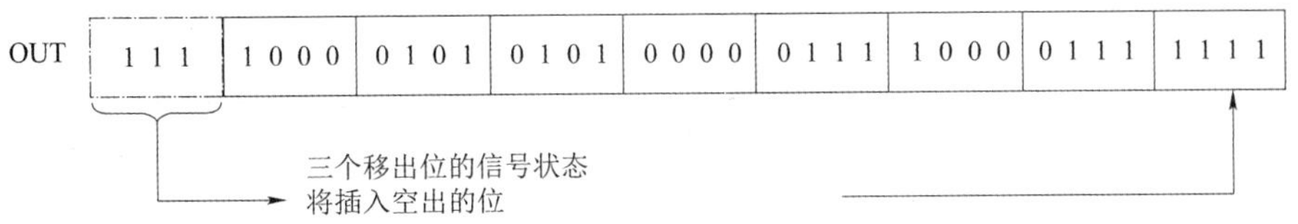

（b）

图 3.2.4 数据的循环移位

（a）数据的循环左移；（b）数据的循环右移

任务实施

彩灯闪烁与循环的 PLC 控制任务实施

1. 任务分析

根据任务描述可知，16 盏彩灯分为两组，可以用 QB0 和 QB2 表示。按下启动按钮后，先实现第 1 组彩灯 QB0 的闪烁功能，第 1 组灯的闪烁频率为 0.5 Hz，因此可以使用系统时钟存储器位 M0.7 来实现，到 15 s 时再切换到第 2 组彩灯 QB2 的闪烁功能。第 2 组的闪烁功能需用到 MOVE 指令和循环左移指令（ROL）。

2. I/O 分配

根据上述的任务分析，可以得到如表 3.2.1 所示 I/O 分配表。

表 3.2.1　I/O 分配表

<table>
<tr><th>信号类型</th><th colspan="2">描述</th><th>PLC 地址</th></tr>
<tr><td rowspan="2">DI</td><td colspan="2">启动按钮 SB1</td><td>I0.0</td></tr>
<tr><td colspan="2">停止按钮 SB2</td><td>I0.1</td></tr>
<tr><td rowspan="16">DO</td><td rowspan="8">第 1 组彩灯</td><td>彩灯 HL1</td><td>Q0.0</td></tr>
<tr><td>彩灯 HL2</td><td>Q0.1</td></tr>
<tr><td>彩灯 HL3</td><td>Q0.2</td></tr>
<tr><td>彩灯 HL4</td><td>Q0.3</td></tr>
<tr><td>彩灯 HL5</td><td>Q0.4</td></tr>
<tr><td>彩灯 HL6</td><td>Q0.5</td></tr>
<tr><td>彩灯 HL7</td><td>Q0.6</td></tr>
<tr><td>彩灯 HL8</td><td>Q0.7</td></tr>
<tr><td rowspan="8">第 2 组彩灯</td><td>彩灯 HE1</td><td>Q2.0</td></tr>
<tr><td>彩灯 HE2</td><td>Q2.1</td></tr>
<tr><td>彩灯 HE3</td><td>Q2.2</td></tr>
<tr><td>彩灯 HE4</td><td>Q2.3</td></tr>
<tr><td>彩灯 HE5</td><td>Q2.4</td></tr>
<tr><td>彩灯 HE6</td><td>Q2.5</td></tr>
<tr><td>彩灯 HE7</td><td>Q2.6</td></tr>
<tr><td>彩灯 HE8</td><td>Q2.7</td></tr>
</table>

3. 外部硬件接线图

外部硬件接线图如图 3.2.5 所示。

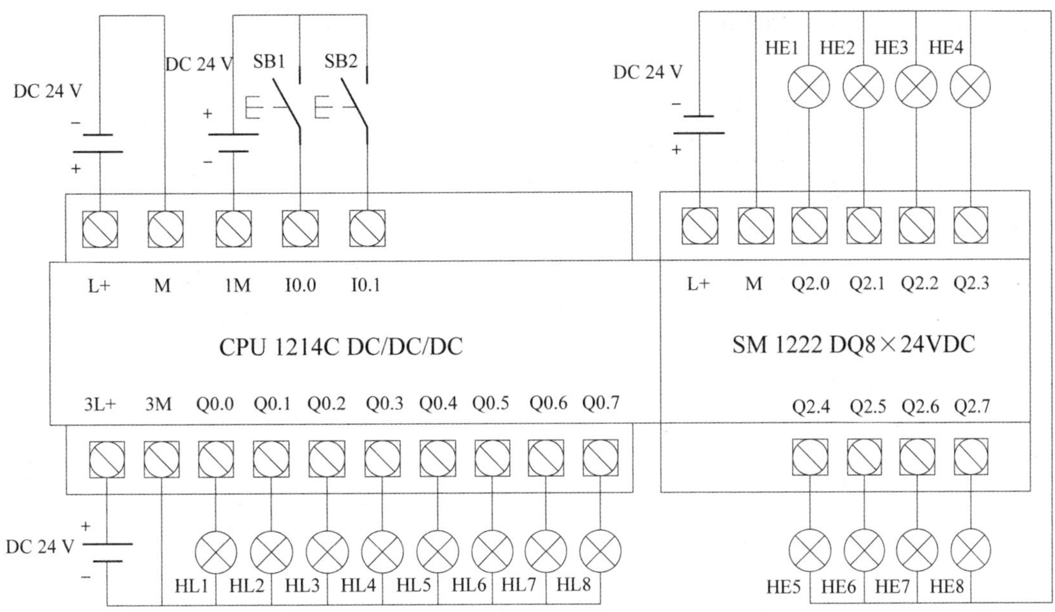

图 3. 2. 5　外部硬件接线图

4. 创建工程项目

打开 TIA 博途软件，在 Portal 视图中选择“创建新项目”，输入项目名称“彩灯”，选择项目保存路径，然后单击“创建”按钮，完成项目的创建，之后进行项目的硬件组态。

5. 编辑 PLC 变量表

PLC 变量表如图 3. 2. 6 所示。

变量表_1

	名称	数据类型	地址	保持	可从 ...	从 H...	在 H...
1	启动按钮	Bool	%I0.0	☐	☑	☑	☑
2	停止按钮	Bool	%I0.1	☐	☑	☑	☑
3	第1组灯	Byte	%QB0	☐	☑	☑	☑
4	第2组灯	Byte	%QB2	☐	☑	☑	☑

图 3. 2. 6　PLC 变量表

6. 编写程序

根据控制要求，本案例控制程序如图 3. 2. 7 所示。

程序段 1： 连续运行标志位

注释

%M2.0
"连续运行标志位"
SR
%I0.0
"启动按钮"
P
S Q
%M3.0
"边沿检测位1"
%I0.1
"停止按钮"
P
R1
%M3.1
"边沿检测位2"

程序段 2： 第1组彩灯闪烁

注释

%M2.0
"连续运行标志位"
%M2.2
"T1输出"
%M0.7
"Clock_0.5Hz"
P
%M3.3
"边沿检测位4"
MOVE
EN ENO
16#FF IN
OUT1 %QB0 "第1组灯"

%M0.7
"Clock_0.5Hz"
N
%M3.4
"边沿检测位5"
MOVE
EN ENO
16#0 IN
OUT1 %QB0 "第1组灯"

%DB1
"T1"
TON
Time
IN Q
t#15S PT ET ...
%M2.2
"T1输出"

程序段 3： 第 2 组彩灯闪烁

注释

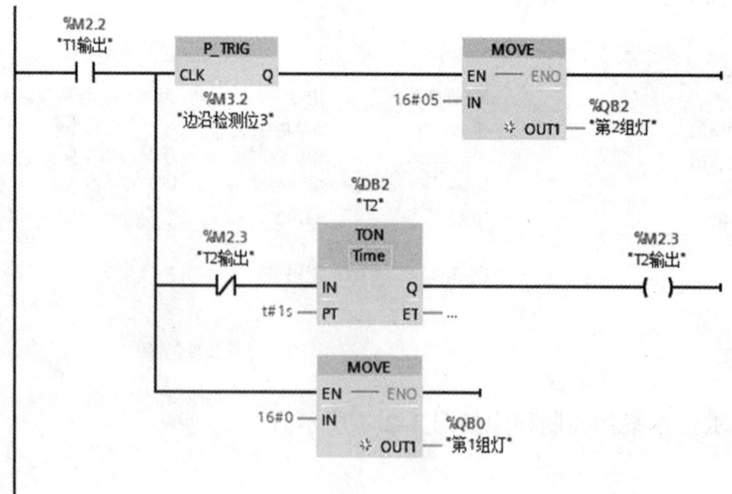

图 3.2.7　彩灯闪烁与循环的 PLC 程序

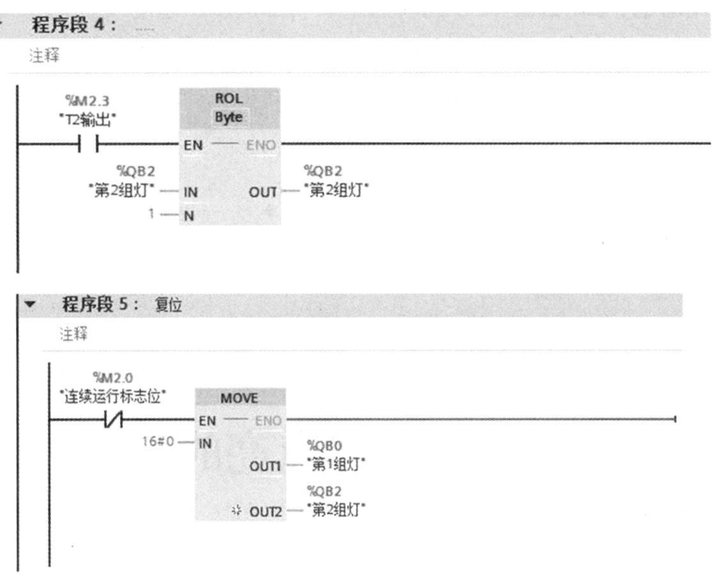

图 3.2.7　彩灯闪烁与循环的 PLC 控制程序（续）

7. 调试程序

将调试好的程序下载到 CPU 中，并连接好线路。按下启动按钮，观察第 1 组彩灯是否每隔 1 s 闪烁，15 s 后第一组彩灯熄灭，第 2 组彩灯开始循环左移点亮。无论在任何时刻按下停止按钮，所有灯是否全部熄灭。按下启动按钮后系统可重新开始运行。若上述调试现象与控制要求一致，则说明本任务控制要求实现。

任务拓展

某停车场车道利用彩灯作为道路指引，利用移位指令或循环移位指令编程实现 16 盏彩灯循环点亮，每次点亮 6 盏，1 s 移动 1 位。

思考与练习

1. 利用移位指令或循环移位指令控制输出的变化，要求控制 Q0.0~Q0.7 对应的 8 个指示灯，在 I0.0 接通时，使输出隔位接通，在 I0.1 接通时，输出取反后隔位接通。写出梯形图程序。

2. 编程实现下列控制功能，假设有 8 个指示灯，从左到右以 0.5 s 的时间间隔依次点亮，任意时刻只有一个指示灯亮，到达最右端，再从左到右依次点亮。利用移位指令或循环移位指令编写。

3. 设计五相步进电动机的 PLC 控制系统。

图 3.2.8 所示为一台以五相十拍方式运行的步进电动机，控制要求如下：按下启动按钮

SB1，定子磁极 A 通电，2 s 后 A 和 B 同时通电，再 2 s 后 B 通电（同时 A 断电），各相磁极通电情况如图 3.2.8 所示，时间间隔为 2 s，依次循环往复执行，直至按下停止按钮 SB2，定子磁极断电，步进电动机停止运行。以下是按照通电的先后顺序显示出定子磁极的工作情况：

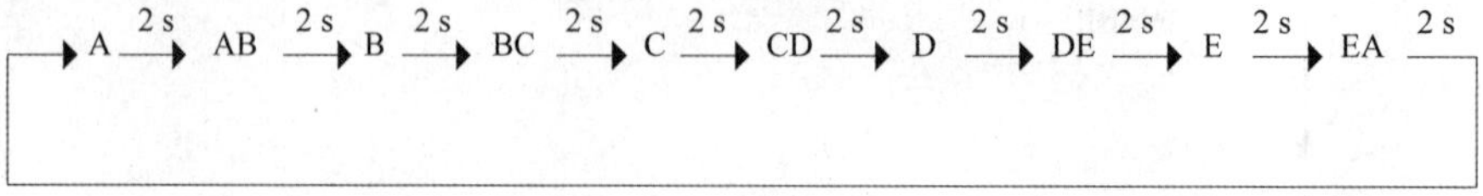

A $\xrightarrow{2\,s}$ AB $\xrightarrow{2\,s}$ B $\xrightarrow{2\,s}$ BC $\xrightarrow{2\,s}$ C $\xrightarrow{2\,s}$ CD $\xrightarrow{2\,s}$ D $\xrightarrow{2\,s}$ DE $\xrightarrow{2\,s}$ E $\xrightarrow{2\,s}$ EA $\xrightarrow{2\,s}$（返回 A）

图 3.2.8　控制要求示意图

任务 3.3　彩灯花式点亮的 PLC 控制

任务目标

掌握跳转指令与标签指令、数学运算及逻辑运算指令的用法。

任务描述

有 8 盏彩灯，要求按照一定的顺序显示各种花样，用功能指令编写彩灯显示控制程序，彩灯显示有如下 6 种花样，点亮时间为 1 s。

（1）正序单数轮流点亮。

（2）逆序双数轮流点亮。

（3）全部点亮，全部熄灭。

（4）正序依次轮流点亮。

（5）逆序依次轮流点亮。

（6）正序逐盏点亮，然后逐盏熄灭。

基本知识

跳转与标签指令介绍及应用

3.3.1　跳转指令与标签指令

在没有执行跳转指令（JMP）时，各个程序段是按照从上到下的先后顺序进行执行的。当执行跳转指令后，跳转指令会终止程序的执行顺序，跳转到指令中的地址标签（LABEL）所在的目的地址。跳转时不执行跳转指令与标签之间的程序，跳到目的地址后，程序开始继续往下执行。跳转指令可以往前跳，也可以往后跳。

跳转指令和标签指令是配对使用的。只能在同一个代码块内跳转，即跳转指令与对应的

跳转目的地址应在同一个代码块内。在一个块内，同一个跳转目的地址只能出现一次，即可以从不同的程序段跳转到同一个标签处，同一代码块内不能出现重复的标签。标签指令上需要标上标签号，第一个字符必须是字母，其余的可以是数字字母或下划线。

如果跳转条件满足（如图 3.3.1 中 I0.0 的常开触点闭合）时，“RLO 为 1 时跳转”指令 JMP 的线圈通电，跳转被执行，将跳转到指令给出的标签 A1 处，执行标签之后的第一条指令。被跳过的程序段的指令没有被执行。如果跳转条件不满足，将继续执行跳转指令下一个程序段的程序。

“RLO 为 0 时跳转”指令 JMPN 的线圈断电时，将跳转到指令中的地址标签（LABEL）所在的目的地址，反之则不跳转。

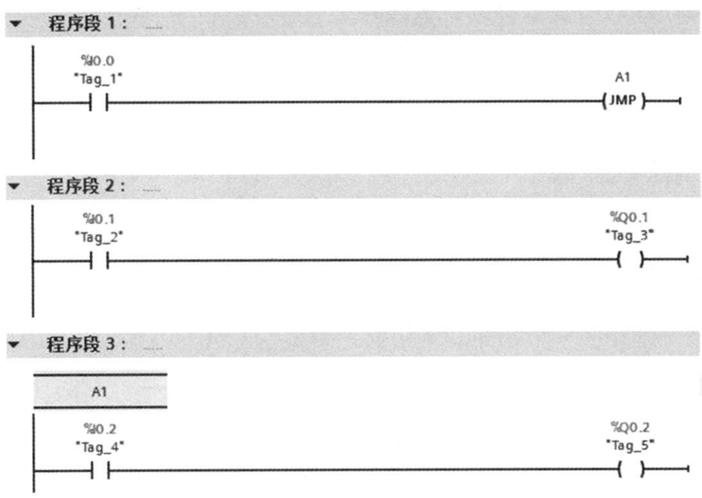

图 3.3.1　跳转与标签指令

3.3.2　转换操作指令

数学函数指令介绍及应用

1. 转换值指令

转换值指令（CONVERT）在使能端（EN）有效时，读取参数 IN 的内容，并根据指令框中选择的数据类型对其进行转换，转换值将在 OUT 输出处输出。

参数 IN、OUT 的数据类型可以是位字符串、整数、浮点数、Char、WChar 和 BCD 码等十多种数据类型，IN 还可以是常数。

图 3.3.2 中 M0.0 导通，则 CONVERT 指令的使能端有效，执行该指令，将 MD20 中的实数四舍五入转化为双整数后送入 MD24 中。

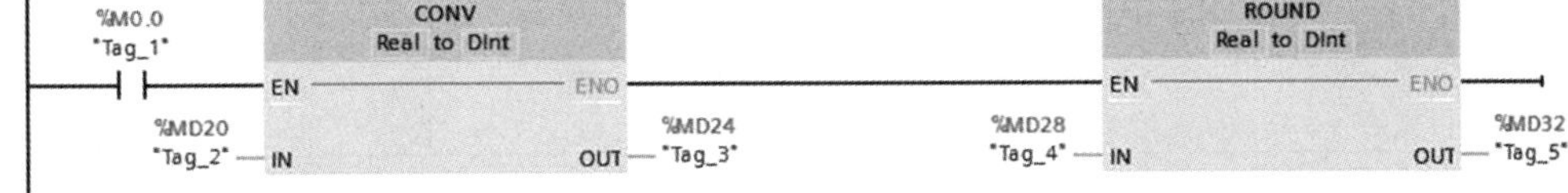

图 3.3.2　数据转换指令

2. 浮点数转换为双整数的指令

浮点数转换为双整数共有 4 条指令，分别是取整指令（ROUND）、浮点数向上取整指令（CEIL）、浮点数向下取整指令（FLOOR）和截尾取整指令（TRUNC）。其中取整指令（ROUND）用得最多，该指令将浮点数转换为一个双整数。如果输入值恰好是在两双整数的正中间则转换为偶数，例如，若输入 IN 的值为 3.5，则转换为 4，若输入 IN 的值为 4.5，也转换为 4。

浮点数向上取整指令（CEIL）将浮点数转换为大于或等于它的最小双整数。浮点数向下取整指令（FLOOR）将浮点数转换为小于或等于它的最大双整数。截尾取整指令（TRUNC）仅保留浮点数的整数部分，去掉其小数部分。

3.3.3 数学函数指令

数学函数指令包括整数运算和浮点数运算指令，如表 3.3.1 所示，共有 25 个指令。

表 3.3.1 数学函数指令

指令	描述	指令	描述
ADD Auto (???) EN — ENO IN1 OUT IN2	加：OUT = IN1+IN2	SUB Auto (???) EN — ENO IN1 OUT IN2	减：OUT= IN1-IN2
MUL Auto (???) EN — ENO IN1 OUT IN2	乘：OUT= IN1 * IN2	DIV Auto (???) EN — ENO IN1 OUT IN2	除：OUT = IN1/IN2
MOD Auto (???) EN — ENO IN1 OUT IN2	返回除法的余数：输入 IN1 的值除以输入 IN2 的值，并通过输出 OUT 查询余数	NEG ??? EN — ENO IN OUT	取反：更改输入 IN 中值的符号，并在输出 OUT 中查询结果。例如，如果输入 IN 为正值，则该值的负等效值将发送到输出 OUT
INC ??? EN — ENO IN/OUT	递增：将参数 IN/OUT 中操作数的值加 1	DEC ??? EN — ENO IN/OUT	递减：将参数 IN/OUT 中操作数的值减 1

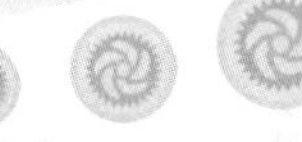

续表

指令	描述	指令	描述
ABS ??? EN ENO IN OUT	计算绝对值：计算输入 IN 处指定值的绝对值。指令结果被发送到输出 OUT	MIN ??? EN ENO IN1 OUT IN2	获取最小值：比较可用输入的值，并将最小的值写入输出 OUT 中
MAX ??? EN ENO IN1 OUT IN2	获取最大值：比较可用输入的值，并将最大的值写入输出 OUT 中	LIMIT ??? EN ENO MN OUT IN MX	设置限值：将输入 IN 的值限制在输入 MN 与 MX 的值范围之间
SQR ??? EN ENO IN OUT	计算平方：计算输入 IN 的浮点值的平方，并将结果写入输出 OUT	SQRT ??? EN ENO IN OUT	计算平方根：指令计算输入 IN 的浮点值的平方根，并将结果写入输出 OUT
LN ??? EN ENO IN OUT	计算自然对数：计算输入 IN 处值以（e = 2.718 282）为底的自然对数。计算结果将存储在输出 OUT 中	EXP ??? EN ENO IN OUT	计算指数值：以 e（e = 2.718 282）为底计算输入 IN 的值的指数，并将结果存储在输出 OUT 中
SIN ??? EN ENO IN OUT	计算正弦值：计算角度的正弦值	COS ??? EN ENO IN OUT	计算余弦值：计算角度的余弦值
TAN ??? EN ENO IN OUT	计算正切值：计算角度的正切值	ASIN ??? EN ENO IN OUT	反正弦值：根据输入 IN 指定的正弦值，计算与该值对应的角度值
ACOS ??? EN ENO IN OUT	反余弦值：根据输入 IN 指定的余弦值，计算与该值对应的角度值	ATAN ??? EN ENO IN OUT	反正切值：根据输入 IN 指定的正切值，计算与该值对应的角度值

续表

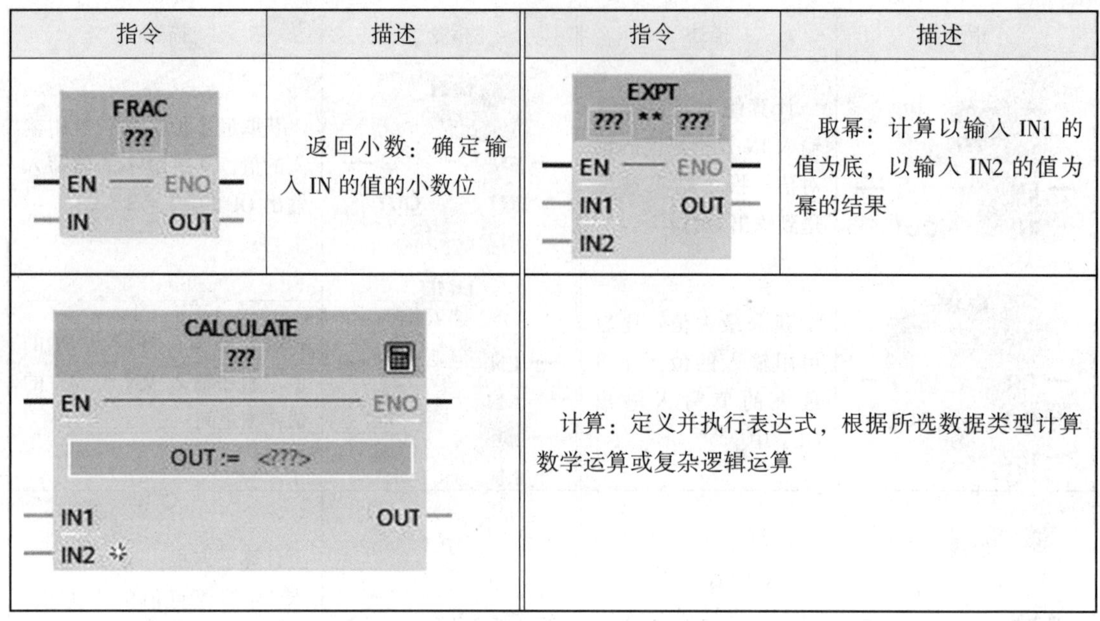

指令	描述	指令	描述
FRAC ??? EN ENO IN OUT	返回小数：确定输入 IN 的值的小数位	EXPT ??? ** ??? EN ENO IN1 OUT IN2	取幂：计算以输入 IN1 的值为底，以输入 IN2 的值为幂的结果
CALCULATE ??? EN ENO OUT := <???> IN1 OUT IN2	计算：定义并执行表达式，根据所选数据类型计算数学运算或复杂逻辑运算		

1. 四则运算指令

数学函数指令中的 ADD、SUB、MUL 和 DIV 分别是加、减、乘、除指令，它们执行的操作如表 3.3.1 所示。操作数的数据类型可选整数（SInt、Int、DInt、USInt、UInt、UDInt）和浮点数 Real，IN1 和 IN2 可以是常数。IN1、IN2 和 OUT 的数据类型应相同。

整数除法指令将得到的商截尾取整后，作为整数格式的输出 OUT。

ADD 和 MUL 指令允许有多个输入，单击方框中参数 IN2 后面的，将会增加输入 IN3，以后增加的输入的编号依次递增。

例 3.3.1 温度变送器的输出电流值经过 A/D 转换后得到的数值区间为 5 530~27 648 并存放于 IW96 中，温度变送器的量程为-200~850℃，使用四则运算指令实现，在 M3.0 导通的条件下，将 IW96 中的输出电流值转换为对应的实数温度值，存放于 MD42 中。

转换公式为

$$\text{温度值}=\frac{(\text{输出电流值}-5\,530)\times(850+200)}{(27\,648-5\,530)}-200$$

$$=\frac{(\text{输出电流值}-5\,530)\times 1\,050}{22\,118}-200$$

使用四则运算实现的程序如图 3.3.3 所示。值得注意的是，在运算时一定要先乘再除，否则会损失原始数据的精度。整数（Int）取值范围为-32 768~+32 767，在做乘法时可能会超过整数的取值范围，因此使用双整数（DInt）的减法和乘法运算。对于输出电流值（整数）和温度值（浮点数）数据类型不一致的情况，在进行四则运算时需考虑数据类型的转换。

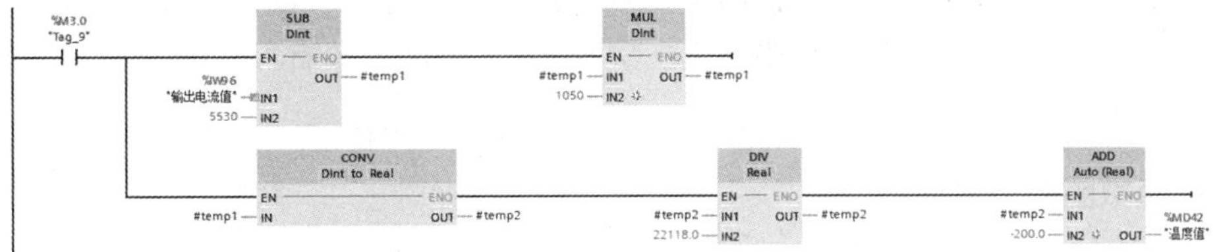

图 3. 3. 3　例 3. 3. 1 使用四则运算实现的程序

2. CALCULATE 指令

可以使用计算指令（CALCULATE）定义并执行表达式，根据所选数据类型计算数学运算或复杂逻辑运算。

如图 3. 3. 4 所示，从指令框的“???”下拉列表中选择该指令的数据类型。可以组合某些运算符以执行复杂计算，数据类型选择不同，可使参与计算的运算符也不尽相同。单击指令框上方的“计算器”图标或双击指令框中间的数学表达式方框，可打开“编辑‘Calculate’指令”对话框，如图 3. 3. 4（c）所示。表达式可以包含输入参数的名称（INn）和运算符，不能指定地址和常数。

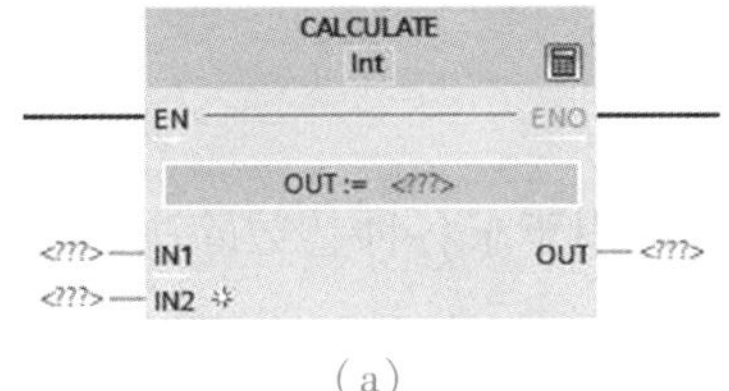

（a）

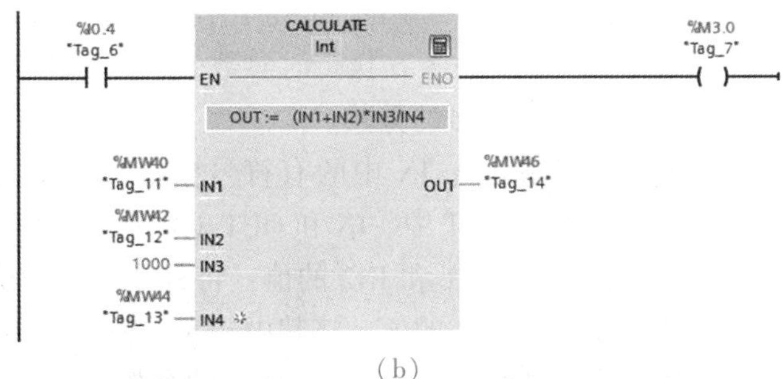

（b）

（c）

图 3. 3. 4　CALCULATE 指令及其应用

（a）CALCULATE 指令；（b）CALCULATE 应用实例；（c）CALCULATE 指令对话框

在初始状态下，指令框至少包含两个输入（IN1 和 IN2），可以扩展输入数目。在功能框中按升序对插入的输入编号。表达式中可以不使用所有已定义输入。该指令的结果将传送到输出 OUT 中。

3. 浮点数函数运算指令

浮点数（实数）数学运算指令的操作数 IN 和 OUT 的数据类型为 Real。

计算指数值指令（EXP）和计算自然对数指令（LN）中的指数和对数的底数 e = 2.718 282。

计算平方根指令（SQRT）和计算自然对数指令（LN）的输入值如果小于 0，输出 OUT 为无效的浮点数。

三角函数指令和反三角函数指令中的角度均为以弧度为单位的浮点数。如果输入值是以度为单位的浮点数，应先将角度值乘以 π/180.0 转换为弧度值，再使用三角函数指令。

计算反正弦值指令（ASIN）和计算反余弦值指令（ACOS）的输入值的允许范围为-1.0~1.0，ASIN 指令和计算反正切值指令 ATAN 运算结果的取值范围为-π/2~+π/2 弧度，ACOS 的运算结果的取值范围为 0~π 弧度。

求以 10 为底的对数时，需将自然对数值除以 2.302 585（10 的自然对数值）。lg1 000 = 1n1 000/2.302 585 = 6.907 755/2.302 585 = 3。

4. 其他数学函数指令

返回除法的余数指令（MOD）用于求各种整数除法的余数，输出 OUT 中的运算结果为除数运算 IN1/IN2 的余数。

求二进制补码（取反）指令（NEG）将输入 IN 的值的符号取反后，保存在输出 OUT 中。IN 和 OUT 的数据类型可以是 SInt、Int、DInt 和 Real，输入 IN 还可以是常数。

递增指令（INC）与递减指令（DEC），在执行时参数 IN/OUT 的值分别被加 1 和减 1。IN/OUT 的数据类型为各种有符号或无符号的整数。

计算绝对值指令（ABS）用来求输入 IN 中的有符号整数（SInt、Int、DInt）或实数（Real）的绝对值，将结果保存在输出 OUT 中。IN 和 OUT 的数据类型应相同。

获取最小值指令（MIN）比较输入 IN1 和 IN2 的值，将其中较小的值送给输出到 OUT。获取最大值指令 MAX 比较输入 IN1 和 IN2 的值，将其中较大的值送给输出到 OUT。输入参数和 OUT 的数据类型为各种整数和浮点数，可以增加输入的个数。

设置限值指令（LIMIT）将输入 IN 的值限制在输入 MIN 与 MAX 的值范围之间。如果 IN 的值没有超过该范围，将它直接保存到 OUT 指定的地址中，如果 IN 的值小于 MIN 的值或大于 MAX 的值，将 MIN 或 MAX 的值送给输出 OUT。

3.3.4 字逻辑运算指令

逻辑运算指令介绍及应用

字逻辑运算指令包括与、或、异或、取反、解码、选择、多路复用和多路分用指令，如表 3.3.2 所示，共有 9 个指令。

表 3.3.2　逻辑函数指令

指令	描述	指令	描述
AND ??? EN ENO IN1 OUT IN2	与运算：输入 IN1 和输入 IN2 按位进行与运算	OR ??? EN ENO IN1 OUT IN2	或运算：输入 IN1 和输入 IN2 按位进行或运算
XOR ??? EN ENO IN1 OUT IN2	异或运算：输入 IN1 和输入 IN2 按位进行异或运算	INV ??? EN ENO IN OUT	求反码：输入 IN 按位的信号状态取反
DECO UInt to ??? EN ENO IN OUT	解码：将输入值 IN 指定的输出值中的一位置位	ENCO ??? EN ENO IN OUT	编码：将输入值中最低有效位的位号并将其发送到输出 OUT
SEL ??? EN ENO G OUT IN0 IN1	选择：根据（输入 G）的状态选择 IN0 或 IN1 的值送至输出 OUT	MUX ??? EN ENO K OUT IN0 IN1 ELSE	多路复用：根据输入 K 的值将选定输入的内容复制到输出 OUT
DEMUX ??? EN ENO K OUT0 IN OUT1 ELSE		多路分用：根据输入 K 的值将选定输入的内容传送到选定的输出	

1. 字逻辑运算指令

逻辑运算指令对两个输入 IN1 和 IN2 逐位进行逻辑运算。逻辑运算的结果存放在输出 OUT 指定的地址中，如图 3.3.5 所示。

与运算（AND）当使能端 EN 有效时，两个操作数的同一位如果均为 1，则运算结果的对应位为 1，否则为 0。

或运算（OR）当使能端 EN 有效时，两个操作数的同一位如果均为 0，则运算结果的对

应位为 0，否则为 1。

异或运算（XOR）：当使能端 EN 有效时，两个操作数的同一位如果不相同，则运算结果的对应位为 1，否则为 0。

与、或、异或指令的操作数 IN1、IN2 和 OUT 的数据类型为十六进制的 Byte、Word 和 DWord。允许有多个输入，单击输入方框中的 ，将会增加输入的个数。

取反指令（INV）当使能端 EN 有效时，将输入 IN 中的二进制数逐位取反，即各位二进制数由 0 变 1，由 1 变 0，运算结果存放在输出 OUT 指定的地址中。

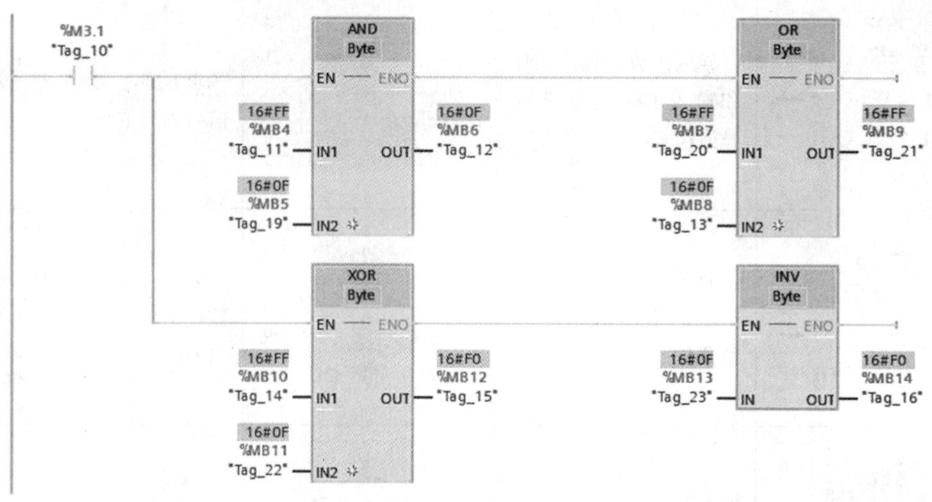

图 3.3.5　与、或、异或和取反指令举例

2. 解码和编码指令

解码指令（DECO）读取输入 IN 的值，假设 IN 的值为 n，则输出值中第 n 位置 1，其他位置 0。当输入 IN 的值大于 31 时，则将 IN 的值除以 32 之后，用余数来进行解码操作。

IN 的数据类型为 UInt，OUT 的数据类型可选 Byte、Word 和 DWord。

如图 3.3.6 所示，DECO 指令的参数 IN 的值为 11，OUT 为 2#0000 1000 0000 0000（16#0800），仅第 11 位为 1（最低位为第 0 位）。

编码指令（ENCO）与解码指令正好相反，将 IN 中为 1 的最低位的位数送至输出 OUT 指定的地址中，IN 的数据类型可选 Byte、Word 和 DWord，OUT 的数据类型为 INT。如图 3.3.6 所示，如果 IN 为 2#0100 0100（16#44），OUT 指定的地址 MW30 中的编码结果为 2。如果 IN 为 0，则 MW30 中的值为 0。

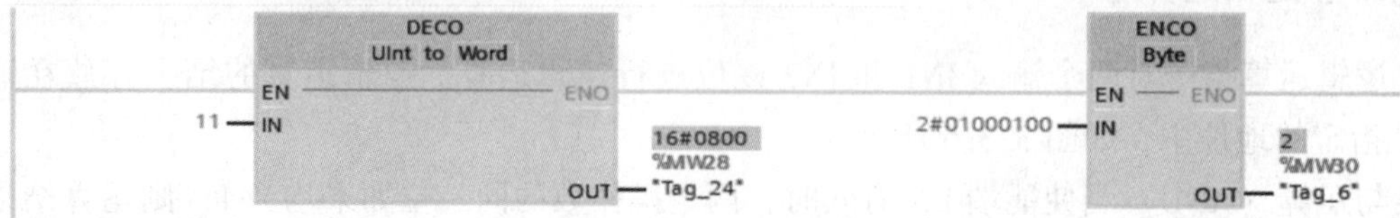

图 3.3.6　解码和编码指令举例

3. 选择指令、多路复用和多路分用指令

选择指令（SEL）的输入参数 G 为 0 时选中 IN0，G 为 1 时选中 IN1，选中的数值被保存到输出参数 OUT 指定的地址。如图 3.3.7 所示，如果 G 的状态是 0，那么就把 IN0 的值移动到 OUT 中去，如果 G 的状态是 1，则就把 IN1 的值移动到 OUT 中去。

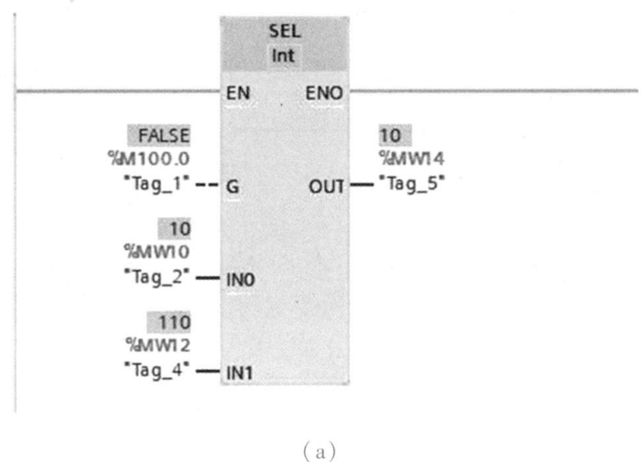

（a）

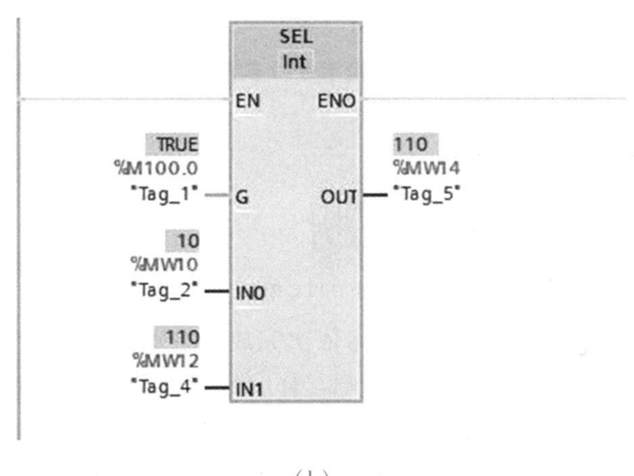

（b）

图 3.3.7　选择指令 SEL 举例

（a）G=0 时，OUT=IN0；（b）G=0 时，OUT=IN2

多路复用指令 MUX（Multiplex）根据输入参数 K 的值，选中第 K 个输入数据，并将它传送到输出参数 OUT 指定的地址。如 K=1 时，将选中输入参数 IN1 的值输出到 OUT 中。如果参数 K 的值大于可用的输入个数，则参数 ELSE 的值将复制到输出 OUT 中，并且 ENO 的信号状态会被指定为 0 状态。

单击方框内的※符号，可以增加输入参数 INn 的个数，最多可增加到 32 个输入管脚。INn、ELSE 和 OUT 的数据类型应相同，它们可以取多种数据类型，参数 K 的数据类型为整数。

多路分用指令（DEMUX）根据输入参数 K 的值，将输入 IN 的内容复制到选定的输出，

其他输出则保持不变。当 K=m 时，将复制到输出 OUT*m*。单击方框中的符号，可以增加输出参数 OUT*n* 的个数。参数 K 的数据类型为整数，IN、ELSE 和 OUT*n* 的数据类型应相同，它们可以取多种数据类型。如果参数 K 的值大于可用的输出个数，参数 ELSE 输出 IN 的值，并且 ENO 为 0 状态。

多路复用指令和多路分用指令举例如图 3. 3. 8 所示。

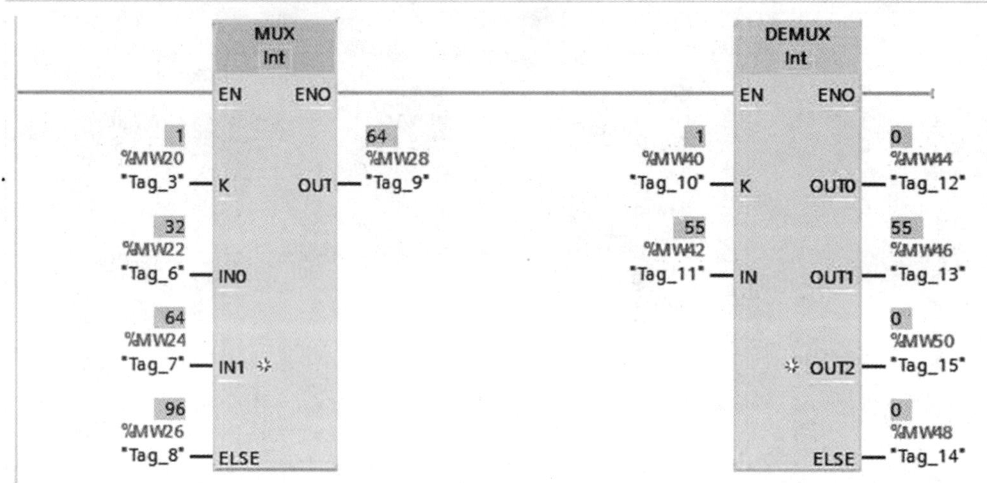

图 3. 3. 8　多路复用指令和多路分用指令举例

任务实施

彩灯花式点亮的 PLC 控制

1. 任务分析

根据任务描述可知，八盏彩灯按照顺序依次完成 6 种花样，点亮时间为 1 s。花样 1 正序单数点亮，耗时 4 s；花样 2 逆序双数点亮，耗时 4 s；花样 3 全部点亮，全部熄灭，耗时 2 s；花样 4 正序依次点亮，耗时 8 s；花样 5 逆序依次点亮，耗时 8 s；花样 6 正序逐盏点亮，然后逐盏熄灭，耗时 16 s，以此类推，一个周期循环时间共计 42 s，接着进行下一个循环的计时。

2. I/O 分配

根据上述的任务分析，可以得到如表 3. 3. 3 所示 I/O 点分配表。

表 3. 3. 3　I/O 分配

信号类型	描述	PLC 地址
DI	启动按钮 SB1	I0. 0
	停止按钮 SB2	I0. 1

续表

信号类型	描述	PLC 地址
DO	彩灯 LH1	Q0. 0
	彩灯 LH2	Q0. 1
	彩灯 LH3	Q0. 2
	彩灯 LH4	Q0. 3
	彩灯 LH5	Q0. 4
	彩灯 LH6	Q0. 5
	彩灯 LH7	Q0. 6
	彩灯 LH8	Q0. 7

3. 外部硬件接线图

外部硬件接线图如图 3. 3. 9 所示。

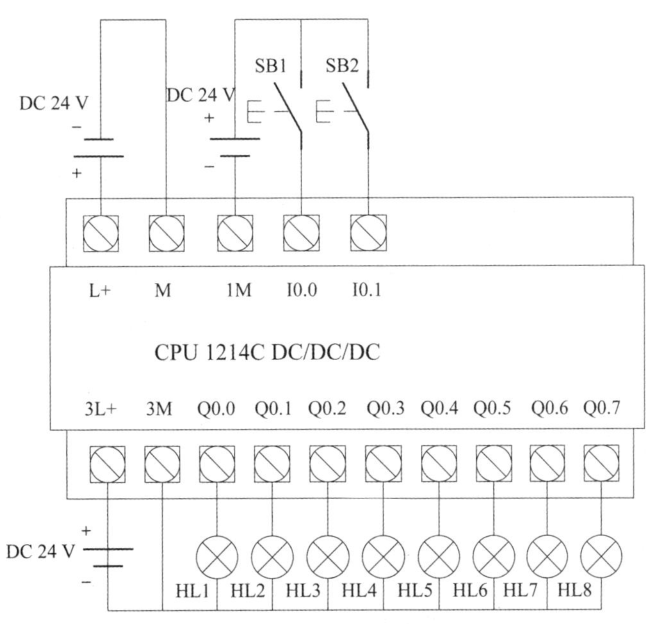

图 3. 3. 9　外部硬件接线图

4. 创建工程项目

打开 TIA 博途软件，在 Portal 视图中选择“创建新项目”，输入项目名称“花式彩灯”，选择项目保存路径，然后单击“创建”按钮，完成项目的创建，之后进行项目的硬件组态。

5. 编辑 PLC 变量表

PLC 变量表如图 3. 3. 10 所示。

变量表_1

	名称	数据类型	地址	保持	可从 ...	从 H...	在 H...
1	启动按钮	Bool	%I0.0	☐	☑	☑	☑
2	停止按钮	Bool	%I0.1	☐	☑	☑	☑
3	彩灯组	Byte	%QB0	☐	☑	☑	☑

图 3. 3. 10　PLC 变量表

6. 编写程序

根据控制要求，本案例控制程序如图 3. 3. 11 所示。

▼ 程序段 1： 连续运行标志位

注释

%I0.0 "启动按钮"　%I0.1 "停止按钮"　%M2.2 "连续运行标志位"

%M2.2 "连续运行标志位"

▼ 程序段 2： 彩灯一个周期循环供需要42 s

注释

#C1 CTU Int

%M2.2 "连续运行标志位"　%M0.5 "Clock_1Hz"　CU　Q　%M2.3 "Tag_4"

CV — %MW4 "计数器当前值"

%M2.3 "Tag_4"　R

42 — PV

%M2.2 "连续运行标志位"

▼ 程序段 3：如在4 s之内则按照花样1闪烁，否则跳转到花样2

注释

%MW4 "计数器当前值"　> Int　4　%M2.2 "连续运行标志位"　HY2 (JMP)

图 3. 3. 11　彩灯花式点亮的 PLC 控制程序

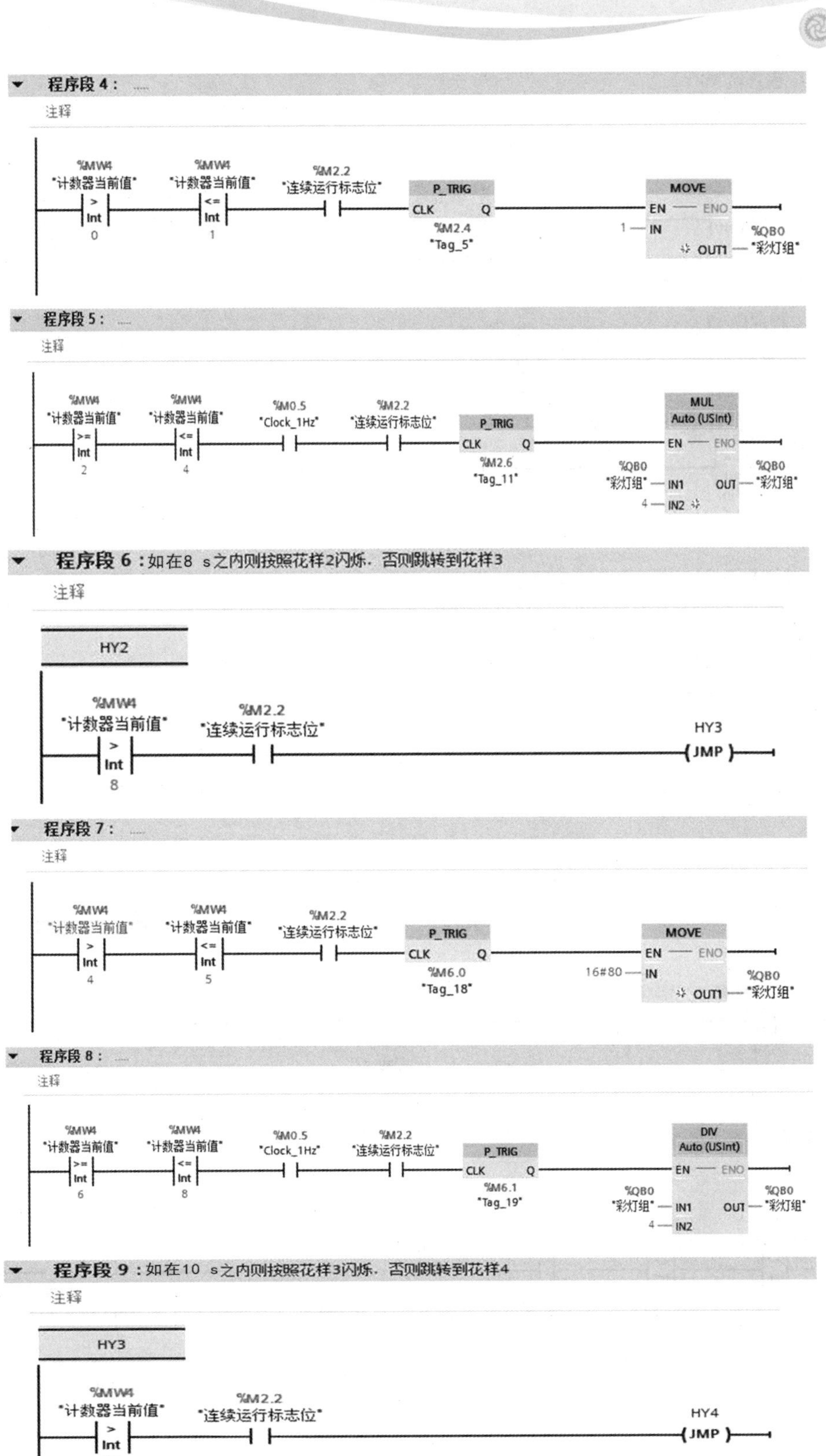

图 3.3.11　彩灯花式点亮的 PLC 控制程序（续）

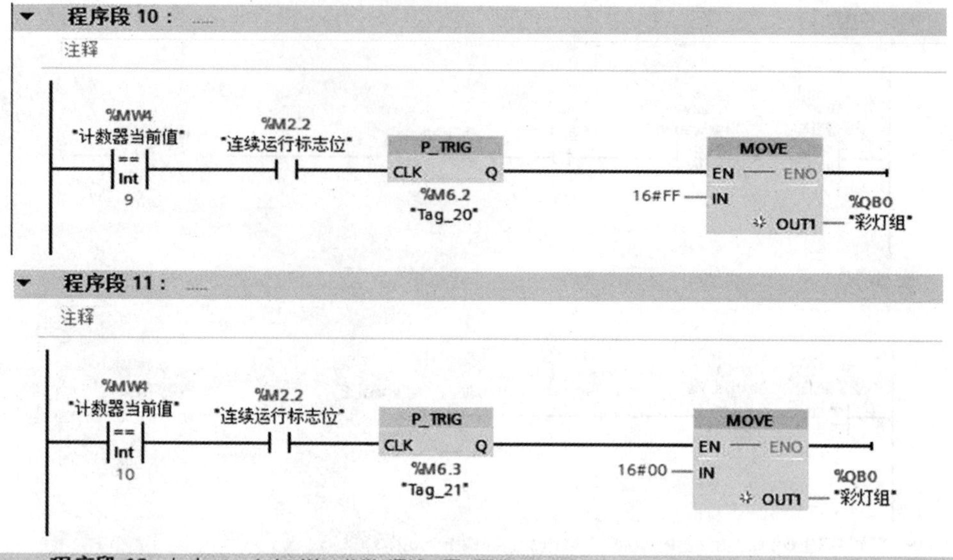

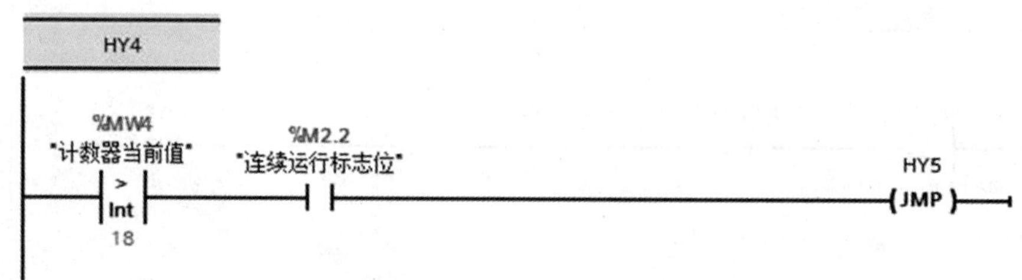

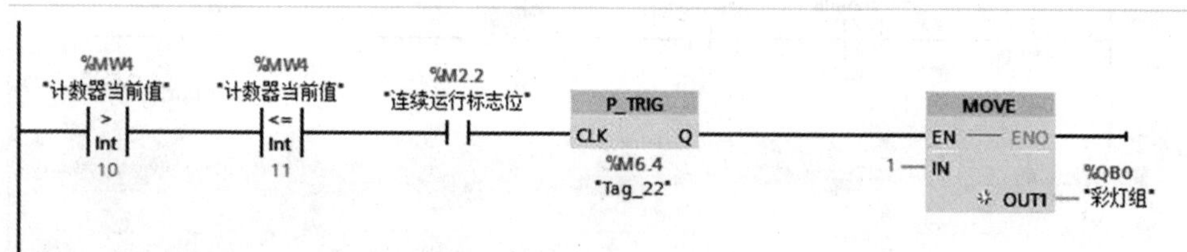

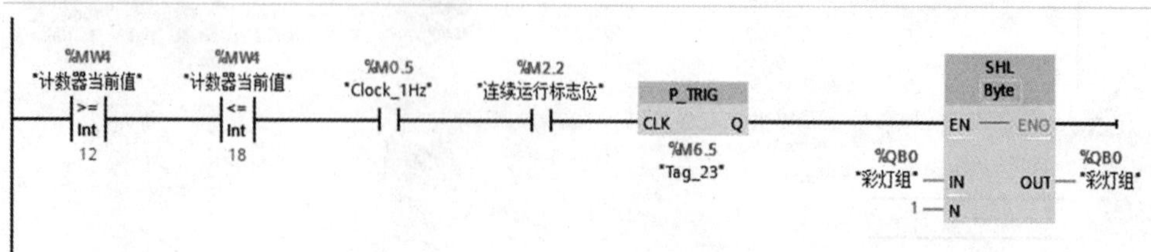

图 3.3.11 彩灯花式点亮的 PLC 控制程序（续）

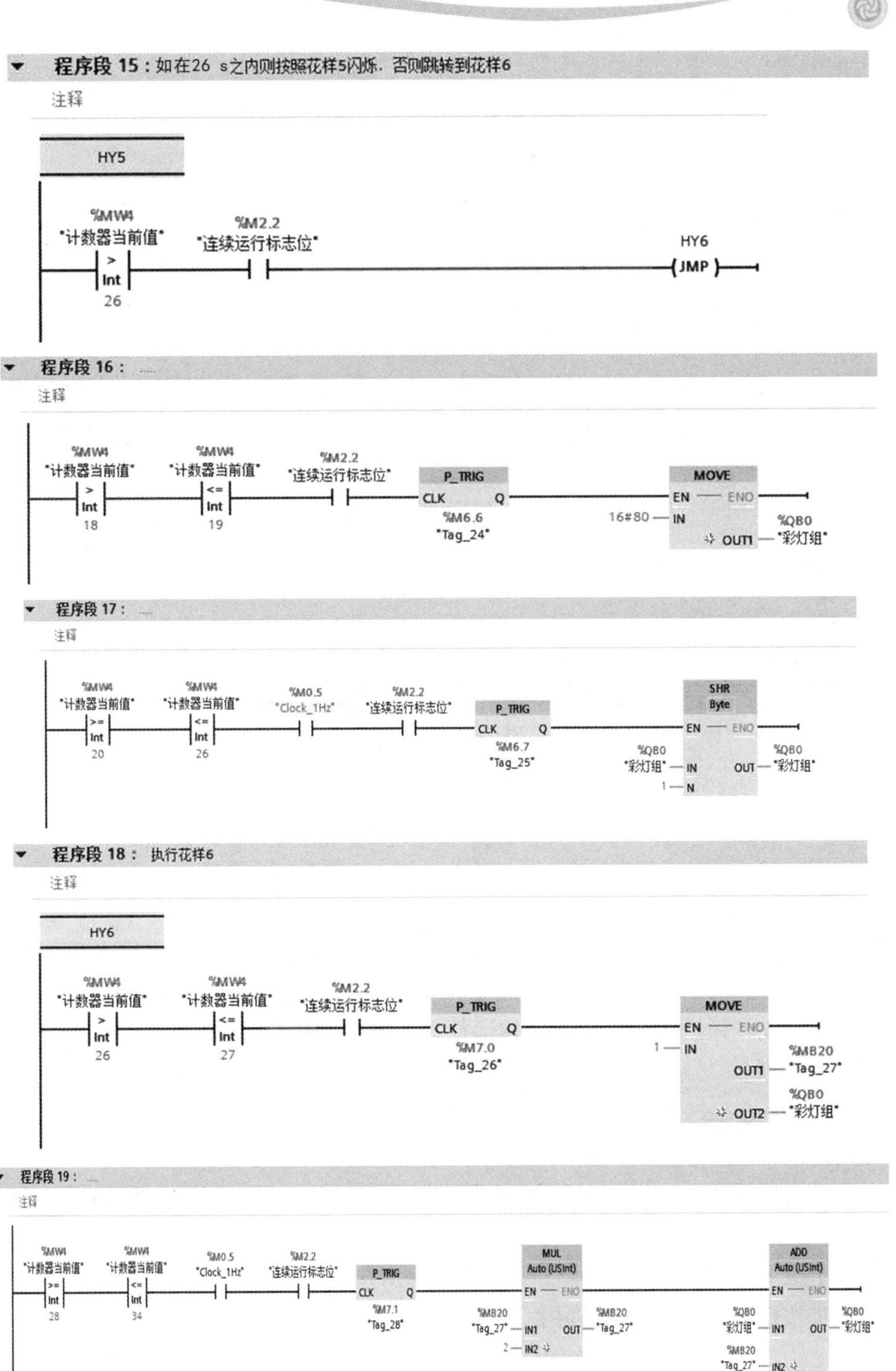

图 3.3.11　彩灯花式点亮的 PLC 控制程序（续）

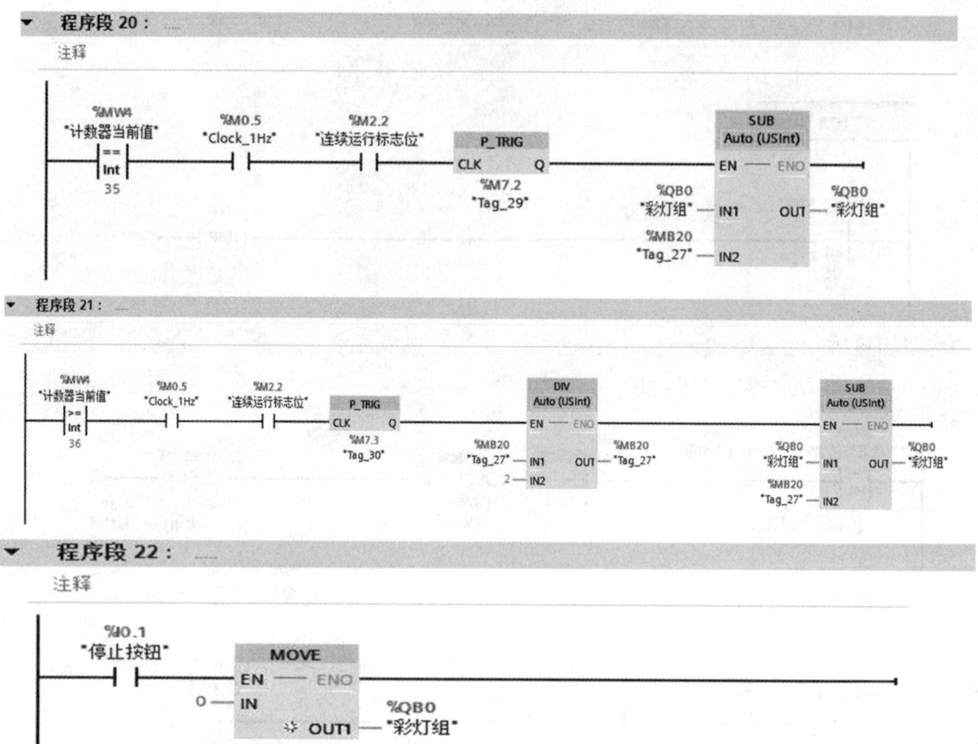

图 3.3.11　彩灯花式点亮的 PLC 控制程序（续）

7. 调试程序

将调试好的程序下载到 CPU 中，并连接好线路。按下启动按钮，观察 8 盏彩灯按照花样顺序依次点亮，42 s 后重新从花样 1 点亮。无论在任何时刻按下停止按钮，8 盏灯是否全部熄灭。按下启动按钮后系统可重新开始运行。若上述调试现象与控制要求一致，则说明本任务控制要求实现。

任务拓展

一台自动售货机用于出售汽水和咖啡两种饮料，汽水 12 元一杯，咖啡 15 元一杯。顾客可以投入 1 元、5 元、10 元三种硬币。当投入的硬币大于或等于 12 元时，汽水灯亮；当投入的硬币大于或等于 15 元时，咖啡灯亮；按下汽水按钮，自动出汽水一杯，并找出多余零钱，按下咖啡按钮，自动出咖啡杯并找出多余零钱，I/O 分配如表 3.3.4 所示。

表 3.3.4　I/O 分配

DI	功能	DQ	功能
I0.0	1 元检测信号	Q0.0	汽水指示灯
I0.1	5 元检测信号	Q0.1	咖啡指示灯
I0.2	10 元检测信号	Q0.2	汽水出货机构

续表

DI	功能	DQ	功能
I0.3	汽水出货按钮	Q0.3	咖啡出货机构
I0.4	咖啡出货按钮	Q0.4	退币1元
I0.5	退币按钮	Q0.5	退币5元
		Q0.6	退币10元

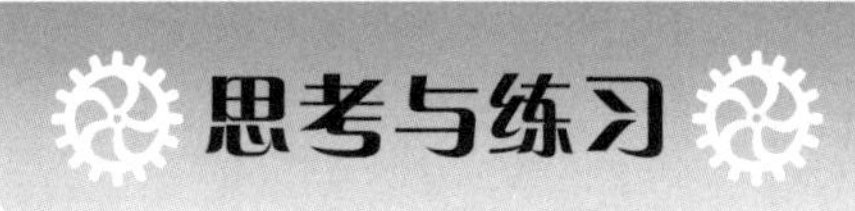

思考与练习

1. 用跳转与标签指令编程来控制两盏灯，灯分别接于Q0.0、Q0.1上，控制要求如下：

(1) 要求实现自动和手动控制的切换，切换开关接于I0.0，若I0.0为OFF，则为手动操作，若I0.0为ON，则切换到自动运行。

(2) 手动控制时，能用两个开关分别控制两盏灯的启停，I0.1控制Q0.0的启停，I0.2控制Q0.1的启停。

(3) 自动运行时，两盏灯间隔1 s交替闪亮。

2. 请用跳转与标签指令编写程序来实现S=+2+…+100的值。

3. 某压力变送器的量程为0~20 MPa，输出信号为0~5 V，被IW96转换为0~27 648的整数，假设转换后的整数为N，试求以kPa为单位的压力值。

4. 频率变送器的量程为45~55 Hz，输出信号为0~10 V，被IW64转换为0~27 648的数字，试求将IW64输出的模拟值转换为对应的浮点数频率值，单位为Hz，存放在MD64中。

5. 半径（小于1 999的整数）存放在DB1.DBW0中，用浮点数运算指令编写计算圆面积的程序，将运算结果转换为整数，存放在DB1.DBW2中。

6. 以0.1 ℃为单位的整数格式的摄氏度温度值存放在MW6中，在I0.2的上升沿，请编写程序，求出该摄氏温度对应的华氏温度值，运算结果转换为10^{-3}为单位的双整数，存放在MD16中。

项目四 基于结构化编程的电动机和灯光系统 PLC 控制

任务 4.1 基于 FC 的两台电动机的顺序控制

任务目标

1. 掌握 S7-1200 用户程序的基本结构。
2. 掌握无参数和有参数的 FC 编程法。
3. 掌握数据块（DB 块）的用法。

任务描述

两台电动机顺序启动，逆序停止，启动停止的间隔时间均为 5 s，要求分别用带参数和不带参数的 FC 编程。

基本知识

S7-1200PLC 的程序结构

4.1.1 S7-1200 用户程序中的块

S7-1200 的编程采用逻辑块的概念，即将程序分解为独立的或体系的各个部件，逻辑块类似于子程序，但类型更多，功能更强大。在实际的工业控制中，复杂的自动化任务通常采用块的概念进行编写程序，可以通过块与块之间的相互调用来组织程序。这样的程序易于修改、纠错和调试。

块结构显著增加了 PLC 程序的组织透明性、可理解性和易维护性。这些块包括了组织块、函数、函数块、数据块等多种不同类型的块，如表 4.1.1 所示。

表 4.1.1 S7-1200 PLC 的用户程序中的块

块（Block）	简要概述
组织块（OB）	操作系统与用户程序的接口，决定用户程序的结构
函数（FC）	用户编写的包含经常使用的功能的子程序，无专用的存储区
函数块（FB）	用户编写的包含经常使用的功能的子程序，有专用的存储区（即背景数据块）
数据块	存储用户数据的数据区域

1. 组织块（OB）

组织块（OB）是操作系统与用户程序的接口，由操作系统调用，用于控制扫描循环和中断程序的执行、PLC 的启动和错误处理等，有的 CPU 只能使用部分组织块。

2. 函数（FC）

函数（FC）是用户编写的没有固定存储区的程序块，类似于子程序的功能，其临时变量存储在局域数据堆栈中，函数执行结束后，其数据就丢失了。可以用全局数据块或 M 存储区来存储那些在函数执行结束后需要保持的数据。

3. 函数块（FB）

函数块是用户编写的有自己的存储区（背景数据块）的块，每次调用函数块时都需要指定一个背景数据块。背景数据块随函数块的调用而打开，在调用结束时自动关闭。函数块的输入、输出参数和静态变量（Static）用指定的数据块保存，但是不会保存临时局部变量（Temp）中的数据。函数执行完毕后，背景数据块中的数据不会丢失。

FC 和 FB 均由主程序 OB1 或其他程序块（包括组织块、函数和函数块）调用。

4. 数据块（DB）

数据块是用于存放执行用户程序时所需的变量数据的数据区。数据块中没有 STEP 7 的指令，STEP 7 按数据生产的顺序自动为数据块中的变量分配地址。数据块分为全局数据块和背景数据块。

4.1.2　结构化编程

(1) S7-1200 PLC 的程序结构有线性化编程、分布式编程和结构化编程。

线性化编程就是将整个用户程序连续放置在主程序即组织块 OB1 中，块中的程序按顺序执行，CPU 通过反复执行 OB1 来实现自动化控制任务。线性化编程一般适用于相对简单的程序编写。

分布式编程就是将整个程序按任务分成若干个部分，并分别放置在不同的函数 FC、函数块 FB 及组织块中，在一个块中可以进一步分解成段。在组织块 OB1 中包含按顺序调用其他块的指令，并控制程序执行。

在分布式程序中，既无数据交换，也不存在重复利用的程序代码。对不太复杂的控制程序可采用这种程序结构。

结构化编程就是处理复杂自动化控制任务的过程中，把过程要求类似或相关的功能进行分类，分割为可用于几个任务的通用解决方案的小任务，这些小任务以函数 FC 或函数块 FB 表示。它的特点是每个块（FC 或 FB）在 OB1 中可能会被多次调用，以完成具有相同过程工艺要求的不同控制对象。这种结构化编程有数据交换，也有重复利用的程序代码，它可简化程序设计过程、减小代码长度、提高编程效率，适合于较复杂的自动化控制任务的设计。

(2) 典型结构化程序结构。

如图 4.1.1 所示，用户将不同的程序划分为 FC1、FB1、FB2 等，然后在 OB1 中单次/多次/嵌套调用这些程序块，从而实现高效、简洁、易读性强的程序编程。

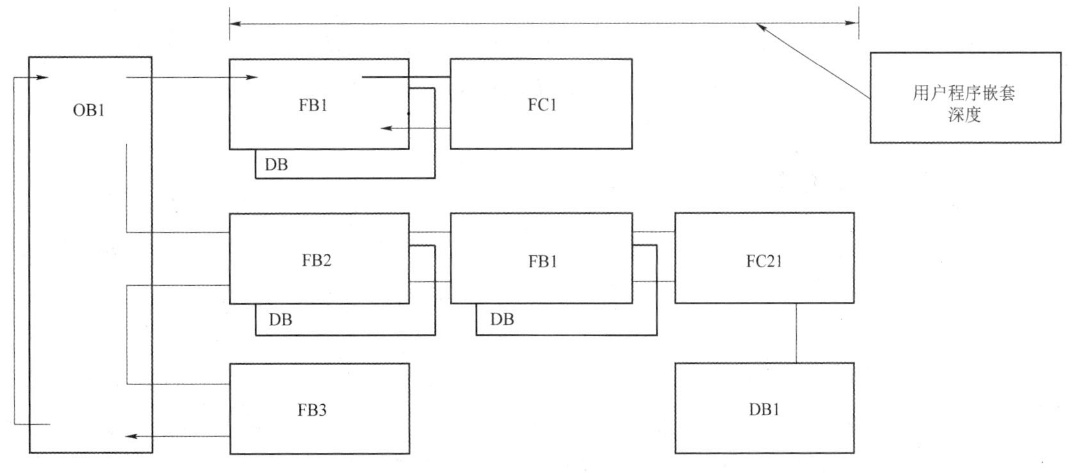

图 4.1.1　结构化程序结构

4.1.3 函数 FC

1. 如何生成 FC

函数 FC 的介绍及应用

打开博途软件，新建“电机启停 FC”的项目，CPU 为 1214C DC/DC/DC。

打开项目视图中的文件夹“PLC_1/程序块”，双击其中的“添加新块”，打开“添加新块”对话框，单击其中的“函数”按钮，FC 默认的编号为 1，默认的语言为 LAD（梯形图）。设置函数的名称为“电机 FC”，单击“确定”按钮，此时在项目树的文件夹“PLC_1/程序块”中就可以看到新生产的 FC1，如图 4.1.2 所示。

图 4.1.2 添加新块—电机 FC

2. 生成函数的局部变量

将鼠标的光标放在 FC1 的程序区最上面标有“块接口”的水平分隔条上，按住鼠标左键，往下拉动分割条，分割条上面是函数的接口（Interface）区，也称变量声明区（见图 4.1.3），下面是程序区。

在变量声明区可以生成局部变量，局部变量只能在它所在的块中所用，且为符号寻址访问。块的局部变量名称由字符（包括汉字）、下划线和数字组成，在编程时程序编辑器自动地在局部变量名前加上#号来标识（全局变量或符号使用双引号，绝对地址使用%）。

函数主要由以下五种局部变量组成：

Input（输入参数）：由调用它的块提供的输入数据。

Output（输出参数）：返回给调用它的块的程序执行结果。

InOut（输入/输出参数）：初值由调用它的块提供，块执行后将它的值返回给调用它的块。

Temp（临时局部数据）：用于存储临时中间结果的变量。只是在执行块时使用临时数据，执行完后，不再保存临时数据的值，它可能被别的块的临时数据覆盖。

Return（返回）：自动生成的返回值“电机 FC”与函数的名称相同，属于输出参数，其值返回给调用它的块。

Constant（常量）：是在块中使用并且带有声明的符号名的常数。

3. 编写 FC 中程序

项目树与电机 FC 变量声明区的局部变量如图 4. 1. 3 所示。

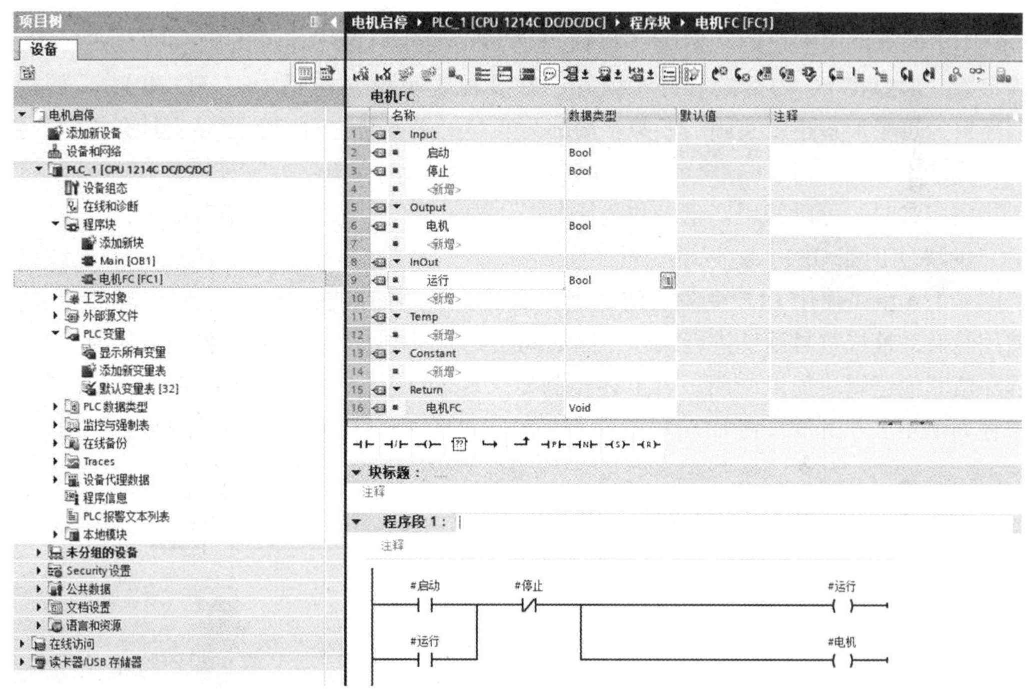

图 4. 1. 3　项目树与电机 FC 变量声明区的局部变量

4. 在 OB1 中调用 FC

在变量表中生成调用 FC1 时需要的 4 个变量（见图 4. 1. 4），将项目树中的 FC1 拖放到右边的程序区的水平“导线”上，如图 4. 1. 5 所示。

		名称	数据类型	地址
1		启动按钮	Bool	%I0.0
2		停止按钮	Bool	%I0.1
3		运行标志	Bool	%M0.0
4		电机	Bool	%Q0.0

图 4. 1. 4　PLC 变量表

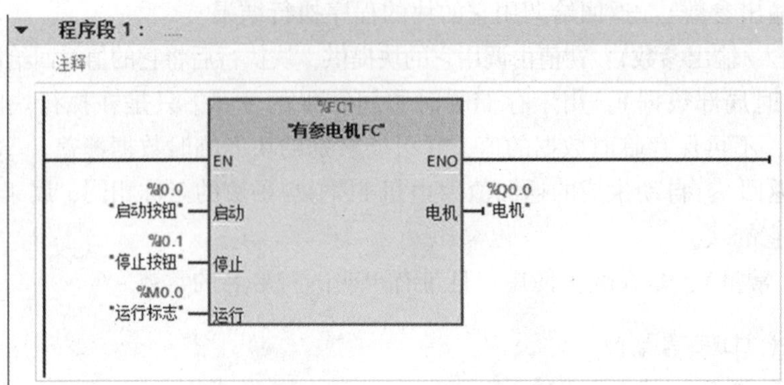

图 4.1.5　在 OB1 中调用 FC1

FC1 中的方框中左边的“启动”按钮等是 FC1 的接口区中定义的输入的形式参数，简称为形参。形参在 FC 内部的程序中使用，在其他逻辑块（包括 OB、FC 和 FB）调用 FC 时，需要为每个形参指定实际的参数，简称为实参。实参与它对应的形参应具有相同的数据类型。

指定实参时，可以使用变量表和全局数据块中定义的符号地址或绝对地址，也可以是调用 FC1 的块（例如 OB1）的局部变量。

图 4.1.4 就是使用 PLC 变量表的变量指定的实参。如果在 FC1 中不使用局部变量，直接使用绝对地址或符号地址进行编程，则如同在主程序中编程一样，如使用程序段，必须在主程序或其他逻辑块加以调用。若上述控制要求在 FC1 中未使用局部变量（无形式参数），则编程如图 4.1.6 所示，在 OB1 中调用 FC1 时，如图 4.1.7 所示。

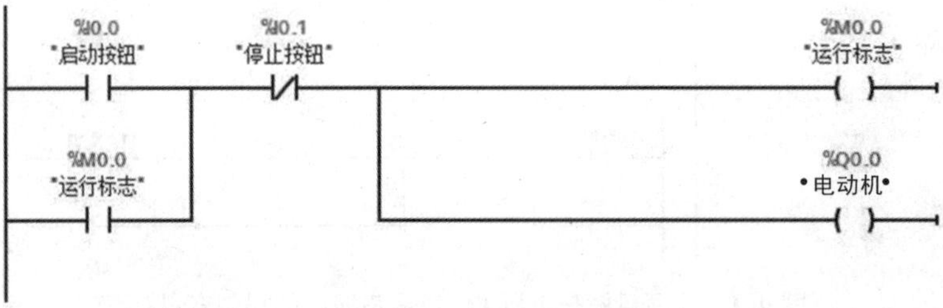

图 4.1.6　无形式参数的 FC2 程序

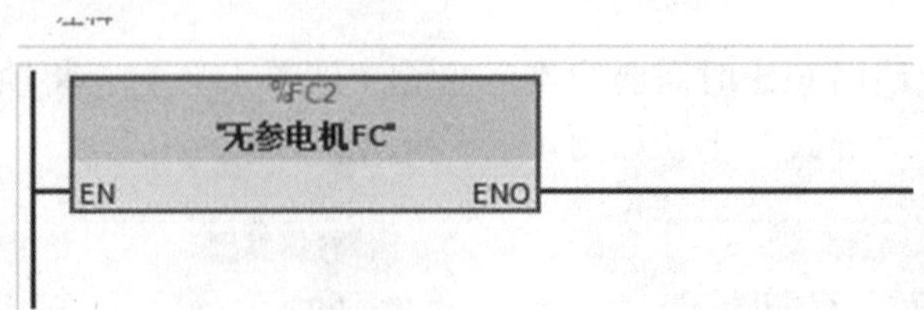

图 4.1.7　无形式参数的 FC2 调用

4.1.4　数据块（DB）

1. 数据块定义

在 CPU 的存储器中，用户可在存储器中建立一个或多个数据块（每个数据块可大可小，但 CPU 对数据块数量和大小有限制）。

数据块（DB）可用来存储用户程序中逻辑块使用的各种类型的数据，包括中间状态、其他控制信息，以及某些指令（例如定时器、计数器指令）需要的数据结构。与临时数据不同，当逻辑块执行结束或者数据块关闭时，数据块中的数据可以保持不变。

用户程序可以按位、字节、字或双字操作访问数据块中的数据，可以使用符号或绝对地址。DB1.DBX10.0（位寻址）、DB1.DBB10（字节寻址）、DB1.DBW100（字寻址）、DB1.DBD100（双字寻址），都是绝对地址的表示方法。

2. 数据块分类

（1）共享数据块：又称全局数据块，用于存储全局数据，所有逻辑块（OB、FC、FB）都可以访问共享数据块的数据。

（2）背景数据块：是函数块（FB）的私有存储区。FB 的参数和静态变量存储在它的背景数据块中。背景数据块不是由用户编辑的，而是由编辑器生成的。

（3）用户定义数据块：是以用户数据类型为模板所生成的数据块。创建用户定义数据块之前，必须先创建一个用户数据类型，并建立变量数据模板。

3. 数据块的数据类型

在 STEP 7 中数据块的数据类型可以采用基本数据类型、复杂数据类型或用户定义数据类型。

任务实施

1. I/O 分配

根据上面的任务描述，进行 I/O 地址分配，如表 4.1.2 所示。

表 4.1.2　I/O 分配表

信号类型	描述	PLC 地址
DI	启动按钮 SB1	I0.0
	停止按钮 SB2	I0.1
DO	1 号电动机 KA1	Q0.0
	2 号电动机 KA2	Q0.1

2. 外部硬件 I/O 接线图

控制部分的外部硬件接线原理图如图 4. 1. 8 所示，在本项目内使用的是“CPU 1214C DC/DC/DC”，由于其输出为晶体管类型，带负荷能力有限。鉴于此，输出必须增加中间继电器做电气隔离，这样一方面可以最大程度防止 PLC 遭受外部电器的电气损坏，另一方面也可以提高 PLC 输入、输出的带载能力。

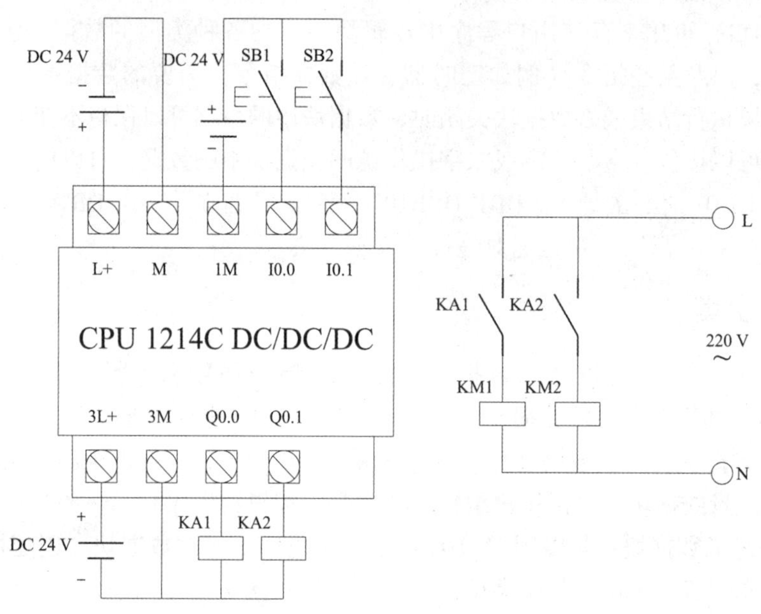

图 4. 1. 8　外部硬件 I/O 接线图

3. 创建工程项目

打开 TIA 博途软件，在 Portal 视图中选择“创建新项目”，输入项目名称“两台电机顺启逆停”，选择项目保存路径，然后单击“创建”按钮，完成项目的创建，之后进行项目的硬件组态。

4. 编辑 PLC 变量表

PLC 变量表如图 4. 1. 9 所示。

两台电机顺启逆停 ▸ PLC_1 [CPU 1214C DC/DC/DC] ▸ PLC 变量 ▸ 变量表_1 [5]

变量表_1

	名称	数据类型	地址	保持	可从 ...	从 H...	在 H...	注释
1	启动按钮	Bool	%I0.0	☐	☑	☑	☑	
2	停止按钮	Bool	%I0.1	☐	☑	☑	☑	
3	1号电机	Bool	%Q0.0	☐	☑	☑	☑	
4	2号电机	Bool	%Q0.1	☐	☑	☑	☑	
5	运行标志	Bool	%M0.0	☐	☑	☑	☑	

图 4. 1. 9　PLC 变量表

5. 编写程序

（1）生成有形参数 FC1，编辑 FC1 的局部变量，如图 4.1.10 所示。

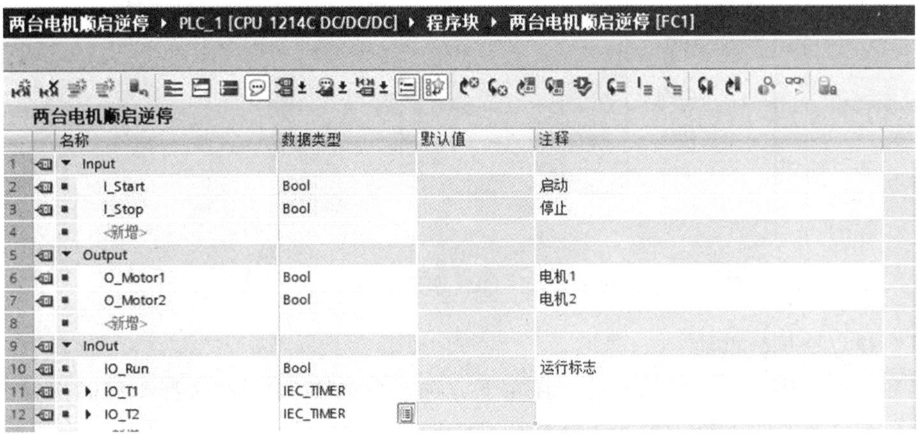

两台电机顺启逆停 ▸ PLC_1 [CPU 1214C DC/DC/DC] ▸ 程序块 ▸ 两台电机顺启逆停 [FC1]

两台电机顺启逆停

	名称	数据类型	默认值	注释
1	▼ Input			
2	I_Start	Bool		启动
3	I_Stop	Bool		停止
4	<新增>			
5	▼ Output			
6	O_Motor1	Bool		电机1
7	O_Motor2	Bool		电机2
8	<新增>			
9	▼ InOut			
10	IO_Run	Bool		运行标志
11	▸ IO_T1	IEC_TIMER		
12	▸ IO_T2	IEC_TIMER		

图 4.1.10　函数 FC1 的局部变量表

（2）编写 FC1 的控制程序，如图 4.1.11 所示。

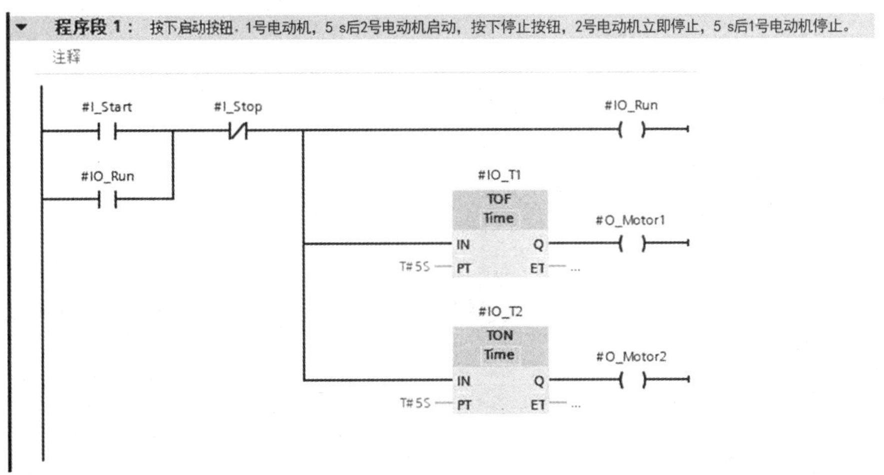

图 4.1.11　FC1 的控制程序

（3）在 OB1 中调用 FC1 的程序。

如图 4.1.12 所示，除了左边两个定时器的引脚 IO_T1 及 IO_T2 要接的实际参数，需要建立一个全局数据块 DB，然后在全局数据块中建立两个定时器变量。也可以建立两个数据类型为 IEC_Timer 的数据块。其他的可以用 PLC 变量表中的变量连接。

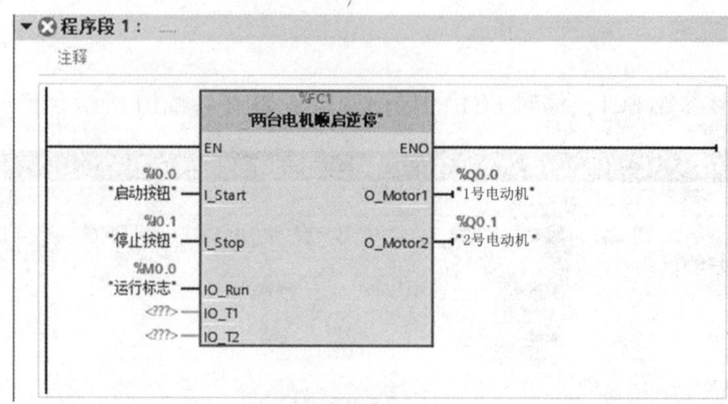

图 4.1.12　OB1 调用 FC1（1）

（4）建立全局数据块。

在 PLC_1/程序块下，添加新块，在左下方选择数据块 DB，在选择类型时选择全局 DB（也可以在选择类型的下拉箭头下选择 IEC_TIMER），命名为全局 DB，单机确定按钮后自动生成数据块，然后在该数据块中编写变量，如图 4.1.13 所示。

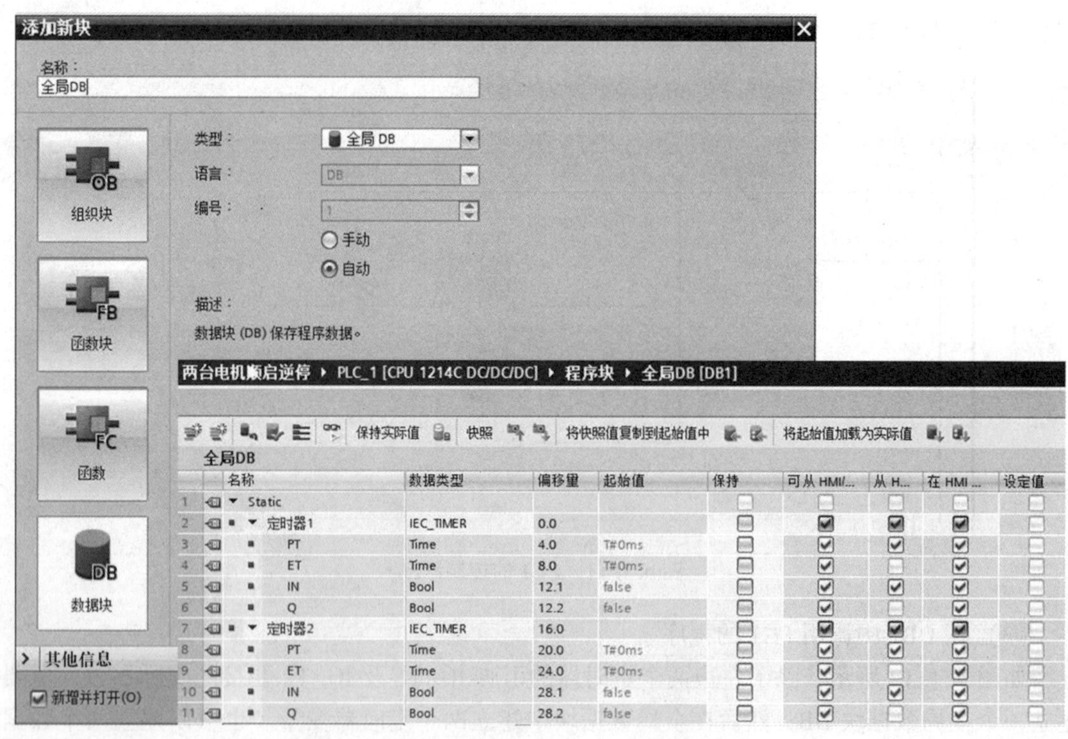

	名称	数据类型	偏移量	起始值
1	▼ Static			
2	▼ 定时器1	IEC_TIMER	0.0	
3	PT	Time	4.0	T#0ms
4	ET	Time	8.0	T#0ms
5	IN	Bool	12.1	false
6	Q	Bool	12.2	false
7	▼ 定时器2	IEC_TIMER	16.0	
8	PT	Time	20.0	T#0ms
9	ET	Time	24.0	T#0ms
10	IN	Bool	28.1	false
11	Q	Bool	28.2	false

图 4.1.13　添加数据块与生成数据块的变量

右键单击项目树中新生成的“全局 DB”，执行快捷菜单命令“属性”，选中打开的对话框左边窗口中的“属性”（见图 4.1.14），如果勾选右边窗口中的“优化的块访问”，只能用符号地址访问生成的块中的变量，不能使用绝对地址。只有在未勾选优选框“优化的块访问”时，才能用绝对地址访问数据块中的变量，数据块才会显示“偏移量”列中的偏移量。

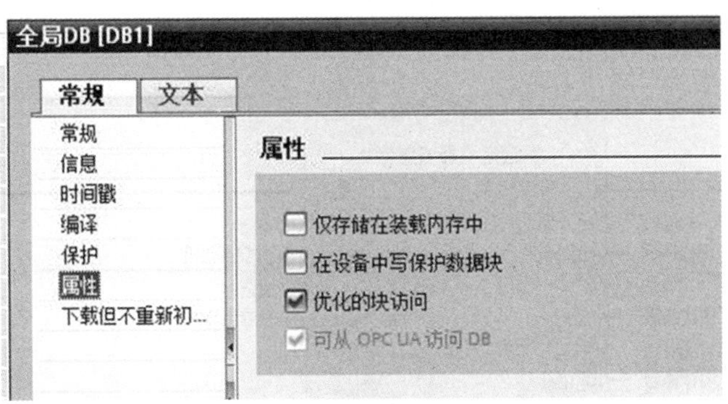

图 4.1.14　设置数据块的属性

①数据块访问的分类。

数据块（DB）根据访问类型的不同，DB 可以分为可优化访问的 DB 和可标准访问的 DB 两种。可优化访问的 DB 没有固定的定义结构，仅为数据元素分配一个符号名称，而不分配块中的固定地址。可标准访问的 DB 具有固定的结构，数据元素在声明中分配了一个符号名，并且在块中有固定的地址，即绝对地址，数据块的偏移量才会显示。

②数据块（DB）设置保持性。

将数据定义为具有保持性，则在发生电源故障或网络断开时，也可以保留这些数据的值。在热启动后也不会对保持性变量进行初始化，而是保持电源发生故障之前的数值。如果将一个 DB 变量定义为具有保持性，则该变量将存储在 DB 的保持性存储器区域中，如图 4.1.14 所示。

DB 设置保持性的选项取决于块的访问类型。对于可标准访问的 DB，不能定义各变量的保持性，保持性设置对于该 DB 的所有变量均有效；对于可优化访问的 DB，可以定义各个变量的保持性。对于结构化数据类型的变量，保持性设置将始终应用于整个结构，无法对数据类型中的各个元素进行任何单独的保持性设置。

（5）完善主程序 OB1 调用 FC1。

在图 4.1.12 的 OB1 调用 FC1 程序，左边两个定时器的引脚 IO_T1 及 IO_T2 分别接入数据块全局 DB 的变量定时器 1 和定时器 2，如图 4.1.15 所示。

6. 调试程序

将写好的用户程序及设备组态下载到 CPU 中，并接好线路，按下启动按钮，第 1 台电动机启动，5 s 后第 2 台电动机启动。按下停止按钮，第 2 台电动机停止，5 s 后第 2 台电动机停止。看调试现象是否与控制要求一致，一致的话，则说明本案例实现。

任务拓展

（1）用带形参 FC 编写三台电动机顺序启动、顺序停止的程序。启动之间的时间间隔为 6 s，停止之间的时间间隔为 3 s。

（2）用有形参 FC 编写满足下列控制要求的程序：

按下启动按钮，搅拌电动机正转 15 s，停 5 s，然后再反转 15 s，停 5 s，如此循环四个周期后搅拌结束，结束后有一指示灯 1 s 级周期闪烁，3 s 后灯灭。

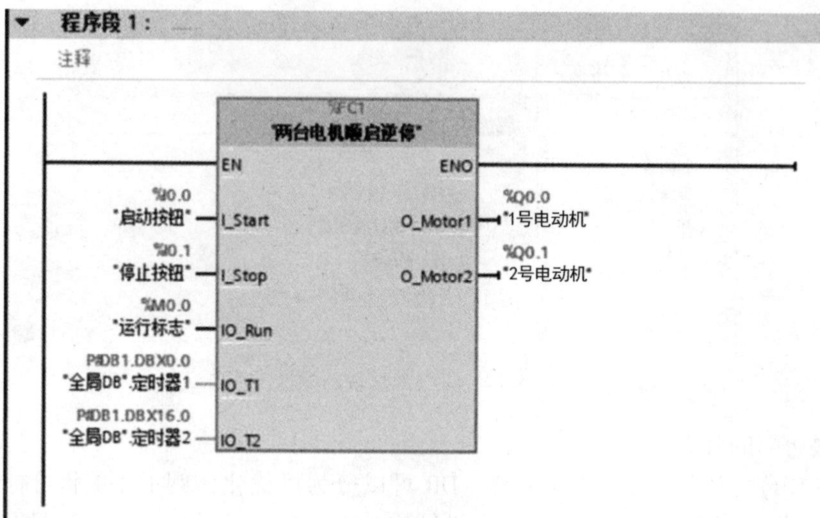

图 4.1.15　OB1 调用 FC1（2）

任务 4.2　基于 FB 的喷泉 PLC 控制

任务目标

1. 掌握无参数和有参数函数块（FB 块）的用法。
2. 掌握多重背景数据块的用法。

任务描述

有一喷泉，要求按下启动按钮，喷泉工作，按下停止按钮，喷泉停止工作。喷泉有两种工作方式：

方式一：启动时 1#喷头工作 3 s，接着 2#喷头工作 3 s，然后 3#喷头工作 3 s，最后 4#喷头全喷水 20 s，重复上述过程，直至按下停止按钮。

方式二：开始工作时，开始 1#和 3#喷头喷水 5 s，接着 2#和 4#喷头喷水 5 s，停 2 s，如此交替运行 60 s，然后四个喷头全喷水 20 s，重复上述过程，直至按下停止按钮。

基本知识

4.2.1　函数块 FB 与 FC 的区别及应用场景

函数块 FB 跟 FC 相比，可以看成是一个比 FC 功能更强大的子程序，FB 带有背景数据块，数据存取功能更强大。函数 FB 与 FC 接口区的参数对比如图 4.2.1 所示。

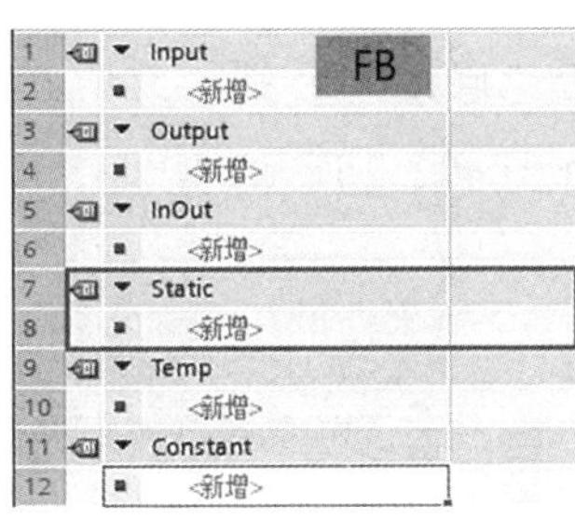

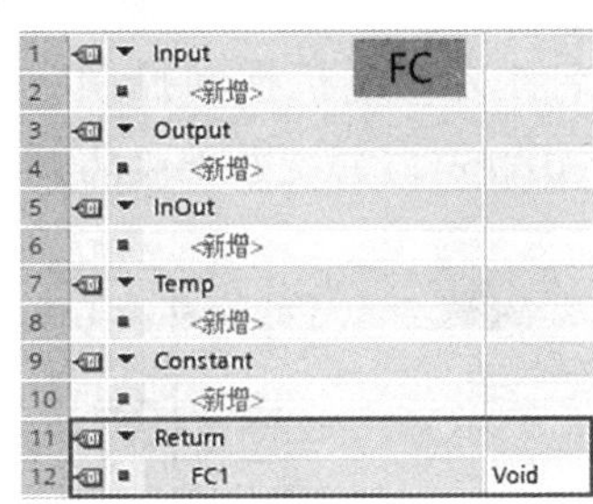

图 4.2.1　函数 FB 与 FC 的接口区的参数对比

1. FB 与 FC 的主要区别

（1）调用 FB 时需分配一个（DB 块）数据块，称为背景数据块；而调用 FC 时不需要分配。

（2）FB 接口区中的“Static”静态变量，起到了存储过程值的功能，并保存到了对应的背景数据块地址中，其他程序可以直接对背景数据块中的变量进行读写。而临时变量 Temp 不能被其他程序读写得到。

（3）调用 FB 后，它的形参可以不需要分配实参，而调用 FC 后，它的每一个形参都需要分配实参，否则会报错。

（4）FC 中的 RETURN 形参可以把 FC 执行的状态或错误信息比较明确的返给实参，当然 FB 中也可以通过在 OUT 中创建一个 RETURN，命名别的名称也可以，实现一样的功能。

2. 应用场景

在许多的场合，用 FC、FB 作为子程序都可以实现对项目的编程控制，没有很严格的划分，根据使用可以趋向于这样的选择：

（1）当形参数量不多时，偏向于使用 FC，因为 FC 不占用 DB 块。

（2）当形参数量比较多时，偏向于使用 FB，因为使用 FB，在满足功能的情况下有一部分形参可以不赋实参，而 FC 则需要每一个形参引脚都要赋值。

（3）当程序中需要“Static”静态变量的功能比较多时，偏向于使用 FB。

4.2.2 生成函数块 FB

函数块 FB 的介绍及应用

打开博途软件，新建“函数块 FB 基础”的项目，CPU 为 1214C DC/DC/DC。

打开项目视图中的文件夹“PLC_1/程序块”，双击其中的“添加新块”，打开“添加新块”对话框，单击其中的“函数块”按钮，FB 默认的编号为 1，默认的语言为 LAD（梯形图）。设置函数的名称为“电机抱闸控制”，单击“确定”按钮，此时在项目树的文件夹“PLC_1/程序块”中就可以看到新生成的 FB1，如图 4.2.2 所示。

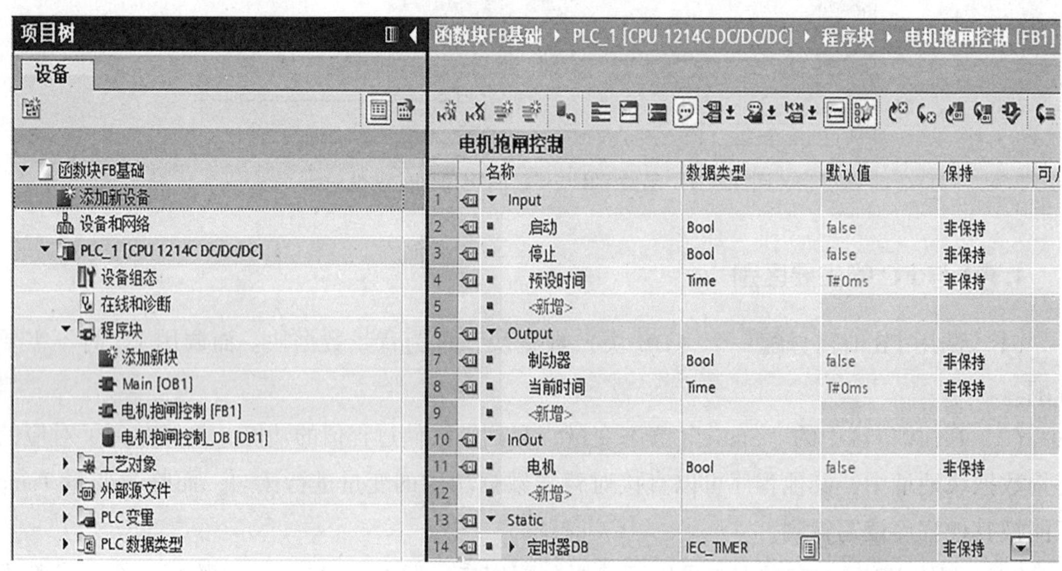

图 4.2.2 FB1 的局部变量

4.2.3 生成函数块的局部变量

函数 FB 全流程

打开 FB1，用鼠标往下拉动程序编辑器的分割条，分隔条上面是函数块的接口区，生成的局部变量如图 4.2.2 所示，FB1 的背景数据块如图 4.2.3 所示。

与函数 FC 相比，接口区的局部变量多了个静态变量（Static），起到存储过程值的功能。函数块执行完毕后，下一次重新调用它时，其 Static（静态）变量中的值保持不变。

IEC 定时器、计数器实际上就是函数块，方框上面就是它的背景数据块。在 FB 中，把定时器号或计数器号（也就是它们的背景数据块）放到了接口区的静态变量（Static）中定义，这样可以避免在主程序调用 FB 块时多出引脚变量，从而多出实际参数，但定时器中 DB 的变量又能保持。

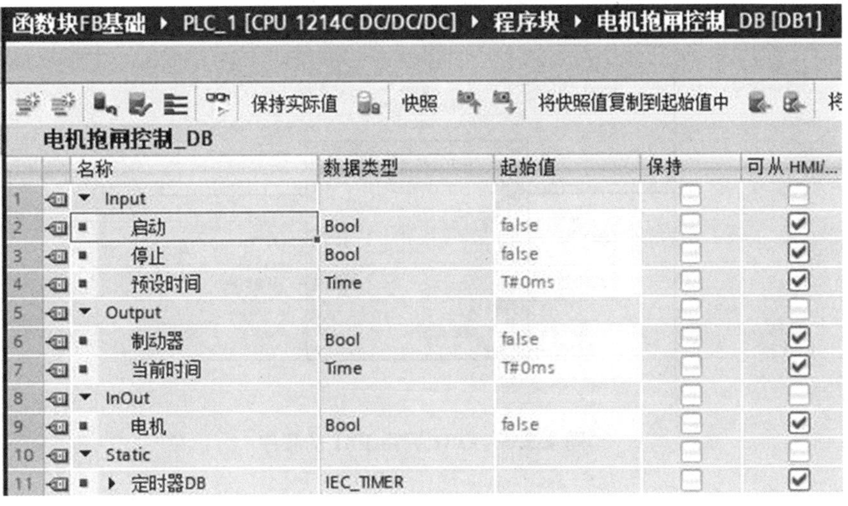

函数块FB基础 ▸ PLC_1 [CPU 1214C DC/DC/DC] ▸ 程序块 ▸ 电机抱闸控制_DB [DB1]

保持实际值　快照　将快照值复制到起始值中

电机抱闸控制_DB

	名称	数据类型	起始值	保持	可从 HMI/...
1	▼ Input			☐	☐
2	■ 启动	Bool	false	☐	☑
3	■ 停止	Bool	false	☐	☑
4	■ 预设时间	Time	T#0ms	☐	☑
5	▼ Output			☐	☐
6	■ 制动器	Bool	false	☐	☑
7	■ 当前时间	Time	T#0ms	☐	☑
8	▼ InOut			☐	☐
9	■ 电机	Bool	false	☐	☑
10	▼ Static			☐	☐
11	■ ▸ 定时器DB	IEC_TIMER		☐	☑

图 4.2.3　FB1 的背景数据块

4.2.4　编写 FB1 中程序

控制要求为：按下启动按钮，电动机得电，按下停止按钮，制动器开始得电，到预设时间后断电，梯形图如图 4.2.4 所示。TOF 的参数用静态变量定时器 DB 来保存，数据类型为 IEC_TIMER。

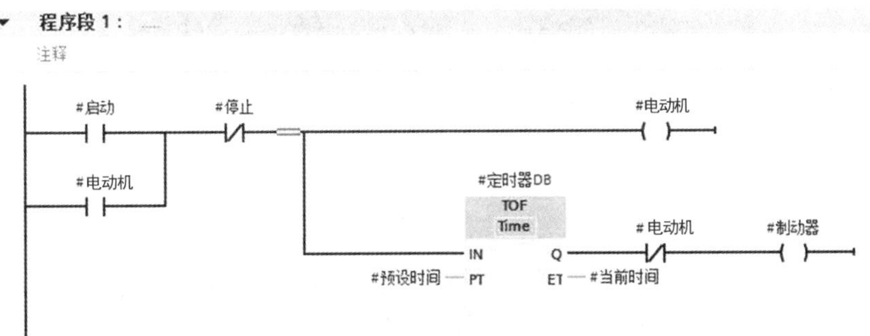

图 4.2.4　FB1 中的程序

4.2.5　在 OB1 中调用 FB

每次 OB1 调用 FB 都会出现“调用选项”对话框，要求输入背景数据块的名称。单击“确定”按钮，会自动生成 FB1 的背景数据块，每次调用生成的背景 DB 是不一样的。为各形参指定实参时，可以使用变量表或全局数据块中定义的符号地址，也可以使用绝对地址，如图 4.2.5 所示。

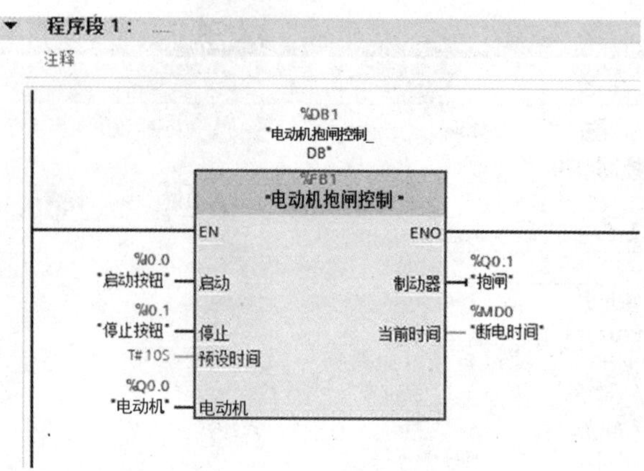

图 4.2.5 OB1 调用 FB1 的程序

4.2.6 处理调用错误

在 OB1 中已经调用完 FC 或 FB 后，如果在 FC 或 FB 的接口区（变量声明表）增加或删除某个参数，或者对原来参数进行了修改，则会出现在 OB1 中被调用的 FC 或 FB 的方框、或字符或背景数据块将变为红色，这时可以选中被调用的 FC 或 FB 块，单击右键，选择"更新块调用"，在出现的接口一致的对话框中，选择"确定"，原来出现红色错误的标记就会消失。或在 OB1 中删除 FC 或 FB，重新调用即可。更新块调用后的接口同步如图 4.2.6 所示。

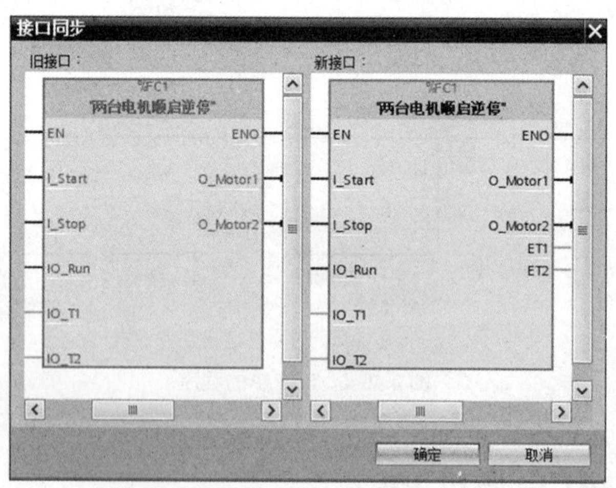

图 4.2.6 更新块调用后的接口同步

4.2.7 多重背景数据块

1. 定时器和计数器的多重背景

如果编写程序时，需要用到多个定时器或计数器指令时，因为每个定时器和计数器都需

要分配一个背景数据块，这样就会产生大量的数据块“碎片”，增加了处理数据的时间。为了解决这个问题，在函数块 FB 中使用定时器或计数器指令时，可以在函数块的接口区定义数据类型为 IEC_TIMER 或 IEC_COUNTER 的静态变量，用这些静态变量来提供定时器和计数器的背景数据块。这种函数块的背景数据块被称为多重背景数据块。

2. 用于用户生成的函数块的多重背景

当函数块 FB 被多次调用时，就会出现多个背景数据块，这样会占用较多的数据块，使用多重背景数据块可以有效地减少数据块的数量。

其编程思想是创建一个比 FB1 更高级别的函数块，如 FB10，然后将 FB1 作为 FB10 接口区中的一个静态变量，在 FB10 中调用。对于 FB1 的每一次调用，都将数据存储在 FB10 的背景数据块中，这样就不需要为 FB1 分配任何背景数据块。

电动机抱闸控制的多重背景程序如图 4.2.7 所示。

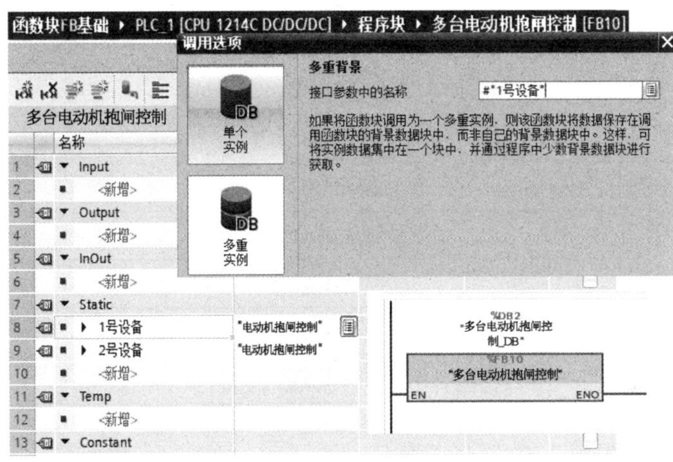

图 4.2.7 电动机抱闸控制的多重背景程序

在 FB10 中两次调用 FB1，如图 4.2.8 所示，两次调用 FB1 的背景数据块都在 FB10 的背景数据块 DB2 中。

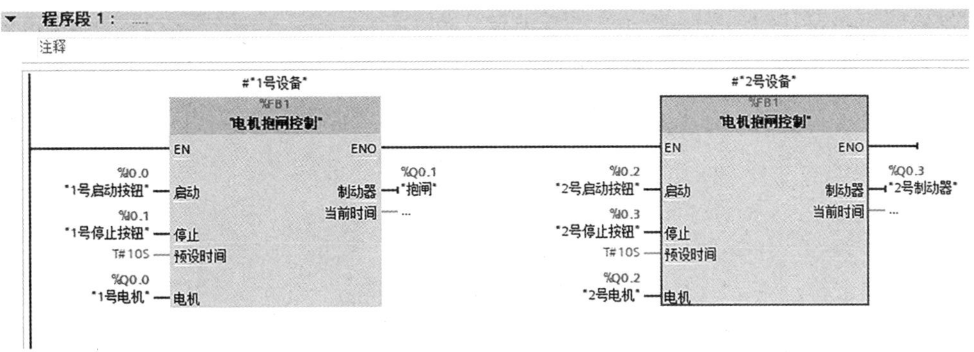

图 4.2.8 FB10 两次调用 FB1

任务实施

1. 任务分析

根据任务描述，喷泉方式一是 1#、2#、3#三个喷头相继工作 3 s，然后 4#喷头工作 20 s，一个周期就 29 s，循环不断。喷泉方式二是 1#和 3#喷头工作 5 s，2#和 4#喷头工作 5 s，停 2 s，一个小周期为 12 s，工作 5 个周期后，4 个喷头工作 20 s，然后又从头开始，一个大周期为 80 s。本例中采用了比较指令，简单直接易理解。

2. I/O 分配

根据上面的任务描述，进行 I/O 地址分配，如表 4.2.1 所示。

表 4.2.1 I/O 分配表

信号类型	描述	PLC 地址
DI	启动按钮 SB1	I0.0
	停止按钮 SB2	I0.1
DO	1 号喷头 KA1	Q0.0
	2 号喷头 KA2	Q0.1
	3 号喷头 KA3	Q0.2
	4 号喷头 KA4	Q0.3

3. 外部硬件接线图

I/O 外部硬件接线图如图 4.2.9 所示。

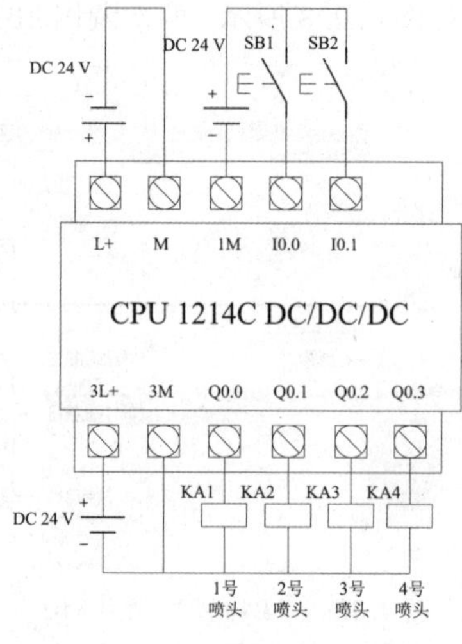

图 4.2.9 I/O 外部硬件接线图

4. 编辑变量表

PLC 变量表如图 4.2.10 所示。

基于FB的喷泉控制 ▸ PLC_1 [CPU 1214C DC/DC/DC] ▸ PLC 变量 ▸ 默认变量表 [38]

默认变量表

	名称	数据类型	地址	保持	可从 ...	从 H...	在 H...
1	启动按钮	Bool	%I0.0	☐	☑	☑	☑
2	停止按钮	Bool	%I0.1	☐	☑	☑	☑
3	1号喷头	Bool	%Q0.0	☐	☑	☑	☑
4	2号喷头	Bool	%Q0.1	☐	☑	☑	☑
5	3号喷头	Bool	%Q0.2	☐	☑	☑	☑
6	4号喷头	Bool	%Q0.3	☐	☑	☑	☑
7	方式一运行时间	Time	%MD10	☐	☑	☑	☑
8	方式二1号定时器运行时间	Time	%MD14	☐	☑	☑	☑
9	方式二2号定时器运行时间	Time	%MD18	☐	☑	☑	☑
10	方式选择开关	Bool	%I0.2	☐	☑	☑	☑

图 4.2.10　PLC 变量表

5. 创建工程项目

打开 TIA 博途软件，在 Portal 视图中选择“创建新项目”，输入项目名称“基于 FB 的喷泉控制”，选择项目保存路径，然后单击“创建”按钮，完成项目的创建，之后进行项目的硬件组态。

6. 编写程序

（1）生成喷泉方式一的函数块 FB1，编辑 FB1 的局部变量，如图 4.2.11 所示。

基于FB的喷泉控制 ▸ PLC_1 [CPU 1214C DC/DC/DC] ▸ 程序块 ▸ 喷泉方式一 [FB1]

喷泉方式一

	名称	数据类型	默认值	保持	可从 HMI/...	从 H...
1	▼ Input				☐	☐
2	启动信号	Bool	false	非保持	☑	☑
3	停止信号	Bool	false	非保持	☑	☑
4	▼ Output				☐	☐
5	1号喷头	Bool	false	非保持	☑	☑
6	2号喷头	Bool	false	非保持	☑	☑
7	3号喷头	Bool	false	非保持	☑	☑
8	4号喷头	Bool	false	非保持	☑	☑
9	当前时间值	Time	T#0ms	非保持	☑	☑
10	▼ InOut				☐	☐
11	<新增>				☐	☐
12	▼ Static				☐	☐
13	启动标志	Bool	false	非保持	☑	☑
14	▸ 定时器号1	IEC_TIMER		非保持	☑	☑
15	▼ Temp				☐	☐

图 4.2.11　方式一 FB1 的局部变量

（2）喷泉方式一的函数块 FB1 的程序如图 4.2.12 所示。

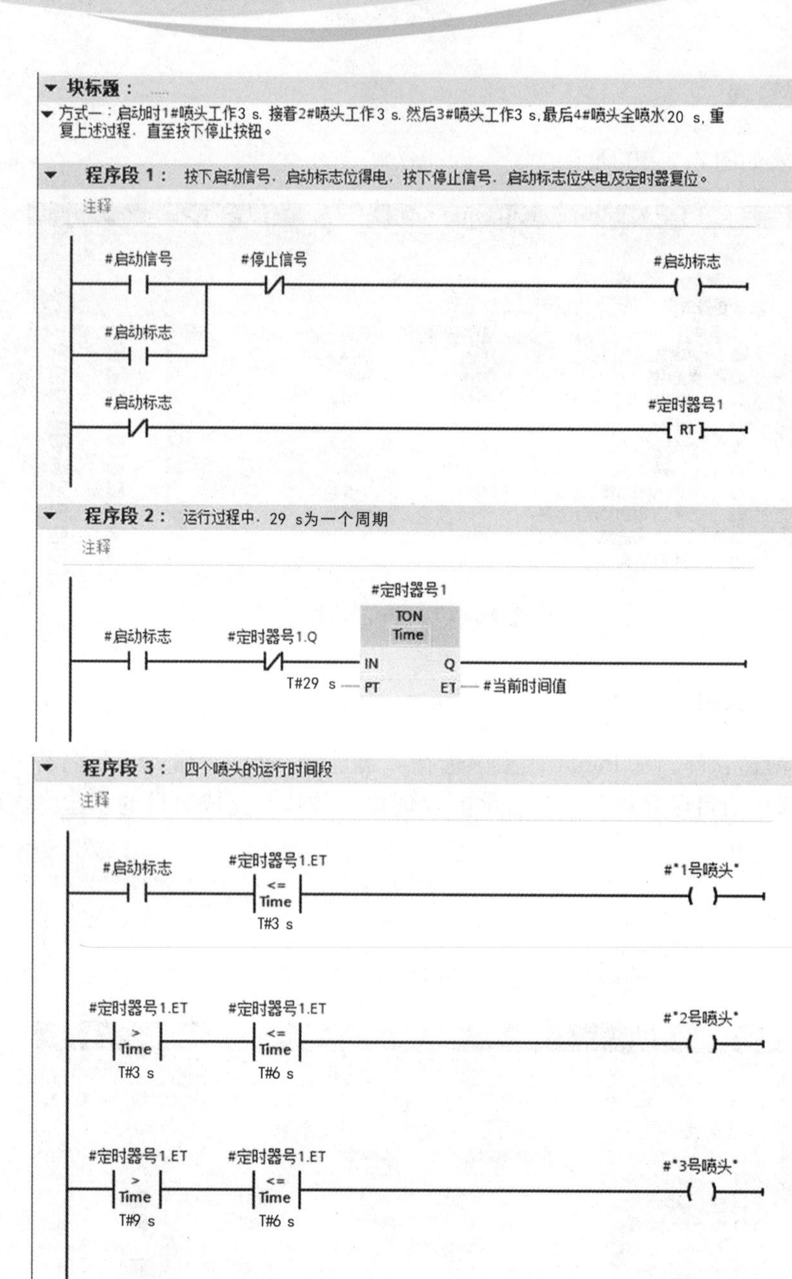

图 4.2.12　喷泉方式一的函数块 FB1 的程序

（3）喷泉方式二的 FB2 的局部变量如图 4.2.13 所示。

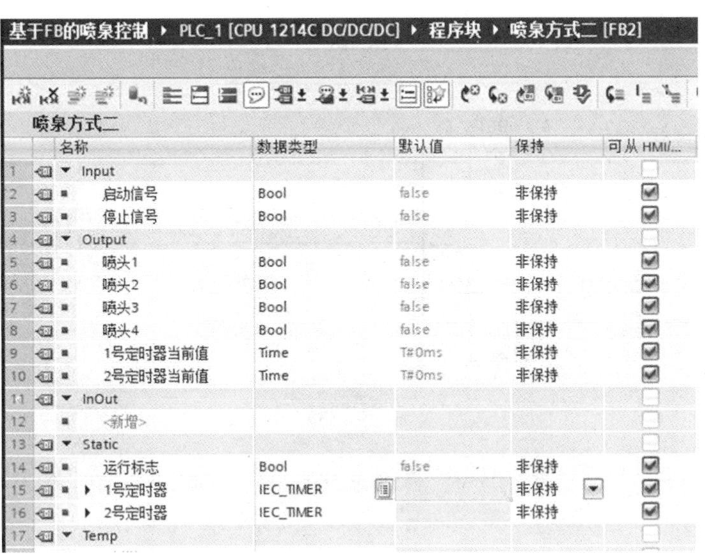

基于FB的喷泉控制 ▸ PLC_1 [CPU 1214C DC/DC/DC] ▸ 程序块 ▸ 喷泉方式二 [FB2]

喷泉方式二

	名称	数据类型	默认值	保持	可从 HMI/...
1	▼ Input				☐
2	启动信号	Bool	false	非保持	☑
3	停止信号	Bool	false	非保持	☑
4	▼ Output				☐
5	喷头1	Bool	false	非保持	☑
6	喷头2	Bool	false	非保持	☑
7	喷头3	Bool	false	非保持	☑
8	喷头4	Bool	false	非保持	☑
9	1号定时器当前值	Time	T#0ms	非保持	☑
10	2号定时器当前值	Time	T#0ms	非保持	☑
11	▼ InOut				☐
12	<新增>				☐
13	▼ Static				☐
14	运行标志	Bool	false	非保持	☑
15	▸ 1号定时器	IEC_TIMER		非保持	☑
16	▸ 2号定时器	IEC_TIMER		非保持	☑
17	▼ Temp				☐

图 4.2.13 喷泉方式二 FB2 的局部变量

（4）喷泉方式二的函数块 FB2 的程序如图 4.2.14 所示。

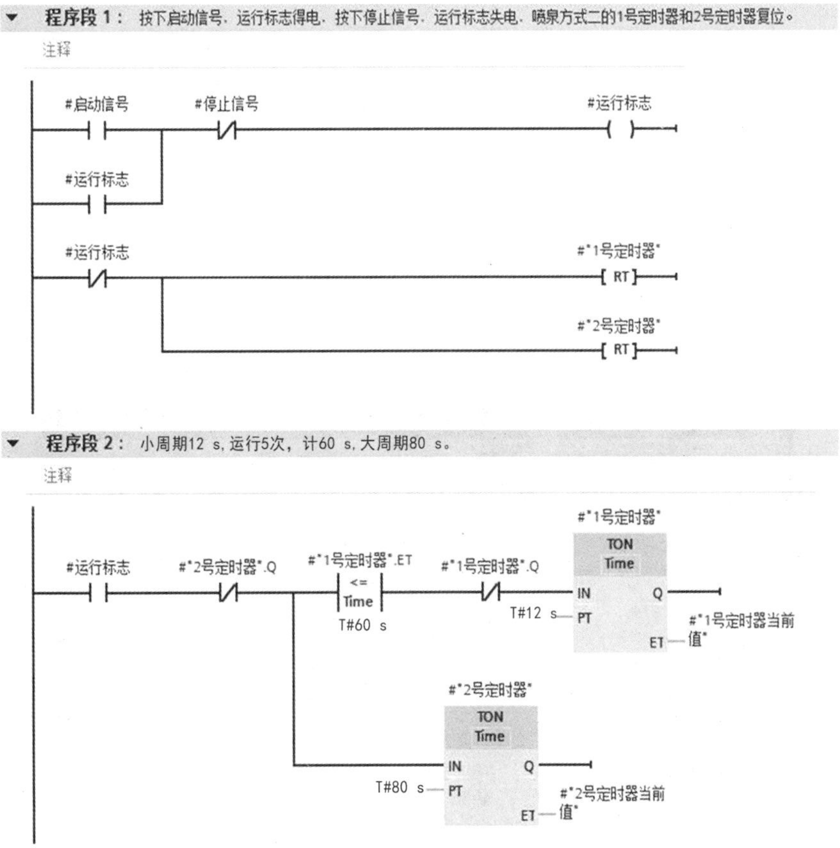

▼ 程序段 1： 按下启动信号，运行标志得电，按下停止信号，运行标志失电，喷泉方式二的1号定时器和2号定时器复位。

注释

#启动信号
#停止信号
#运行标志
#运行标志
#运行标志
#"1号定时器"
RT
#"2号定时器"
RT

▼ 程序段 2： 小周期12 s，运行5次，计60 s，大周期80 s。

注释

#运行标志
#"2号定时器".Q
#"1号定时器".ET
<=
Time
T#60 s
#"1号定时器".Q
#"1号定时器"
TON
Time
IN Q
T#12 s — PT
ET — #"1号定时器当前值"
#"2号定时器"
TON
Time
IN Q
T#80 s — PT
ET — #"2号定时器当前值"

图 4.2.14 喷泉方式二的函数块 FB2 的程序

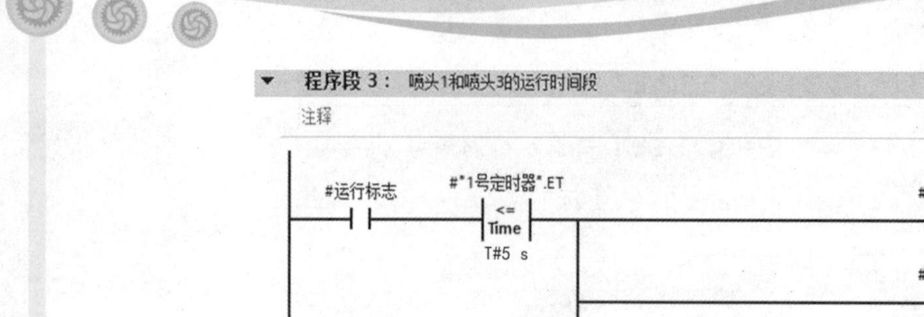

程序段 3： 喷头1和喷头3的运行时间段

注释

#运行标志 #"1号定时器".ET <= Time T#5 s #喷头1

#喷头3

#"2号定时器".ET > Time T#60 s #"2号定时器".ET <= Time T#80 s

程序段 4： 喷头2和喷头4的运行时间段

注释

#"1号定时器".ET > Time T#5 s #"1号定时器".ET <= Time T#10 s #喷头2

#喷头4

#"2号定时器".ET > Time T#60 s #"2号定时器".ET <= Time T#80 s

图 4.2.14 喷泉方式二的函数块 FB2 的程序（续）

（5）利用多重背景数据块来调用喷泉的两种方式，添加一个新块“喷泉控制 FB3”，然后用 FB3 来调用方式一 FB1 和方式二 FB2，这样需要将 FB1 和 FB2 作为 FB3 接口区的静态变量，当 FB3 调用 FB1 和 FB2 的背景数据块都在 FB3 的背景数据块 DB3 中。FB3 的接口区参数如图 4.2.15 所示，FB3 调用 FB1 和 FB2 的程序如图 4.2.16 所示。

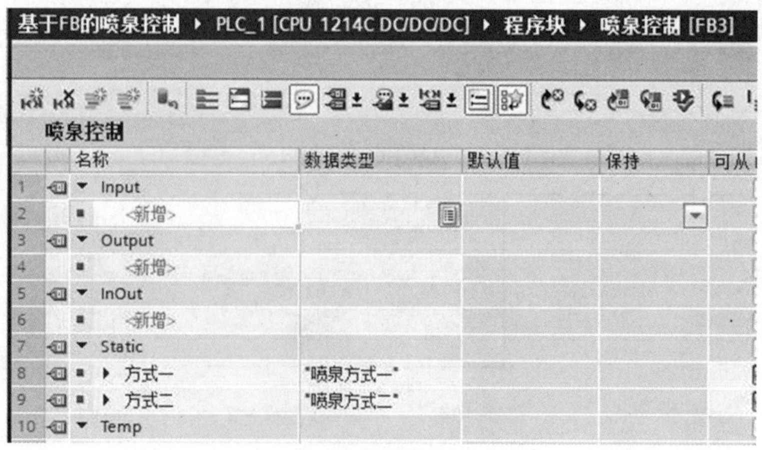

基于FB的喷泉控制 ▸ PLC_1 [CPU 1214C DC/DC/DC] ▸ 程序块 ▸ 喷泉控制 [FB3]

喷泉控制

	名称	数据类型	默认值	保持	可从
1	▼ Input				
2	■ <新增>				
3	▼ Output				
4	■ <新增>				
5	▼ InOut				
6	■ <新增>				
7	▼ Static				
8	■ ▸ 方式一	"喷泉方式一"			
9	■ ▸ 方式二	"喷泉方式二"			
10	▼ Temp				

图 4.2.15 FB3 的接口参数

FB3 调用 FB1 和 FB2 时，生成的背景数据块是多重背景数据块，分别选择了 FB3 中的局部变量方式一和方式二（数据类型分别为 FB1 和 FB2），也就是说生成的多重背景数据块都放在了 FB3 的背景数据块 DB3 中，这样就减少了数据块的数量，提高了存储了空间。OB1 调用 FB3 程序如图 4. 2. 17 所示。

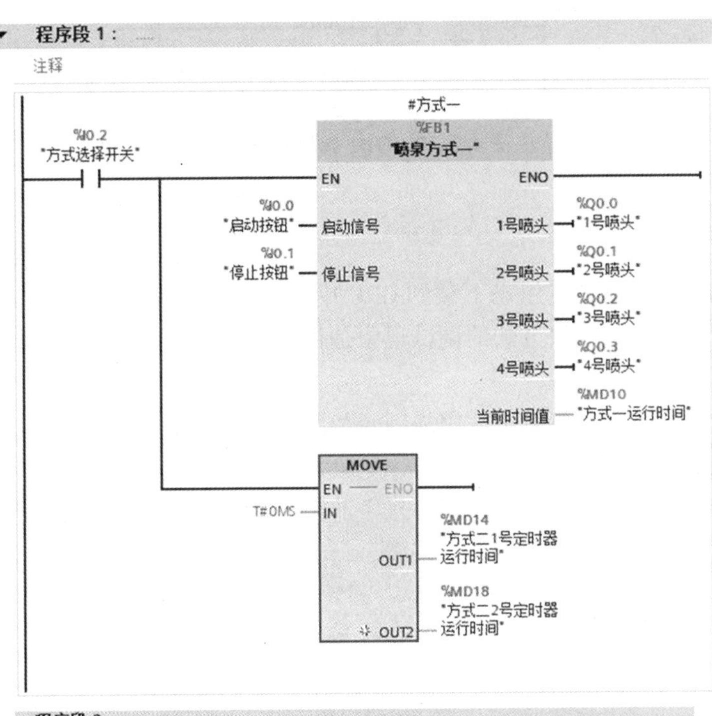

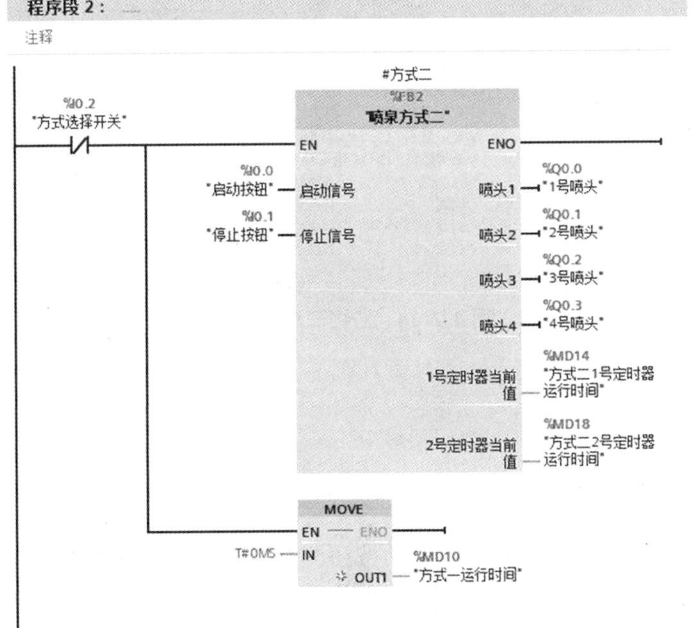

图 4. 2. 16　FB3 调用 FB1 和 FB2 的程序

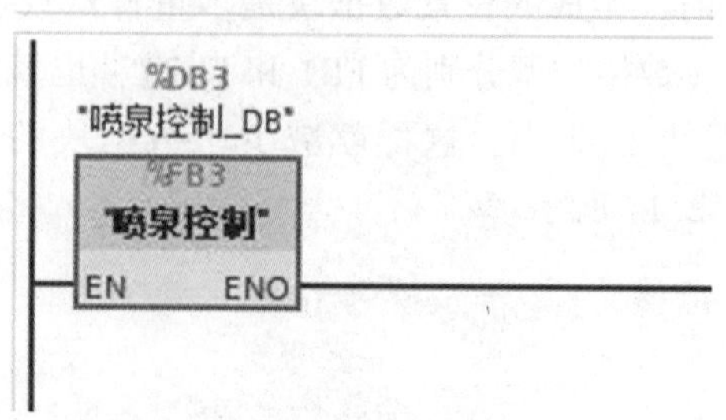

图 4.2.17　OB1 调用 FB3 程序

7. 调试程序

将写好的用户程序及设备组态下载到 CPU 中，并接好线路，先选择方式选择开关，然后按下启动按钮，看两种喷泉方式的调试现象是否与控制要求一致，一致的话，则说明本案例实现。

可以用仿真软件下载运行调试，用强制表和监控表来监视运行效果，如图 4.2.18 所示。

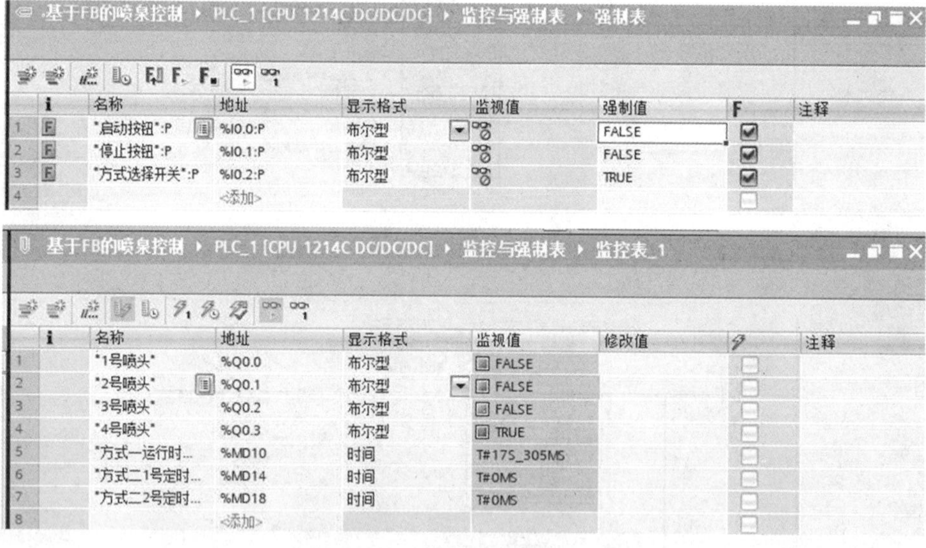

	i	名称	地址	显示格式	监视值	强制值	F	注释
1	F	"启动按钮":P	%I0.0:P	布尔型		FALSE	☑	
2	F	"停止按钮":P	%I0.1:P	布尔型		FALSE	☑	
3	F	"方式选择开关":P	%I0.2:P	布尔型		TRUE	☑	
4			<添加>				☐	

	i	名称	地址	显示格式	监视值	修改值		注释
1		"1号喷头"	%Q0.0	布尔型	FALSE		☐	
2		"2号喷头"	%Q0.1	布尔型	FALSE		☐	
3		"3号喷头"	%Q0.2	布尔型	FALSE		☐	
4		"4号喷头"	%Q0.3	布尔型	TRUE		☐	
5		"方式一运行时...	%MD10	时间	T#17S_305MS		☐	
6		"方式二1号定时...	%MD14	时间	T#0MS		☐	
7		"方式二2号定时...	%MD18	时间	T#0MS		☐	
8			<添加>				☐	

图 4.2.18　监控表和强制表

任务拓展

用带参数的 FB 完成以下控制要求

有一个交通灯控制系统，要求按下启动按钮，红绿灯按以下规律运行：南北方向红灯亮 20 s，同时东西方向绿灯亮 15 s，15 s 后东西方向黄灯常亮 3 s，3 s 后以 2 Hz 频率闪烁 2 s；东西方向黄灯闪烁结束后，东西方向红灯亮 20 s，同时南北方向绿灯亮 15 s，15 s 后南北方向黄灯常亮 3 s，3 s 后以 2 Hz 频率闪烁 2 s，如此循环。按下停止按钮，交通灯控制系统停止运行。

任务 4.3　用循环中断实现 8 盏彩灯以流水灯形式点亮

任务目标

掌握启动组织块和循环中断组织块的应用。

任务描述

要求实现 8 盏灯从右往左的流水灯效果，间隔时间为 1 s。按下启动按钮，流水灯运行，按下停止按钮，流水灯停止，按下节奏变换按钮，间隔时间增加 1 s，当间隔时间达到 3 s 后再次按下节奏变换按钮，间隔时间回到 1 s。

要求：在启动 OB 中，为 8 盏灯赋初值，之后使用循环中断组织块实现。

基本知识

循环中断组织块的介绍及应用

4.3.1　组织块与事件

组织块（Organization Block，OB）是操作系统与用户程序的接口，由操作系统调用，用于控制循环扫描和中断程序的执行、PLC 的启动和错误处理等功能。熟悉各类组织块的使用对于提高编程效率和程序的执行速率有很大的帮助。

组织块的执行是靠触发中断事件，中断事件有能够启动 OB 和无法启动 OB 两种类型的事件。能够启动 OB 的事件会调用已分配给该事件的 OB 或按照事件的优先级将其输入队列，如果没有为该事件分配 OB，则会触发默认系统响应。启动 OB 的事件如表 4.3.1 所示，无法启动 OB 的事件如表 4.3.2 所示。

表 4.3.1　启动 OB 的事件

事件类别	OB 编号	OB 个数	启动事件	OB 优先级	优先级组
程序循环	1 或≥123	≥1	启动或结束上一个循环 OB	1	1
启动	100 或≥123	≥0	从 STOP 切换到 RUN 模式	1	

续表

事件类别	OB 编号	OB 个数	启动事件	OB 优先级	优先级组
时间中断	≥10	最多 2 个	已达到启动时间	2	2
延时中断	20~23 或≥123	最多 4 个	延时时间到	3	
循环中断	30~38 或≥123	最多 4 个	固定的循环时间到	8	
硬件中断	40~47 或≥123	≤50	上升沿（<16 个）下降沿（<16 个） HSC 计数值=设定值，计数方向变化，外部复位，最多各 6 次	18	
诊断错误中断	82	0 或 1	模块检测到错误	5	
时间错误中断	80	0 或 1	超过最大循环时间，调用的 OB 正在执行，队列溢出，因中断负载过高而丢失中断	22	3

表 4. 3. 2　无法启动 OB 的事件

事件类型	事件	事件优先级	系统响应
插入/卸下	插入/卸下模块	21	STOP
访问错误	刷新过程映象的 I/O 访问错误	22	忽略
编程错误	块内的编程错误	23	STOP
I/O 访问错误	块内的 I/O 错误	24	STOP
超过最大循环时间两倍	超过最大循环时间 2 倍	27	STOP

OB 优先级组合队列用来决定事件服务程序的处理顺序。每个中断事件都有它的优先级，不同优先级的事件分为三个优先级组。优先级的编号越大，优先级越高，时间错误中断具有最高的优先级。事件一般按优先级的高低来处理，先处理高优先级的事件。优先级相同的事件按“先来先服务”的原则处理。

4.3.2　程序循环组织块

程序循环组织块 OB1 用来存放需要连续执行的程序，也称为主程序，CPU 在 RUN 模式下循环执行 OB1，可以在 OB1 中调用 FC 和 FB。如果用户程序生成了其他程序循环 OB，CPU 按 OB 编号的顺序执行它们，首先执行主程序 OB1，然后执行编号大于等于 123 的程序循环 OB。一般只需要一个程序循环 OB。程序循环 OB 的优先级最低，其他事件都可以中断它们。

4.3.3　启动组织块

启动 OB 用于初始化，CPU 从 STOP 切换到 RUN 时，执行一次启动 OB。执行完毕后，开始执行程序循环 OB1。允许生成多个启动 OB，默认的是 OB100，其他启动 OB 的编号应大于等于 123，CPU 按照 OB 的编号的顺序执行它们。先执行 OB100，再执行编号大于等于 123 的启动 OB。

4.3.4　循环中断组织块

（1）循环中断组织块以设定的循环时间（1～60 000 ms）周期性地执行，而与程序循环 OB 的执行无关。例如周期性定时执行闭环控制系统的 PID 运算程序等，循环中断 OB 的编号为 30～38 或大于等于 123。

（2）生成循环 OB。

新建一个项目“组织块例程”，双击项目树中的“添加新块”，选中对话框中的“Cyclic interrupt”，将循环中断的默认值改为 1 000 ms，时间间隔值在 1～60 000 ms，默认的编号为 OB30，如图 4.3.1 所示。

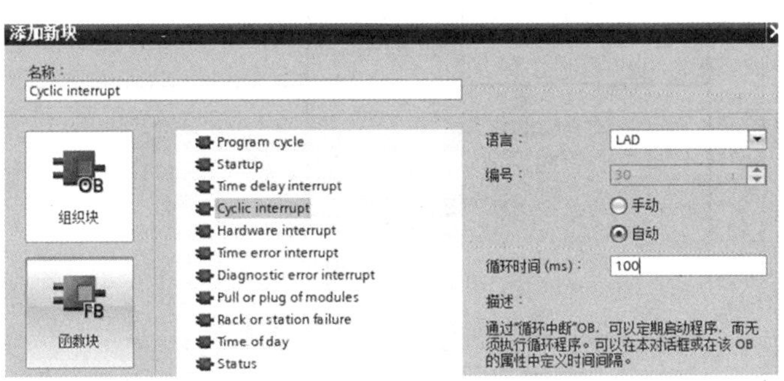

图 4.3.1　生成循环中断组织块 OB30

用鼠标右键单击项目树中已生成的 OB30，在弹出的对话框中单击“属性”选项，打开循环中断 OB 的属性对话框，在“常规”选项中可以更改 OB 的编号，在“循环中断”选项中，如图 4.3.2 所示，可以修改已生成循环中断 OB 的循环时间及相移。相移是相位偏移的简称，用于防止循环时间有公倍数的几个循环中断同时启动，导致连续执行中断程序的时间太长，相移的默认值为 0。

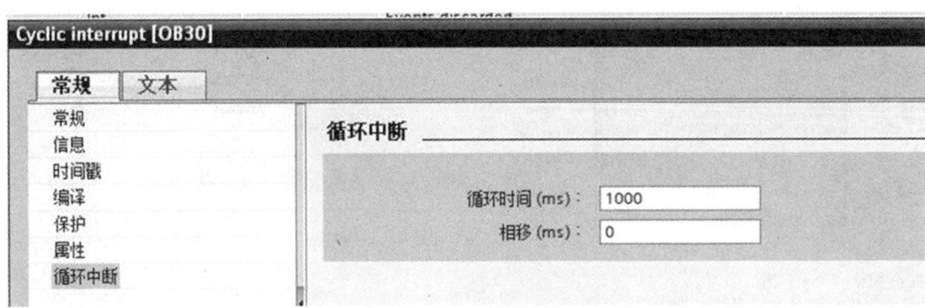

图 4.3.2　循环中断属性

生成 OB30 后，在 OB30 中编写程序，比如 8 盏彩灯循环移位，先在 OB100 中给彩灯赋予初值，然后在 OB30 中用循环指令编写程序，循环中断 OB30 的间隔时间设为 1 s，如图 4.3.3 和图 4.3.4 所示，这样就可以实现 8 盏彩灯每隔 1 s 的循环移动。

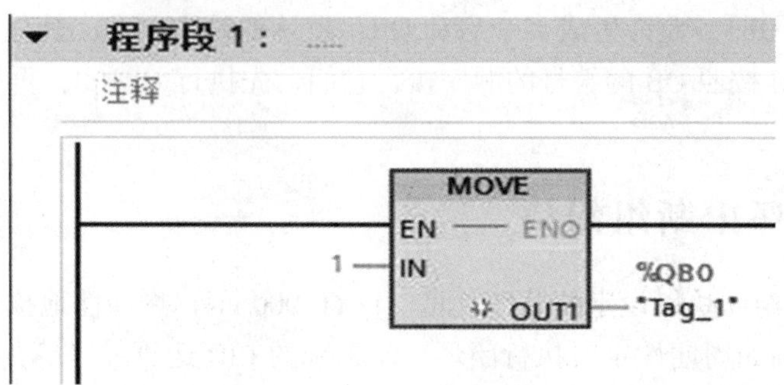

图 4.3.3　OB100 中的程序

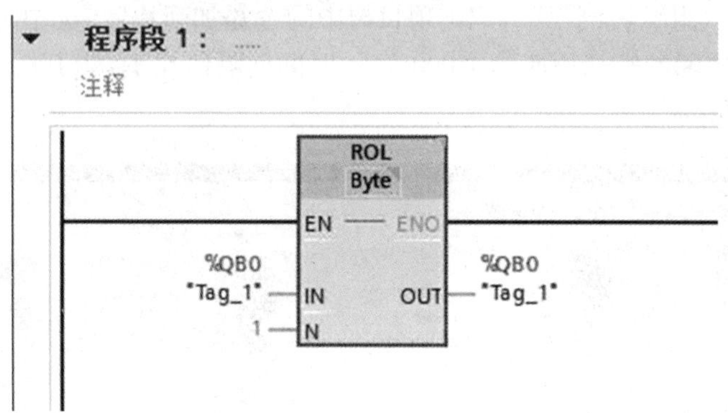

图 4.3.4　OB30 中的程序

（3）循环中断指令。

循环中断指令有 SET_CINT（设置循环中断参数）和 QRY_CINT（查询循环中断参数）指令，SET_CINT 指令可以重新设置循环中断的循环时间 CYCLE 和相移 PHASE（见图 4.3.5），时间的单位为微秒；使用 QRY_CINT 指令可以查询循环中断的状态。

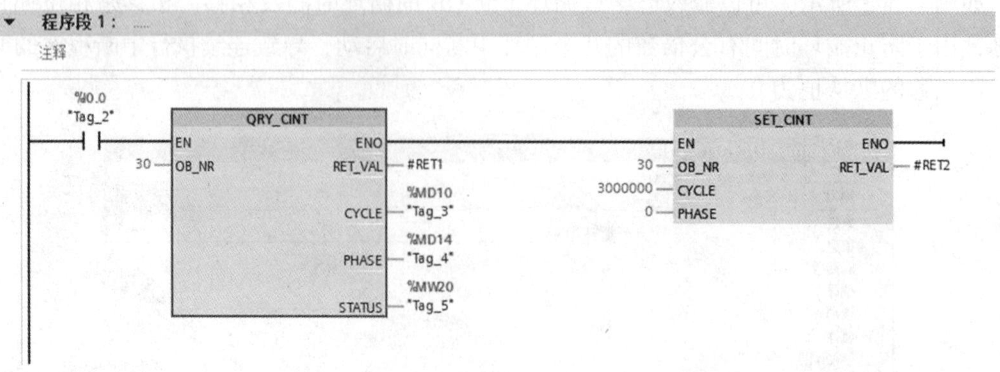

图 4.3.5　OB1 中查询与设置循环中断

任务实施

1. I/O 分配

任务要求用循环中断组织块来实现 8 盏灯每隔 1 s 亮一盏灯的流水灯效果，可以用 OB30，初始值可以在 OB100 中赋值。还有 1 个节奏变换按钮，要求每按一次，亮灯的间隔时间就增加 1 s，增加到 3 s，也就是按了 2 次后，再次按下节奏变换按钮，间隔时间回到 1 s，变换时间间隔会用到 SET_CINT 指令重新设置循环中断的循环时间 CYCLE。

2. I/O 分配

根据上面的任务描述，进行 I/O 地址分配，如表 4. 3. 3 所示。

表 4. 3. 3　I/O 分配表

信号类型	描述	PLC 地址
DI	启动按钮 SB1	I0. 0
	停止按钮 SB2	I0. 1
	节奏变换按钮 SB3	I0. 2
DO	1～8 号彩灯 HL1～HL8	Q0. 0～Q0. 7

3. 外部硬件接线图

I/O 接线图如图 4. 3. 6 所示。

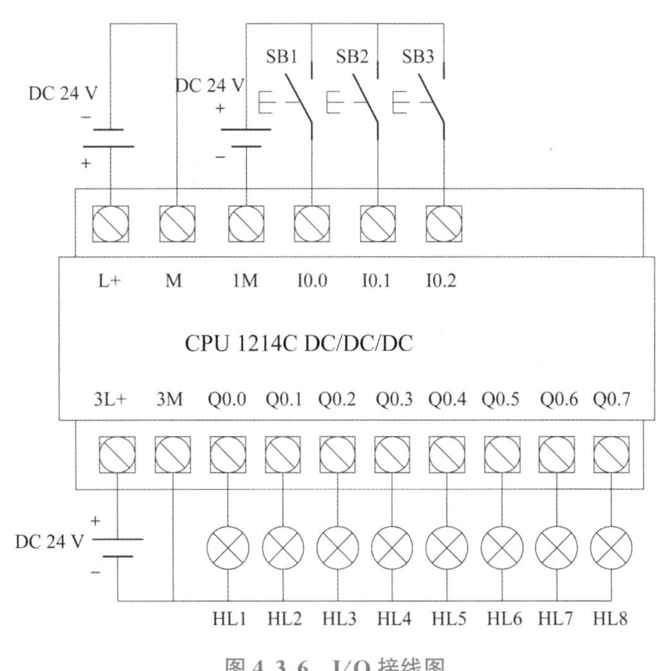

图 4. 3. 6　I/O 接线图

4. 编辑变量表

如图 4. 3. 7 所示 PLC 变量表。

用循环中断实现8盏彩灯循环 ▸ PLC_1 [CPU 1214C DC/DC/DC] ▸ PLC 变量 ▸ 默认变量表 [41]

默认变量表

	名称	数据类型	地址	保持	可从 ...	从 H...	在 H...	注释
1	运行标志	Bool	%M2.0	☐	☑	☑	☑	
2	启动按钮	Bool	%I0.0	☐	☑	☑	☑	
3	停止按钮	Bool	%I0.1	☐	☑	☑	☑	
4	Tag_4	Bool	%M0.0	☐	☑	☑	☑	
5	间隔时间	UDInt	%MD10	☐	☑	☑	☑	
6	相移	UDInt	%MD20	☐	☑	☑	☑	
7	状态	Word	%MW30	☐	☑	☑	☑	
8	节奏变换按钮	Bool	%I0.2	☐	☑	☑	☑	
9	P1	Bool	%M3.0	☐	☑	☑	☑	
10	8盏灯	Byte	%QB0	☐	☑	☑	☑	
11	p2	Bool	%M3.1	☐	☑	☑	☑	

图 4. 3. 7　PLC 变量表

5. 创建工程项目

打开 TIA 博途软件，在 Portal 视图中选择“创建新项目”，输入项目名称“用循环中断实现 8 盏彩灯循环”，选择项目保存路径，然后单击“创建”按钮，完成项目的创建，之后进行项目的硬件组态。

6. 编写程序

（1）主程序 OB1 如图 4. 3. 8 所示。

（2）OB100 的程序，赋初值，如图 4. 3. 9 所示。

（3）OB30 的程序如图 4. 3. 10 所示。

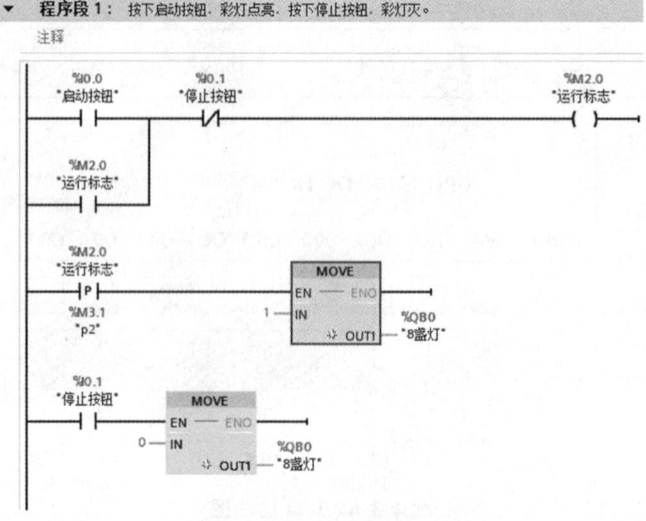

图 4. 3. 8　主程序 OB1

▼ **程序段 2：** 查询循环中断OB30的状态

注释

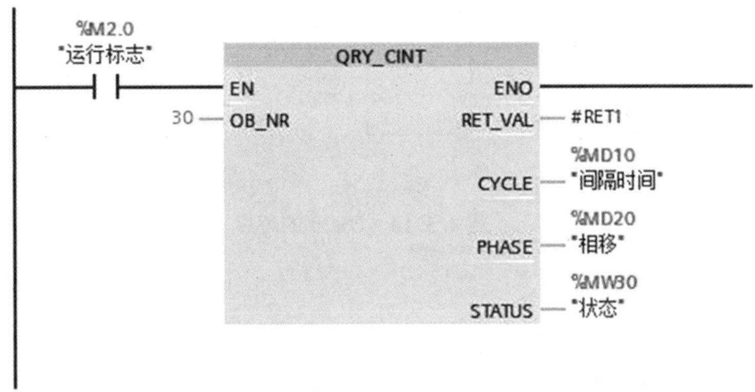

程序段 3： 按下节奏变换按钮，间隔时间变换。

注释

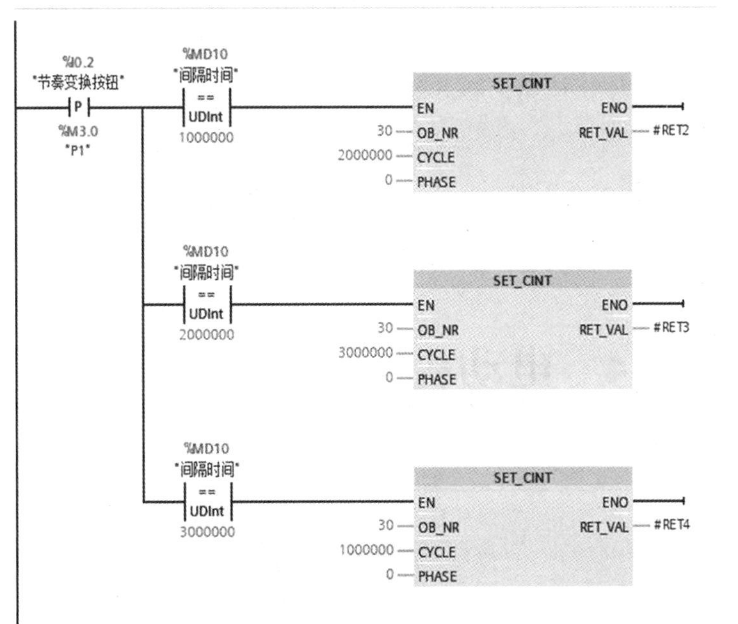

图 4.3.8 主程序 OB1（续）

▼ **程序段 1：** 在启动OB100中赋初值，系统运行，一个彩灯即被点亮。

注释

MOVE
EN — ENO
1 — IN
OUT1 — %QB0 "8盏灯"

图 4.3.9 OB100 的程序

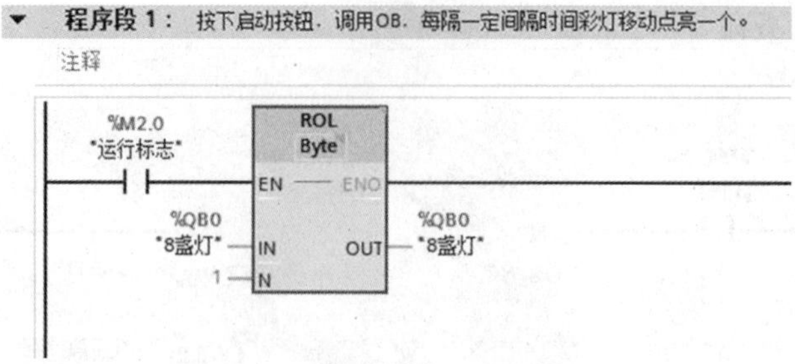

▼ 程序段 1： 按下启动按钮，调用OB，每隔一定间隔时间彩灯移动点亮一个。

注释

%M2.0 "运行标志"　ROL Byte　EN — ENO

%QB0 "8盏灯" — IN　OUT — %QB0 "8盏灯"

1 — N

图 4.3.10　OB30 的程序

7. 调试程序

将写好的用户程序及设备组态下载到 CPU 中，并接好线路，按下启动按钮 SB1，观察 8 盏彩灯是否按间隔 1 s 的流水灯方式运行，然后按下节奏变换按钮 SB3，观察 8 盏彩灯依次点亮的时间间隔是否增加了（应为 2 s），再次按下节奏变换按钮，彩灯点亮的间隔时间是否又增加了（这时应该为 3 s），然后再次按下节奏变换按钮，彩灯点亮的间隔时间是否减少了（应为 1 s），按下停止按钮，彩灯是否全部熄灭。若上述调试现象与控制要求一致，则说明本案例任务实现。

任务拓展

用循环中断实现两台电动机的顺启顺停控制。

任务 4.4　电动机断续运行的 PLC 控制

任务目标

1. 掌握延时中断组织块和硬件中断组织块的应用。
2. 掌握 PLC 的时间读写指令的应用。

任务描述

按下系统启动按钮，每天 6 点半电动机启动，工作 3 h，停止 1 h，再工作 3 h，停止 1 h，如此循环；若按下停止按钮或电动机过载则电动机立即停止运行。系统要求使用延时中断实现延时，使用硬件中断实现停机功能。

基本知识

4.4.1　延时中断组织块

普通定时器的工作过程与扫描工作方式有关，其定时精度较差。如果需要高精度的延时，应使用延时中断。在指令 SRT_DINT 的 EN 使能输入的上升沿启动延时过程，延时时间为 1~60 000 ms，精度为 1 ms，延时时间到时触发延时中断，调用指定的延时中断组织块，如图 4.4.1 所示，如果要得到比 60 s 更长的延时时间，可以用该中断与计数器配合使用。

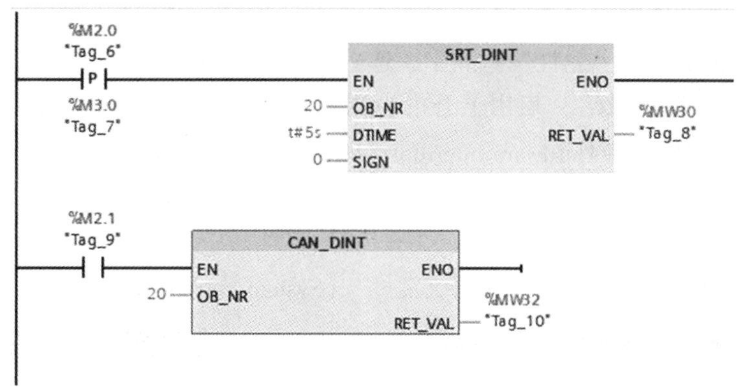

图 4.4.1　SRT_DINT 和 CAN_DINT 指令

延时中断启动完毕后，若不再需要使用延时中断，则可使用 CAN_DINT 指令来取消已启动的延时中断 OB，还可以在超出所组态的延时时间之后取消调用待执行的延时中断 OB。

循环中断和延时中断组织块的个数之和最多允许 4 个，延时中断 OB 的编号应为 20~23，或大于等于 123。

4.4.2　硬件中断组织块

1. 硬件中断事件与硬件中断组织块

硬件中断组织块用于处理需要快速响应的过程事件。出现硬件中断事件时，立即中止当前正在执行的程序，改为执行对应的硬件中断 OB。最多可以生成 50 个硬件中断，在硬件组态时定义中断事件，在硬件中断 OB 的编号应为 40~47，或大于等于 123。S7-1200 支持下列硬件中断事件：

（1）CPU 部分内置的数字量输入和信号板的数字量输入的上升沿事件和下降沿事件。

（2）高速计数器（HSC）的实际计数值等于设定值。

（3）HSC 的方向改变，即计数值由增大变为减小，或由减小变为增大。

（4）HSC 的数字量外部复位输入的上升沿，计数值被复位为 0。

2. 生成硬件中断组织块

打开项目视图中的文件夹“PLC_1\ 程序块”，双击其中的“添加新块”，单击“添加新块”对话框中的“组织块”按钮（见图 4.4.2），选中 Hardware interrupt（硬件中断），生成一个硬件中断组织块，最开始添加的硬件 OB 默认编号为 40，名称为 Hardware interrupt，如再添加一个硬件中断，则编号为 41，名称为 Hardware interrupt_1，名称均可以修改或重命名。

3. 组态硬件中断事件

双击项目树的文件夹“PLC_1”中的设备组态，打开设备视图，首先选中 CPU，打开工作区下面的巡视窗口的“属性”选项卡，选中左边的“数字量输入”的通道 0（即 I0.0，见图 4.4.3），用复选框激活“启用上升沿检测”功能。单击选择框“硬件中断”右边的 ... 按钮，用下拉式列表将 Hardware interrupt（OB40）指定给 I0.0 的上升沿中断事件，出现该中断事件时将调用 OB40。用同样方法可以生成 OB41（Hardware interrupt_1），将 OB41 分配给 I0.1 的上升沿事件。

已经生成的硬件中断事件列在“系统常量”（System constants）下的 PLC 变量中。

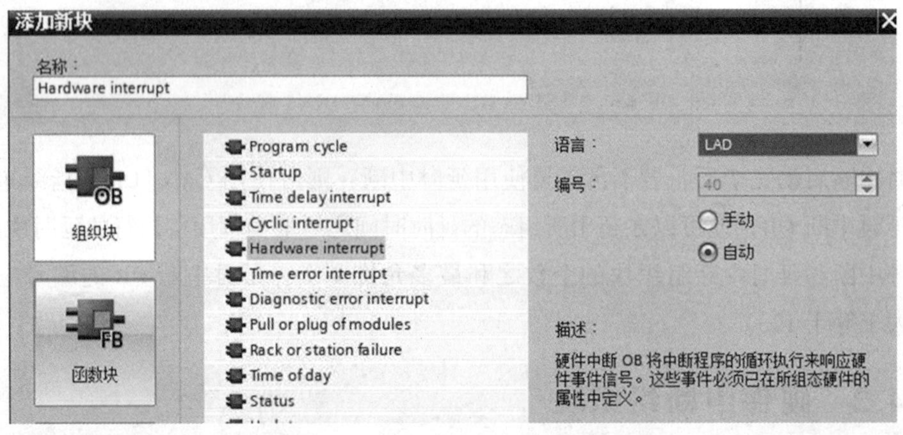

图 4.4.2 生成硬件中断组织块

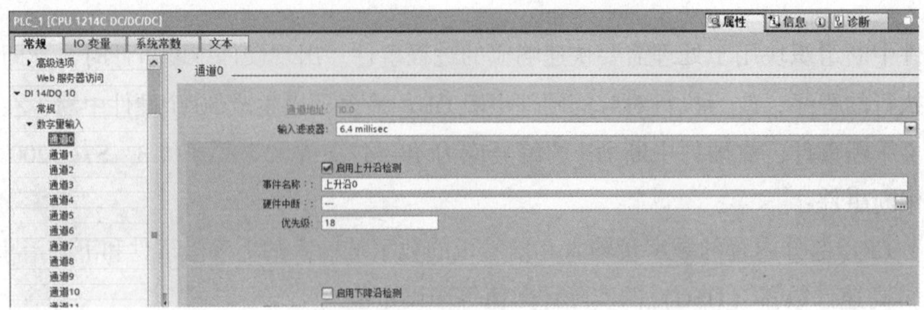

图 4.4.3 组态硬件中断事件

4. 编写 OB 的程序

根据控制要求编写，比如按下 I0.0，触发硬件中断 OB40，然后在 OB40 中将 Q0.0 点亮，按下 I0.1，触发中断 OB41，Q0.0 熄灭，如图 4.4.4 和图 4.4.5 所示。

%M100.2
"AlwaysTRUE"
%Q0.0
"Tag_1"
S

图 4.4.4　OB40 的程序

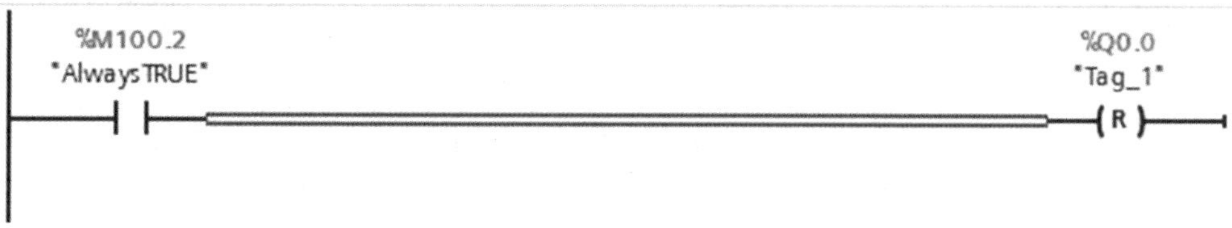

%M100.2
"AlwaysTRUE"
%Q0.0
"Tag_1"
R

图 4.4.5　OB41 的程序

4.4.3　中断连接与中断分离指令

如果需要在 CPU 运行期间对中断事件重新分配，可通过中断连接指令"ATTACH"实现，如果在 PLC 运行时要断开硬件中断事件与中断 OB 的连接，则可以用中断分离"DETACH"指令实现。

例如要求使用指令 ATTACH 和 DETACH，在出现 I0.0 上升沿事件时，交替调用硬件中断 OB40 和 OB41，分别将不同的数值写入 QB0。

首先根据前面所述方法，生成硬件中断组织块 OB40 和 OB41，然后在 CPU 的设备视图属性中，将 OB40 指定给 I0.0 的上升沿中断事件，出现该中断事件时调用 OB40。

下面在 OB40 和 OB41 中编写程序，如图 4.4.6 和图 4.4.7 所示。

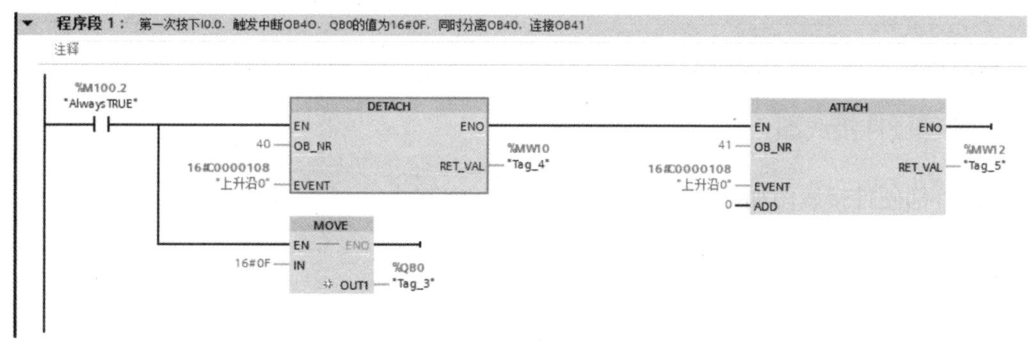

图 4.4.6　OB40 中的程序

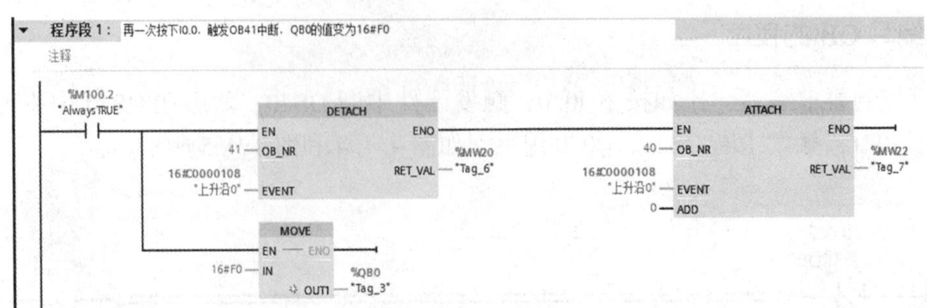

图 4.4.7 OB41 的程序

在图 4.4.6 中，第一次按下 I0.0，触发中断 OB40，QB0 数值为 16#0F，外在表现为 Q0.0~Q0.3 四个输出点得电，同时用 DETECH 指令将 I0.0 的上升沿事件与 OB40 分离，用 ATTCH 指令将这个事件与 OB41 连接。在图 4.4.7 中，再次按下 I0.0，触发中断 OB41，QB0 数值变为 16#F0，外在表现为 Q0.4~Q0.7 四个输出点得电，同时用 DETCH 指令将 I0.0 的上升沿事件与 OB41 分离，用 ATTACH 指令将这个事件与 OB40 连接，到下一次按下 I0.0 时，又触发中断 OB40，这样就实现了控制要求。

任务实施

1. I/O 分配

根据上面的任务描述，进行 I/O 地址分配，如表 4.4.1 所示。

表 4.4.1 I/O 地址分配表

信号类型	描述	PLC 地址
DI	启动按钮 SB1	I0.0
	停止按钮 SB2	I0.1
	过载保护 FR	I0.2
DO	电动机运行 KM	Q0.0

2. 外部硬件接线图

I/O 外部硬件接线图如图 4.4.8 所示。

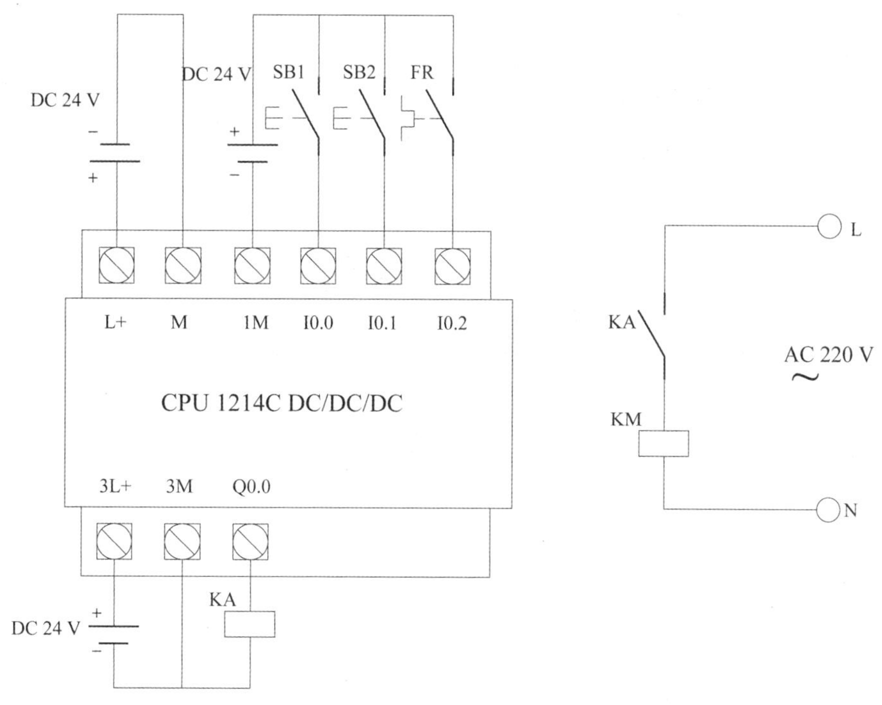

图 4.4.8　I/O 外部硬件接线图

3. 编辑变量表

PLC 变量表如图 4.4.9 所示。

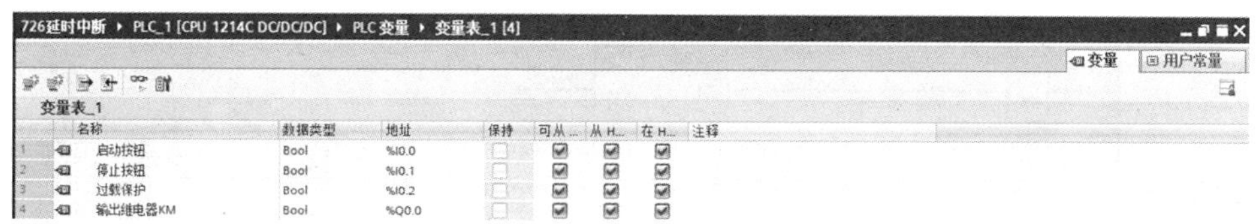

726延时中断 ▸ PLC_1 [CPU 1214C DC/DC/DC] ▸ PLC 变量 ▸ 变量表_1 [4]

变量表_1

	名称	数据类型	地址	保持	可从 ...	从 H...	在 H...	注释
1	启动按钮	Bool	%I0.0	☐	☑	☑	☑	
2	停止按钮	Bool	%I0.1	☐	☑	☑	☑	
3	过载保护	Bool	%I0.2	☐	☑	☑	☑	
4	输出继电器KM	Bool	%Q0.0	☐	☑	☑	☑	

图 4.4.9　PLC 变量表

4. 创建工程项目

打开 TIA 博途软件，在 Portal 视图中选择“创建新项目”，输入项目名称“726 延时中断”，选择项目保存路径，然后单击“创建”按钮完成项目的创建，之后进行项目的硬件组态。

5. 编写程序

1）生成 OB40 组态硬件中断事件

添加硬件中断组织块 OB40，并将其分配给 I0.1、I0.2 的上升沿中断事件，出现该中断事件时调用 OB40。

2）编写 OB40 程序

当按下停止按钮 I0.1，或电动机过载时（I0.2 上升沿到来），触发中断 OB40，在 OB40 程序中，对电动机运行标志位复位，对计数值复位，取消延时中断功能，如图 4.4.10 所示。

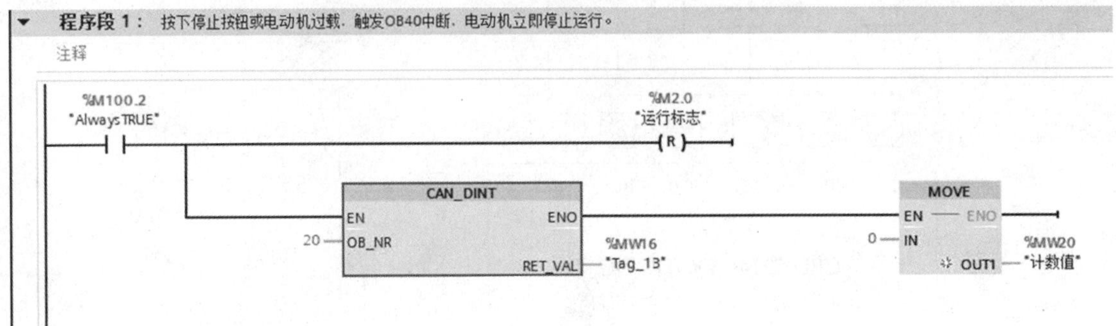

图 4.4.10 OB40 程序

3）编写 OB20 程序

在延时 OB20 中，计数循环次数，当计数值到达 240，即 4 h 时对计数值 MW10 清零，如图 4.4.11 所示。

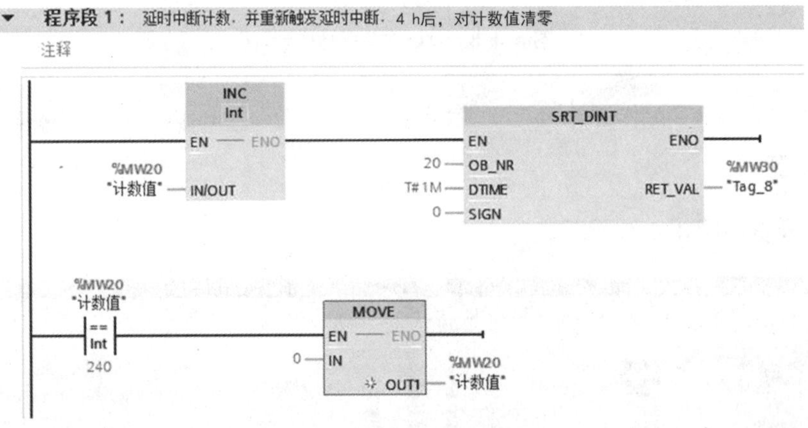

图 4.4.11 OB20 的程序

4）编写 OB1 程序

在主程序 OB1 中主要完成系统启动、CPU 时间的读取、电动机启动时中断功能。为了读取正确的 CPU 时间，首先对 CPU 进行时间设置。

（1）用鼠标双击“设备组态”，然后选中 PLC_1，单击右键，选择“属性”选项下的“时间”，将本地时间改为“北京时间”，取消夏令时。这样设置后，将 CPU 转入“在线”状态，在项目树下的“在线访问 \ 网卡 \ （Realtek PCle GBE Family Controller） \ 更新可访问的设备 \ PLC_1 \ 在线和诊断”，打开图 4.4.12 所示系统设置时间的对话框，选中复选框“从 PG/PC 获取”后，单击“应用”按钮，便可使 CPU 的时间与 PC 同步，否则为 PLC 出厂默认日期 DTL#1970-01-01-00：00：00。

当然也可以通过扩展指令中的日期和时间中的时钟功能指令来写入和读取本地时间和系

统时间。

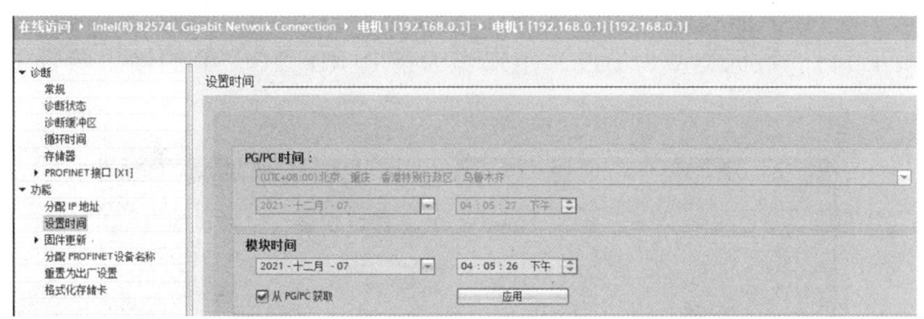

图 4.4.12　系统设置时间的对话框

（2）时钟功能指令。

在扩展指令中的日期和时间中的时钟功能指令有读取系统时间（RD_SYS_T）和读取本地时间（RD_LOC_T），设置系统时间（WR_SYS_T）和本地时间（WR_LOC_T），这几个指令可以用来写入 CPU 的本地时间和系统时间，并读取出来。

系统时间是格林尼治标准时间，本地时间是根据当地时区设置的本地标准时间。中国的本地时间（北京时间）比系统时间多 8 个小时，可以用 CPU 的巡视窗口设置时区。

要使 CPU 的时间与计算机 PC 同步，可以用设置本地时间指令（WR_LOC_T）来获取。

生成全局数据块“全局”，在其中生成数据类型为 DTL 的变量 DT1～DT3。当“时间设置”（M10.0）为 1 状态时，设置本地时间指令 WR_LOC_T（见图 4.4.12）将输入参数 LOCTIME 输入的日期时间作为本地时间写入实时时钟。参数 DST 与夏令时有关，我国不使用夏令时，故设置为 0。

“读时间”（M10.1）为 1 状态时，读取本地时间指令（RD_LOC_T）的输出 OUT 提供数据类型为 DTL 的 PLC 中的当前日期和本地时间。为了保证读取到正确的时间，在组态 CPU 的属性时，应设置实时时间的时区为北京，不使用夏令时。图 4.4.13 所示为同时读出的系统时间和本地时间，本地时间比系统时间多 8 个小时。

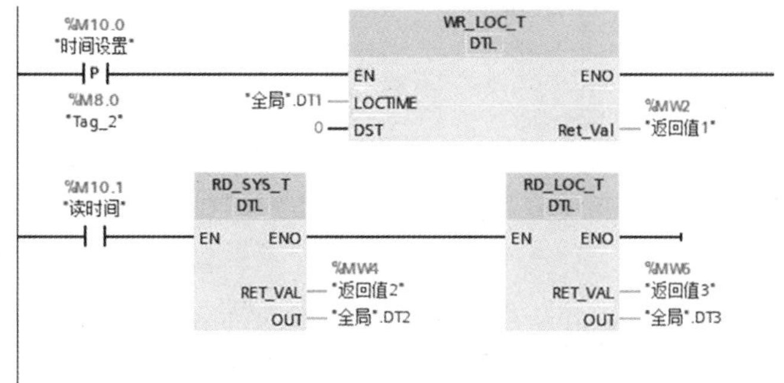

全局

	名称	数据类型	起始值	监视值
1	▼ Static			
2	▸ DT1	DTL	DTL#1970-01-01-00:00:00	DTL#2021-08-15-12:16:14
3	▸ DT2	DTL	DTL#1970-01-01-00:00:00	DTL#2021-08-15-04:51:17.666190
4	▸ DT3	DTL	DTL#1970-01-01-00:00:00	DTL#2021-08-15-12:51:17.666190

图 4.4.13　读取时间指令与数据块

(3) 读取 CPU 本地时间。

如果之前对 CPU 本地时间进行过设置，可以在 OB1 的接口区 TEMP 处生成局部变量 DT1（见图 4.4.14），数据类型为 DTL，用来作为指令 RD_ LOC_T 的输出参数 OUT 的实际参数。

726延时中断 ▸ PLC_1 [CPU 1214C DC/DC/DC] ▸ 程序块 ▸ Main [OB1]

Main

	名称	数据类型	默认值	注释
1	▼ Input			
2	Initial_Call	Bool		Initial call of this OB
3	Remanence	Bool		=True, if remanent data are available
4	▼ Temp			
5	▼ DT1	DTL		
6	YEAR	UInt		
7	MONTH	USInt		
8	DAY	USInt		
9	WEEKDAY	USInt		
10	HOUR	USInt		
11	MINUTE	USInt		
12	SECOND	USInt		
13	NANOSECOND	UDInt		

图 4.4.14　OB1 中定义的局部变量 DT1

(4) 编写 OB1 程序。

电动机断续启停的 PLC 控制 OB1 程序如图 4.4.15 所示。

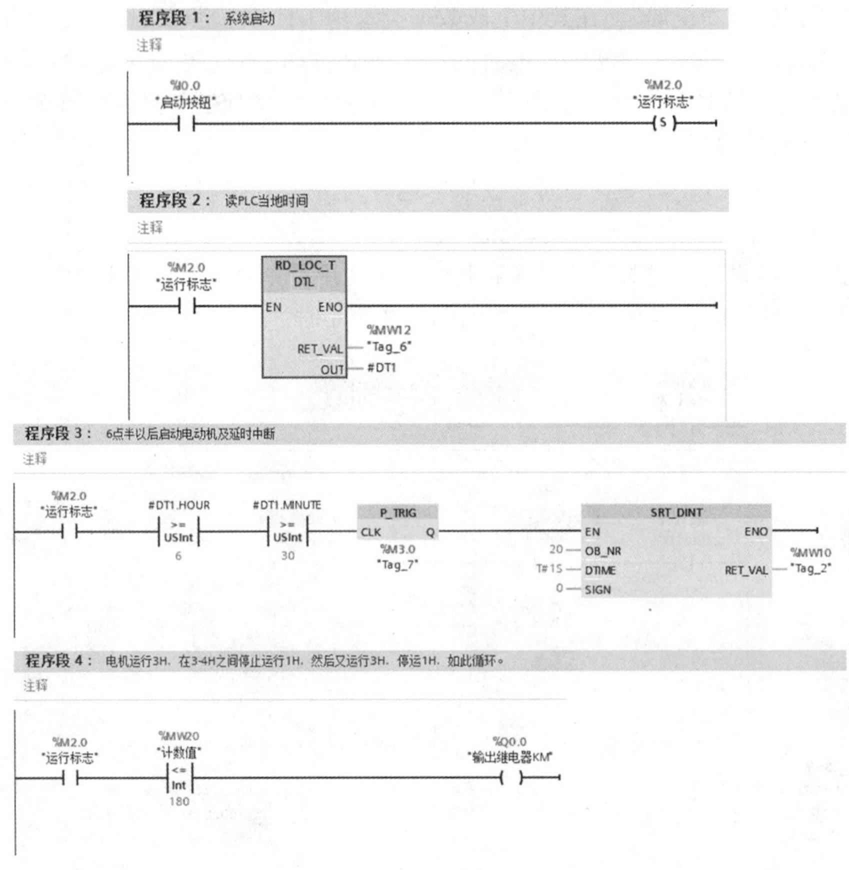

图 4.4.15　电动机断续启停的 PLC 控制 OB1 程序

6. 调试程序

将调试好的用户程序及设备组态下载到 CPU 中，并连接好线路。按下启动按钮 SB1，观察电动机是否按系统设置的时间启动和延时停止（建议调试时将系统时间设置为“分”，而且电动机运行的时间也短些）；若按下停止按钮 SB2，电动机是否立即停止运行。若上述现象与控制要求一致，则说明本案例任务实现。

任务拓展

（1）用两个延时中断和硬件中断实现两台电动机的顺起逆停控制。

（2）用延时中断实现 QB0 的 8 盏彩灯跑马灯形式的点亮控制。

思考与练习

1. S7-1200 块包括________、________、________和________。

2. 背景数据块是________的存储区。

3. 调用________、________、________等指令及________块时需要指定其背景数据块。

4. 在梯形图调用函数块时，方框内是函数块的________，方框外是对应的________。方框的左边是块的________参数和________参数，右边是块的________参数。

5. S7-1200 在启动时调用 OB ________。

6. CPU 检测到故障或错误时，如果没有下载对应的错误处理组织块，CPU 将进入________模式。

7. 函数和函数块有什么区别?

8. 组织块可否调用其他组织块?

9. 延时中断与定时器都可以实现延时，它们有什么区别?

10. 设计求圆周面积的函数 FC1，其输入参数为半径（整数），圆周率为 3.141 6，求圆周的面积，面积存放在双整参数 SQUAR 中。在 OB1 中调用 FC1，半径的输入值用 MW6 提供，存放面积的地址为 MD8。

11. 用循环中断组织块 OB30，每 2.8 s 将 QW1 的值加 1。在 I0.2 的上升沿，将循环时间改为 1.5 s，设计出主程序和 OB30 的程序。

12. 编写程序，在 I0.3 的下降沿时调用硬件中断组织块 OB40，将 MW10 加 1。在 I0.2 的上升沿时调用硬件中断组织块 OB41，将 MW10 减 1。

项目五 HMI 的组态及其应用

任务 5.1 用触摸屏控制彩灯

任务目标

1. 掌握 S7-1200 PLC 间接寻址的用法。
2. 掌握 S7-1200 PLC 填充块指令和移动块指令的用法。
3. 掌握 HMI 硬件组态的方法。
4. 掌握 HMI 组态软件界面设计和控件使用。
5. 掌握变量连接和动画设计方法。

任务描述

结合触摸屏和 PLC 实现 8 个按钮对应控制 8 盏指示灯（QB1），在触摸屏上绘制按钮、指示灯等构件，随机按下触摸屏上的按钮（数量不限），要求此时指示灯不亮，当按下启动按钮，指示灯按照按钮所按的顺序依次点亮，8 盏灯的颜色分别为红、橙、黄、绿、青、蓝、紫、黑。

基本知识

间接寻址的方法及应用

5.1.1 间接寻址指令

使用写入域指令（FieldWrite）和读取域指令（FieldRead）实现间接寻址，这两条指令在指令列表的“基本指令 \ 移动操作 \ 原有”文件夹中。

写入域指令（FieldWrite）将 VALUE 输入中变量的内容传送到 MEMBER 输出中域的特定元素。输入参数索引值（INDEX）指定所述域元素的下标，数据类型为 DINT（双整数），在输出参数 MEMBER 中输入待写入域的第一个元素。

读取域指令（FieldRead）从输入参数 MEMBER 所指定的域中读取指定元素，并将其内容传送到输出 VALUE 的变量中。输入参数索引值（INDEX）指定待读取的域元素的下标，数据类型为 DINT（双整数），输入参数 MEMBER 指定待读取域的第一个元素。

值得注意的是：参数 MEMBER 中的域元素和参数 VALUE 中的变量的数据类型必须与读取域指令的数据类型相一致，否则无法进行转换。

应用举例：打开 TIA 博途软件，在 Portal 视图中选择“创建新项目”，输入项目名称“间接寻址”，选择项目保存路径，然后单击“创建”按钮，完成项目的创建，之后进行项目的硬件组态。新建名为“数据块_1”的全局数据块 DB1，在 DB1 中添加数组 ARR1，其数据类型为 Array［1..8］of Int，各数组元素起始值均为 0，如图 5.1.1 所示。

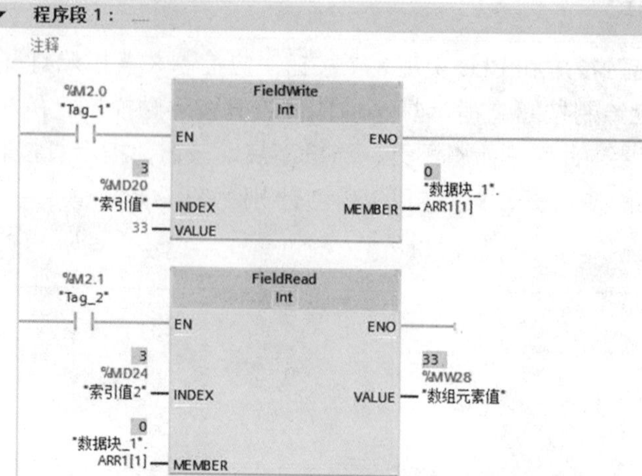

图 5.1.1 间接寻址的应用举例

选中项目树中的 PLC_1，单击工具栏上的“开始仿真”按钮，打开 S7-PLC SIM，将程序下载到仿真 PLC 并进入 RUN 模式。打开 OB1，单击工具栏上的按钮，启动程序状态监视功能。

在变量 M2.0 的右键快捷菜单中，选择“修改”→“修改为 1”，写入域指令（FieldWrite）的使能输入端有效，指令开始工作，用鼠标右键单击写入域指令输入参数 INDEX 的实参 MD20，在右键快捷菜单中选择“修改”→“修改操作数”，修改值为 3，在数据块_1 的监控中可以看出，输入参数 VALUE 的值 33 被写入下标为 3 的数组元素 ARR [3] 中。

用上述方法修改变量 M2.1 的值，读取域指令（FieldRead）的使能输入端有效，指令开始工作，设置输入参数 INDEX 的值为 3，输出参数 VALUE 的实参 MW28 中是读取下标为 3 的数组元素 ARR [3] 中的值。

要寻址数组的元素，可以用常量作为下标，也可以用 DInt 数据类型的变量作为下标，实现数组元素的间接索引。

5.1.2 填充块指令和不可中断的存储区填充指令

填充块指令（FILL_BLK）用 IN 输入的值填充一个从输出 OUT 指定的地址开始填充目标范围。

在上例新建项目的全局数据块 DB1（数据块_1）中，新建数组 Source 和 Destin，数据类型均为 Array [1..20] of Byte。如图 5.1.2 所示，当 I0.0 导通的情况下，UFILL_BLK 指令将常数 111 填充到数组 Source 的前 20 个元素中。

不可中断的存储区填充指令（UFILL_BLK）与填充块指令（FILL_BLK）的功能相同，其区别在于 UFILL_BLK 指令的填充操作不会被操作系统的其他任务打断。如图 5.1.2 所示，当 I0.0 导通的情况下，UFILL_BLK 指令将常数 222 填充到数组 Source 的后 10 个元素中。

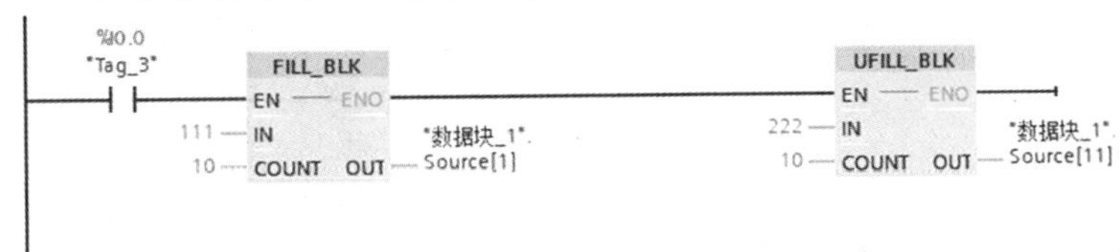

图 5.1.2 填充块指令和不可中断的存储区填充指令

5.1.3 块移动指令和不可中断的存储区移动指令

块移动指令（MOVE_BLK）将一个存储区（源范围）的数据移动到另一个存储区（目标范围）中，由输入 IN 确定源范围的首个元素，输出 OUT 确定目标范围的首个元素，输入 COUNT 指定移动到目标范围的元素个数。如图 5.1.3 所示，当 I0.1 导通的情况下，MOVE_BLK 指令将源范围数据块_1 的数组 Source 的 1 号元素开始的 10 个元素的值，复制给目标范围数据块_1 的数组 Destin 的 1 号元素开始的 10 个元素。

请注意：源范围和目标范围的数据类型应相同，输入 IN 和输出 OUT 指定的是源范围和目标范围的首个元素，并不要求是数组的第一个元素。

不可中断的存储区移动指令（MOVE_BLK）与块移动指令（MOVE_BLK）的功能相同，其区别在于 UMOVE_BLK 指令的填充操作不会被操作系统的其他任务打断。如图 5.1.3 所示，当 I0.1 导通的情况下，UMOVE_BLK 指令将源范围数据块_1 的数组 Source 的 11 号元素开始的 10 个元素的值，复制给目标范围数据块_1 的数组 Destin 的 11 号元素开始的 10 个元素。

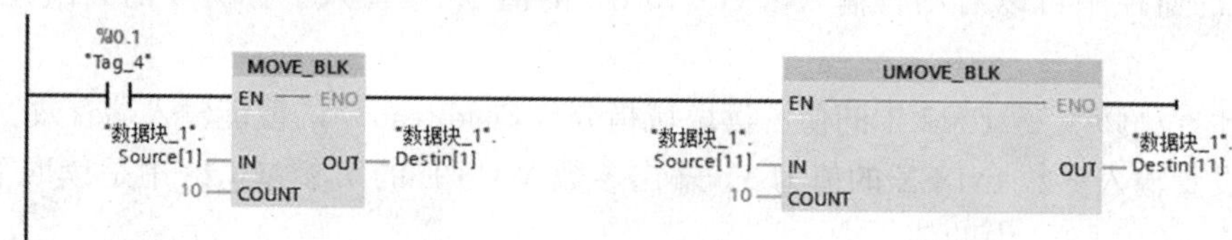

图 5.1.3　块移动指令和不可中断的存储区移动指令

[例 5.1.1] 现有 10 个元素的数组 A，其数据类型为 Array [0..9] of Int，请将该数组元素下标值赋给该元素。

首先，在全局数据块中新建数组 A，其数据类型为 Array [0..9] of Int，索引值（1）MD12 和输入值 MW16 初始值为 0。在如图 5.1.4 所示的控制程序中，当开启条件 M10.0 导通的情况下，利用读取域指令，每秒钟将输入值 MW16 写入索引值（1）MD12 对应的数组 A 的相应元素中。

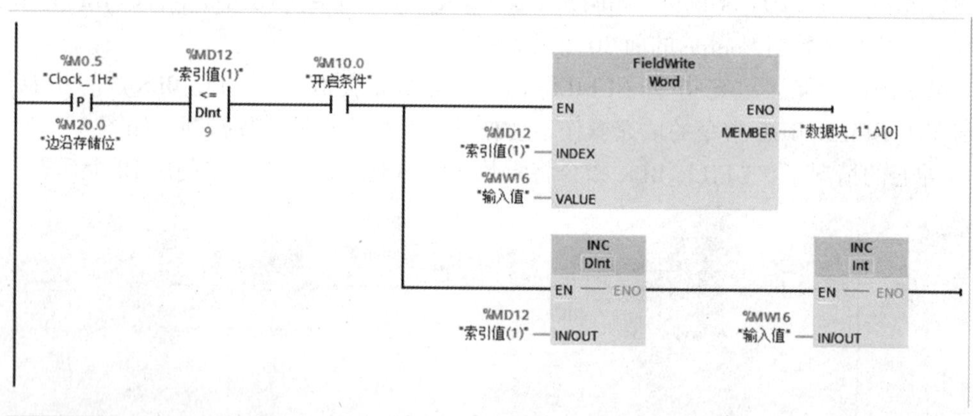

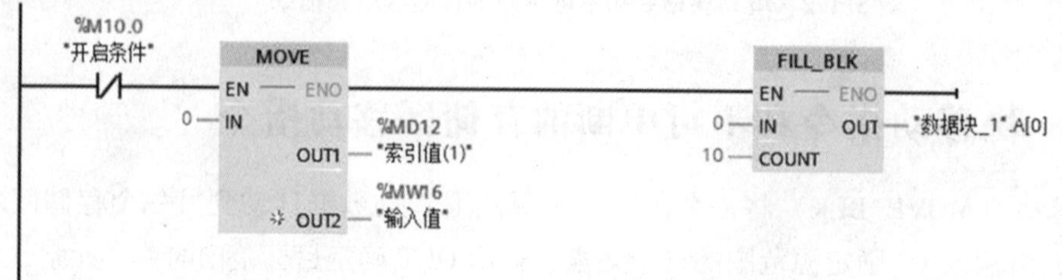

图 5.1.4　实例 5.1.1 控制程序

HMI 硬件介绍及软件初步认识

5.1.4　组态软件、人机界面和触摸屏

组态监控系统软件，译自英文 SCADA，即 Supervisory Control and Data Acquisition（数据采集与监视控制）。它是指一些数据采集与过程控制的专用软件。它们处在自动控制系统监控层一级的软件平台和开发环境，使用灵活的组态方式，为用户提供快速构建工业自动控制系统监控功能的、通用层次的软件工具。工业自动化组态软件是工业过程控制的核心软件平台，广泛应用于工业各领域中，并且在国防、科研等领域也有很好的应用，市场容量很大。

人机界面，译自英文 HMI，即 Human Machine Interaction，泛指人和机器在信息交换和功能上接触或互相影响的领域或界面。在控制领域，人机界面一般特指用于操作人员与控制系统之间进行对话和相互作用的专用设备。人机界面可以在恶劣的工业环境中长时间连续运行，是 PLC 的最佳搭档。

人机界面可以用字符、图形和动画动态地显示现场数据和状态，操作人员可以通过人机界面来控制现场的被控对象。此外，人机界面还有报警、用户管理、数据记录、趋势图、配方管理、显示和打印报表、通信等功能。

触摸屏是人机界面的发展方向，用户可以在触摸屏的屏幕上生成满足自己要求的触摸式按键。触摸屏使用直观方便，易于操作。画面上的按钮和指示灯可以取代相应的硬件元件，减少 PLC 需要的 I/O 点数，降低系统的成本，提高设备的性能和附加价值。

人机界面产品即触摸屏，包含 HMI 硬件和相应的专用画面组态软件，一般情况下，不同厂家的 HMI 硬件使用不同的画面组态软件，连接的主要设备种类是 PLC；不仅有使用在 HMI 系统中的组态软件，还有运行于 PC 硬件平台、Windows 操作系统下的通用组态软件产品，和 PC 机或工控机一起也可以组成 HMI 产品，通用的组态软件支持的设备种类非常多，如各种 PLC、PC 板卡、仪表、变频器、模块等设备，并且由于 PC 的硬件平台性能强大（主要反应在速度和存储容量上），通用组态软件的功能也强很多，适用于大型的监控系统中。

5.1.5　精简系列面板

SIMATIC HMI 精简系列是主要与 S7-1200 PLC 配套使用的触摸屏，为小型自动化应用提供了一种简单的可视化和控制解决方案。SIMATIC STEP 7 Basic 是西门子开发的高集成度工程组态系统，提供了直观易用的编辑器，用于对 S7-1200 和精简系列面板进行高效组态。

每个精简系列面板都具有一个集成的 PROFINET 接口，通过它可以与控制器进行通信，并且传输参数设置数据和组态数据。这是与 S7-1200 PLC 完美整合的一个关键因素。

西门子新一代（第二代）SIMATIC HMI 精简面板，具有全面开发的 HMI 基本功能，是面向简单 HMI 应用的理想入门级产品系列。该设备系列提供了带 4 in①、7 in、9 in 和 12 in

① 英寸，1 in=2.54 cm。

高分辨率 64K 宽屏 TFT 真彩液晶屏，可进行按键及触控组合操作，支持垂直安装，用博途 V13 或更高版本组态。该设备具有一个 RS-422/RS-485 接口或 RJ45 以太网接口（PROFINET 接口），通信速率为 10 M/100 Mbit/s，用于与组态计算机或 S7-1200 PLC 通信；具有一个 USB2.0 接口，可连接键盘、鼠标或条形码扫描器，并支持将数据简单地存档到 USB 闪存盘中。第二代精简系列面板的主要性能指标如表 5.1.1 所示。

表 5.1.1　第二代精简系列面板的主要性能指标

分类	KTP400 Basic PN	KTP700 Basic DP KTP700 Basic PN	KTP900 Basic PN	KTP1200 Basic DP KTP1200 Basic PN
显示屏	4in 触屏+按键	7in 触屏+按键	9in 触屏+按键	12in 触屏+按键
尺寸/in	4.3	7	9	12
分辨率（宽×高）	480×272	800×480	800×480	1 280×800
功能键（可编程）	4	8	8	10
用户内存/MB	10	10	10	10
通信接口	PROFINET	MPI/PROFIBUS DP PROFINET	PROFINET	MPI/PROFIBUS DP PROFINET
额定电压	DC 24 V	DC 24 V	DC 24 V	DC 24 V

任务实施

用触摸屏控制彩灯任务实施

1. 任务分析

根据任务描述可知，该任务分为 PLC 和 HMI 两部分。PLC 编程部分，首先在数据块中建立一个数组 A，其数据类型为 Array [1..1000] of Int，用于存放按钮按下的值；在输入阶段，利用写入域指令（FieldWrite）将每次按下按钮状态存放在数组 A 的相应元素中，在输出阶段，利用读取域指令（FieldRead），读取出相应的数组元素的值并在指示灯 QB0 中显示，显示完一个元素，就将该元素初始化，所有输入的状态均显示完成后，复位所有变量。HMI 部分，需要在画面上绘制出按钮、指示灯、倒数计数等构件，并设置好相应变量连接，即进行画面组态。

2. I/O 分配

根据上述的任务分析，可以得到如表 5.1.2 所示 I/O 分配。

表 5.1.2 I/O 分配

信号类型	描述	PLC 地址
触摸屏按钮	启动按钮	M70.0
	按钮 1	M60.0
	按钮 2	M60.1
	按钮 3	M60.2
	按钮 4	M60.3
	按钮 5	M60.4
	按钮 6	M60.5
	按钮 7	M60.6
	按钮 8	M60.7
DO	彩灯 1	Q0.0
	彩灯 2	Q0.1
	彩灯 3	Q0.2
	彩灯 4	Q0.3
	彩灯 5	Q0.4
	彩灯 6	Q0.5
	彩灯 7	Q0.6
	彩灯 8	Q0.7

3. 创建工程项目

打开 TIA 博途软件，在 Portal 视图中选择“创建新项目”，输入项目名称“触摸屏控制彩灯”，选择项目保存路径，然后单击“创建”按钮，完成项目的创建，之后进行项目的硬件组态。首先添加新设备，选择控制器 CPU 1214C DC/DC/DC，完成 PLC_1 的添加。

4. 编辑 PLC 变量表

PLC 变量表如图 5.1.5 所示。

变量表_1

		名称	数据类型	地址	保持	可从...	从 H...	在 H...
1		启动	Bool	%M70.0	☐	☑	☑	☑
2		m60.0	Bool	%M60.0	☐	☑	☑	☑
3		m60.1	Bool	%M60.1	☐	☑	☑	☑
4		m60.2	Bool	%M60.2	☐	☑	☑	☑
5		m60.3	Bool	%M60.3	☐	☑	☑	☑
6		m60.4	Bool	%M60.4	☐	☑	☑	☑
7		m60.5	Bool	%M60.5	☐	☑	☑	☑
8		m60.6	Bool	%M60.6	☐	☑	☑	☑
9		m60.7	Bool	%M60.7	☐	☑	☑	☑
10		q0.0	Bool	%Q0.0	☐	☑	☑	☑
11		q0.1	Bool	%Q0.1	☐	☑	☑	☑
12		q0.2	Bool	%Q0.2	☐	☑	☑	☑
13		q0.3	Bool	%Q0.3	☐	☑	☑	☑
14		q0.4	Bool	%Q0.4	☐	☑	☑	☑
15		q0.5	Bool	%Q0.5	☐	☑	☑	☑
16		q0.6	Bool	%Q0.6	☐	☑	☑	☑
17		q0.7	Bool	%Q0.7	☐	☑	☑	☑

图 5.1.5　PLC 变量表

5. 添加数组

双击“添加新块”，在“添加新块”对话框中选择“数据块”，单击“确定”按钮，新建数据块_1［DB1］，如图 5.1.6 所示。在数据块中建立一个数组 A，其数据类型为 Array［1..1000］of Int，用于存放按钮按下的值。

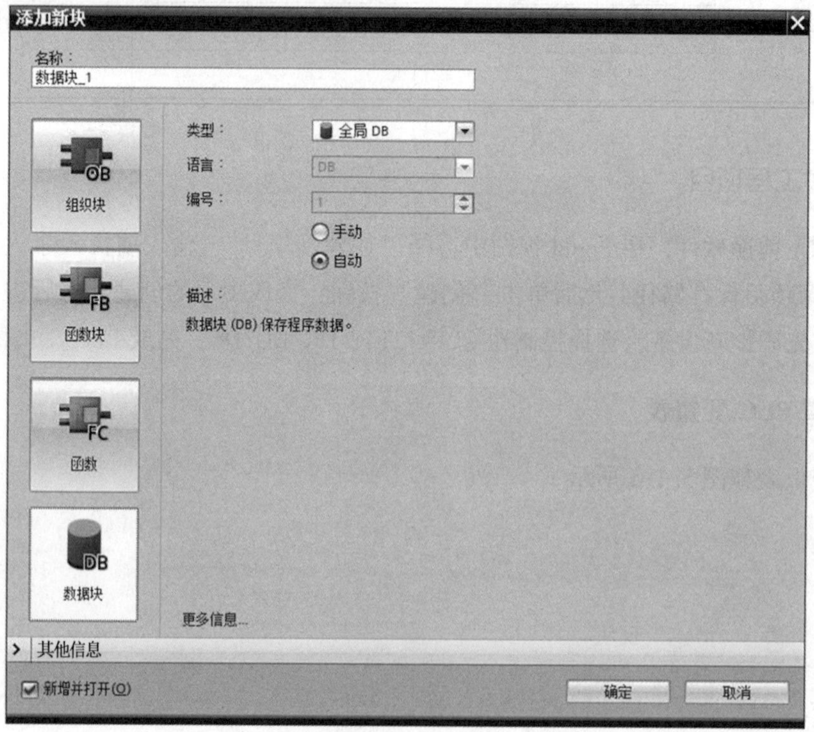

图 5.1.6　新建数据块

6. 编写 PLC 程序

根据控制要求，本案例控制程序如图 5. 1. 7 所示。

▼ **程序段 1：** 指示灯不显示即输入状态，在此状态下使用间接寻址指令将每次按钮的状态放到数组A的相应元素中。

注释

%MB60
"触摸屏8个按钮组成字节"
<>
Byte
0

P_TRIG
CLK　Q
%M0.0
"Tag_4"

%QB0
"Tag_8"
==
Byte
0

MOVE
EN — ENO
%MB60
"触摸屏8个按钮组成字节" — IN
OUT1 — %MW14 "按键按下值暂存"

N_TRIG
CLK　Q
%M0.1
"Tag_5"

%QB0
"Tag_8"
==
Byte
0

FieldWrite
Int
EN　ENO
%MD10 "索引1" — INDEX
MEMBER — "数据块_1".A[0]
%MW14 "按键按下值暂存" — VALUE

INC
DInt
EN — ENO
%MD10 "索引1" — IN/OUT

▼ **程序段 2：** 启动时，置位"指示灯显示标志位"和"初始化标志位"

注释

%M70.0
"启动"
P
%M1.0
"Tag_27"

%M0.3
"指示灯显示标志位"
(S)

%M0.7
"初始化标志位"
(S)

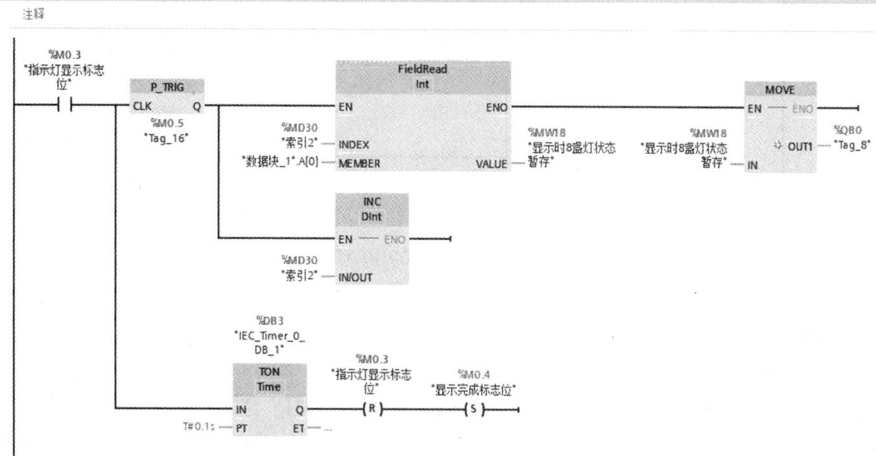

图 5. 1. 7　用 HMI 控制彩灯的 PLC 控制程序

▼ **程序段 4：** 当完成当前数组元素值的取出并显示后，将该数组元素清零

注释

%DB2
"IEC_Timer_0_DB"
TON
Time
%M0.4
"显示完成标志位"
IN Q
T#0.9s — PT ET — ...
%M0.3
"指示灯显示标志位"
(S)
%M0.4
"显示完成标志位"
(R)
N_TRIG
CLK Q
%M0.6
"Tag_18"
FieldWrite
Int
EN ENO
MEMBER — "数据块_1".A[0]
%MD34
"索引3" — INDEX
0 — VALUE
INC
Dint
EN — ENO
%MD34
"索引3" — IN/OUT

▼ **程序段 5：** 若QB0等于0则说明所有输入状态已显示完成，则相关变量初始化

注释

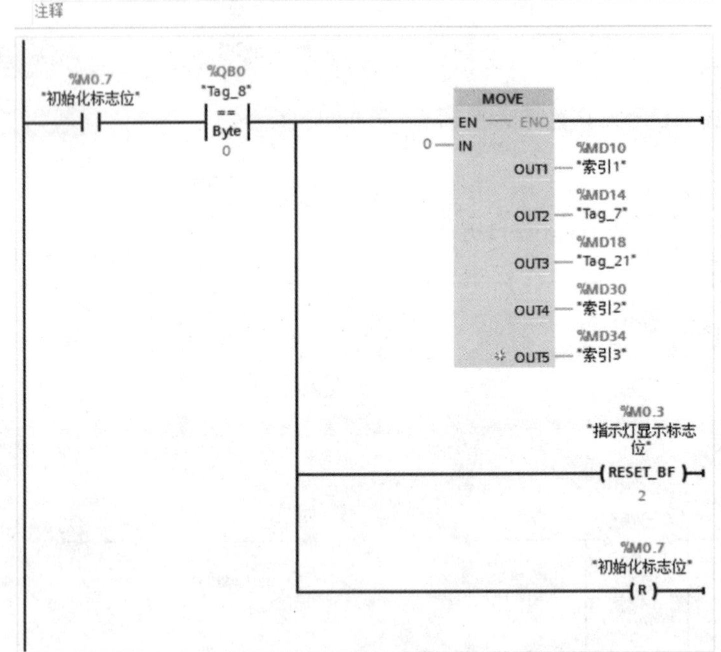

图 5.1.7　用 HMI 控制彩灯的 PLC 控制程序（续）

7. 添加 HMI 设备

双击项目树中“添加新设备”，单击对话框左侧“HMI”按钮，去掉复选框“启动设备向导”那个的勾，打开“SIMATIC 精简系列面板”的下拉菜单，选中 7″显示屏中的 KTP700 Basic，单击“确定”按钮，生成名为“HMI_1”的面板，如图 5.1.8 所示。

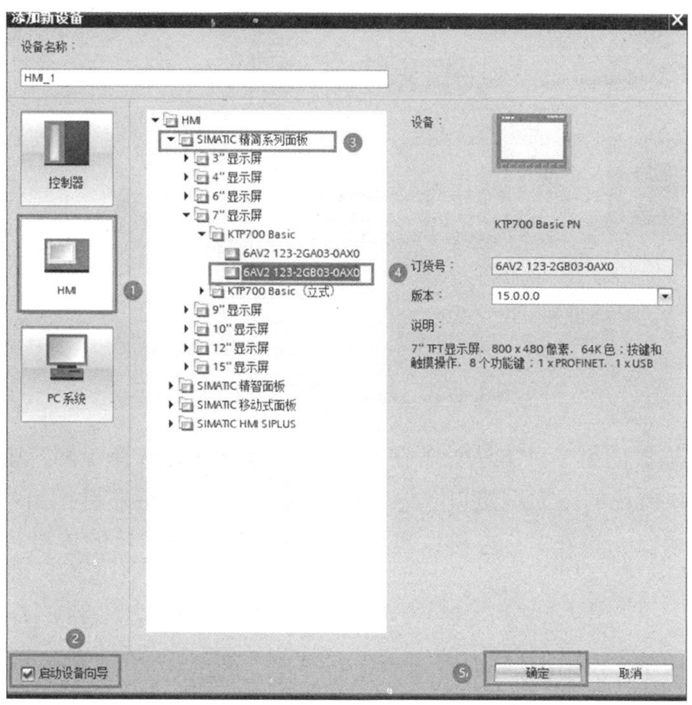

图 5.1.8　添加 HMI 设备

8. 组态连接

双击 HMI_1 的“设备组态”，打开该 HMI 的设备视图。双击 HMI 或者选择 HMI 右键菜单中的“属性”，打开下方巡视窗口，选中“属性→常规→PROFINET 接口”，HMI 的选择和匹配 PLC 相同子网，由于本项目的 PLC_1 子网为 PN/IE_1，因此此处选择 PN/IE_1，默认地址为 192.168.0.2，子网掩码为 255.255.255.0，如图 5.1.9 所示，即可完成组态连接。单击设备网络视图，可以看到 PLC_1 和 HMI_1 由一条绿色的线（PN/IE_1）连接，如图 5.1.10 所示，表示组态连接成功。

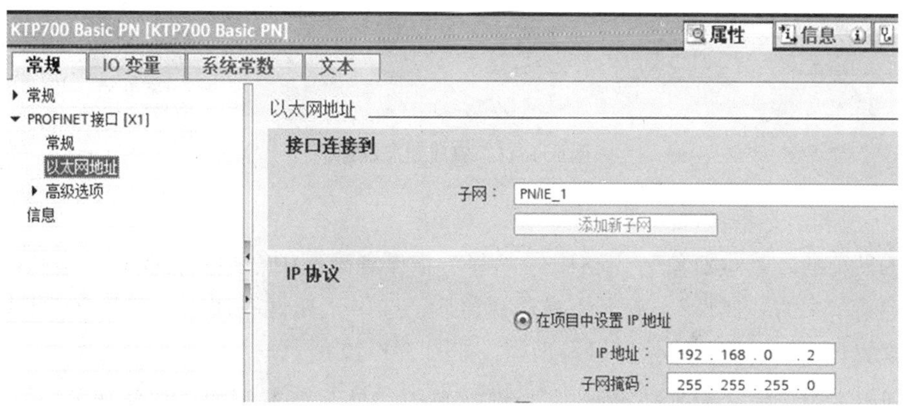

图 5.1.9　HMI 网络设置

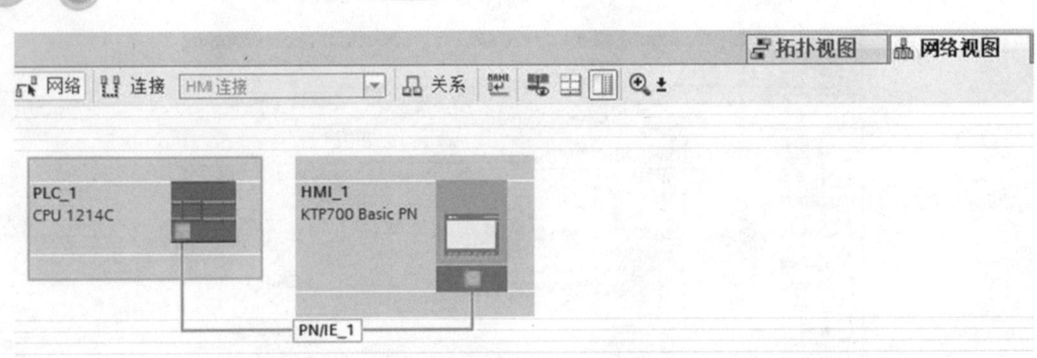

图 5.1.10　PLC 和 HMI 连接成功

CPU 和 HMI 连接的另一种方法：若在 HMI 巡视窗口中为选择子网，则可以在设备网络视图窗口中，单击 PLC 的以太网接口（绿色小方框），按住鼠标左键拖出一条直线，将它拖到 HMI 的以太网接口，松开鼠标左键，也可得到如图 5.1.10 所示的连接。

9. 画面绘制

双击“画面”文件夹中的“画面_1”画面，将它的名字改为“根画面”。双击打开该画面，开始进行画面绘制。完成组态的画面如图 5.1.11 所示。

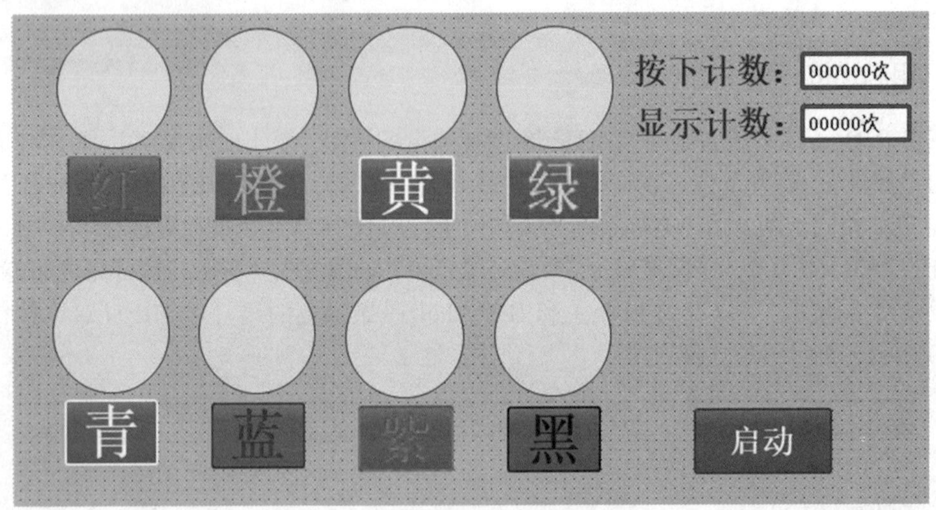

图 5.1.11　完成组态的画面

1）生成和组态指示灯

将工具箱的“基本对象”窗格中的“圆”拖曳到画面中合适的位置。双击圆或者选择圆的右键菜单中的“属性”，打开下方巡视窗口，选中“属性→属性→布局”，可以在窗口中修改该圆在画面中的具体位置以及半径，如图 5.1.12 所示。

打开巡视窗口的“属性→动画→显示”，单击“外观”右侧的添加新动画按钮，进行外观的动画组态，如图 5.1.13 所示。变量对话框中的名称右边的按钮，用于选择已经

使用过的变量，按钮用于选择用于动画的变量。单击按钮，在新弹出的对话框中选择中“Q0.0”变量所处的位置，单击按钮确定变量设置，如图 5.1.14 所示。

变量选择的另一种方法：在浏览树中，找到中“Q0.0”变量所处的位置，将其拖曳到名称框中。

按住 Ctrl 键，用鼠标拖曳出其余的 7 盏指示灯，用相同的方法设置各盏灯连接的变量，同时设置好每盏灯的颜色，此处不再赘述。指示灯组态好的画面如图 5.1.15 所示。

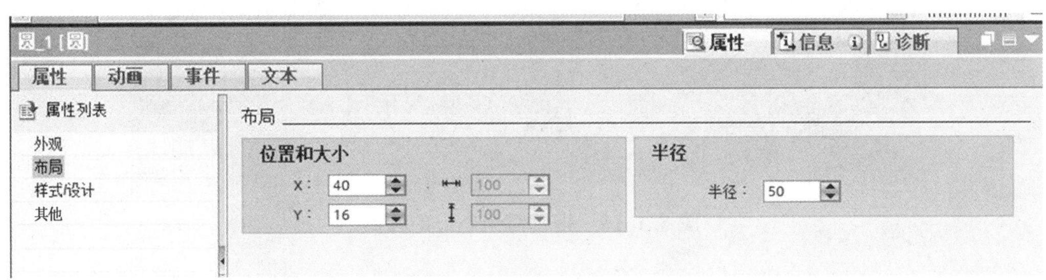

图 5.1.12　组态指示灯的布局属性

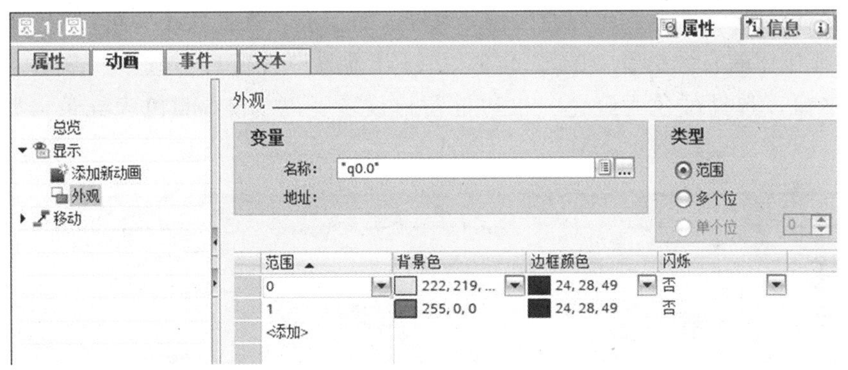

图 5.1.13　组态指示灯的动画

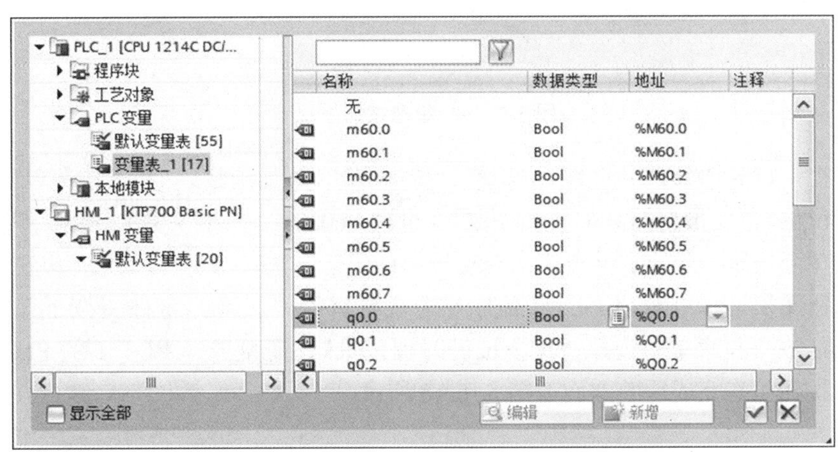

图 5.1.14　变量选择对话框

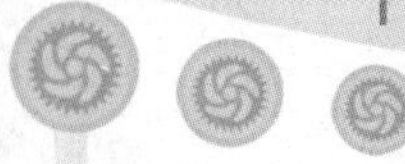

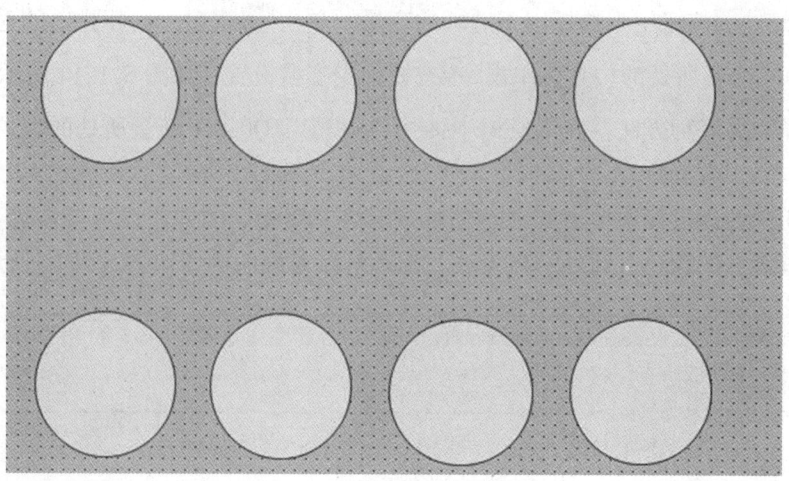

图 5.1.15　指示灯组态好的画面

2）生成和组态按钮

将工具箱的“元素”窗格中的“按钮” 拖曳到画面中合适的位置，此时，按钮中间文本为蓝色被选中状态，可以直接输入文字：红，若不在此状态，可以双击按钮进行文字编辑。选择按钮的右键菜单中的“属性”，打开下方巡视窗口，选中“属性→属性→外观”，在文本窗口选择颜色为红色，在边框窗口设置宽度为 2，颜色为红色，如图 5.1.16 所示。

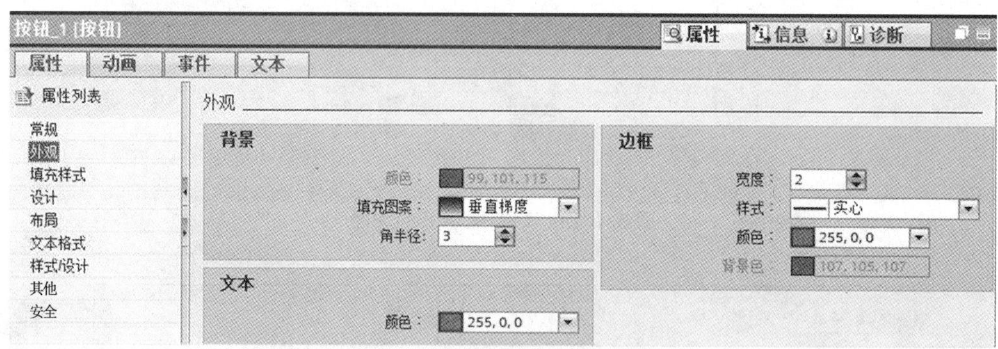

图 5.1.16　组态按钮外观

打开巡视窗口的“属性→事件→按下”，单击右侧<添加函数>，在下拉菜单中选择“按下按键时置位位”，变量选择 PLC_1 的 PLC 变量“m60.0”，如图 5.1.17 所示。以相同的方法组态其余 7 个按钮，此处不再赘述。启动按钮的组态方法较指示灯的按钮组态方法更为简单，启动按钮无须进行外观组态，仅需打开巡视窗口的“属性→事件→按下”，单击右侧<添加函数>，在下拉菜单中选择“按下按键时置位位”，变量选择 PLC_1 的 PLC 变量“启动”即可。按钮组态完成后的画面如图 5.1.18 所示。

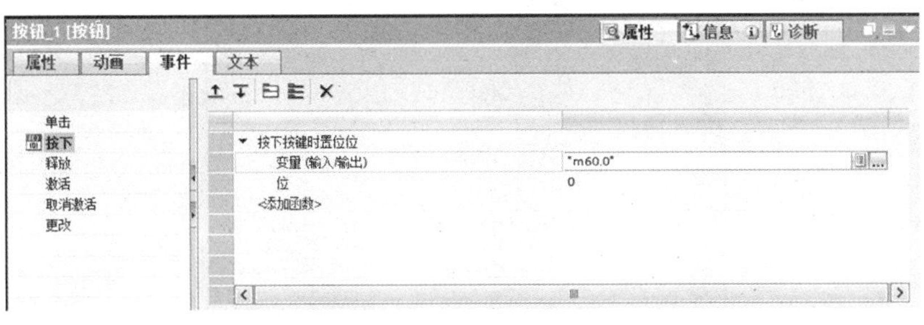

图 5.1.17　组态按钮的事件

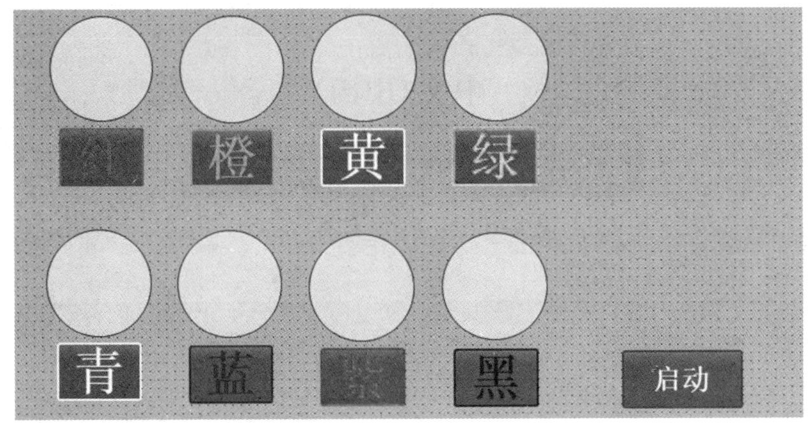

图 5.1.18　按钮组态完成后的画面

3）生成和组态文本域

将工具箱的“基本对象”窗格中的“文本域” A，拖曳到画面中合适的位置，此时，文本为蓝色被选中状态，可以直接输入文字：“按下计数：”，若不在此状态，可以双击文本域进行文字编辑。选择文本域的右键菜单中的“属性”，打开下方巡视窗口，选中“属性→属性→文本格式”，单击格式窗口中字体右侧的...按钮，进行字体、字形和大小的选择，如图 5.1.19 所示。以相同的方法组态文本域：“显示计数：”。

4）生成和组态 I/O 域

将工具箱的“元素”窗格中的“I/O 域” 0.12，拖曳到画面中合适的位置，双击 I/O 域或选择 I/O 域的右键菜单中的“属性”，打开下方巡视窗口，选中“属性→属性→文本格式”，单击格式窗口中字体右侧的...按钮，进行字体、字形和大小的选择。

打开巡视窗口的“属性→动画→变量连接”，单击“变量连接”右侧的添加新变量连接，进行变量连接的过程组态，如图 5.1.20 所示。过程对话框中的变量设置为“索引 1”，单击✔按钮确定变量设置。以相同方法组态 I/O 域，过程对话框中的变量设置为“索引 2”。

完成后的画面如图 5.1.11 所示。

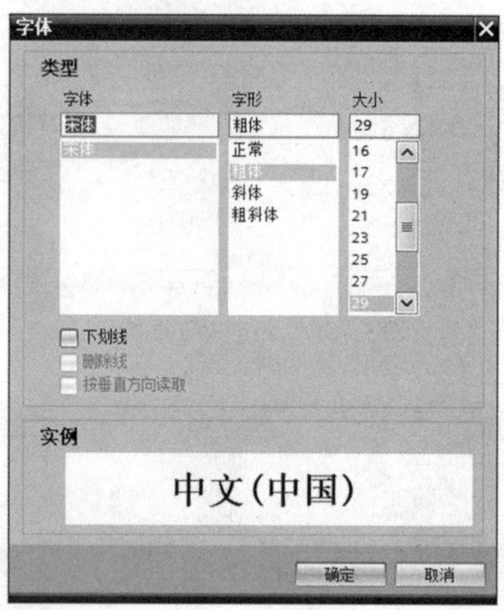

图 5.1.19　字体选择对话框

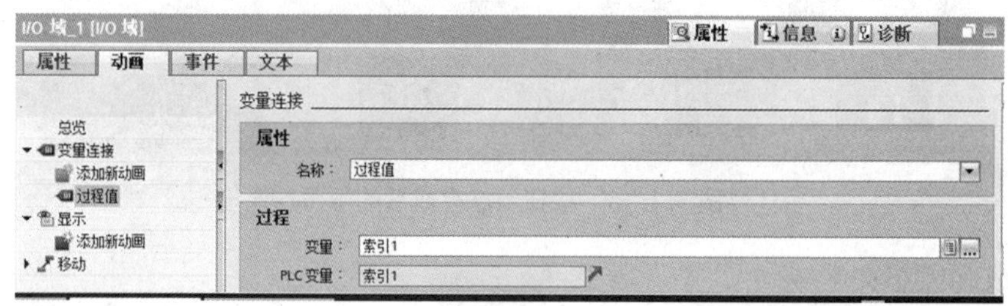

图 5.1.20　组态 I/O 域变量连接

10. 调试程序

将 PLC_1 和 HMI_1 软硬件组态下载到 CPU 和 HMI 中，用以太网电缆连接 CPU 和 HMI 的以太网接口。随机按下触摸屏上的指示灯，可以看到按下计数框正在计数，单击启动按钮后，指示灯按照按下的顺序依次点亮，可以看到显示计数框正在计数，显示结束后全部熄灭。若上述调试现象与控制要求一致，则说明本任务控制要求实现。

任务拓展

结合触摸屏和 PLC 实现某路口交通信号灯的控制：

信号灯受一个启动开关 K1 控制，当启动开关接通时，信号灯系统开始工作，且先南北红灯亮，后东西绿灯亮。当启动开关断开时，所有信号灯都熄灭。

南北红灯亮维持 10 s，南北红灯亮的同时东西绿灯也亮，并维持 5 s。到 5 s 时，东西绿灯闪亮，闪亮 3 次后熄灭。在东西绿灯熄灭时，东西黄灯亮，并维持 2 s。到 2 s 时，东西黄灯熄灭，东西红灯亮，同时，南北红灯熄灭，绿灯亮。

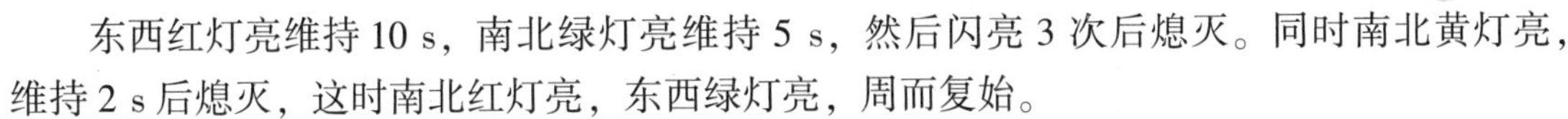

东西红灯亮维持 10 s，南北绿灯亮维持 5 s，然后闪亮 3 次后熄灭。同时南北黄灯亮，维持 2 s 后熄灭，这时南北红灯亮，东西绿灯亮，周而复始。

要求画面中有按钮、指示灯以及计时显示窗口。

结合触摸屏和 PLC 实现一个五组抢答的控制，有 5 组抢答席和 1 个主持人席，每组抢答席都有一个抢答按钮。要求参赛者在允许抢答时，按下 5 个抢答按钮 SB1～SB5 中的任意一个按钮后，显示器能及时显示该组的编号，并使蜂鸣器发出声响，蜂鸣器响 2 s 后停止，显示出抢答的组号同时锁住抢答器，其他各组按键无效，直至主持人按下复位按钮 SB6 才能进入下一轮抢答。

任务 5.2　电动机参数面板的设计

任务目标

1. 掌握数据类型 UDT 的定义及使用方法。
2. 熟练掌握 HMI 内常用控件的组态方法。

任务描述

数据运算逻辑在自动控制系统中随处可见，我们常见的二进制与或非运算，实际上也是一种数据运算。S7-1200 支持多种数据类型，包括位、位序列、整数、浮点数、日期时间，字符也属于基本数据类型。除了基本数据类型外，用户自定义数据类型 UDT 也是应用十分广泛，尤其是工程设计中面对同一类设备控制逻辑涉及多次调用的情况，定义一个 UDT 数据类型，那么重复的设备均可使用此 UDT。

某写字楼有多套排污系统，其中一套系统是由两台 137 kW 的渣浆泵组成的，渣浆泵通过三相异步电动机驱动，电动机由一次回路中的软启动器进行启动-停止保护，如图 5.2.1 所示。电动机的功率（INT）、电压（INT）、电流（INT）、运行状态（bit）已经通过 Modbus_RTU 协议传输至现有的 S7-1200 内，在已有的 S7-1200 内编写出计算两台电动机功率因数的程序，并在 HMI 显示出以上电动机的各类参数信息。

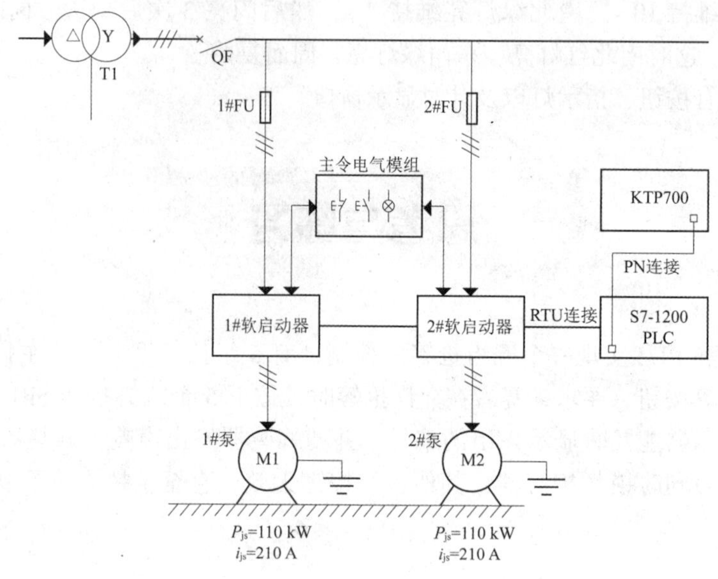

图 5.2.1　水处理装备电气系统图

基本知识

5.2.1　S7-1200 的两种特殊类别的数据类型

复杂数据类型

1. 系统数据类型（SDT）

SDT 由系统提供具有预定义的结构，结构由固定数目的具有各种数据类型的元素构成，不能更改该结构。系统数据类型只能用于特定指令，可以在 DB 块、OB/FC/FB 接口区使用。表 5.2.1 所示为定时器和计数器的 SDT 对比。

表 5.2.1　定时器和计数器的 SDT 对比

系统数据类型	长度字节	结构类别	适用范围
IEC_TIMER	16	定时器结构	此数据类型可用于“TP”“TOF”“TON”“TONR”“RT”和“PT”指令
IEC_COUNTER	6	整型计数器结构	此数据类型用于“CTU”“CTD”和“CTUD”指令

对于定时器或者计数器而言，创建 SDT 型 DB 具有多种方法，最简单的一种是在调用时自动生成对应的 DB。当然还可以通过项目树的“添加新块”来生成对应的 DB，如图 5.2.2 所示。

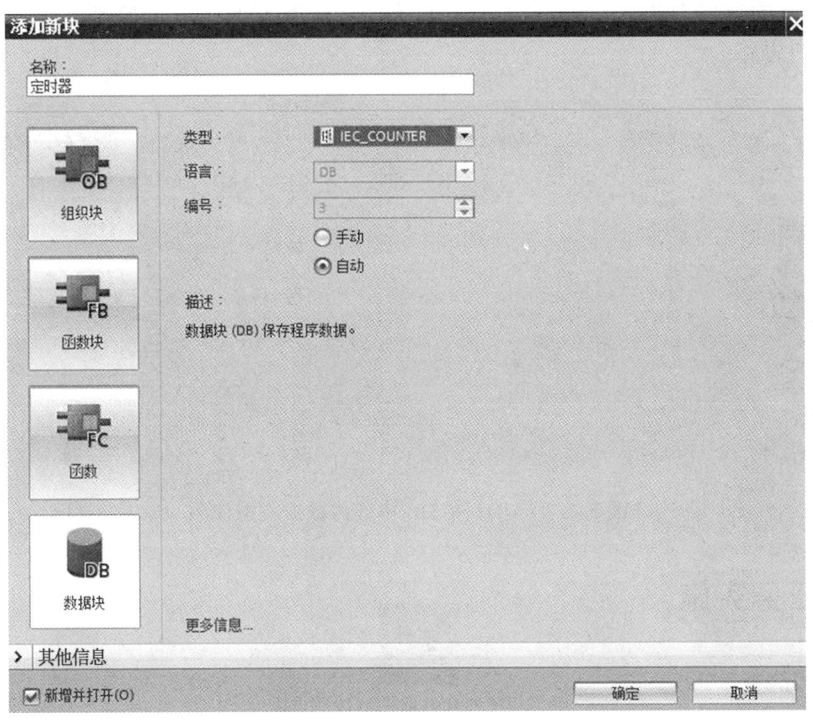

图 5.2.2　建立 SDT 类型 DB

2. PLC 数据类型（UDT）

自 TIA 版本 V11.0 以后，S7-1200 支持 UDT，UDT 是一种复杂的用户自定义数据类型，可以视为 Struct（结构变量）的升级版，用于声明变量，可以在程序中多次调用。UDT 是一种由多个不同数据类型元素组成的数据结构。各元素可以是 PLC 的基本数据类型，也可以是 Struct、数组或者其他 UDT 等。需要注意的是，UDT 的嵌套深度限制是 8 级。在项目树的“PLC 数据类型”一栏可以创建 UDT，如图 5.2.3 所示。

Meter

	名称	数据类型	默认值	可从 HMI/...	从 H...	在 HMI ...	设定值	注释
1	OSL	Real	0.0	☑	☑	☑	☐	输出下限
2	OSH	Real	0.0	☑	☑	☑	☐	输出上限
3	ISL	Int	0	☑	☑	☑	☐	标定输入下限
4	ISH	Int	0	☑	☑	☑	☐	标定输入上限
5	HAlarm	Real	0.0	☑	☑	☑	☐	上限报警阈值
6	LAlarm	Real	0.0	☑	☑	☑	☐	下限报警阈值
7	PV	Int	0	☑	☑	☑	☐	待变换输入值
8	HA_Out	Bool	false	☑	☑	☑	☐	上限报警输出
9	LA_Out	Bool	false	☑	☑	☑	☐	下限报警输出

图 5.2.3　在项目树内创建 UDT

创建完 UDT 后，即可调用。有两种方法调用 UDT，方法一是在创建 DB 块时直接选择所定义的 UDT 数据类型，但该方法创建的 DB 块只包含有一个 UDT 类型的变量；方法二是在程序设计中将创建的 UDT 直接当作一种数据类型使用。

如图 5.2.4 所示，预定义一个“Meter”样式的 UDT 后，创建变量时选择数据类型为

“Meter”，即可创建以对象为目的的变量，此方法极大地方便了程序管理，同时也符合标准化程序设计的思路。

Processing_Meter

	名称	数据类型	起始值	保持	可从 HMI/...	从 H...	在 HMI ...	设定值	注释
1	▼ Static			☐	☐	☐	☐	☐	
2	▼ FIT01	"Meter"		☐	☑	☑	☑	☐	
3	OSL	Real	0.0	☐	☑	☑	☑	☐	输出下限
4	OSH	Real	0.0	☐	☑	☑	☑	☐	输出上限
5	ISL	Int	0	☐	☑	☑	☑	☐	标定输入下限
6	ISH	Int	0	☐	☑	☑	☑	☐	标定输入上限
7	HAlarm	Real	0.0	☐	☑	☑	☑	☐	上限报警阈值
8	LAlarm	Real	0.0	☐	☑	☑	☑	☐	下限报警阈值
9	PV	Int	0	☐	☑	☑	☑	☐	待变换输入值
10	HA_Out	Bool	false	☐	☑	☑	☑	☐	上限报警输出
11	LA_Out	Bool	false	☐	☑	☑	☑	☐	下限报警输出
12	▶ FIT02	"Meter"		☐	☑	☑	☑	☑	
13	▶ PIC01	"Meter"		☐	☑	☑	☑	☑	
14	▶ PIC02	"Meter"		☐	☑	☑	☑	☑	

图 5.2.4　UDT 在 DB 中作为数据类型使用

任务实施

基于 UDT 的 HMI 数据监视界面设计

1. 任务说明

根据图 5.2.5 以及背景描述可知，本系统的动力及 S7-1200 控制部分均已存在，只需要对电动机部分运行参数进行可视化处理。

1）数据转化以及功率因数计算

S7-1200 通过 Modbus_RTU 读取得到的数据是整数（功率、电压、电流），并且数据都在真实数据的基础上扩大了 10 倍，比如实际电压为 381 V，那么读取到的数据为 3 810（整数）。将这些数据转化为浮点数并据此计算实际功率因数。

2）HMI 数据可视化

显示要求为，功率（real，单位：kW）、电压（real，单位：V）、电流（A）、运行状态（bit）、功率因数需要显示在触摸屏上，并且需要建立一个趋势视图，以观察电动机的实时电流值。

2. I/O 分析

由于本次系统并没有涉及外围 I/O，故不做 I/O 分析。

3. 自动化系统核心器件选型

1）PLC 选型

原系统已有 S7-1200，且型号为 CPU 1214 DC/DC/DC。

2）HMI 选型

由于本系统只是单纯的数据监视，故选择常规的 KTP700 即可。

4. 电气原理图（HMI 供电系统）设计

HMI 供电原理图如图 5.2.5 所示。

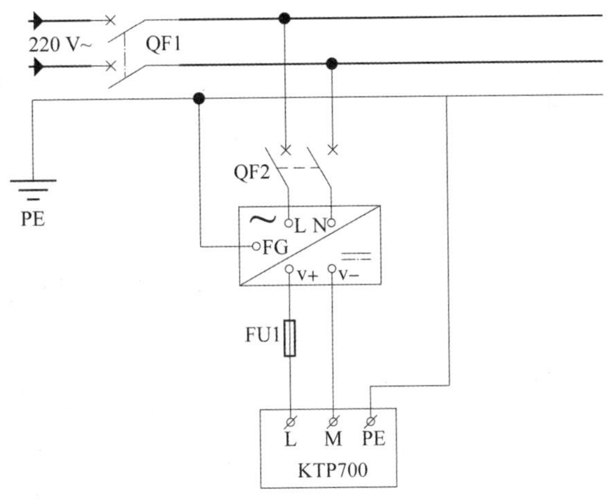

图 5.2.5　HMI 供电原理图

5. PLC 及 HMI 组态

1）控制系统硬件组态

监测系统网络拓扑图如图 5.2.6 所示。

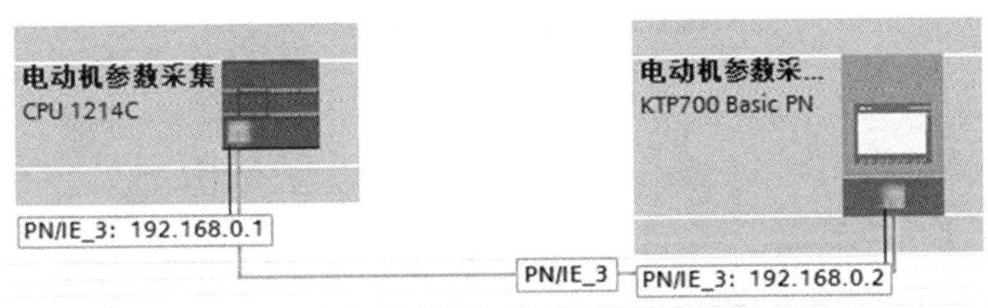

图 5.2.6　监测系统网络拓扑图

2）PLC 及 HMI 变量定义

（1）首先在 TIA 的项目树的“PLC 数据类型”里面添加一个 UDT，命名为“MOTOR”，如图 5.2.7 所示。

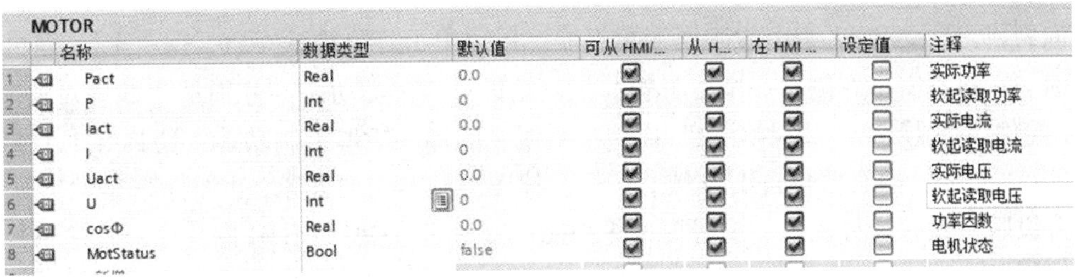

MOTOR

	名称	数据类型	默认值	可从 HMI/...	从 H...	在 HMI ...	设定值	注释
1	Pact	Real	0.0	☑	☑	☑	☐	实际功率
2	P	Int	0	☑	☑	☑	☐	软起读取功率
3	Iact	Real	0.0	☑	☑	☑	☐	实际电流
4	I	Int	0	☑	☑	☑	☐	软起读取电流
5	Uact	Real	0.0	☑	☑	☑	☐	实际电压
6	U	Int	0	☑	☑	☑	☐	软起读取电压
7	cosΦ	Real	0.0	☑	☑	☑	☐	功率因数
8	MotStatus	Bool	false	☑	☑	☑	☐	电机状态

图 5.2.7　UDT 定义

（2）新建一个 DB 块，命名为“MotData”，内部新建两个变量，数据类型选择“MOTOR”，如图 5.2.8 所示。

MotData

	名称	数据类型	起始值	保持	可从 HMI/...	从 H...	在 HMI ...	设定值	注释
1	▼ Static			☐	☐	☐	☐	☐	
2	▸ 1#Pump	"MOTOR"		☐	☑	☑	☑	☐	
3	▼ 2#Pump	"MOTOR"		☐	☑	☑	☑	☑	
4	Pact	Real	0.0	☐	☑	☑	☑	☐	实际功率
5	P	Int	0	☐	☑	☑	☑	☐	软起读取功率
6	Iact	Real	0.0	☐	☑	☑	☑	☐	实际电流
7	I	Int	0	☐	☑	☑	☑	☐	软起读取电流
8	Uact	Real	0.0	☐	☑	☑	☑	☐	实际电压
9	U	Int	0	☐	☑	☑	☑	☐	软起读取电压
10	cosΦ	Real	0.0	☐	☑	☑	☑	☐	功率因数
11	MotStatus	Bool	false	☐	☑	☑	☑	☐	电机状态

图 5.2.8　数据块变量定义

（3）选取并复制 DB 块内的“1#Pump”“2#Pump”两个变量，进入 HMI 的项目树，如图 5.2.9 所示，在“HMI 变量”内打开“显示所有变量”。进入 HMI 的变量表后，粘贴刚刚复制的“1#Pump”“2#Pump”两个变量，如图 5.2.10 所示。

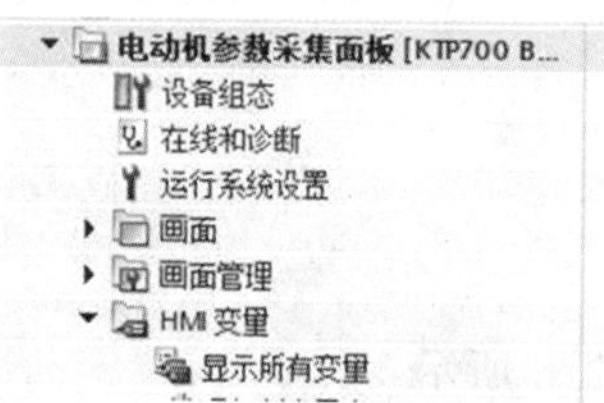

图 5.2.9　找到 HMI 的变量表

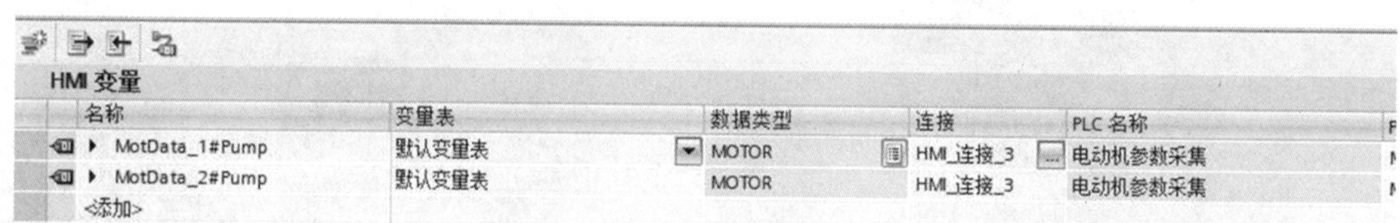

HMI 变量

名称	变量表	数据类型	连接	PLC 名称
▸ MotData_1#Pump	默认变量表	MOTOR	HMI_连接_3	电动机参数采集
▸ MotData_2#Pump	默认变量表	MOTOR	HMI_连接_3	电动机参数采集
<添加>				

图 5.2.10　粘贴变量

6. HMI 画面创建与组态

（1）在 KTP700 HMI 的项目树内单击 ▸ 画面 图标后，再次单击 添加新画面 来进行新画面创建。图 5.2.11 所示为画面编辑界面。鼠标单击 画面_1 后，按下 F2，即可重命名画面。在组态窗口右侧有一个工具箱，工具箱设有四大类功能，分别是“基本对象”“元素”“控件”“图形”。“基本对象”内包括直线、圆形、矩形绘制功能，还具有 TxT 文本域的功能；“元素”内主要包含 I/O 域、按钮、棒图等基本构建元素；“控件”是“元素”功能的升级版，具有趋势视图、报警窗口等功能；“图形”主要是 HMI 图片库，常常用于流程图的绘制。

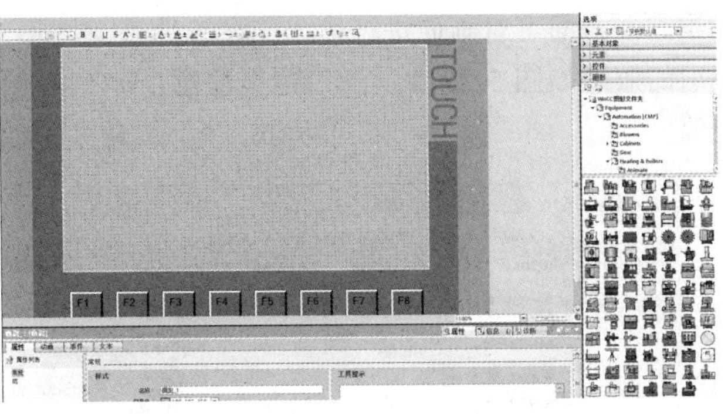

图 5.2.11　HMI 画面编辑窗口

（2）HMI 界面组态。

①在组态界面右侧的工具箱内选择“基本对象”，在“基本对象”内选择 A 这个图标，此图标即为 TxT 文本域，拖动此图标至 HMI 界面内。双击此文本域，即可编辑相应文本内容。

②在“元素”内调用 I/O 域，进入 I/O 域的属性界面，在过程变量处链接 HMI 变量表内的变量，需要注意的是，由于我们采用的是 UDT 样式的结构变量，那么 I/O 域链接变量名称需要以“.”的形式进行寻址，如图 5.2.12 所示。比如“MotData_1#Pump”是一台泵的结构变量，内部关联若干子变量，需要链接实际功率值“Pact”，那么我们需要按照“MotData_1#Pump. Pact”的名称填入 I/O 域。

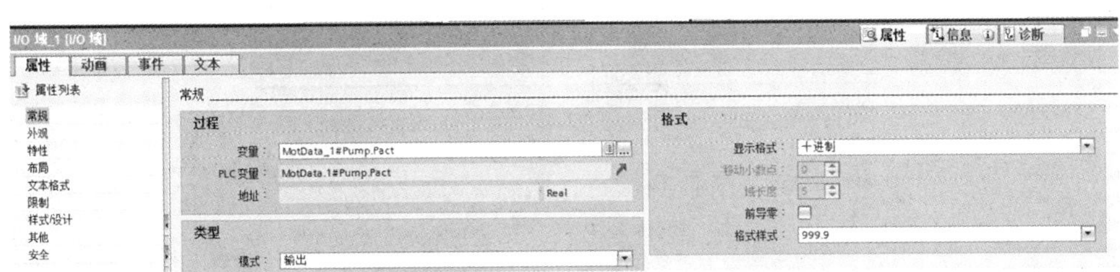

图 5.2.12　结构变量样式的寻址

在 I/O 域的属性列表内选择“外观”，在“外观”的界面内文本一项中可设置 I/O 域的显示单位。以功率为例，显示单位是 kW，按照类似的方法对其他所有变量进行组态，如图 5.2.13 所示。

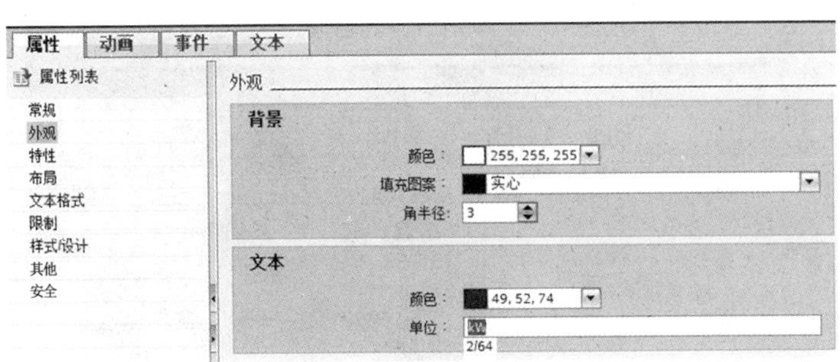

图 5.2.13　I/O 域的单位

③完成 I/O 域的组态后，即可对画面进行优化，在工具箱“图形”中选择合适的图片进行界面布局，完成后的效果如图 5. 2. 14 所示，这里注意，I/O 域和文本域的颜色均可以通过其属性配置来更改。

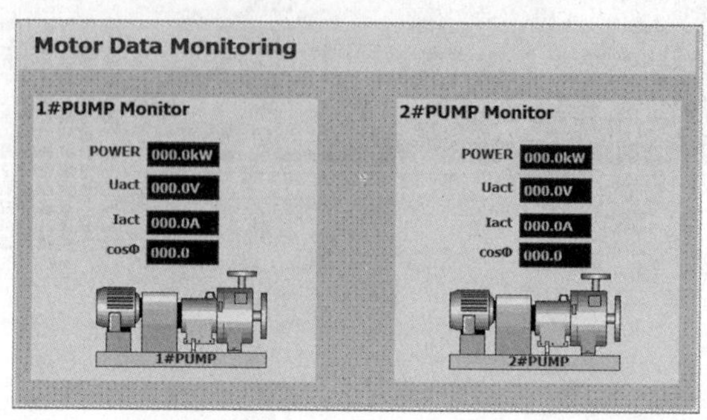

图 5. 2. 14　I/O 域组态后的界面

④完成上述步骤后，电动机功率、电压、电流、功率因数的显示就全部组态完毕。电动机的运行状态我们使用改变图形填充颜色的方式来表达。鼠标进入“1#PUMP”的图片属性内，在图形属性内进入“外观”这一栏，在背景中将“填充图案”这一项改成“实心”，如图 5. 2. 15 所示。

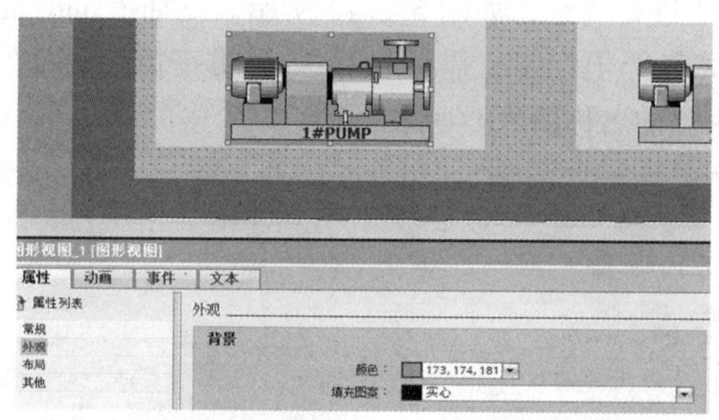

图 5. 2. 15　图形填充属性修改

之后在图形视图界面内单击 **动画** 图标，进入图形的动画编辑界面，单击 **显示** 图标后出现“添加新动画”这一选项，如图 5. 2. 16 所示，选择“外观”。进入“外观”后，按照图 5. 2. 17 所示对图形外观进行设置。对于“2#PUMP”的图形，按照相同的设置方法进行设置即可。

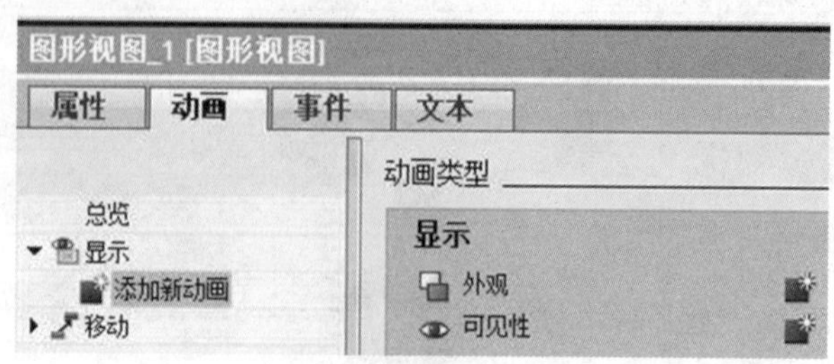

图 5. 2. 16　图形外观动态化

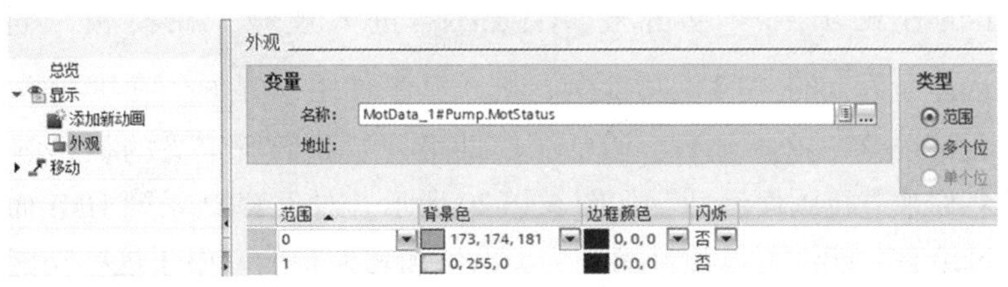

图 5.2.17 设置图形背景色

⑤完成上述步骤后，为 HMI 再建立一个新画面，命名为“Trend”，此画面用于创建趋势视图。进入该组态界面后，在右侧工具箱内选择“控件”这一栏，将图标拖曳至空白画面内，为了数据趋势观察清楚，可将趋势视图拖曳至满屏幕，进入趋势视图的属性界面，在属性列表内进入“左侧值轴”，将变量显示范围修改成自动调整大小，如图 5.2.18 所示，利用相同的方法也将“右侧值轴”数值范围修改成自动调整大小。

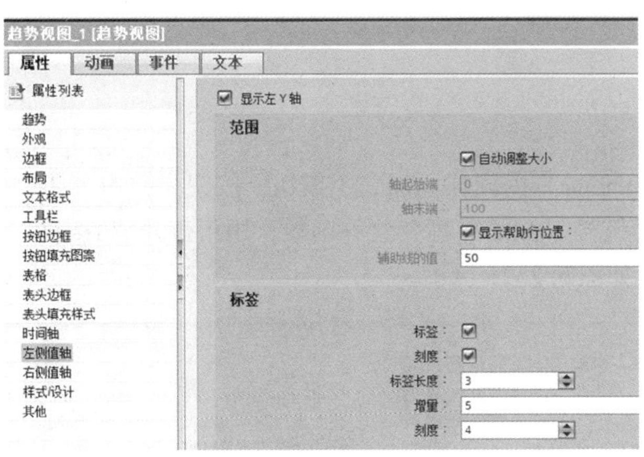

图 5.2.18 更改趋势视图量程

在趋势视图的属性列表中，进入“趋势”一栏，添加新趋势，然后在“源设置”内链接两台电动机的实时电流变量，由于 HMI 链接的是结构变量，所以在“源设置”内填写变量名称时，依旧需要使用“.”进行寻址，以“1#PUMP”为例，“源设置”应当填写“MotData_1#Pump.Iact”，如图 5.2.19 所示。为提高趋势视图曲线辨识度，可以在“样式”内改变曲线参数，比如曲线显示类型或者曲线颜色。需要注意的是，由于 HMI 没有增加 SD 卡，所以趋势视图所记录的曲线全部来源于 RAM，这意味着曲线在 HMI 断电后会丢失之前所记录的数据。

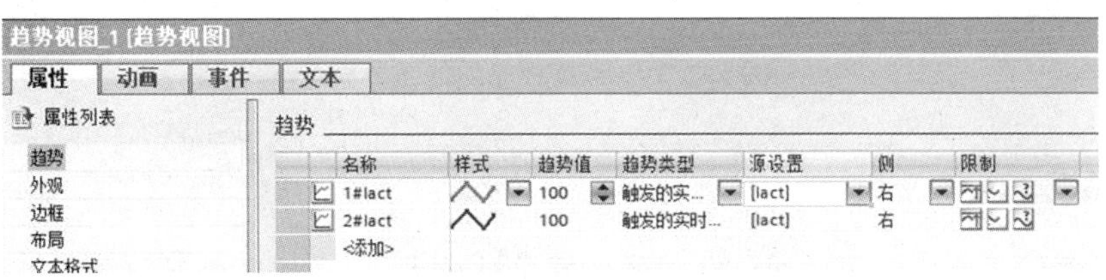

图 5.2.19 趋势视图组态

⑥在 HMI 的左侧项目树单击 ▼ 画面管理 进入模板，在模板中进入全局画面 全局画面，选择面板上的“F1”功能键，进入其事件组态界面，在键盘按的函数链接区域为之链接“激活屏幕”这一函数，激活画面即最开始我们所定义的初始画面，这里需要通过填入画面名称来进行画面激活，如图 5.2.20 所示。对于 KTP 系列 HMI 而言，都具有若干功能键，通过组态功能键可以设计出更为灵活画面切换功能。由于这些功能按键均为全局组态类型，意味着需要在“全局画面”内进行功能组态。

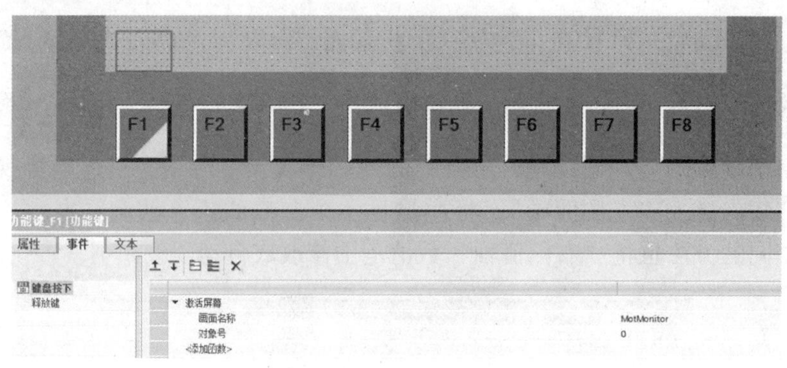

图 5.2.20　组态功能键

在主界面“MotMonitor”内同样添加一个按钮，按钮名称命名为“Trend”，同样在该按钮的“按下”事件处链接“激活屏幕”这一函数，用于打开“Trend”画面。完成以上诸步骤后，最终的主界面如图 5.2.21 所示。

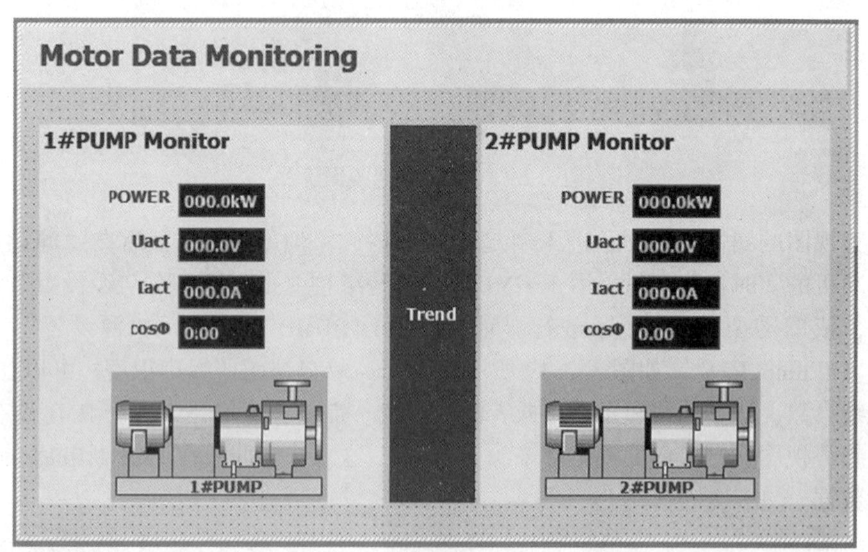

图 5.2.21　最终组态后的主界面

7. 程序编写

(1) 根据任务背景，通过通信获得的数据是被放大了 10 倍的整数，要对其进行数据处

理，我们首先对其进行数据转化为浮点数，然后使用除法指令对数据进行缩放。图 5. 2. 22 所示为 1#PUMP 的转化程序，2#PUMP 程序与之类似，这里不再赘述。

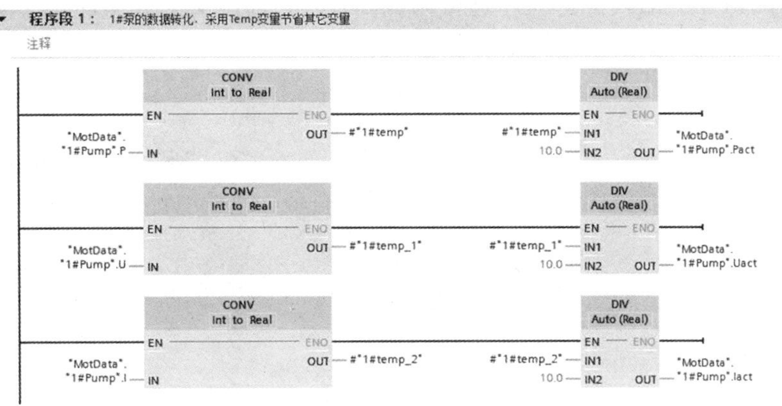

图 5. 2. 22　1#PUMP 的输出转化程序

（2）功率因数的计算使用“CALCULATE”指令，根据下列公式进行计算：

$$\cos\phi = \frac{1\ 000 \times P_{act}}{\sqrt{3}\,U_{act} I_{act}}$$

式中：

$\cos\phi$——功率因数，1（单位为 1）；

P_{act}——实际功率，kW（千瓦）；

U_{act}——实际线电压，V（伏）；

I_{act}——实际线电流，A（安培）。

功率因数的计算如图 5. 2. 23 所示。

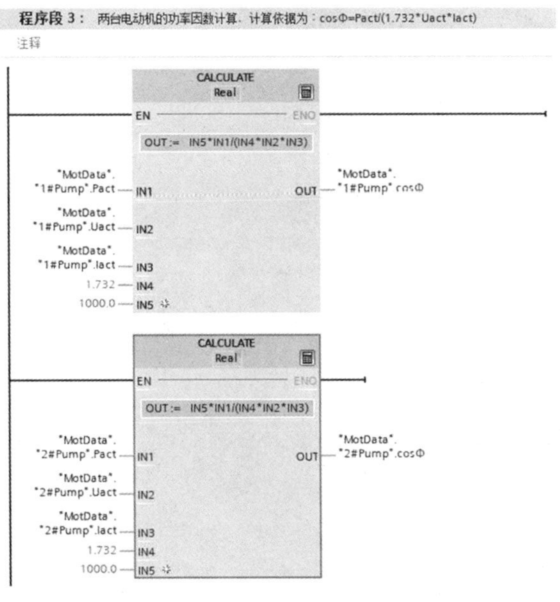

图 5. 2. 23　功率因数的计算

8. 调试效果

（1）启用 TIA 的仿真功能对程序进行调试，打开之前定义的数据块，手动给软启动器读取的参数输入数据，比如“软起输入电压”输入 3 900。数据仿真如图 5.2.24 所示。

MotData

	名称	数据类型	起始值	监视值	保持	可从 HMI/...	从 H...	在 HMI ...	设定值	注释
1	▼ Static				☐	☐	☐	☐	☐	
2	▼ 1#Pump	"MOTOR"			■	■	■	■	■	
3	Pact	Real	0.0	95.0	☐	☑	☑	☑	☐	实际功率
4	P	Int	0	950	☐	☑	☑	☑	☐	软起读取功率
5	Iact	Real	0.0	167.0	☐	☑	☑	☑	☐	实际电流
6	I	Int	0	1670	☐	☑	☑	☑	☐	软起读取电流
7	Uact	Real	0.0	390.0	☐	☑	☑	☑	☐	实际电压
8	U	Int	0	3900	☐	☑	☑	☑	☐	软起读取电压
9	cosΦ	Real	0.0	0.8421601	☐	☑	☑	☑	☐	功率因数
10	MotStatus	Bool	false	FALSE	☐	☑	☑	☑	☐	电机状态
11	▼ 2#Pump	"MOTOR"			■	■	■	■	■	
12	Pact	Real	0.0	101.0	☐	☑	☑	☑	☐	实际功率
13	P	Int	0	1010	☐	☑	☑	☑	☐	软起读取功率
14	Iact	Real	0.0	179.0	☐	☑	☑	☑	☐	实际电流
15	I	Int	0	1790	☐	☑	☑	☑	☐	软起读取电流
16	Uact	Real	0.0	381.0	☐	☑	☑	☑	☐	实际电压
17	U	Int	0	3810	☐	☑	☑	☑	☐	软起读取电压
18	cosΦ	Real	0.0	0.8550578	☐	☑	☑	☑	☐	功率因数
19	MotStatus	Bool	false	FALSE	☐	☑	☑	☑	☐	电机状态

图 5.2.24　数据仿真

（2）手动为 DB 块变量输入参数后，在程序监控内即可观察到电动机功率因数的运算结果，如图 5.2.25 所示。

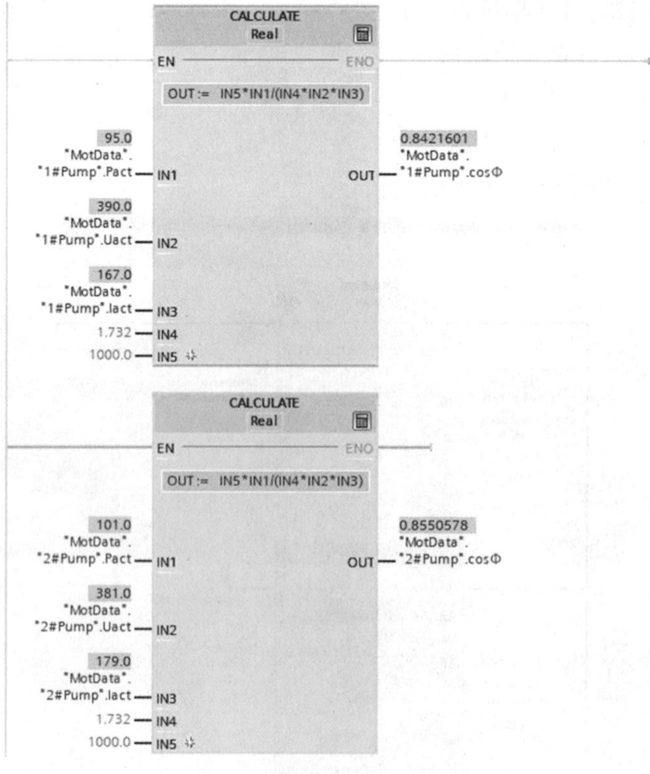

图 5.5.25　电动机功率因数计算

（3）在 HMI 组态界面单击即可启动 HMI 仿真，以下为 HMI 主界面的仿真结果，注意，电动机状态需要在 DB 块内将相应的电动机状态字置为 1 后才可以改变图片背景颜色，切换至“Trend”页面可以看到趋势视图记录电动机电流值，如图 5.2.26 和图 5.2.27 所示。

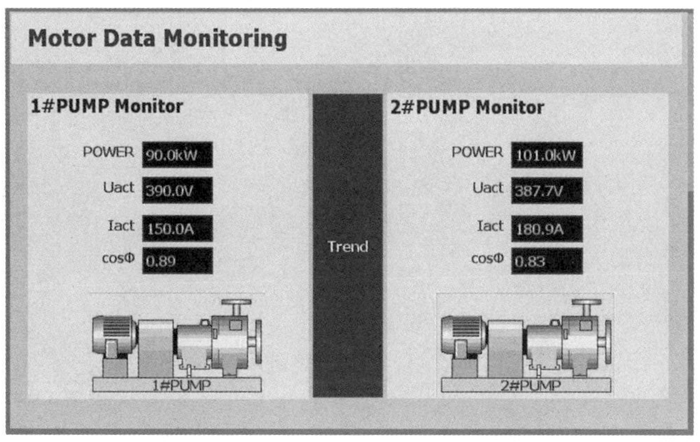

图 5.2.26　HMI 主界面运行结果

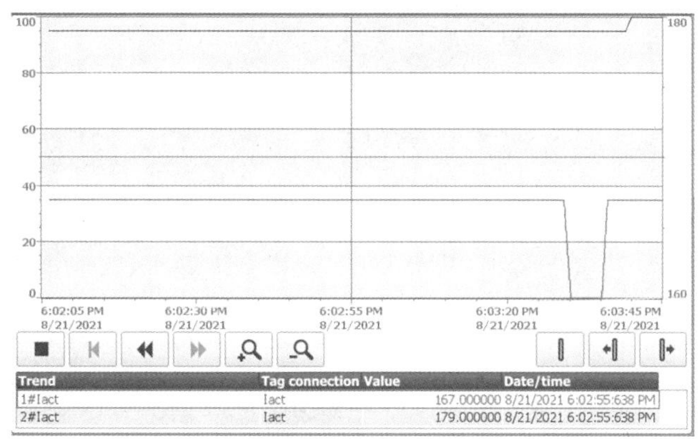

图 5.2.27　趋势视图记录电动机电流值

任务拓展

在主界面内增加 I/O 域，要求计算并显示电动机消耗的电能。

思考与练习

1. UDT 的嵌套深度限制是________级。

2. 对于包含数据乘除处理算法中，应当先做________（选填：乘法、除法）计算，再做________（选填：乘法、除法）计算。

3. 利用“CALCULATE”指令计算 $f(5)=3.14^{\sqrt{x+6.28}}$ 的值。

项目六 运动控制系统

任务 6.1　高速计数器

任务目标

1. 掌握编码器的基本原理。
2. 掌握 TIA 博途内关于高速计数器的组态方法。

任务描述

在运动控制系统中，主要使用电动机来对执行机构进行传动，比如工业机械臂的各个关节使用伺服电动机来进行传动，传送带使用三相异步电动机进行传动等。有时候为了建立起闭环运动控制系统，可以使用编码器作为运动控制系统中的检测装置。一般来说，编码器可以选择直接测量电动机转速，也可以使用编码器测量辊子转速，但不论以何种方式测量，都可根据机械传动系统的传动比由一处速度而推导出其他传动部分的速度。工业实际应用中，编码器常常被用于定位控制。

某饲料加工厂现有一套采用异步电动机传动的输送皮带，由于皮带在运行过程中没有显示输送速度，导致操作工人无法及时供给生产原料给传送带，现对其进行整改，增加编码器，要求可以在触摸屏上显示皮带辊轴转速（r/min），皮带系统的架构如图 6.1.1 所示。

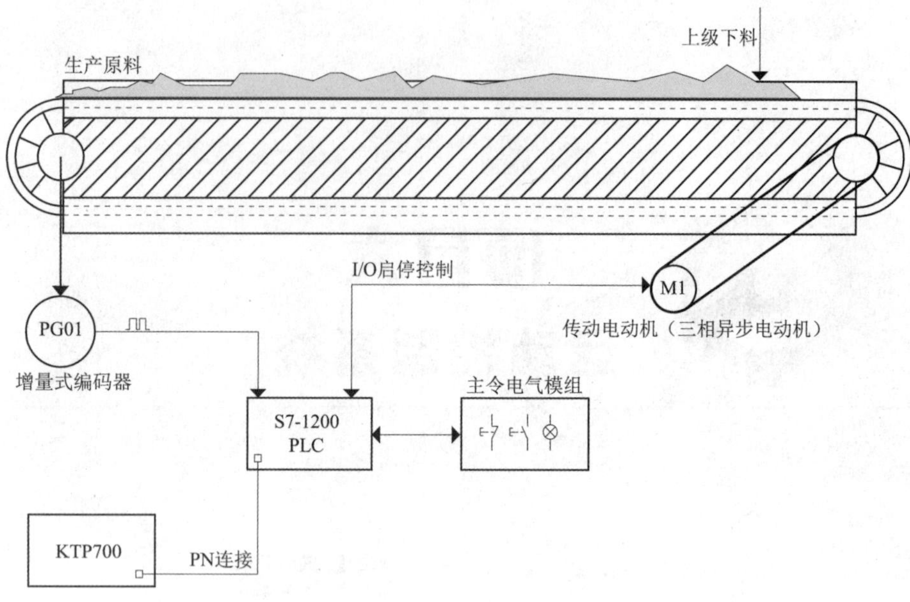

图 6.1.1　皮带系统架构

基本知识

6.1.1　编码器的主要作用及其分类

编码器与运动控制系统（上）

1. 编码器（Encoder）的主要用途

构建闭环运动控制系统时，常常会选用编码器作为传动系统的检测元件。编码器是一种精密的旋转式传感器，可以将位移（或旋转）信号转换成一串数字脉冲信号，通过处理这些脉冲，可以得到执行机构的运动速度、角位移或直线位移。作为一种成熟的产品，生产厂家数不胜数，例如：欧姆龙（日本）、P+F（德国）、光洋（日本）等。电梯传动系统、机床传动系统中可以经常看到编码器的身影。图 6.1.2 所示为一种轴套式编码器。

图 6.1.2　一种轴套式编码器

2. 编码器的分类

编码器的品种众多，一般可以按照三个方面划分，即从安装方式、脉冲类型、检测原理这三个大方面对其进行分类，如图 6.1.3 所示。

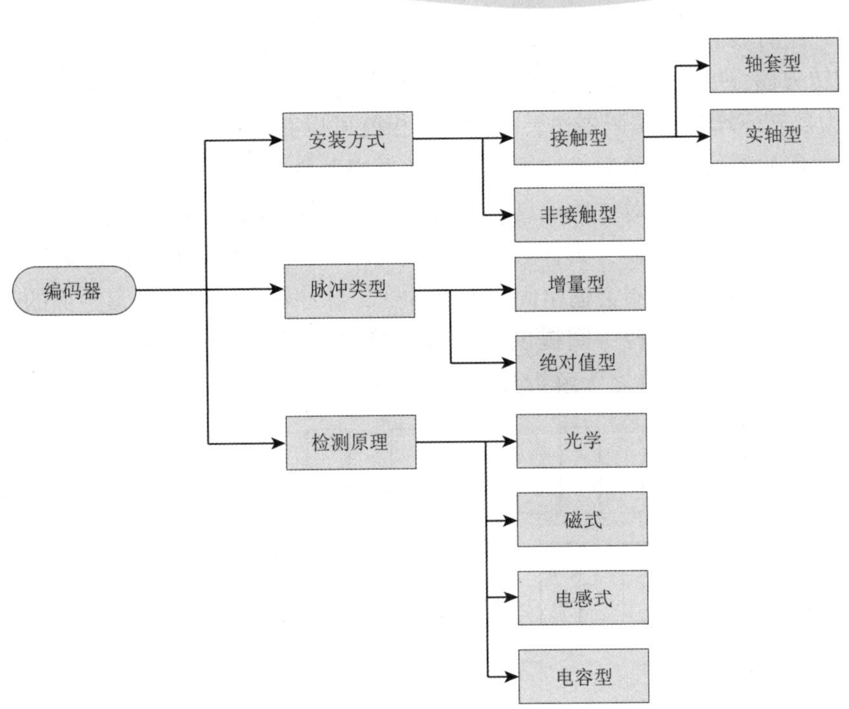

图 6.1.3　编码器的分类

6.1.2　光增量式编码器的基本工作原理

1. 工作原理

编码器的品种分类众多，其中增量式编码器是每转过单位的角度就发出一个脉冲信号。光电增量式编码器的测量原理是基于光电转化的，在这种编码器内部有一组光源，编码器轴旋转会带动内部码盘旋转，光源经过码盘时会形成若干光脉冲序列，再经过检测光栅对光信号进行处理，得到的光信号被后续的光电检测器件转化成正弦电信号，最终通过放大整形电路形成方波信号（脉冲序列）输出，如图 6.1.4 所示。

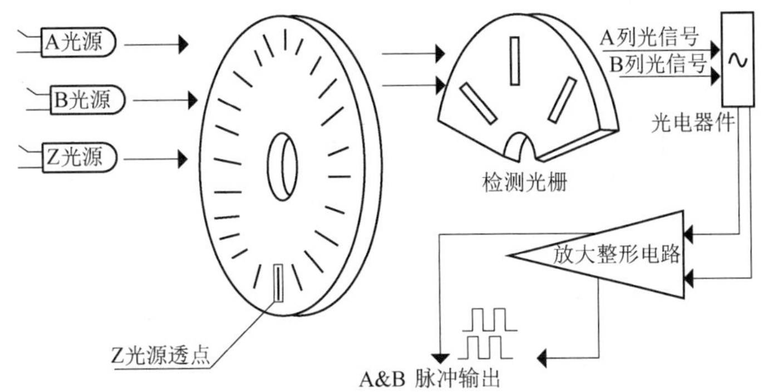

图 6.1.4　光电增量式编码器工作原理图

常见的三组方波脉冲是 A、B 和 Z 相；A、B 两组脉冲相位差 90°。据此相位差可以方便地判断出旋转方向，如定义 A 脉冲相位超前 B 脉冲 90°为正转，那么当 B 脉冲相位超前 A 脉冲 90°时即为反转，增量式编码器每转一圈，Z 相就可以获得一个脉冲，此脉冲用于基准点定位。增量式编码器优点是原理构造简单，机械平均寿命可在几万小时以上，可靠性高。其缺点是无法输出轴转动的绝对位置信息，绝对值型编码器可以达到此功能。增量式编码器转轴旋转时，可以输出相应脉冲，其计数起点（零点）可以任意设定，并且实现多圈无限累加和测量。编码器轴转动一圈会输出固定的脉冲数，脉冲数由编码器码盘上面的光栅的线数所决定，其中编码器以每旋转一圈提供多少通或暗的刻线称为分辨率（也即编码器旋转一圈可以提供的脉冲数），也称之为解析分度，如图 6. 1. 5 所示。

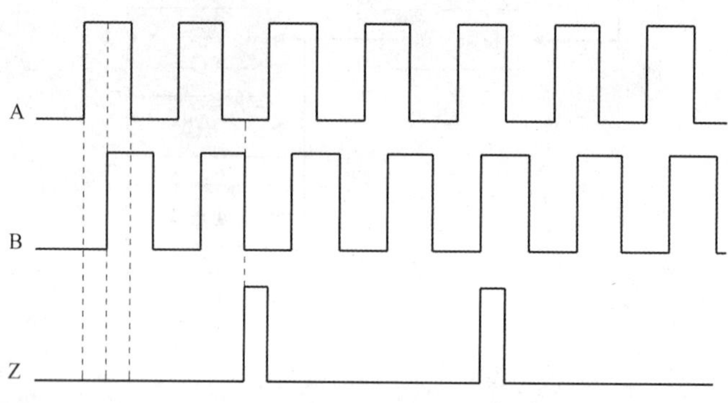

图 6. 1. 5　脉冲序列示意图

2. 信号输出

增量型编码器的放大整形电路有多种形式，包括集电极输出型、推挽输出型、长线驱动型等，以下针对集电极输出电路做分析。集电极输出型电路的核心元器件是三极管，三极管分为 NPN 型和 PNP 型，那么对应而言，集电极输出型电路也分为 NPN 型集电极输出和 PNP 型集电极输出。图 6. 1. 6（a）所示为 PNP 型脉冲电路，引脚 V 是编码器的电源，一般是 DC 24 V 或 DC 12 V，主电路检测脉冲光信号后在 PNP 三极管的基极产生一个导通信号，此信号

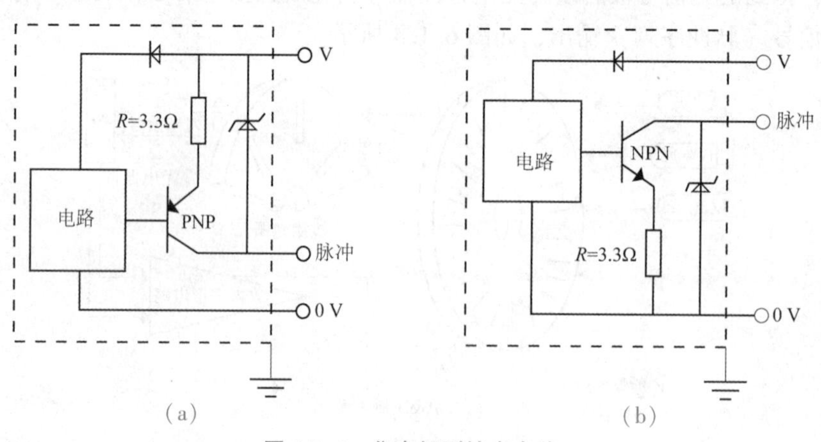

图 6. 1. 6　集电极型输出电路

（a）PNP 型；（b）NPN 型

经过三极管放大后在其集电极输出高速脉冲。和 PNP 型脉冲电路类似，NPN 型脉冲电路也是在三极管的基极接收来自主电路的一个信号，然后被放大，最终通过集电极输出具有一定驱动能力的脉冲信号，如图 6.1.6（b）所示。集电极输出型是增量式旋转编码器极为常见的一种输出电路类型，被广泛用于自动控制系统当中。

3. 增量式编码器的抗干扰分析

归根结底，编码器依旧属于电子产品，那么就免不了遭受工业现场的电磁干扰，尤其是在变频驱动系统下运行时，遭受电磁干扰的概率会成倍增加。我们已经知道对于增量式编码器而言，可以产生方波序列信号，方波并不是一种单一频率的信号，根据傅里叶变换理论，方波可以分解出若干个正弦波，如图 6.1.7 所示。这也就意味着增量式编码器传输的信号实际上是由多组频段的正弦电磁波信号叠加而成，当电磁波通过不同介质时，会发生折射、辐射、吸收等物理现象，电磁波不仅可以在导体本身进行传播，还可以在导体外部，例如绝缘层或是电缆周围空气上传播，这取决于电磁波的频率。当电磁波处于低频段时，主要借助有形的导电线进行传递。因为在低频的电磁振荡中，电磁之间的相互变化比较缓慢，其能量几乎全部返回原电路而没有足够的能量辐射出去；而当电磁波处于高频段时，电磁互化较快，能量有相当一部分损失，这部分能量以电磁波的形式向空间传播出去，即产生电磁辐射。增量式编码器产生的方波脉冲信号的上升沿、下降沿遵循电磁波的高频特性，由于方波有陡直的上升沿和下降沿，所以仍然有很多高频电磁波在其中，这也是各种电磁干扰的发生与接收主要问题所在。

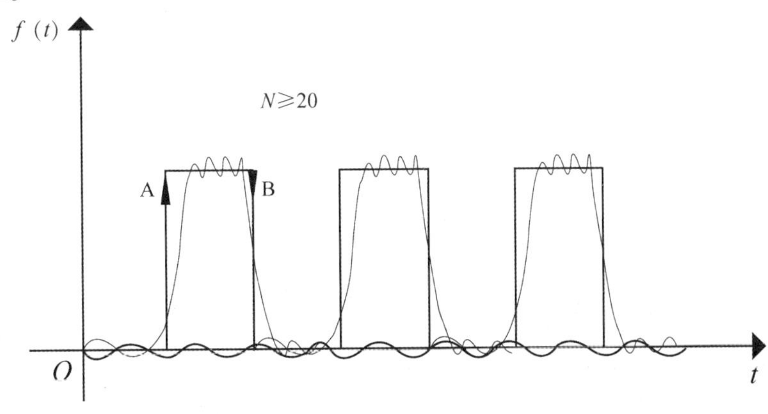

图 6.1.7　方波脉冲被分解成正弦信号

1）抵抗感性干扰

实际应用过程中信号电缆存在线间电容效应以及电感效应，线路长度影响电缆电容效应（电缆长度大于 30 m 后效果明显），电缆周围磁场以及电缆的敷设形式影响电缆电感效应，正常情况下，编码器电缆最好保证直线敷设。

2）屏蔽层与接地

编码器电缆最外层绝缘层的下一层是屏蔽层，屏蔽层的屏蔽对象不是电场，而是高频磁场。编码器有的是一层镀锡（或者镀银）致密编织铜网，有的则是一层铝箔，部分编码器两种屏蔽层都会有，铝箔主要用于反射高频电磁波，对于高频电磁波，铝箔可以 100% 反

射。常规编码器，如集电极输出型编码器多用致密编织铜网作为屏蔽层，具有通信接口的编码器多用铝箔作为屏蔽层。一般情况，屏蔽层不允许做等电位连接，对于未与编码器本体连接的屏蔽层可在信号接收端做单端接地，若屏蔽层与编码器已经和本体连接，那么不建议对屏蔽层进行接地，屏蔽层悬空即可，如图 6.1.8 所示。

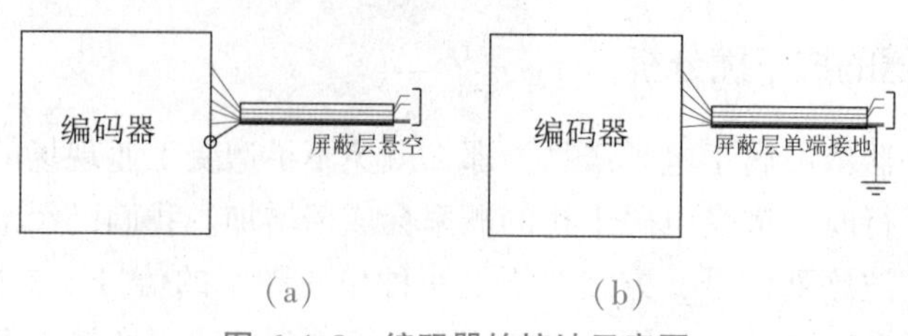

图 6.1.8 编码器的接地示意图

(a) 屏蔽层悬空；(b) 屏蔽层单端接地

6.1.3 集电极输出增量式编码器与 PLC 的连接

工业自动化系统常常使用 PLC 采集来自编码器的高数脉冲，这一功能在 PLC 内称为“高速计数器”，关于高速计数器的使用将在下文进行说明。在之前的学习当中，对 PLC 的数字量输入端有两种分类，一种是漏型输入，另一种是源型输入，那么这就产生了一个问题：即集电极型输入（NPN 与 PNP 型）与 PLC 的输入侧的电气匹配问题。以下针对于此问题做详细分析。

1. PLC 源型输入匹配

如图 6.1.9 所示，源型输入的一个显著特点是 PLC 的公共端输入需要接入高电位（一般为 DC 24 V），意味着若要使该点位导通，就必须让该点位外部连接一个低电位（一般是 0 V），在此情况与 PLC 源型输入匹配的外部电路就是 NPN 型开路输出电路，对应于 NPN 集电极输出型编码器，具体电路图如 6.1.10 所示。当编码器不产生脉冲时候，编码器的输出晶体管不导通，此时并不会和 PLC 内部光电耦合元件形成回路。当编码器产生脉冲时，其内部晶体管导通，此时和 PLC 内部光电耦合元件形成回路，即驱动了 PLC 对应的输入点。

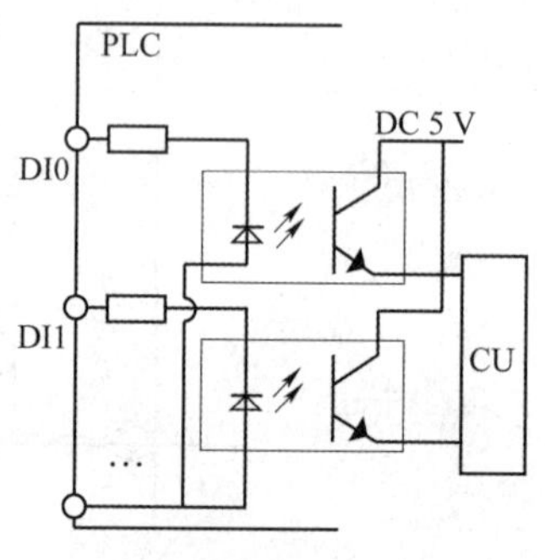

图 6.1.9 PLC 源型输入电路

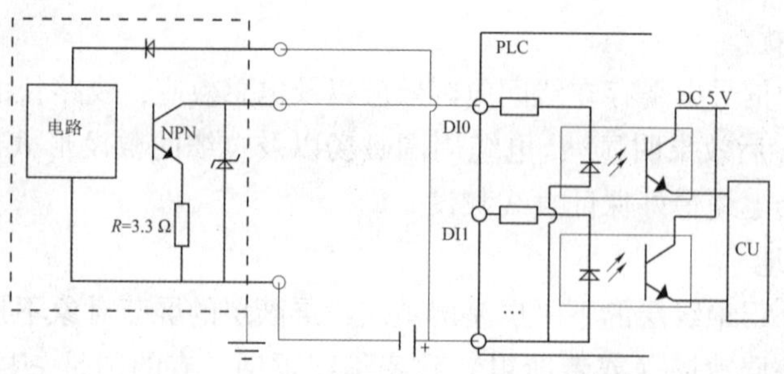

图 6.1.10 PLC 源型输入匹配电路

2. PLC 漏型输入匹配

图 6.1.11 所示为 PLC 的漏型输入电路，和源型输入不同，PLC 漏型输入要求在输入公共端连接低电位，根据其内部电路结构可知，若要使光电耦合器件被驱动，那么就要求对应点位在工作时会有一个高电位的输入，显然，PNP 集电极输出型编码器的输出原理符合于此。二者连接电路如图 6.1.12 所示。当编码器输出脉冲时，其内部晶体管导通并给予 PLC 对应输入点位高电位，此时 PLC 内部对应的光电耦合器件被导通，即驱动了 PLC 对应的输入点。

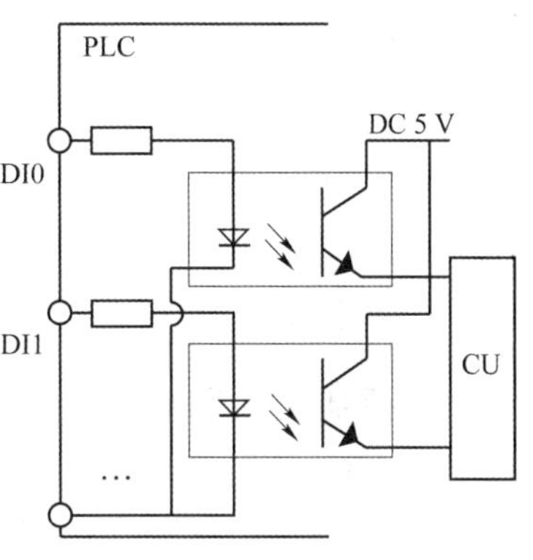

图 6.1.11　PLC 漏型输入电路

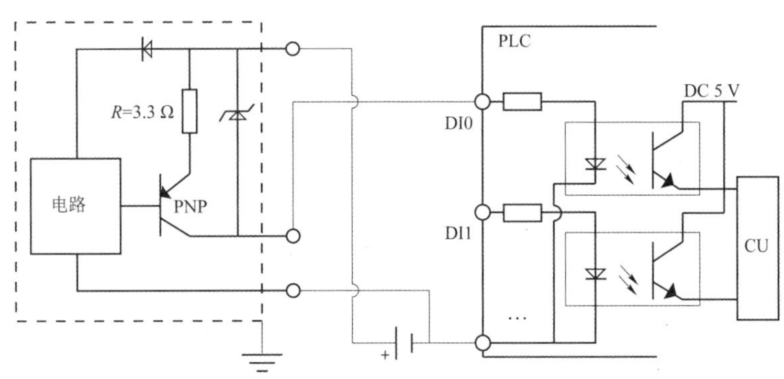

图 6.1.12　PLC 漏型输入匹配电路

6.1.4　高速计数器

高速计数器（下）

计数器是 PLC 重要的元件，有常规计数器和高速计数器之分，PLC 的常规计数器的计数过程与扫描方式有关，CPU 在每一个扫描周期内会读取一次被测信号从而捕捉该信号的上升沿，被测信号的频率较高时，会丢失计数脉冲，因此常规计数器的最高计数频率一般为几十赫兹。高速计数器可以对发生速率快于 OB 扫描周期的时间进行计数，换言之，高速计数器的取样脉冲和 PLC 的扫描周期无关。

1. 高速计数器概述

1）高速计数器寻址

S7-1200 的内部有 HSC1～HSC6 共计 6 个高速计数器，HSC1～HSC6 的实际计数值的数据类型为 DINT，CPU 内部对应的地址为 ID1000～ID1020，当然在具体组态时可将此地址修改。图 6.1.13 所示为高速计数器的默认寻址，高速计数器的硬件输入定义和工作模式可以参照 Siemens 相应手册资料，此处不再赘述。

高速计数器号	数据类型	默认地址
HSC1	DINT	ID1000
HSC2	DINT	ID1004
HSC3	DINT	ID1008
HSC4	DINT	ID1012
HSC5	DINT	ID1016
HSC6	DINT	ID1020

图 6.1.13　高速计数器寻址

2）高速计数器的频率测量功能

S7-1200 的高速计数器除了测量累计计数功能外，还提供了频率测量功能，有三种频率测量周期可选，分别是 0.01 s、0.1 s、1.0 s。该测量周期直接决定每一次频率报告结果时间以及频率测量精度。通过这种方法得到的频率值为测量周期的平均值，单位是 Hz。高速计数器有 4 类工作模式，如图 6.1.14 所示。

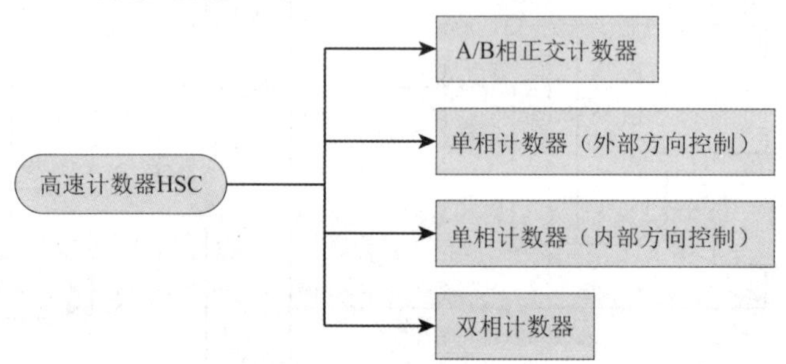

图 6.1.14　高速计数器工作模式

2. 高速计数器相关指令

高速计数器指令如表 6.1.1 和表 6.1.2 所示。

表 6.1.1　高速计数器指令

<table>
<tr><th colspan="2">LAD/FBD</th><th colspan="2">说明</th></tr>
<tr><td colspan="2"> 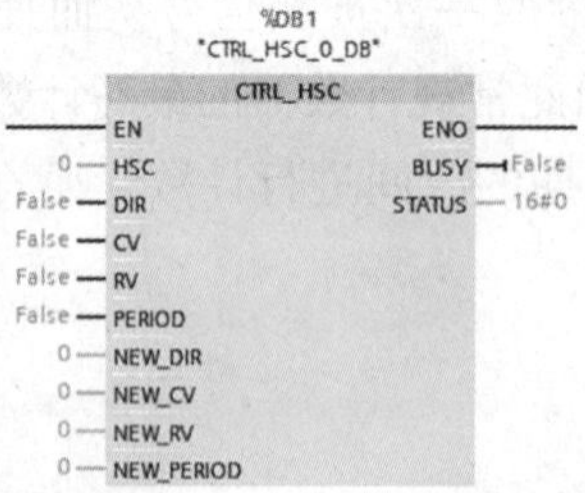%DB1
"CTRL_HSC_0_DB"
CTRL_HSC
EN　ENO
0 — HSC　BUSY → False
False — DIR　STATUS — 16#0
False — CV
False — RV
False — PERIOD
0 — NEW_DIR
0 — NEW_CV
0 — NEW_RV
0 — NEW_PERIOD</td><td colspan="2">使用“控制高速计数器”指令，可以对参数进行设置并通过将新值加载到计数器来控制 CPU 支持的高速计数器。指令的执行需要启用待控制的高速计数器。对于指定的高速计数器，无法在程序中同时执行多个“控制高速计数器”指令</td></tr>
<tr><td>参数</td><td>声明</td><td>数据类型</td><td>说明</td></tr>
<tr><td>HSC</td><td>INPUT</td><td>HW_HSC</td><td>高速计数器的硬件地址（HW-ID）</td></tr>
<tr><td>DIR</td><td>INPUT</td><td>Bool</td><td>启用新的计数方向</td></tr>
</table>

续表

LAD/FBD		说明	
CV	INPUT	Bool	启用新的计数值
RV	INPUT	Bool	启用新的参考值
PERIOD	INPUT	Bool	启用新的频率测量周期
NEW_DIR	INPUT	Int	DIR = TRUE 时装载的计数方向
NEW_CV	INPUT	DInt	CV = TRUE 时装载的计数值
NEW_RV	INPUT	DInt	当 RV = TRUE 时，装载参考值
NEW_PERIOD	INPUT	Int	PERIOD = TRUE 时装载的频率测量周期
BUSY	OUTPUT	Bool	处理状态
STATUS	OUTPUT	Word	运行状态

表 6.1.2 高速计数器指令（扩展）

LAD/FBD		说明	
%DB2 "CTRL_HSC_ EXT_DB" CTRL_HSC_EXT EN ENO 0 — HSC DONE — false ... — CTRL BUSY — false ERROR — false STATUS — 16#0		S7-1200 产品从固件版本 V4.1 起新增了高速计数器的周期测量功能，也即 CTRL_HSC_EXT，利用该指令，程序可以按指定时间周期访问指定高速计数器的输入脉冲数量。指令的执行需要启用待控制的高速计数器。无法在程序中同时为指定的 HSC 执行多个 CTRL_HSC_EXT 指令	
参数	声明	数据类型	说明
HSC	INPUT	HW_HSC	高速计数器的硬件地址（HW-ID）
CTRL	INOUT	Variant	使用系统数据类型（SDT）
DONE	OUTPUT	Bool	成功处理指令后的反馈

续表

LAD/FBD		说明	
参数	声明	数据类型	说明
BUSY	OUTPUT	Bool	处理状态
ERROR	OUTPUT	Bool	错误处理指令的反馈
STATUS	OUTPUT	Bool	运行状态

3. 高速计数器测转速应用

现有一块增量式编码器（型号为：OMS-E6B2-CWZ5B-600P/R），通过编写程序可达到测量编码器转速的目的。

图 6.1.15、图 6.1.16 所示为该测速程序算法，程序的设计思路如下：首先通过 CTRL_HSC_EXT 周期性地记录编码器的计数值，计数值由中断程序每隔 200 ms 读取一次，然后在中断程序内对 CTRL_HSC_EXT 进行复位，这称为一个读数周期。读取到的计数值经过一系列的线性量化处理，最终可得编码器的转速值。

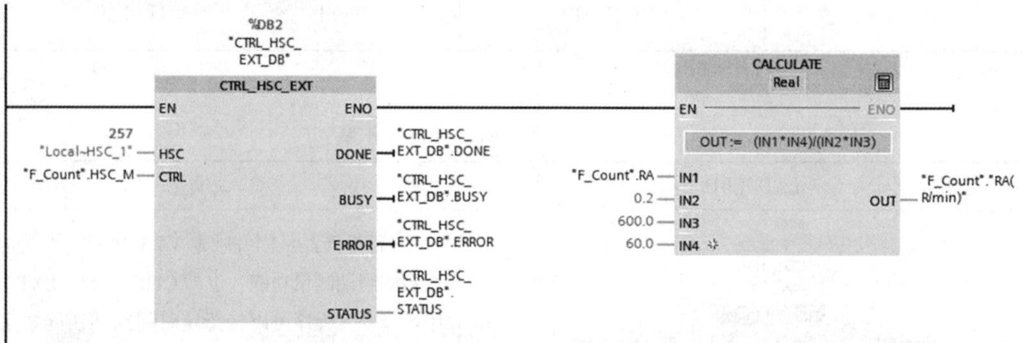

图 6.1.15　利用 CTRL_HSC_EXT 测量转速

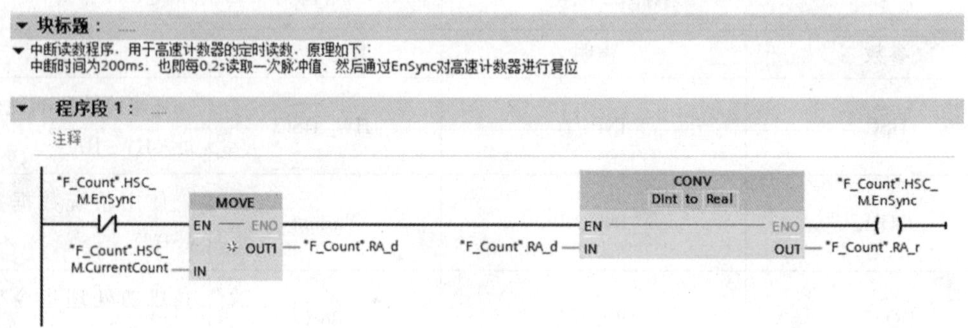

图 6.1.16　中断读取计数值

任务实施

1. 任务分析

如图 6.1.1 所示，系统升级即在原传动系统上增加了一个编码器，要求可以通过此编码器反映出传送带辊轴的转速，以下是本次升级需要的功能要求：

（1）转速计算。编写相应程序计算编码器转速，要求在 HMI 上显示，单位：r/min。

（2）数值报警。转速上下报警值要求可以在 HMI 内设置。当转速报警时要求使得外接报警器报警（声光报警器）。

2. I/O 分析

I/O 点位分析如表 6.1.3 所示。

表 6.1.3 I/O 点位分析

信号类型	描述	PLC 地址	单项点位小计
DI	高速计数器 A 相	I0.0	3
	高速计数器 B 相	I0.1	
	高速计数器同步信号 Z 相	I0.2	
DO	声光报警器	Q0.0	1

3. 自动化系统核心器件选型

（1）PLC 选型。根据要求控制，这里选用“CPU 1214C DC/DC/DC（固件版本大于 4.0）”。

（2）编码器。考虑到与 PLC 高速计数器匹配，这里选择 OMS-E6B2-CWZ5B-600P/R 作为辊轴转速反馈继电器。

（3）HMI 可视化。从满足系统功能以及项目费用综合考虑情况下，选用 KTP700 精简面板。

4. 电气原理图（控制部分）设计

编码器测速电气原理如图 6.1.17 所示。

根据系统要求，本次改造只针对速度测量，那么设计范围就显而易见了。在选型过程中我们选择了 OMS-E6B2-CWZ5B-600P/R 这款编码器，此编码器为 PNP 集电极开路型输出，拥有 A、B、Z 三相脉冲信号，所选用的 PLC 兼具漏型输入和源型输入功能，可以无缝衔接此编码器。考虑到电磁干扰，编码器在近 PLC 接线侧处进行单点接地，增强 PLC 输出端口驱动能力，输出接口设计隔离继电器。

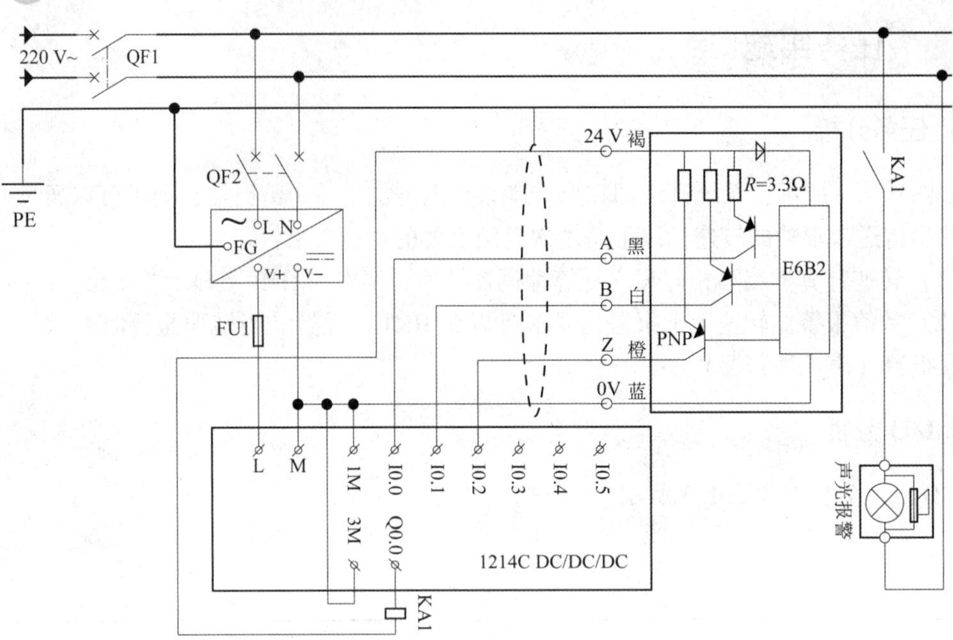

图 6.1.17　编码器测速电气原理

5. PLC 及 HMI 组态

1）控制系统硬件组态

PLC 硬件组态如图 6.1.18 所示，控制系统网络拓扑图如图 6.1.19 所示。

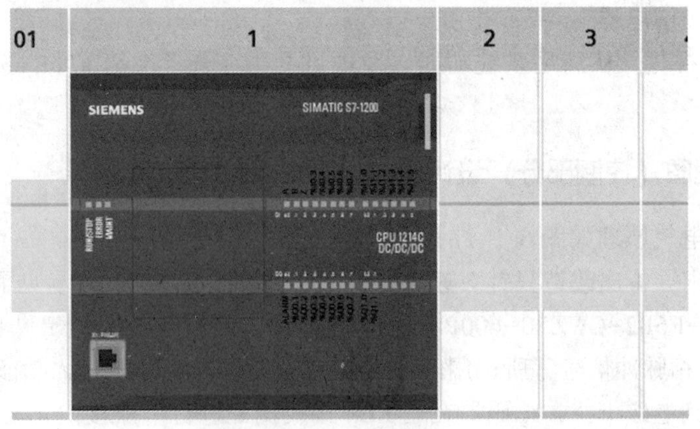

图 6.1.18　PLC 硬件组态

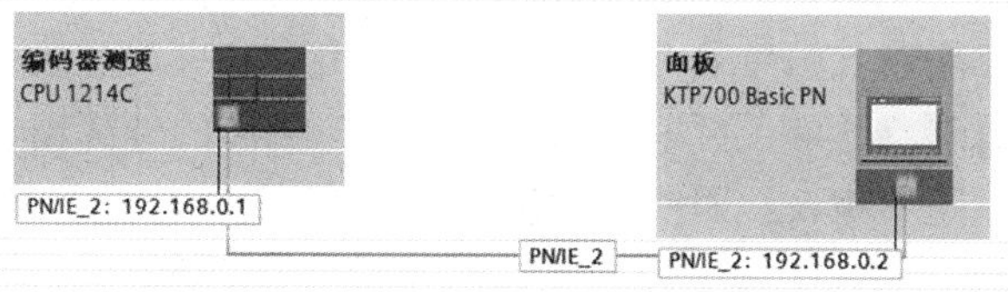

图 6.1.19　控制系统网络拓扑图

2）PLC 变量组态

PLC 变量组态如图 6.1.20 所示。

PG_A	Bool	%I0.0	Default tag table
PG_B	Bool	%I0.1	Default tag table
PG_Z	Bool	%I0.2	Default tag table
	Bool	%I0.3	
	Bool	%I0.4	
	Bool	%I0.5	
	Bool	%I0.6	
	Bool	%I0.7	
	Bool	%I1.0	
	Bool	%I1.1	
	Bool	%I1.2	
	Bool	%I1.3	
	Bool	%I1.4	
	Bool	%I1.5	
ALARM	Bool	%Q0.0	Default tag table
	Bool	%Q0.1	

图 6.1.20　PLC 变量组态

3）HSC 组态

在 PLC 硬件配置中，进入如下界面，启用 HSC1，由于选用的是三相计数器，故在“工作模式”中选择 A/B 计数器，参数配置如图 6.1.21 所示。

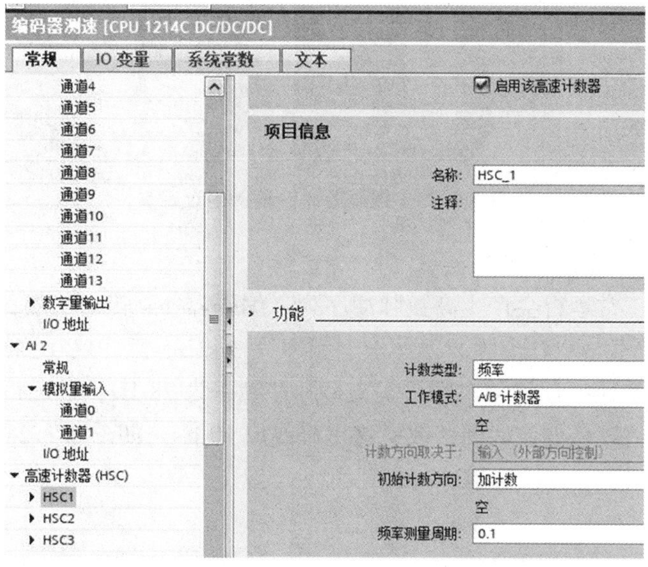

图 6.1.21　高速计数器启用

（1）同步输入。

同步功能可通过外部输入信号给计数器设置起始值，也可通过执行 CTRL_HSC_EXT 指令对起始刻度值进行更改。这样，可以将当前计数值与所需的外部输入信号出现值同步。以下设置同步输入为外部同步输入，即使用编码器 Z 相来对 HSC 进行数值同步，如图 6.1.22 所示。

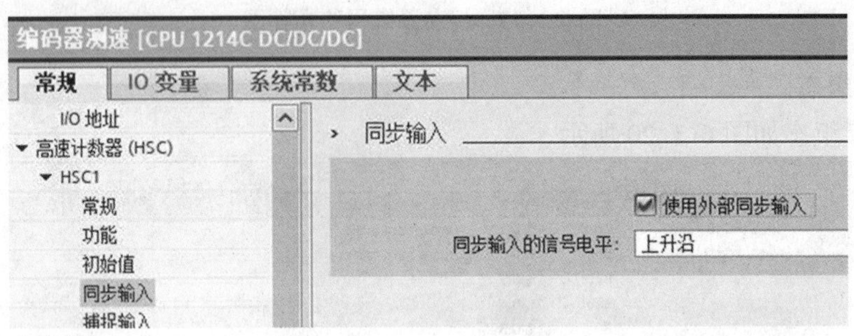

图 6.1.22　同步输入设置

（2）硬件输入。

硬件输入即定义编码器输入时钟地址，这里注意，同步输入需要启用同步输入功能才可以定义地址，如图 6.1.23 所示。

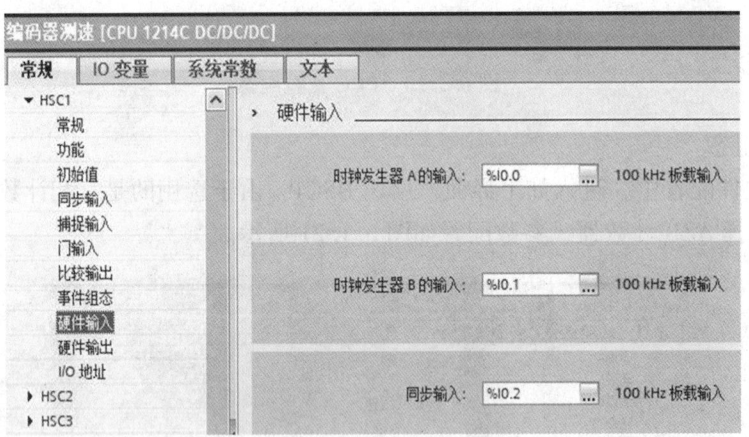

图 6.1.23　编码器时钟输入地址定义

（3）数字量通道滤波。

显然，编码器正常运行会产生高数脉冲序列，编码器 1 s 转动 5 圈，那么在此 600 P/R 的编码器 1 s 便会产生 3 000 个脉冲，等价于频率为 3 kHz，而 PLC 的对于数字量输入点的默认滤波时间为 6.4 ms，此滤波时间最大支持脉冲频率为 78 Hz，远远达不到编码器脉冲频率，基于此，需要将默认滤波时间修改，这里修改成 10 μs。如图 6.1.24 所示，I0.0 的滤波时间设置，I0.1、I0.2 一样设置成 10 μs。

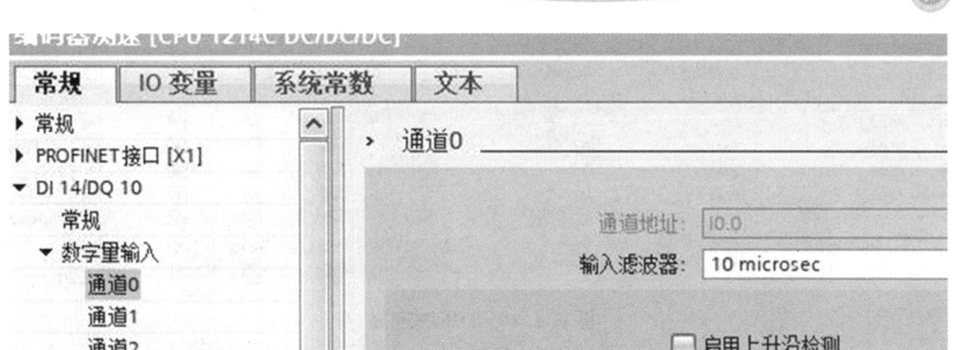

图 6.1.24　输入点脉冲设置

4）HMI 页面设计

Actual Speed 用于显示辊轴实时转速，HAlarmSet 用于设定高速报警值，如图 6.1.25 所示。

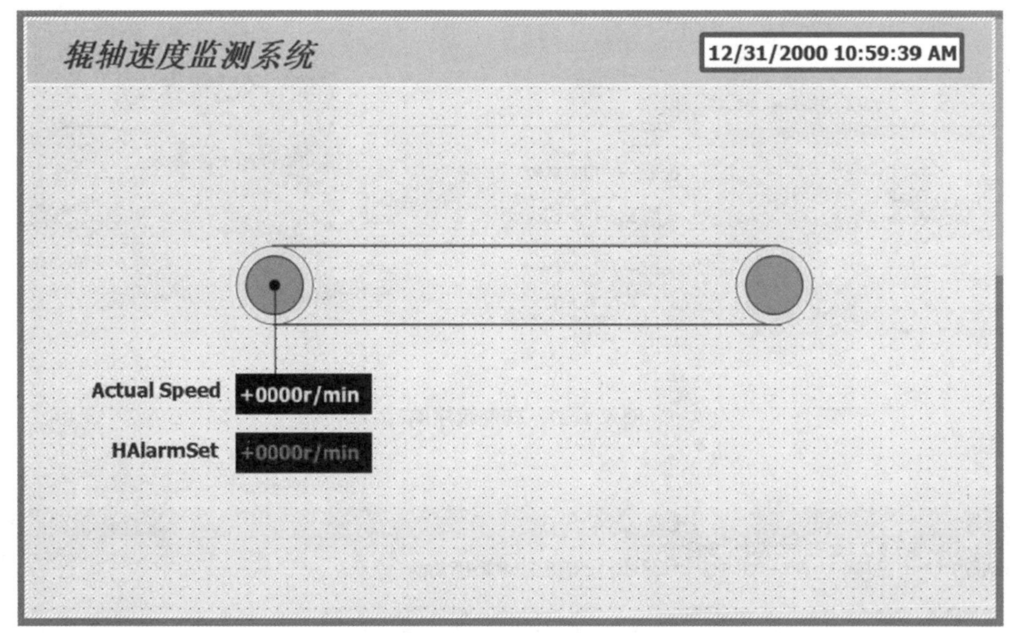

图 6.1.25　HMI 页面设计

6. 程序编写

1）定义 DB 块

参考以下示例编写 DB 块，注意变量 HSC_Measure 是高速计数器的参考数据块，其数据类型为 HSC_Count，如图 6.1.26 所示。

2）测速程序

此测速程序前文已经提及，图 6.1.27 所示程序段需要在 OB1 内，调用要注意的是，CTRL_HSC_EXT 的 HSC 引脚填写的硬件标识符需要和硬件组态中一致，使用 CALCULATE

Freq_Measure

	名称	数据类型	起始值	保持	可从 HMI/...	从 H...	在 HMI ...	设定值	注释
1	▼ Static			☐	☐	☐	☐	☐	
2	▪ ASpd_D	DInt	0	☐	☑	☑	☑	☐	
3	▪ ASpdS(r/min)	Real	0.0	☐	☑	☑	☑	☐	实际转速
4	▪ ASpd	Real	0.0	☐	☑	☑	☑	☐	
5	▪ ASpd_R	Real	0.0	☐	☑	☑	☑	☐	
6	▪ ▼ HSC_Measure	HSC_Count		☐	☑	☑	☑	☐	HSC数据块
7	▪ CurrentCount	DInt	0	☐	☑	☑	☑	☐	
8	▪ CapturedCount	DInt	0	☐	☑	☑	☑	☐	

图 6.1.26　DB 块定义

功能块时，建议对数据进行先乘后除运算以保证数据精度。在中断程序中每隔 0.2 s 读取一次计数器值当前值并复位此高速计数器，其程序段如图 6.1.28 所示。

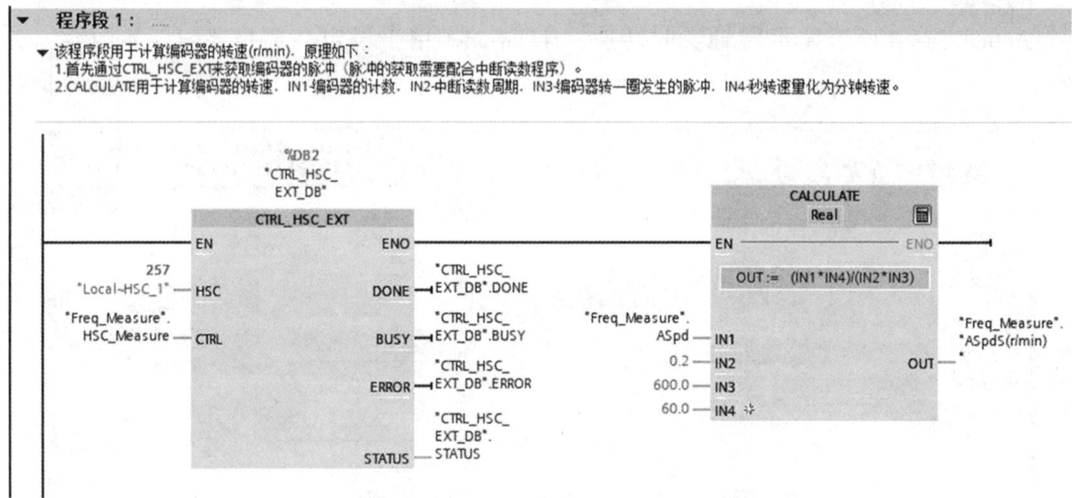

图 6.1.27　转速程序编写

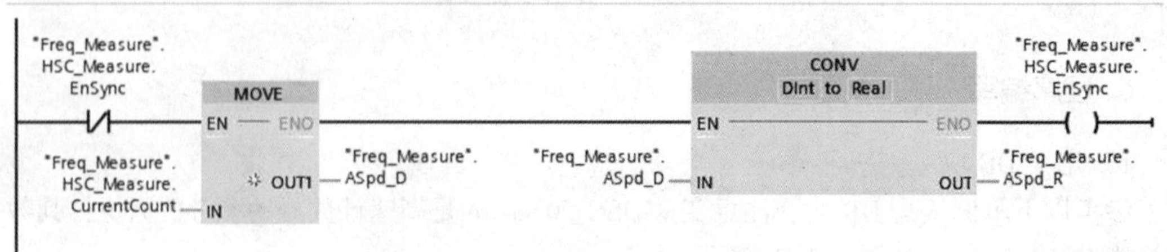

图 6.1.28　数据中断读取程序

3）报警程序

此程序段在 OB1 内编写，功能是当速度超过设定报警速度值时，延时 2 s 后报警，启动外部声光报警器，若速度又降下来后延时 2 s 复位报警，如图 6.1.29 所示。

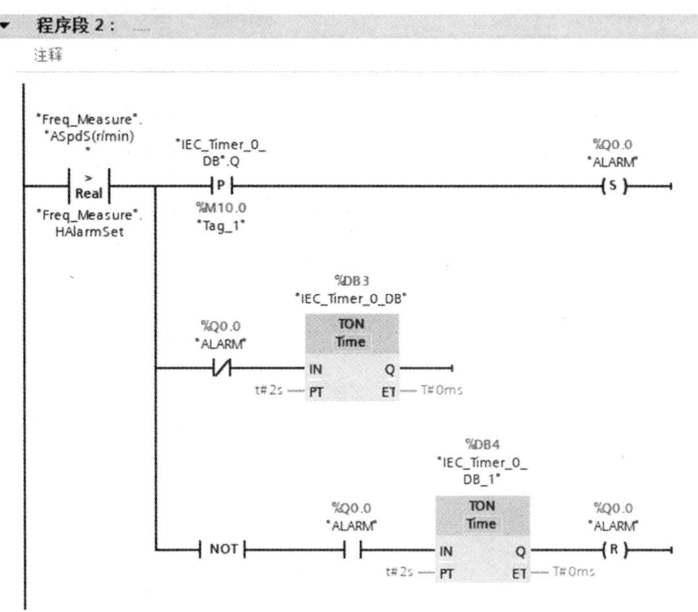

图 6.1.29　报警处理逻辑

7. 调试效果

1）程序调试

在进行最终的设备调试时，我们首先应当进行软调试，程序如图 6.1.30 ~ 图 6.1.32 所示。

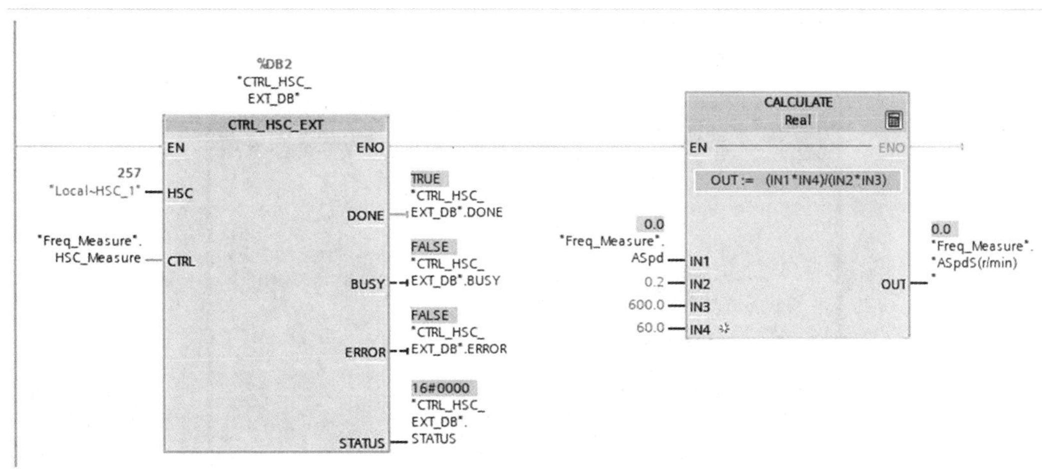

图 6.1.30　测速程序段仿真

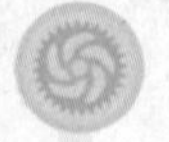

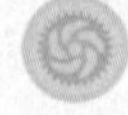

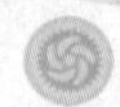

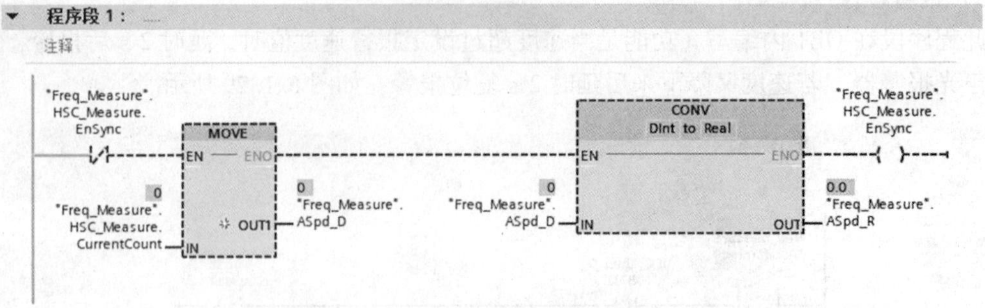

程序段 1：
注释
"Freq_Measure".
HSC_Measure.
EnSync
MOVE
EN
ENO
0
"Freq_Measure".
HSC_Measure.
CurrentCount
IN
OUT1
"Freq_Measure".
ASpd_D
CONV
DInt to Real
EN
ENO
0
"Freq_Measure".
ASpd_D
IN
OUT
"Freq_Measure".
HSC_Measure.
EnSync
0.0
"Freq_Measure".
ASpd_R

图 6.1.31　中断计数读取仿真

0.0
"Freq_Measure".
Real
"Freq_Measure".
HAlarmSet
0.25
%M10.0
"Tag_1"
FALSE
%Q0.0
"ALARM"
T#0MS
%DB3
"IEC_Timer_0_DB"
TON
Time
IN
Q
PT
ET
t#2s
T#0ms
T#0MS
%DB4
NOT
%Q0.0
"ALARM"
TON
Time
t#2s
T#0ms
%Q0.0
"ALARM"

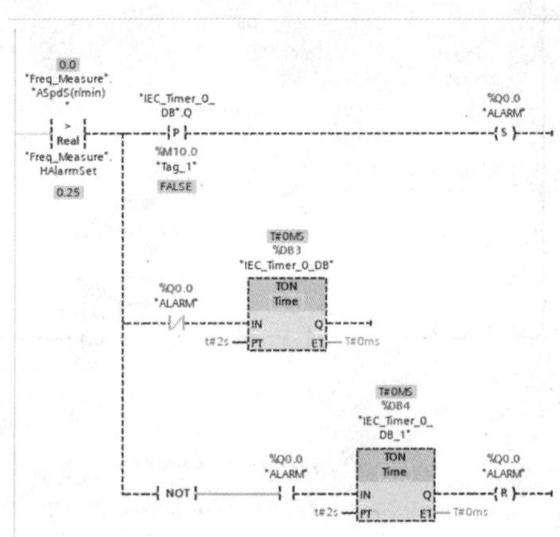

图 6.1.32　故障处理程序段仿真

2）HMI 调试效果

进入到 HMI 组态界面，单击博途软件上方的 图标，HMI 编译无误后即可进入仿真阶段，这里需要注意的是，HMI 仿真与电脑 PLC 仿真需要同时打开，如此才可以联动调试。HMI 界面仿真运行结果如图 6.1.33 所示。

辊轴速度监测系统
8/7/2021 10:38:29 PM
Actual Speed
+0.0r/min
HAlarmSet
-0.3r/min

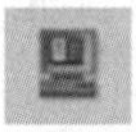

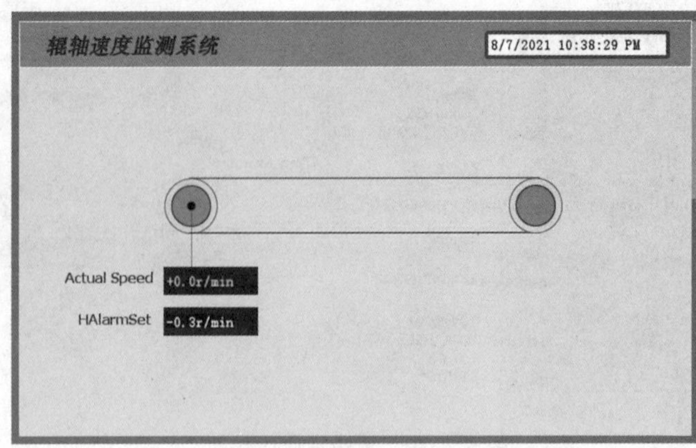

图 6.1.33　HMI 界面仿真运行结果

任务拓展

（1）在上述任务的基础上编写出传送带转速的计算程序，要求单位为 mm/s。

（2）若上述任务要求的转速单位是 r/s，那么上述程序需要如何修改？

思考与练习

1. 编码器按照检测原理可以分为________、________、________、________四类。

2. 集电极输出型编码器具有 NPN 类型和________类型。

3. 关于编码器的使用，以下说法最为恰当的是（　　）。

A. 原编码器信号线长度只有 10 m，为延长信号线，使用普通电缆对其延长，总长度为 180 m

B. 相比于弯曲敷设编码器信号电缆，直线敷设效果更好

C. 源型输入 PLC 应当匹配 NPN 型集电极输出型编码器

D. 对于精度较高的编码器而言，其信号线一般有一层铝箔，该铝箔主要功能是信号电缆保温

4. 编码器的 Z 相作用是________。

5. S7-1200 PLC 有________个 HSC。

任务 6.2　电动机变频调速系统

任务目标

1. 初步了解变频系统的工作原理。
2. 初步掌握变频器的选型方法。
3. 掌握基于 TIA 的 Startdrive 对 G120 的组态方法。

任务描述

交流异步电动机由于制造简单，性价比高而被广泛用于电气传动系统，交流异步电动机具有多种调速方法，但是变频调速应用最为广泛。工业上的变频调速系统通常需要变频器的支持，变频器是利用功率电子元件的快速通断作用将工频电源变换成其他频率的一种电力设备。其电路一般由整流、滤波及补偿、逆变和控制四个部分组成，整流电路负责

将交流电变成直流电，逆变电路负责将直流电变换为交流电，滤波及补偿这一环节贯穿于整流、逆变部分，主要起到抑制谐波及无功补偿的功效，而控制部分是整个变频系统的“大脑”，变频系统的模型建立在控制部分完成。

某污水厂（当地海拔：208 m）有一台周期药剂搅拌装置，采用的是三相异步电动机定速传动模式（规定搅拌器顺时针运转为正方向，且传动电动机只能按此方向驱动搅拌器），出于控制稳定以及便于调速的考虑，现计划将此定速传动系统升级为变频调速系统。

搅拌器电动机参数：$P_N = 7.5$ kW，$I_N = 13.1$ A，$\cos\phi = 0.87$，$U = 0.38$ kV（△），$n = 1\ 350$ r/min。

传动系统控制拓扑图如图 6.2.1 所示。

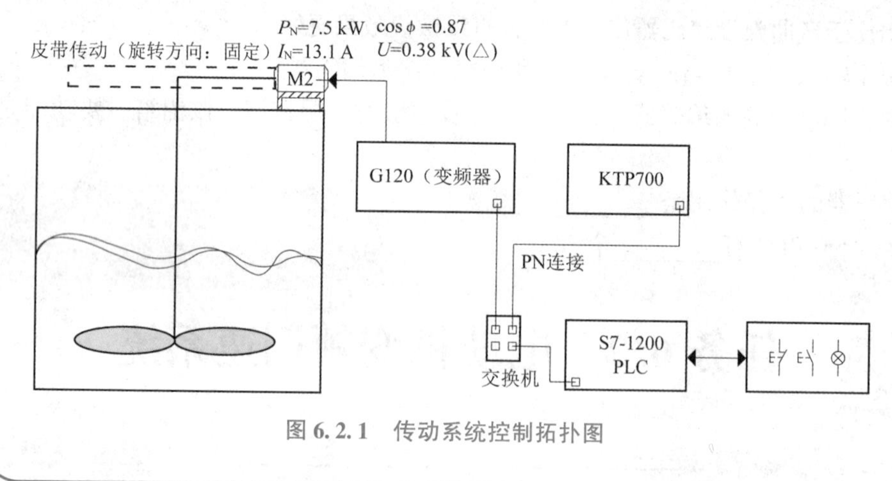

图 6.2.1　传动系统控制拓扑图

基本知识

变频驱动系统

6.2.1　交流电动机调速的发展历程

1960 年在电力电子器件发展之前，交流电动机多采用串联电阻（电抗）、改变极对数、调节电压等原始方法调速，由于这些调速方法都不便进行无级调速，所以并没有得到很好的应用。1960 年往后晶闸管及其升级产品在调速系统得到了广泛应用，但其调速性能依旧无法满足实际应用需要。70 年代开始，脉宽调制变压变频（PWM-VVVF）调速的研究得到突破，到 80 年代以后微处理器技术的完善使得各种电动机优化算法得以容易实现，至此，电动机变频调速系统进入快速发展阶段。

6.2.2. 变频器的基本组成结构

现阶段电动机变频控制技术立足于两大控制模式分支之上，一是建立在 AC-DC-AC（交-直-交）变换理论上，二是建立在 AC-AC 变换理论上。如今市场上绝大部分都是交-直-交变频系统，原因是因为 AC-DC-AC 变换理论及其模型算法已经十分成熟，而 AC-AC 变频控制是基于矩阵变换器的，其算法并不成熟，这也就导致了交-直-交变频器占据了市场主导地位，但不可否认的是基于矩阵变换器的变频技术的未来重要发展方向。以下以低压三相交-直-交变频器为例对变频器的基本电路原理进行分析，其内部电路包含：整流电路、滤波电路、逆变电路、控制电路这四部分组成，如图 6.2.2 所示。

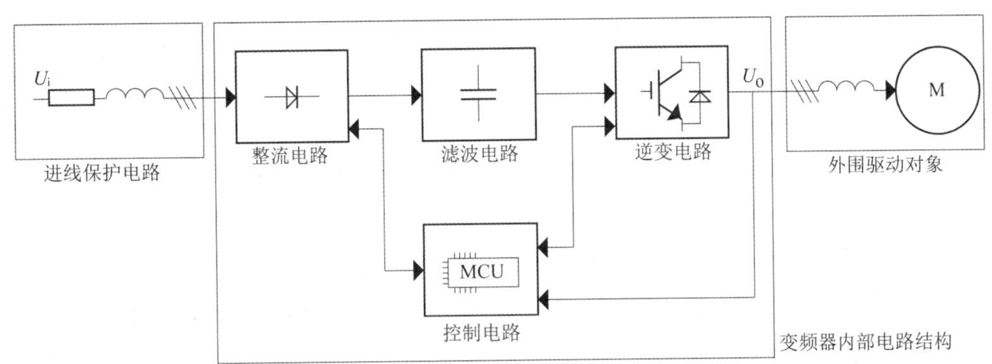

图 6.2.2　交流电动机变频系统电路结构

1. 整流

该电路由三相桥式整流桥组成，其功能是将工频三相电源进行整流，经中间直流环节滤波后为逆变电路和控制电路提供所需的直流电源，一般三相交流电源需要先经过滤波电容组以及压敏电阻网络然后再引入整流桥的输入端，之所以需要经过压敏电阻网络的原因是吸收外界交流电网的高次谐波以及浪涌电压，从而避免由此而损坏变频器。图 6.2.3 所示为一种最简单的变频器三相整流桥电路，电路由 6 只整流二极管组成。以往的课程学习中我们已经知道标准三相交流电的每一相的幅值、频率都相等，但每两相之间的相位差均为 120°。如图 6.2.3 所示，电路 L1、L2、L3 的相电压表达式分别是：

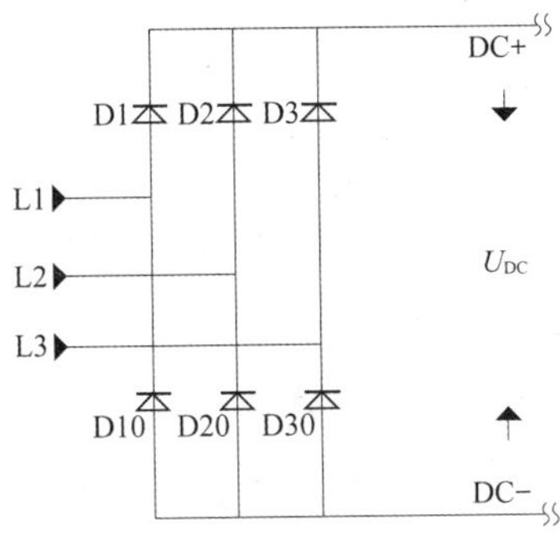

图 6.2.3　三相不可控整流电路

$u_{L1}=U_m\sin\omega t$；

$u_{L2}=U_m\sin(\omega t-120°)$；

$u_{L3}=U_m\sin(\omega t+120°)$。

波形如图 6.2.4 所示，为了便于分析，我们将 L1、L2、L3 的波形图划分成若干个时间段（$t_1\sim t_2$、$t_2\sim t_3$、…），每个时间段间隔$\frac{\pi}{3}$，定义原点 O 为零时刻，t_1 起始点为$\frac{\pi}{6}$。

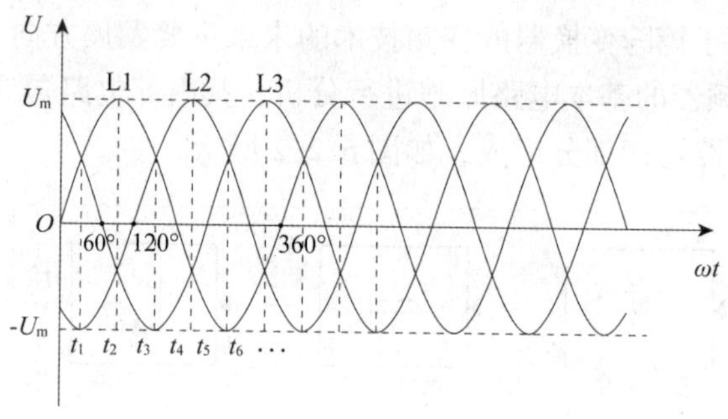

图 6.2.4　电压波形图

对 $t_1\sim t_2$ 段进行分析：

L1、L2、L3 电位关系有 $V_{L_1}>V_{L3}>V_{L2}$，根据二极管阵列导通原则，共阴极组中阳极电位最高的二极管导通，共阳极组中阴极电位最低的二极管导通。意味着在此区间内应具有如图 6.2.5（a）所示之回路，在输出端口所输出电压应为 L1、L2 之间的线电压，其幅值为$\sqrt{3}U_m$，由三相电路线电压与相电压的关系可得其表达式为 $u_{L1L2}=\sqrt{3}U_m\sin(\omega t+30°)$，$t\in\left[\frac{\pi}{6},\frac{\pi}{2}\right]$，图 6.2.5（b）所示为 $t_1\sim t_2$ 阶段内的最上方波形为此时间段内的输出波形。

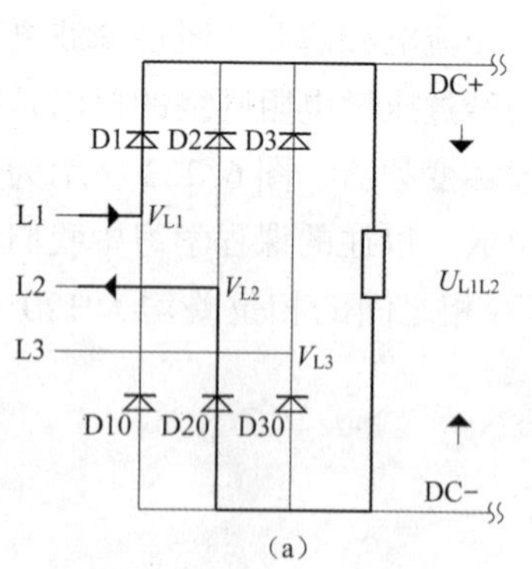

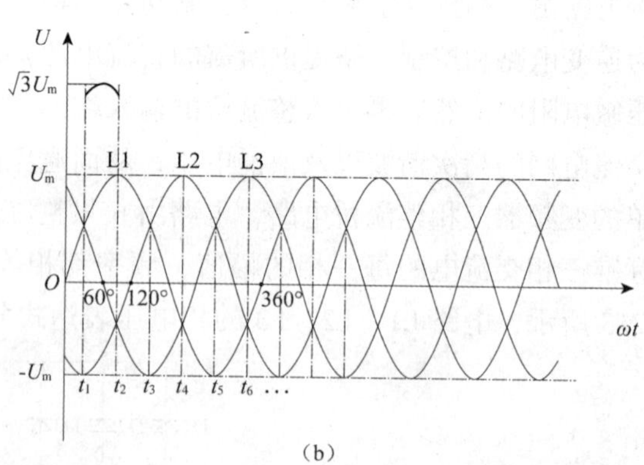

图 6.2.5　$t_1\sim t_2$ 整流回路及其输出波形

对 $t_2\sim t_3$ 段进行分析：

L1、L2、L3 电位关系有 $V_{L1}>V_{L2}>V_{L3}$，根据二极管阵列导通原则。在此区间内应构成如图 6.2.6（a）所示之回路，在输出端口所输出电压应为 L1、L3 之间的线电压，其幅值为$\sqrt{3}U_m$，$u_{L1L3}=\sqrt{3}U_m\sin(\omega t-30°)$，$t\in\left[\frac{\pi}{2},\frac{5\pi}{6}\right]$。

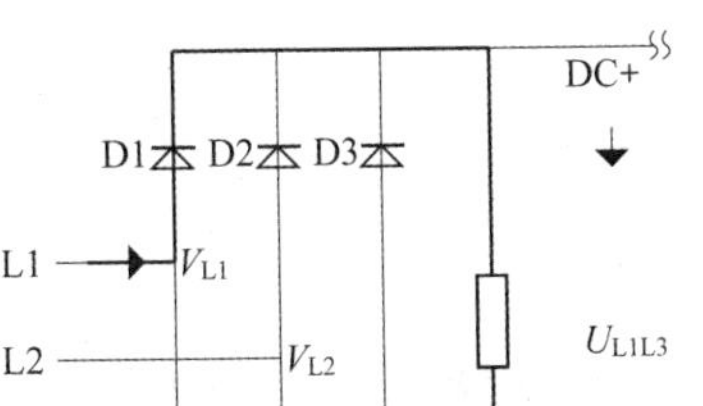

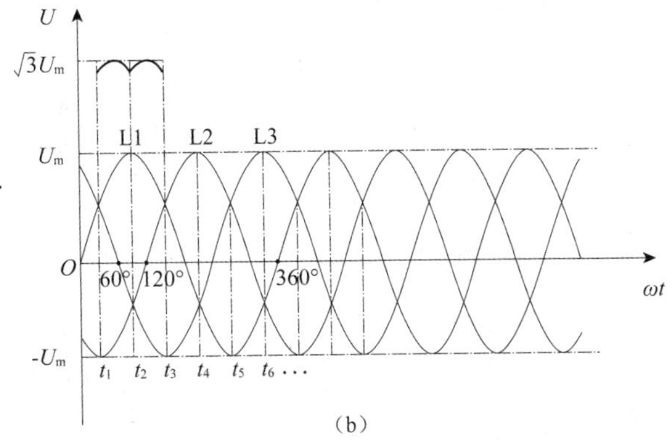

图 6.2.6　$t_2 \sim t_3$ 整流回路及其输出波形

对 $t_3\sim t_4$ 段进行分析：

L1、L2、L3 电位关系有 $V_{L2}>V_{L1}>V_{L3}$，根据二极管阵列导通原则。在此区间内应构成如图 6.2.7（a）所示之回路，在输出端口所输出电压应为 L2、L3 之间的线电压，其幅值为$\sqrt{3}U_m$，$u_{L2L3}=\sqrt{3}U_m\sin(\omega t-90°)$，$t\in\left[\frac{5\pi}{6},\ \frac{7\pi}{6}\right]$。

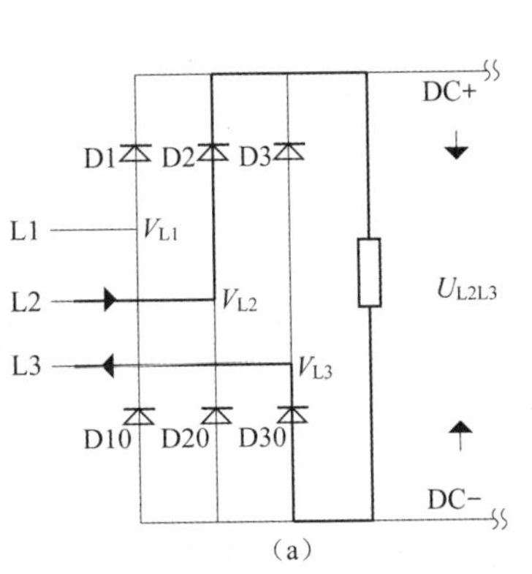

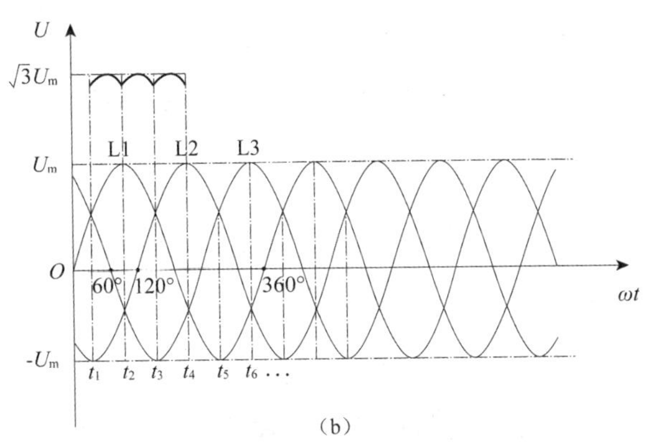

图 6.2.7　$t_3 \sim t_4$ 整流回路及其输出波形

按照类似的方法对 $0\sim t_1$、$t_4\sim t_5$、$t_5\sim t_6$、…时间段进行分析可发现整流电路的输出波形呈现出周期函数的特点，周期为$\frac{\pi}{3}$，波形如图 6.2.8 所示。

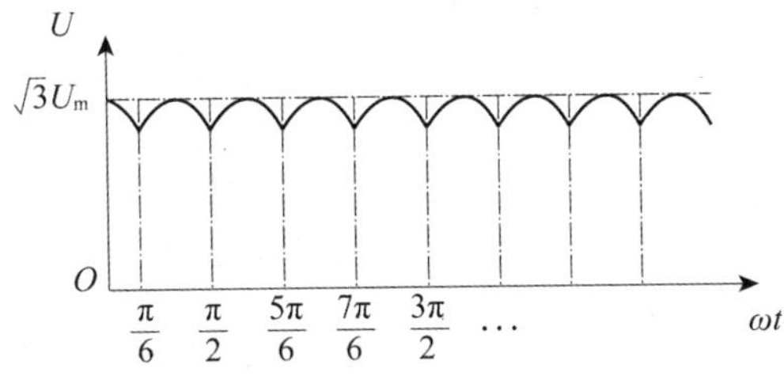

图 6.2.8　整流输出波形

由于此波形具有高度的对称性，为简化分析，我们将 t_1～t_2 阶段的波作为基础波来对整体波形进行分析计算：

$$u_{\mathrm{L1L2}}=\sqrt{3}U_{\mathrm{m}}\sin\left(\omega t+\frac{\pi}{6}\right),\ t\in\left[\frac{\pi}{6},\ \frac{\pi}{2}\right] \tag{1}$$

输出电压平均值计算：

设由此全波整流桥输出的直流电压平均值为U_{Avg}，那么整流后的电压平均值可按照下式计算：

$$u_{\mathrm{Avg}}=\frac{1}{T}\int_{a}^{a+T}u_{\mathrm{L1L2d}\omega t} \tag{2}$$

代入已知量，可得：

$$u_{\mathrm{Avg}}=\frac{3}{\pi}\int_{\frac{\pi}{6}}^{\frac{\pi}{2}}\sqrt{3}U_{\mathrm{m}}\sin\left(\omega t+\frac{\pi}{6}\right)\mathrm{d}\omega t\approx 1.654\ U_{\mathrm{m}} \tag{3}$$

输出电压有效值计算：

设由此全波整流桥输出的直流电压有效值为U_{rms}，输出电压符合周期信号的特点，使用方均根值的方法计算有效值：

$$u_{\mathrm{rms}}=\sqrt{\frac{1}{T}\int_{a}^{a+T}u_{\mathrm{L1L2}}^{2}\,\mathrm{d}\omega t}=\sqrt{\frac{3}{\pi}\int_{\frac{\pi}{6}}^{\frac{\pi}{2}}3\,U_{\mathrm{m}}^{2}\,\sin^{2}\left(\omega t+\frac{\pi}{6}\right)\mathrm{d}\omega t}\approx 1.655\ U_{\mathrm{m}} \tag{4}$$

根据上述分析，若输入电压的有效值为 AC 220 V，那么整流电路的输出平均值为 $1.654\times\sqrt{2}\times 220=514.6$（V），有效值为 $1.655\times\sqrt{2}\times 220=514.9$（V）。

2. 滤波

由整流环节输出的直流电由于存在较大纹波，难以直接应用于逆变电路。需要通过滤波电路去除纹波。滤波电路具有多种拓扑结构，如图 6.2.9 所示部分滤波电路。

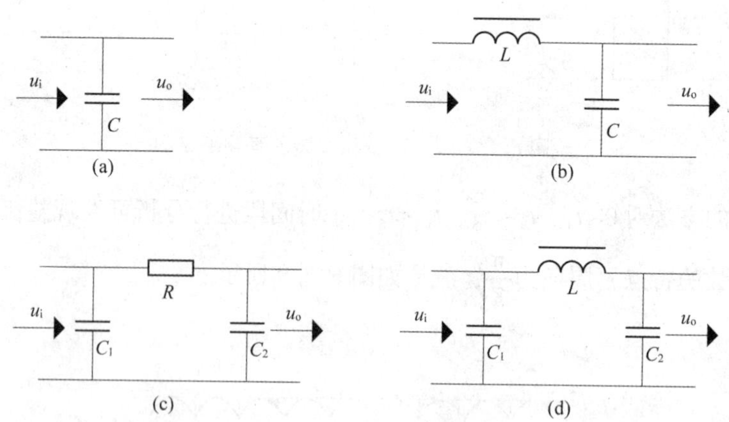

图 6.2.9　几种不同种类的滤波器

（a）电容式滤波器；（b）L 型滤波器；（c）*RC*π 型滤波器；（d）*LC*π 型滤波器

将上文所述的三相不可控整流电路的直流输出端口加上一个电容式滤波电路。如图 6.2.10（a）所示，整流输出作用于负载也同时作用于滤波电容 C。关于三相不可控整流电

路的输出波形我们在前文已经描述，以图 6.2.10（a）的 $0\sim\frac{\pi}{6}$ 阶段为例进行分析，电容 C 充电后最大电压为 $\sqrt{3}U_m$，而整流电路的输出电压在达到峰值 $\sqrt{3}U_m$ 后呈现下降趋势，那么势必存在滤波电容 C 的电位高于整流输出电位的情况，此情况下负载端由滤波电容 C 放电对其进行供电，电容放电曲线符合动态电路特点。输出曲线如图 6.2.10（b）$P_1 \to P_2$ 段曲线所示，当电容电位小于整流输出电位时，负载转为由整流输出对其供电，至此即完成一个周期，通过图 6.2.10（b）可以发现，增加输出滤波电路后，负载端的电压波形更加平稳，由于增加电容后，同样一个周期的输出电压对 ωt 轴的积分叠加了曲边形 $P_1P_2P_3$ 的面积，这使得整流输出电压有效值以及平均值提高。

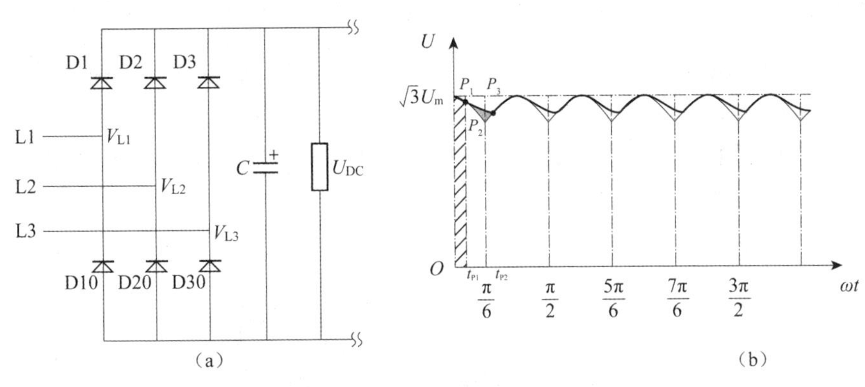

图 6.2.10　滤波输出及其图像

3. 逆变

该电路主要功能是将直流电转化为交流电，以便驱动交流电动机，一般内部电路的核心元件是 IGBT（绝缘栅双极型晶体管），图 6.2.11（a）所示采用 IGBT 以及续流二极管组成的逆变电路，根据 IGBT 的开关特性，可以将图 6.2.11（a）所示电路简化为图 6.2.11（b）所示电路。通过有规律的通断这些 IGBT 即可输出正弦电压，改变 IGBT 的触发频率可以改变输出电压的频率，也即达到了变频的目的。

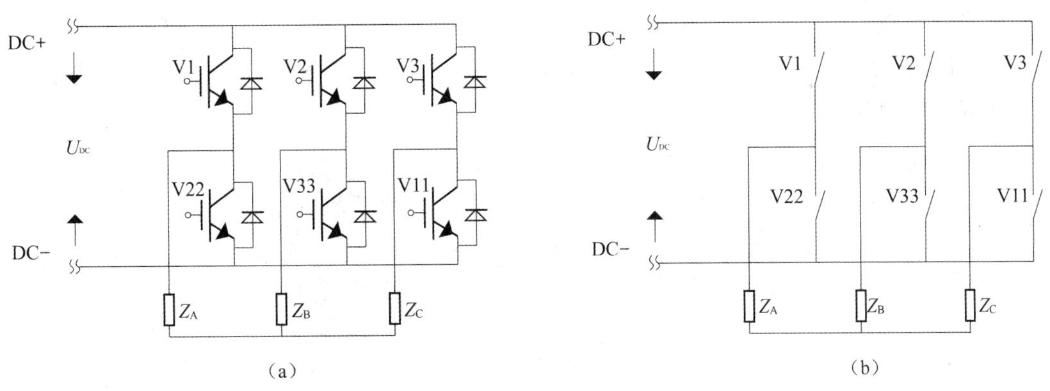

图 6.2.11　IGBT 逆变电路

4. 控制

这部分主要功能是按照设定的程序进行工作，控制输出方波的幅度与脉宽，产生的方波脉冲经过驱动电路后驱动 IGBT 输出逆变电压。控制电路系统一般由逆变频率反馈电路，主电路的电压、电流检测电路，电动机速度检测电路，逆变 IGBT 驱动电路，以及逆变器及电动机保护电路组成。

6.2.3 G120 系列变频器

1. 变频器

由西门子公司推出的 SINAMICS G120 变频器是针对三相交流电动机而设计的，用于实现精确而又经济的转速/转矩控制，如图 6.2.12 所示。该系列产品涵盖了 0.37~250 kW 的功率范围，可广泛用于各种传动方案。标准型 SINAMICS G120 变频器尤其适用于：

（1）汽车工业、纺织业、过程技术工业等领域。

（2）钢铁、石油、天然气和近海等工业领域的输送机系统或再生能源回收应用。

图 6.2.12　G120 变频器样式

G120 变频器是一种模块化的变频器，主要由控制单元（CU）以及功率模块（PM）组成，二者通常组合使用。控制单元（CU）参数由面板或者通信写入到控制单元内，西门子系列变频器具有两类参数，一类是控制参数（P 参数，可以读写），一类是反馈参数（r 参数，只能读不能写），控制单元根据这些参数控制功率模块，控制单元有多种控制模式。功率模块（PM）用于对电动机供电，包含整流和逆变功能，功率范围为 0.37~250 kW，模块基于脉宽调制的 IGBT 逆变技术，如图 6.2.13 所示。

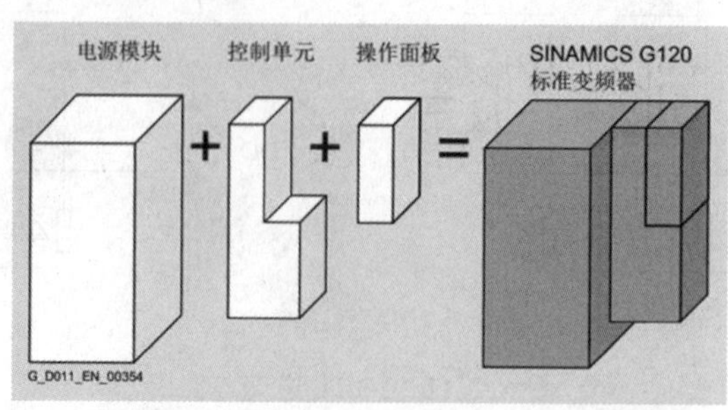

图 6.2.13　G120 模块组合

2. BICO 互联技术

BICO 互联技术是西门子变频器的一种特有的功能（不同款式的 BICO 参数可能略有区别，具体需要结合相应变频器的技术手册），该技术是一种把变频器内部输入、输出功能联系在一起的设置手段，这种功能使得变频器具有了一定的编程功能。西门子变频器的 BICO 参数有 5 种类型，变频器参数表中有些参数前面会冠以“BI:”“BO:”“CI:”“CO:”“CO/BO:”，这些便是 BICO 参数。我们可以通过 BICO 参数确定功能块输入信号的来源，从而确定功能块是从哪个模拟量接口或数字量接口读取输入信号。

图 6.2.14 所示为 BICO 逻辑示意图，表 6.2.1 所示为 BICO 的含义。

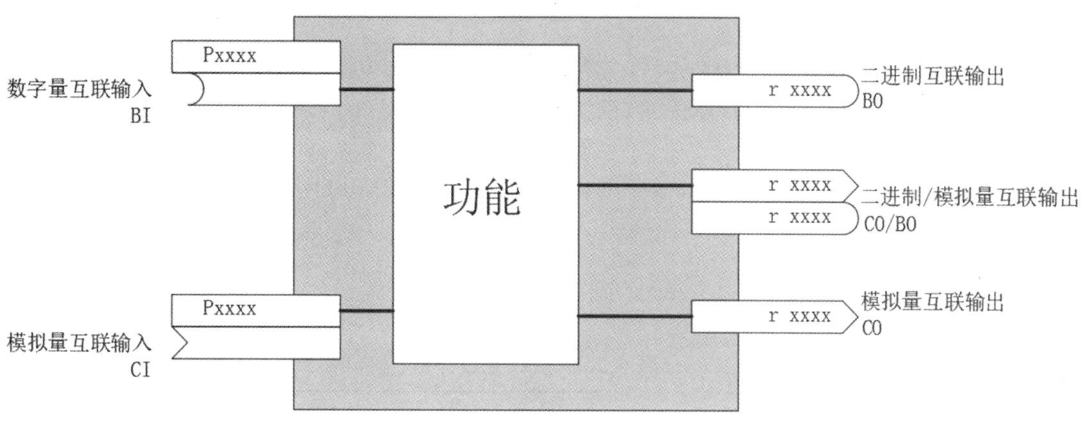

图 6.2.14　BICO 逻辑示意图

表 6.2.1　BICO 的含义

名称	含义
BI	数字量互联输入，即参数作为某个功能的数字量输入接口，通常与“P”参数对应
CI	模拟量互联输入，即参数作为某个功能的模拟量输入接口，通常与“P”参数对应
BO	数字量互联输出，即参数作为数字量输出信号，通常与“r”参数对应
CO	模拟量互联输出，即参数作为模拟量输出信号，通常与“r”参数对应
CO/BO	模拟量/数字量互联输出，将多个二进制变量合并成一个字（Word）的数据，该字中的每一个位都表示一个数字量互联输出信号，一共 16 个合并在一起表示一个模拟量互联输出信号

任务实施

1. 任务说明

根据图 6.2.1 控制系统拓扑图以及相关介绍可知，本次改进是为了提高原有传动系统的传动效率而引出的。原传动系统内的电动机参数已经给出，意味着我们需要按照电动机相应参数来对变频器进行选型，其次还需要一个控制器来对整体进行协调，以下是本系统的控制要求。

1）调速

具有就地控制和远程控制功能。远程控制功能是指变频器通过 HMI 进行启动停止，要求电动机转速在 0~50 Hz 内可调节；就地功能则是人为的通过就地按钮进行随时启动停止的操作，变频器频率固定为 40 Hz。

2）控制

通过 S7-1200 给变频器下发控制指令，并将控制器作为数据处理中心（负责转速等数据的获取）。外围增加一些基本的按钮，指示灯完成电动机的就地启动和变频器状态显示。

3）显示

由 KTP700 面板作为数据显示窗口，并且可以在面板上进行远程操作启动停止电动机。

2. I/O 分析

I/O 点位分析如表 6.2.2 所示。

表 6.2.2　I/O 点位分析

信号类型	描述	PLC 地址	单项点位小计
DI	手自动切换—手动	I0.0	4
	手自动切换—自动	I0.1	
	启动	I0.2	
	停止	I0.3	
DO	故障指示灯（直连变频器）	/	/
	运行指示灯（直连变频器）	/	

3. 自动化系统核心器件选型

（1）PLC。选用“CPU 1214C DC/DC/DC”，采用 PN 通信的方式对变频器进行控制。

（2）HMI 可视化操作。从满足系统功能以及投资综合考虑情况下，选用西门子 KTP 700 精简面板，该面板支持 PN 通信。

（3）驱动系统。有一点需要明确，那就是在本项目内电动机属于连续运动负载，搅拌桶内的药剂浓度可能发生变化，将其归为重载。浏览西门子变频器手册后，G120 系列变频器可以胜任此工作模式。表 6.2.3 所示为本项目内关于变频器选型的一些关键信息。

表 6.2.3　变频器选型关键信息

序号	关键信息	内容	选型适用范围
1	现场电源电压等级	AC 380 V（电能质量良好）	功率模块（PM）
2	电动机额定电流	13.1 A	
3	电动机额定功率	7.5 kW	
4	负载类型	搅拌器（连续运动），重载，无须制动	
5	变频器所处的环境温度和海拔	海拔=208 m；室温	控制单元（CU）
6	是否有编码器反馈	无	
7	需要的通信接口类型	PROFINET	
8	模拟量/数字量接口数量	模拟量：0；数字量输入：0；数字量输出：2	

该搅拌器作为恒转矩负载，且需要按照重载（HO）来选择，查阅西门子 G120 选型样本 D31.3 后可以选出无集成滤波器（6SL3210-1PE22-7UL0）的 PM240-2，如图 6.2.15 所示。

电源电压 380 ...480 V 3 AC		PM240-2 电源模块，标准型				
无集成进线滤波器		6SL3210-1PE21-1UL0	6SL3210-1PE21-4UL0	6SL3210-1PE21-8UL0	6SL3210-1PE22-7UL0	6SL3210-1PE23-3UL0
带 A 级集成进线滤波器		6SL3210-1PE21-1AL0	6SL3210-1PE21-4AL0	6SL3210-1PE21-8AL0	6SL3210-1PE22-7AL0	6SL3210-1PE23-3AL0
输出电流 50 Hz 400 V 3 AC						
• 额定电流 I_N	A	10.2	13.2	18	26	32
• 基本负载电流 I_L	A	10.2	13.2	18	26	32
• 基本负载电流 I_H	A	7.7	10.2	13.2	18	26
• 最大电流 I_{max}	A	15.4	20.4	27	39	52
额定功率						
• 取决于 I_L	kW	4	5.5	7.5	11	15
• 取决于 I_H	kW	3	4	5.5	7.5	11

图 6.2.15　G120 变频器功率模块选型

表 6.2.4 所示为 G120 变频器各控制单元的相关参数，本项目内选用 CU240E-2 PN（6SL3244-0BB12-1FA0）与控制单元联合使用。控制面板选用 BOP-2 面板。

表 6.2.4　G120 变频器各控制单元的相关参数

系列	DI	DO	DI/DO	AI	AO	支持通信类型
CU230P-2	6	3	/	4	2	USS/MODBUS RTU PROFIBUS DP PROFINET
CU240B-2	4	1		1	1	USS/MODBUS RTU PROFIBUS DP

续表

系列	DI	DO	DI/DO	AI	AO	支持通信类型
CU240E-2	6	3		2	2	USS/MODBUS RTU PROFIBUS DP PROFINET
CU250S-2	11	3	4	2	2	USS/MODBUS RTU PROFIBUS DP PROFINET

4. 电气原理图设计

1）变频器控制回路设计思路

对项目要求进行分析可知，若是使用指示灯直连变频器的方式来完成对变频器运行、故障状态的功能，我们需要用到变频器的 BICO 技术。鉴于搅拌器周围环境良好且电动机功率不大，所以无须设计变频器出线电抗器。再根据现场电源波动小这一先行条件，变频器的进线电抗器也无须设计。

2）PLC 控制部分设计思路

将手自动切换开关以及现场就地启停按钮连接至 PLC 的数字量输入，实际上为了实现就地启停这一功能，我们也可以直接将这些按钮连接至变频器的数字量输入，利用 BICO 技术完成。本项目出于控制程序便于切换的目的，使用 PLC 控制的方式完成就地启停这一功能。

变频系统一次回路如图 6. 2. 16 所示，控制单元与 PLC 原理如图 6. 2. 17 所示。

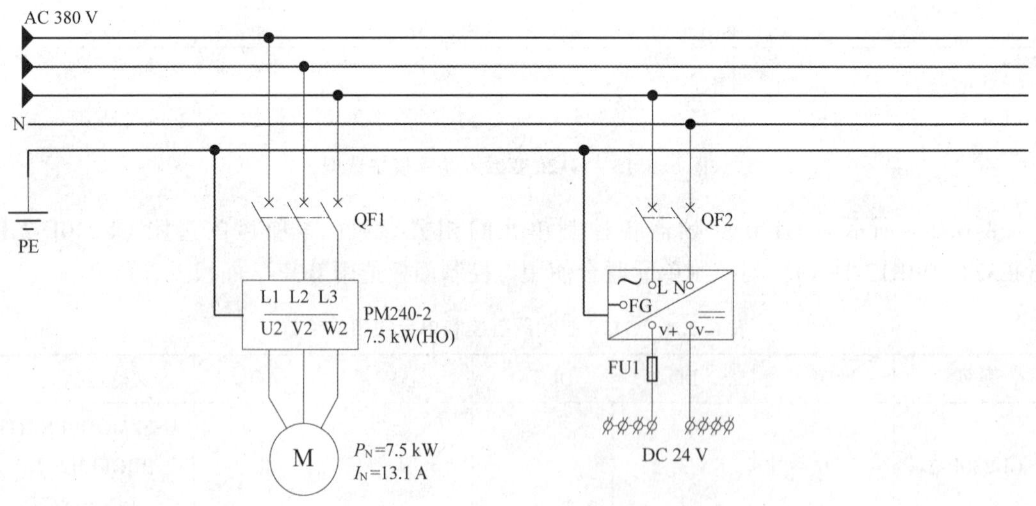

图 6. 2. 16　变频系统一次回路

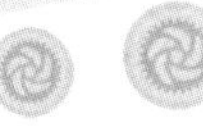

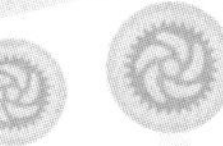

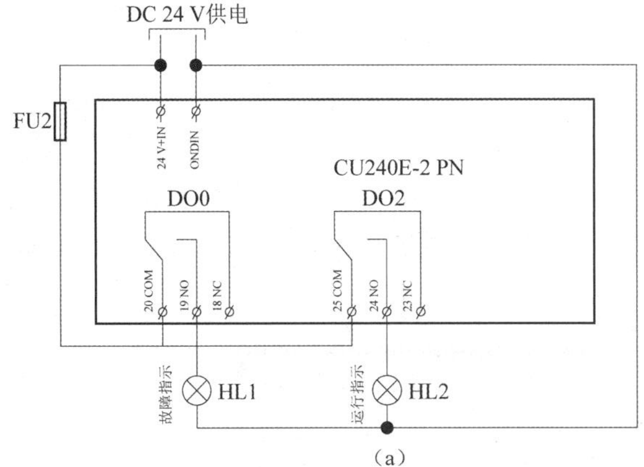

(a)

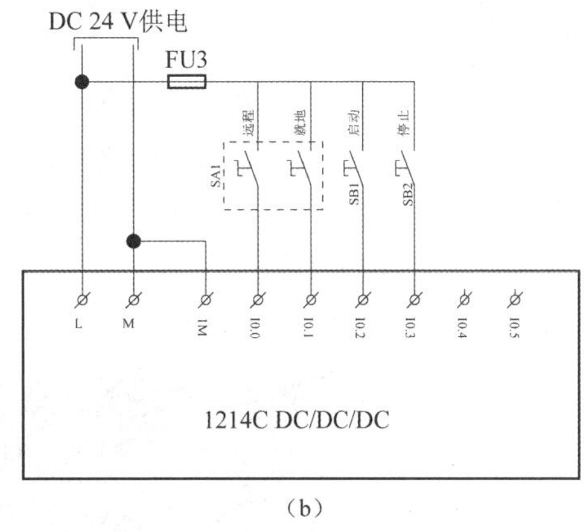

(b)

图 6.2.17　控制单元与 PLC 原理

5. 传动系统与 PLC 配置

1）变频器参数设定

一般而言，变频器需要设定相关参数才能正常工作，常需要设置的参数是：被驱动电动机的电量参数（包括电动机电压等级、额定转速、额定电流等），最大转速、最小转速、上下坡时间……G120 变频器调试参数有两种方式，一种是通过外界软件设置，如使用基于 TIA 博途的 Startdrive 进行参数设置和调试；第二种是直接在变频器上通过控制面板直接设置参数和调试。以下以 Startdrive Advanced V15.1 为平台，对 G120 变频器进行参数设定与完善传动控制系统。

2）Startdrive 的工程意义

截至目前的课程学习我们应该明白，TIA 博途只是相关工程技术组件的一个承载平台，而 Startdrive 是专门用于 SINAMICS 传动系统的调试插件，安装 Startdrive 前要预先安装 TIA 博途。

3）建立 Startdrive 项目

待 Startdrive Advanced V15.1 安装完毕后，打开 TIA 博途，如图 6.2.18 所示，单击方框内“驱动-参数设置”可以进入变频器设备选择界面。

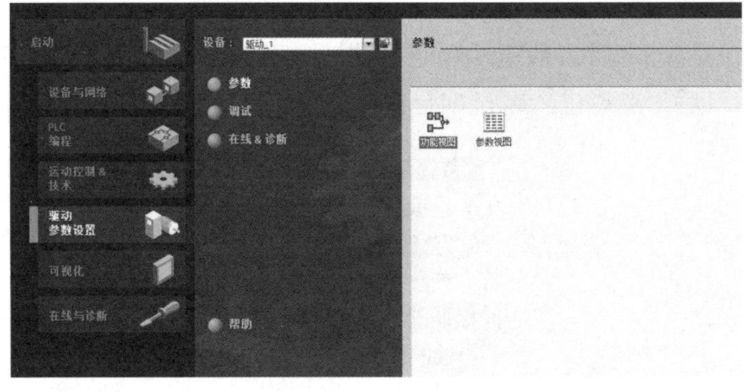

图 6.2.18　Startdrive 安装后的主界面

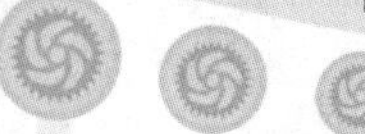

进入“添加新设备”窗口，在“设备名称”处填入“搅拌器驱动”，选择“驱动器和启动器”→“SINAMICS 驱动”→“SINAMICS G120”→“控制单元”→选择“CU240-2 PN”，单击确认后可以进入 TIA 博途的组态主界面。在“设备和网络”一栏可以看到之前选择的“CU240-2 PN”，此时无法进入它的参数设置界面，原因是需要为其配置功率模块（PM）。进入控制单元的设备视图，在软件右侧选择“硬件目录”，搜索栏输入功率模块型号：6SL3210-1PE22-7UL0，将搜寻到的功率模块拖曳到控制单元边上，如图 6.2.19 所示。组态功率模块如图 6.2.20 所示。

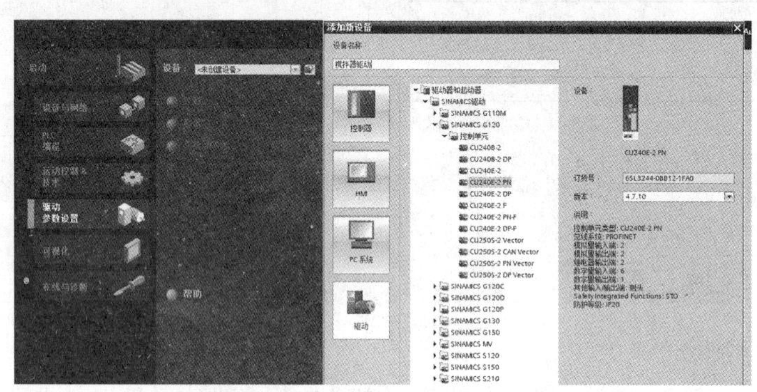

图 6.2.19　选择控制单元

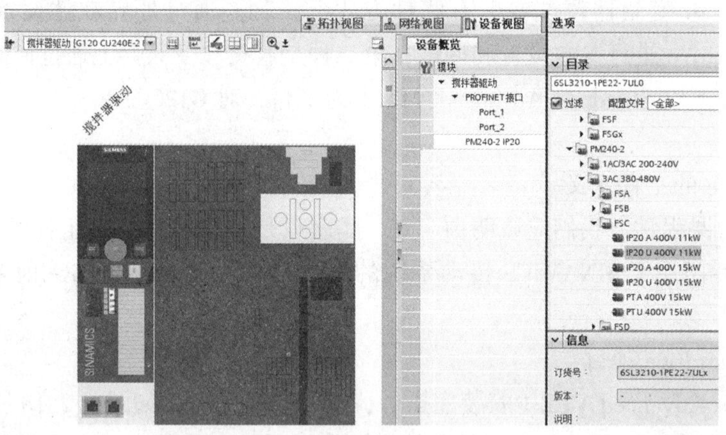

图 6.2.20　组态功率模块

完成功率模块的组态之后，从左侧项目树进入“搅拌器驱动”，列表选择进入“调试”一栏。进入调试窗口后，选择进入调试向导，如图 6.2.21～图 6.2.31 所示。

图 6.2.21　进入控制单元的参数设定界面

图 6.2.22　控制单元调试向导

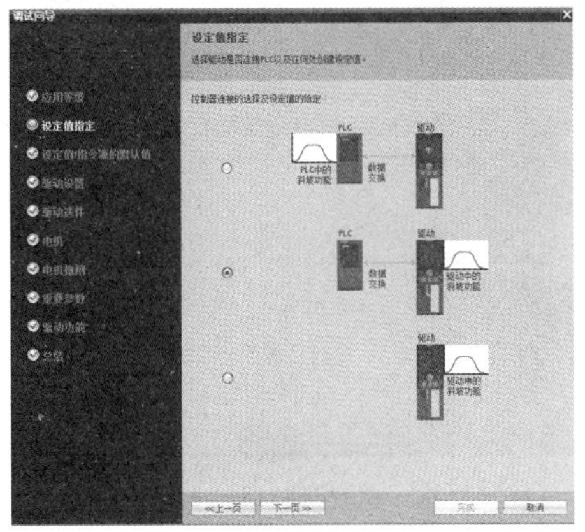

图 6.2.23　调试向导——设定值指定

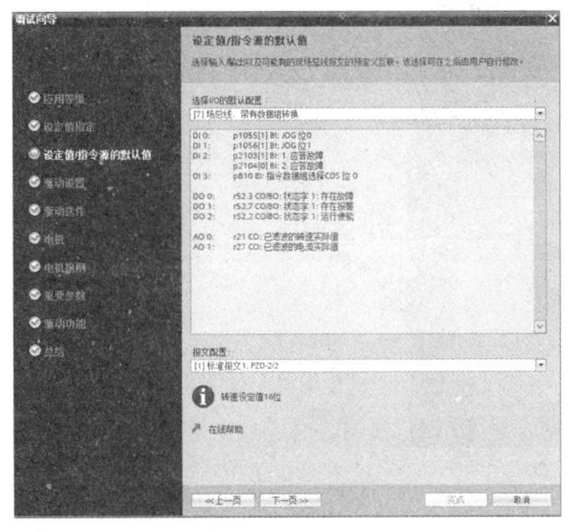

图 6.2.24　调试向导——设定值/指令源的默认值

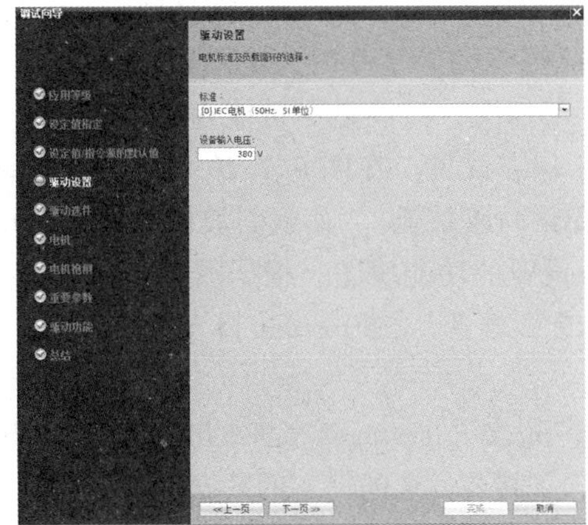

图 6.2.25　调试向导——驱动设置

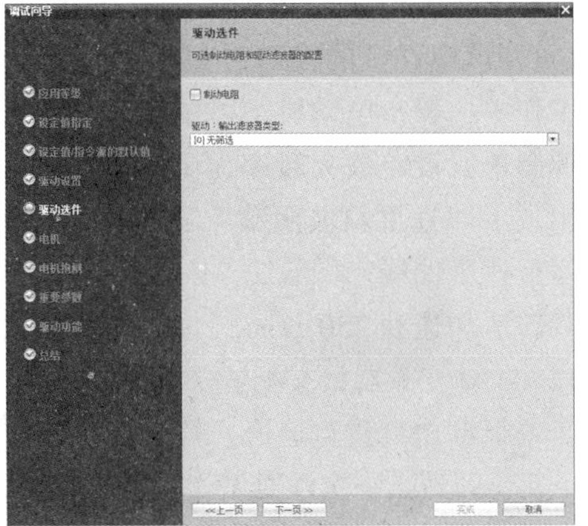

图 6.2.26　调试向导——驱动选件

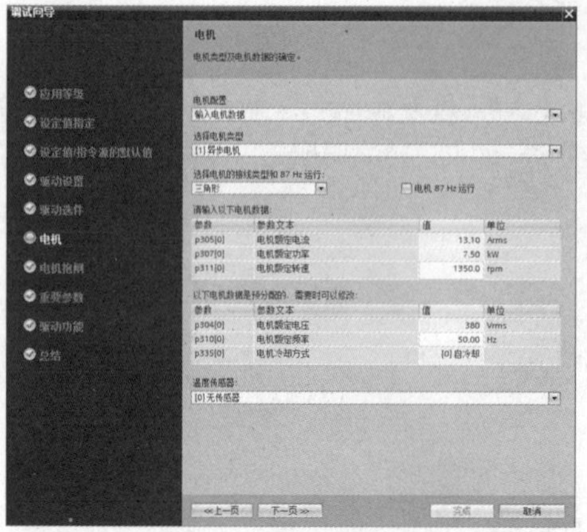

图 6.2.27　调试向导——电动机

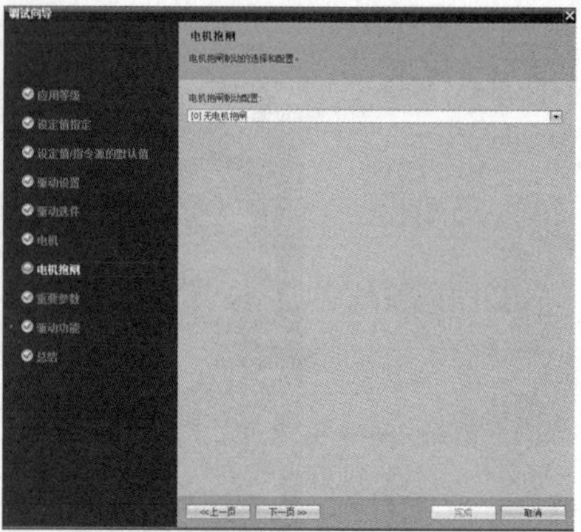

图 6.2.28　调试向导——电动机抱闸

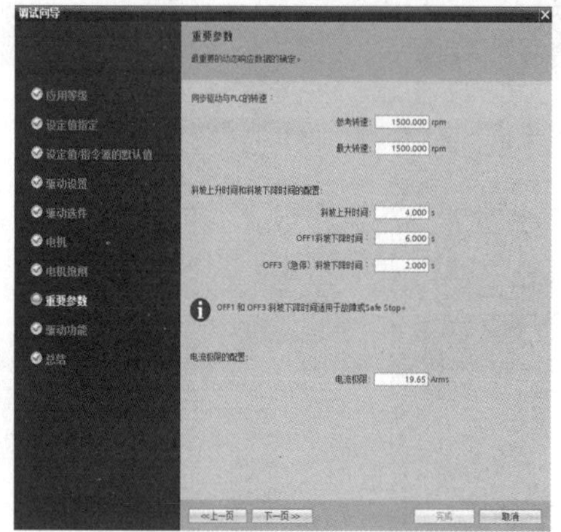

图 6.2.29　调试向导——重要参数

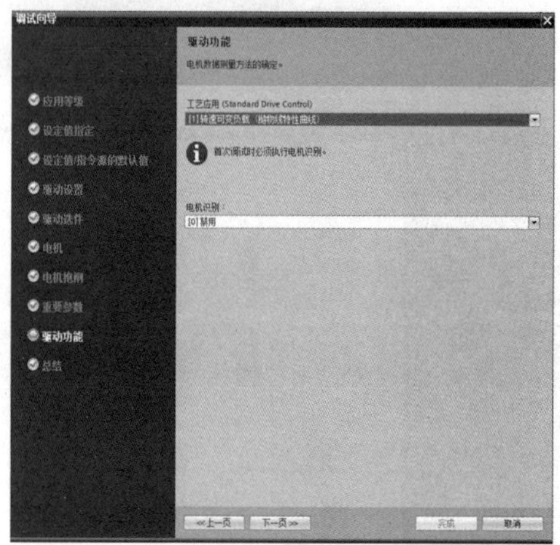

图 6.2.30　调试向导——驱动功能

本项目涉及的电动机其额定转速为 1 350 r/min，所设置的参考转速与最大转速均设置为 1 350 r/min，设置依据由电动机额定转速推导而来，根据异步电动机转速公式 $n = 60f/p$ 可知该电动机的极对数为 2，那么在电动机转差率等于 0 时，电动机满速运行。但实际工作中，异步电动机不可能出现转差率为 0 的情况，只能是尽可能逼近于 0，这里变频器控制单元设定最大转速为 1 500 r/min，属于保守设置。在图 6.2.29 所示的参数设置中，出现了“速度斜坡函数”这一概念，对于变频调速系统，“速度斜坡函数”即为电动机的运行速度曲线。图 6.2.31 是图 6.2.29 参数设置的功能块图，根据图像：假设电动机要从 0 转速加速到 750 r/min，那么需要经过 2 s，而转速从 750 r/min 降至 0 则需要 3 s。

4）G120 变频器报文配置

变频器与 PLC 进行通信，核心在于通信报文。报文（message）是网络中交换与传输的数据单元，即站点一次性要发送的数据块。它包含了将要发送的完整的数据信息，数据长度灵活且可变。执行报文配置前，首先组态 PLC，使之与变频器构成 PROFINET 通信链路（见图 6.2.32），双击进入控制单元，按照图 6.2.33 和图 6.2.34 进行通信报文设置。G120

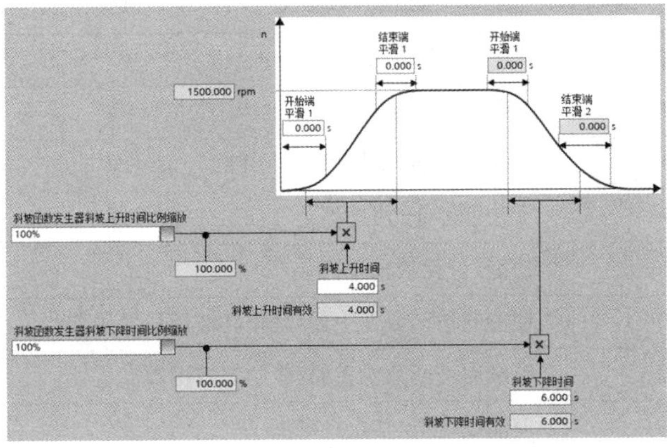

图 6.2.31　斜坡函数发生器

配置的报文接收和发送均为 2 个字，表 6.2.5 所示为 G120 变频器接收报文（控制字）具体含义，表 6.2.6 所示为 G120 变频器发送报文（状态字）具体含义。

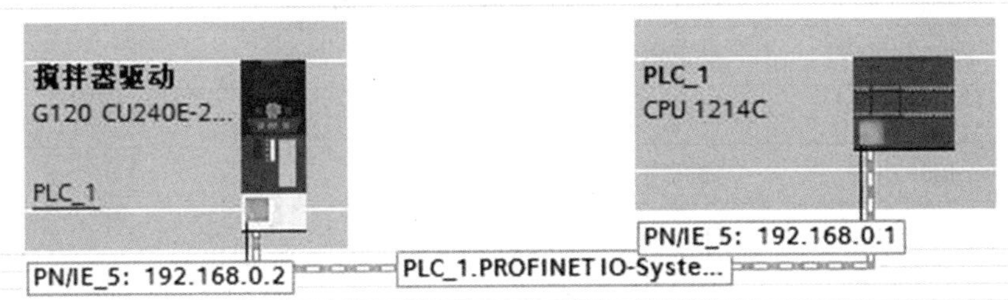

图 6.2.32　G120 与 PLC 的通信链路

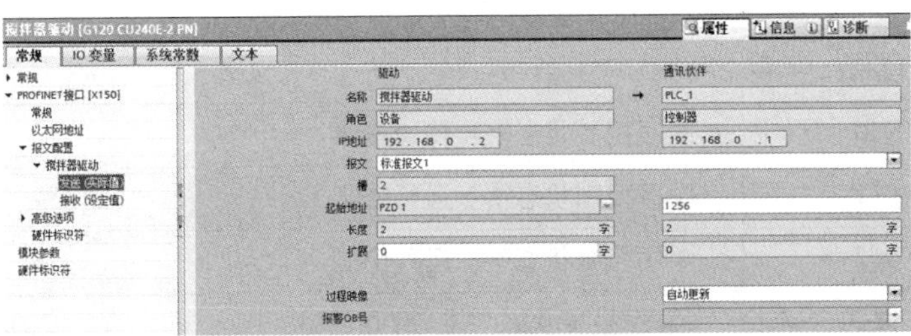

图 6.2.33　G120 发送报文设置

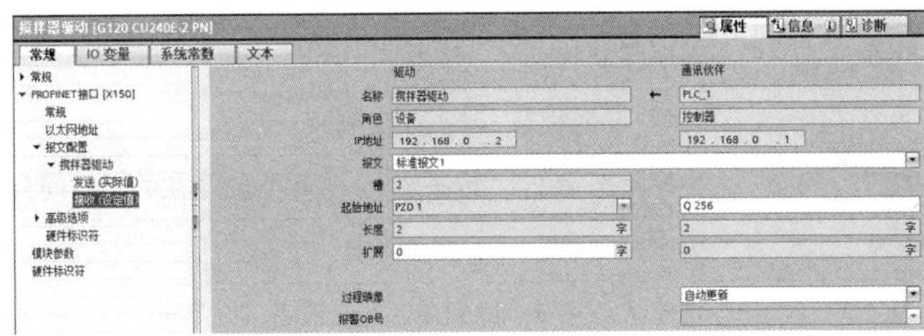

图 6.2.34　G120 接收报文设置

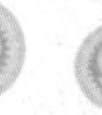

表 6.2.5　G120 变频器接收报文（控制字）具体含义

位	映射参数	含义
0	P840［0］	ON/OFF（OFF1）
1	P844［0］	无缓慢停转/缓慢停转（OFF2）信号源 1
2	P848［0］	无快速停止/快速停止（OFF3）信号源 1
3	P852［0］	使能运行/禁止运行
4	P1140［0］	使能斜坡函数发生器/禁止斜坡函数发生器
5	P1141［0］	继续斜坡函数发生器/冻结斜坡函数发生器
6	P1142［0］	使能设定值/禁止设定值
7	P2103［0］	应答故障
8	预留	预留
9	预留	预留
10	P854［0］	通过 PLC 控制/不通过 PLC 控制
11	P1113［0］	设定值取反
12	预留	预留
13	P1035［0］	提高电动机电位器设定值
14	P1036［0］	降低电动机电位器设定值
15	预留	预留

表 6.2.6　G120 变频器发送报文（状态字）具体含义

位	映射参数	含义
0	r899.0	顺序控制状态字：接通就绪
1	r899.1	顺序控制状态字：运行就绪
2	r899.2	顺序控制状态字：运行使能
3	r2139.3	故障/报警状态字 1：存在故障
4	r899.4	顺序控制状态字：无惯性停车当前有效
5	r899.5	顺序控制状态字：无快速停止当前有效
6	r899.6	顺序控制状态字：接通禁止当前有效
7	r2139.7	故障/报警状态字 1：存在故障
8	r2197.7	监控状态字 1："转速设定-实际值偏差在关闭时间公差内"
9	r899.9	顺序控制状态字：控制请求
10	r2199.1	监控状态字 3：达到或超出 f 或者 n 比较值
11	r1407.7	转速控制器状态字：达到扭矩极限（已取反）

续表

位	映射参数	含义
12	r899.12	顺序控制状态字：打开抱闸装置
13	r2135.14	故障/报警状态字 2：电动机超温报警（已取反）
14	r2197.3	监控状态字 1：实际转速≥0
15	r2135.15	故障/报警状态字 2：功率单元热过载报警（已取反）

完成上述设置后，在主编辑界面左侧项目树内进入“搅拌器驱动”的子目录，进入“调试”→进入窗口选择“通信”→单击“接收方向”，如图 6.2.35 所示。在“PROFIdrive”可以看到使用了 PZD1 和 PZD2 这两个报文区，其中 PZD1 是 G120 的控制字，PZD2 是变频器的控制转速。再单击“发送方向”进入报文发送区域，同样使用了 PZD1 和 PZD2 这两个报文区，发送区的 PZD1 是 G120 的状态字，PZD2 是变频器的实际反馈转速，如图 6.2.36 所示。这些报文将映射至 PLC 的 I/O 区域。

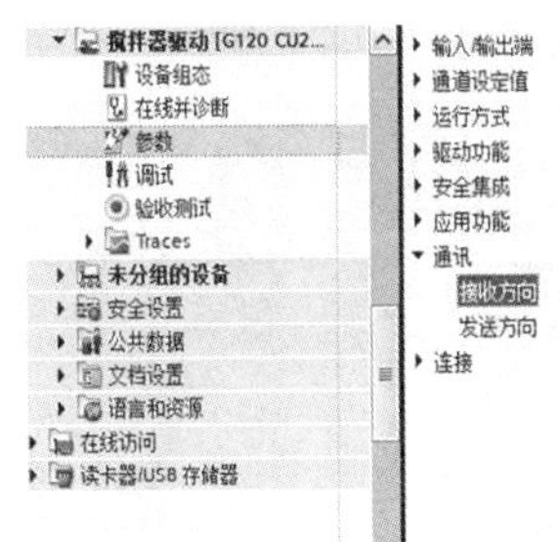

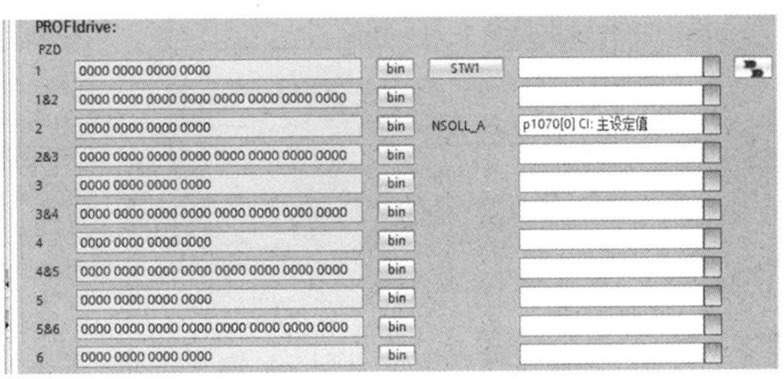

图 6.2.35 G120 报文接收区域

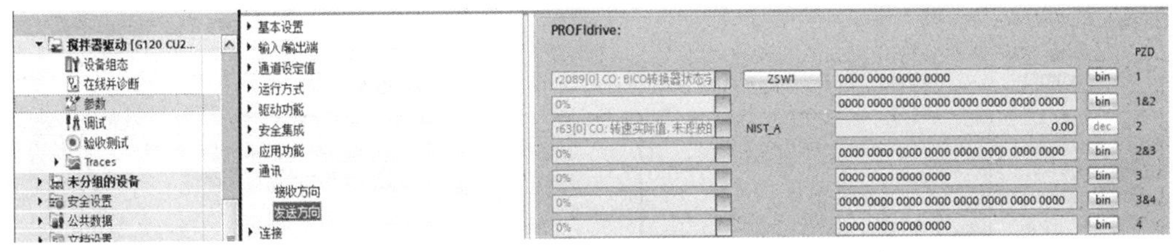

图 6.2.36 G120 报文发送区域

6. 程序编写

1）G120 驱动控制功能块编写

FB 引脚定义如图 6.2.37 所示，频率计算如图 6.2.38 所示，变频器启停逻辑如图 6.2.39 所示，主程序 OBI_频率给定无扰切换如图 6.2.40 所示，G120 控制 FB 调用如图 6.2.41 所示。

G120_Drive

	名称	数据类型	默认值	可从 HMI/...	从 H...	在 HMI ...	设定值	注释
1	▼ Input			☐	☐	☐	☐	
2	Start	Bool	false	☑	☑	☑	☐	启动变频器
3	Stop	Bool	false	☑	☑	☑	☐	停止变频器
4	<新增>			☐	☐	☐	☐	
5	▼ Output			☐	☐	☐	☐	
6	RUN	Bool	false	☑	☑	☑	☐	运行标志位
7	ERROR	Bool	false	☑	☑	☑	☐	故障标志位
8	ActSpd	Real	0.0	☑	☑	☑	☐	实际反馈速度
9	<新增>			☐	☐	☐	☐	
10	▼ InOut			☐	☐	☐	☐	
11	SetSpd	Real	0.0	☑	☑	☑	☐	设定速度

图 6.2.37　FB 引脚定义

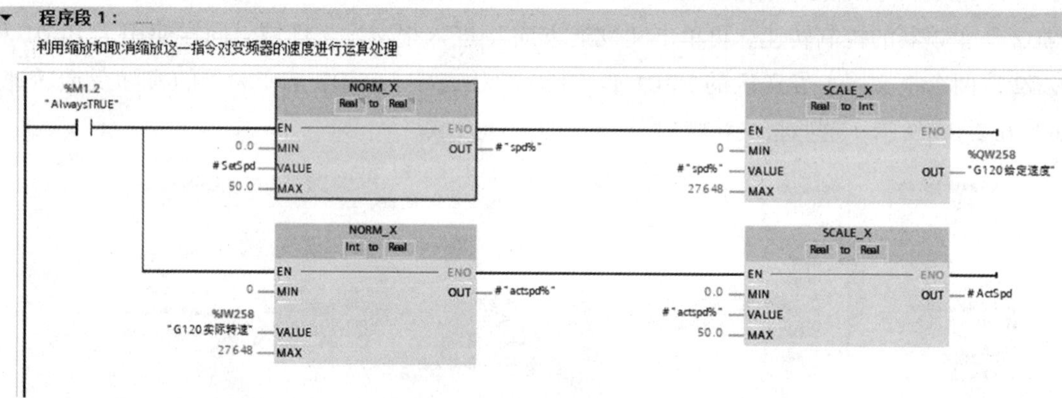

图 6.2.38　频率计算

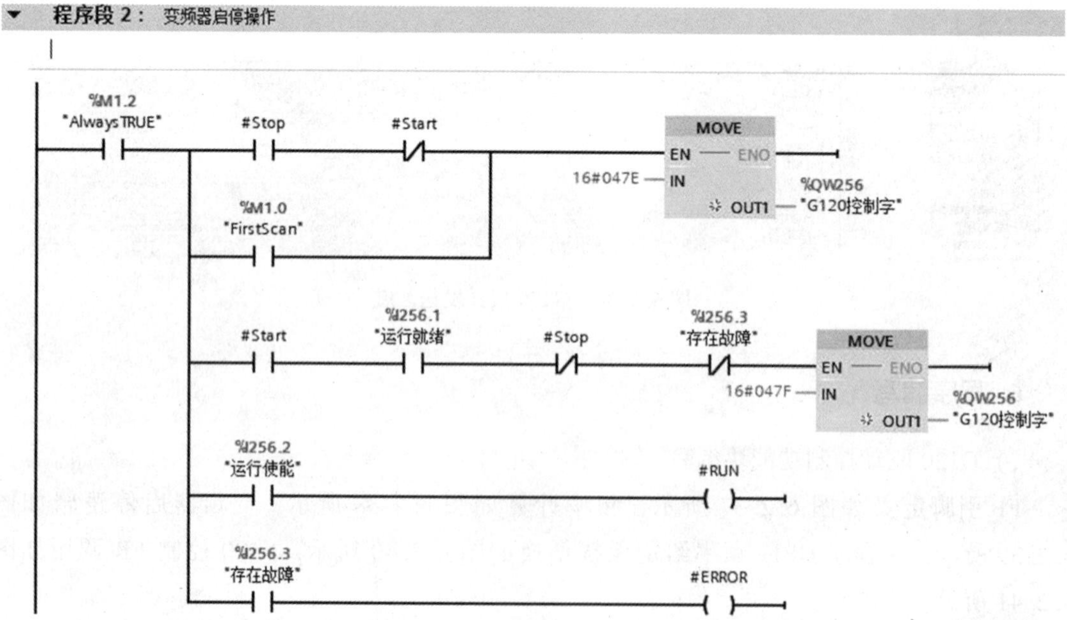

程序段 2：变频器启停操作

%M1.2 "AlwaysTRUE"　#Stop　#Start　MOVE　EN　ENO　16#047E　IN　OUT1　%QW256 "G120控制字"

%M1.0 "FirstScan"

#Start　%I256.1 "运行就绪"　#Stop　%I256.3 "存在故障"　MOVE　EN　ENO　16#047F　IN　OUT1　%QW256 "G120控制字"

%I256.2 "运行使能"　#RUN

%I256.3 "存在故障"　#ERROR

图 6.2.39　变频器启停逻辑

给定频率无扰切换

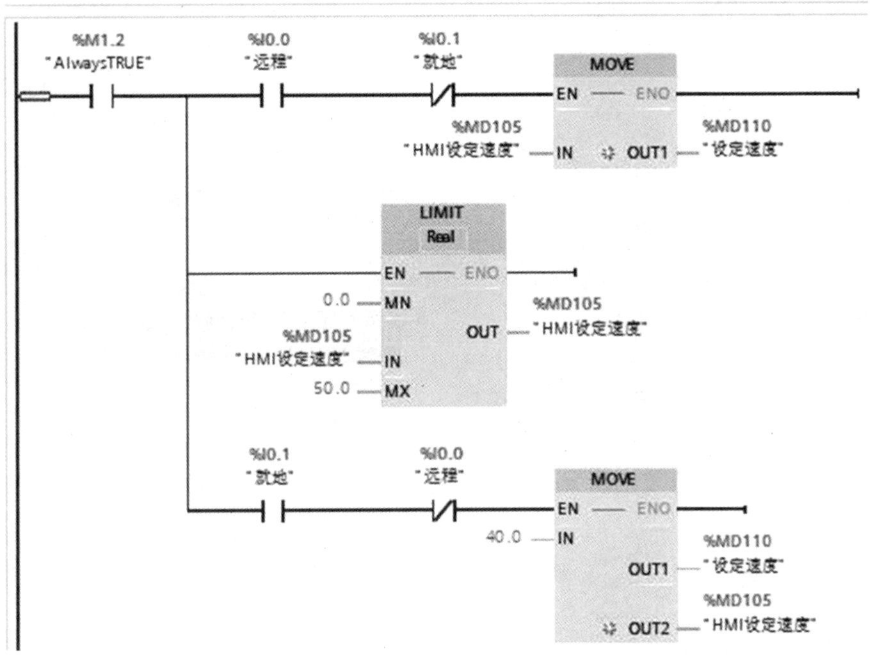

图 6.2.40 主程序 OB1_ 频率给定无扰切换

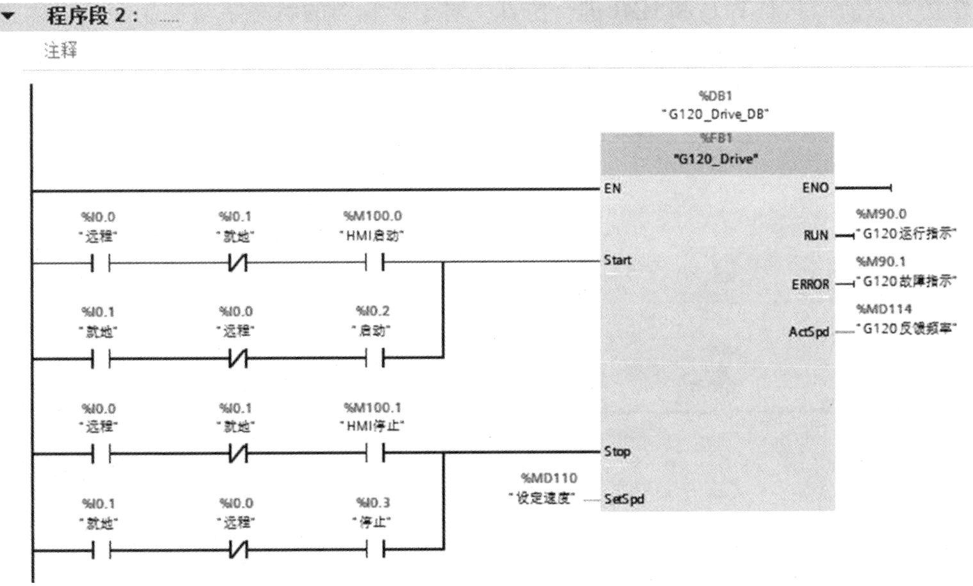

图 6.2.41 G120 控制 FB 调用

2）HMI 界面设计

HMI 界面设计如图 6.2.42 所示。

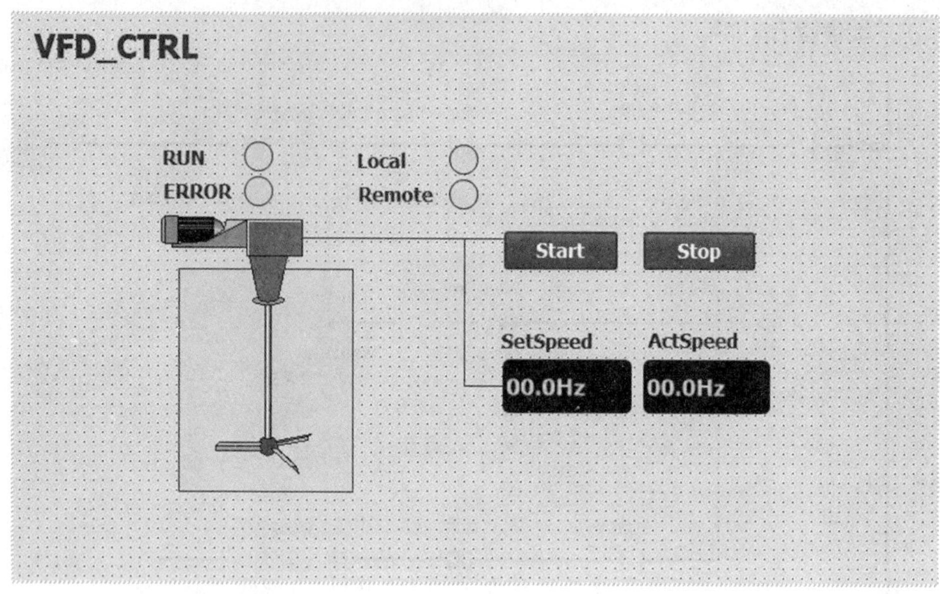

图 6.2.42　HMI 界面设计

7. 调试效果

为保证现场调试得以顺利进行，需要对程序进行软调试（仿真），这里注意，由于变频器无法仿真，所以只对 PLC 和 HMI 进行仿真，对于变频器的状态字与控制字，采用强制的方式进行模拟，如图 6.2.43 和图 6.2.44 所示。

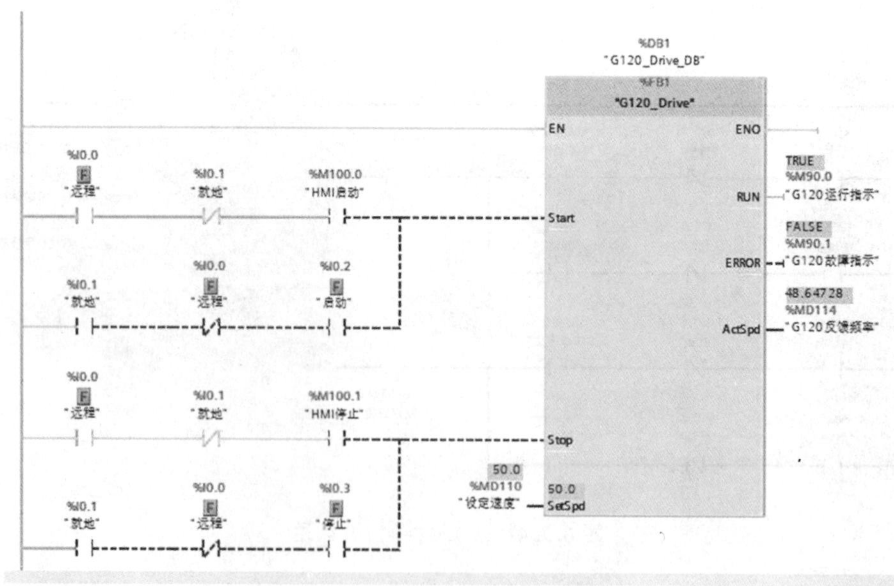

图 6.2.43　强制模式下的 FB 测试情况

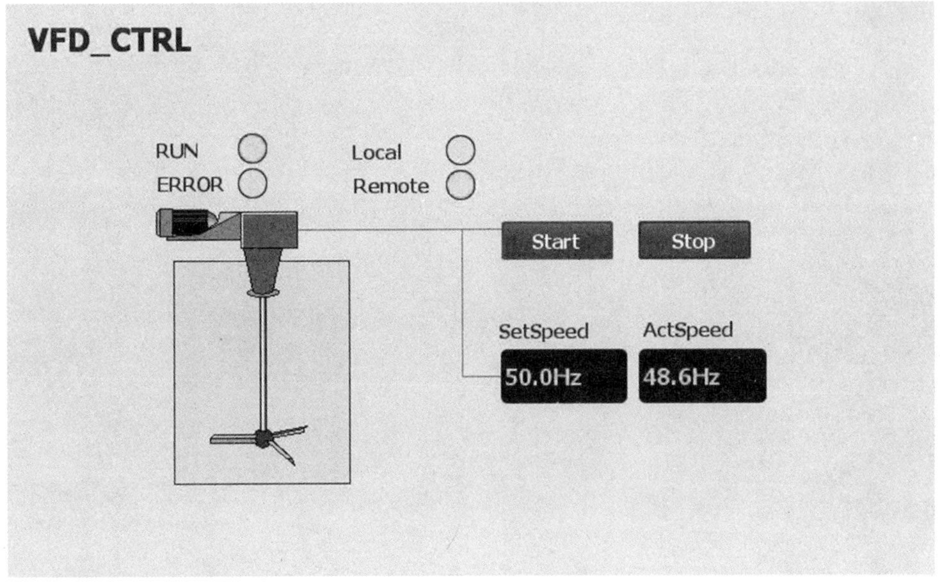

图 6.2.44　远程模式下的 HMI 演示界面

任务拓展

如果需要在 HMI 内对 G120 变频器"斜坡函数"的加速时间和减速时间进行设置，应该如何操作？

思考与练习

1. 变频器的整流电路作用是____________________。

2. G120 变频器是一种模块化的变频器，主要由________以及________组成，二者通常组合使用。

3. 设置变频器斜坡上升时间为 2 s，电动机额定转速为 n，那么要使电动机转速由 0 提升至 0.75n，需要多长时间？

项目七 模拟量的编程及应用

任务 7.1 初识模拟量

任务目标

1. 掌握 PLC 内部模拟量的转化机制。
2. 熟悉模拟量的缩放与归一化处理。

任务描述

恒定液位控制是一种极为常见的流体控制方式，通过这种方式，可以使得容器内液体液位保持一个恒定值。现通过对某硫酸厂恒定加药控制项目简化，设计一套简易的液位控制系统。

系统采用超声波液位传感器检测容器内的液位（容器内液位范围：0~2 000 mm），传感器检测后输出 4~20 mA 模拟量信号给 PLC，通过 PLC 内部对模拟量进行缩放与归一化处理得到液位的真实值，利用此数值关联容器外部的泵，通过控制泵的开关来对容器内液位进行控制，如图 7.1.1 所示。

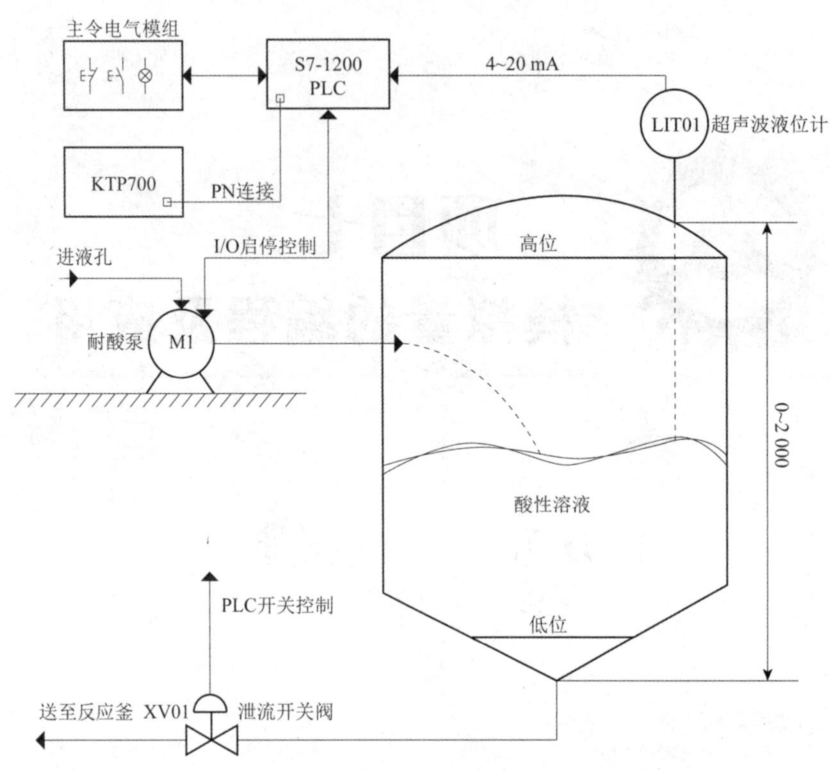

图7.1.1　控制系统 PI 图

基本知识

7.1.1　模拟量、数字量、开关量的区别

模拟量的缩放与归一化

1. 模拟量- Analog Signal

模拟量是指变量在一定范围内随时间连续变化的物理量，如压力、电流、速度、质量、温度、液位等信号。工业使用的模拟量信号一般为电压信号 0~10 V、电流信号 4~20 mA。

2. 数字量- Digital Signal

通常所说的数字量是“0”和“1”组成的信号类型，是经过编码后的有规律的信号。数字量在时间和数值上都是断续变化的离散信号。模拟量与数字量对比如图 7.1.2 所示。

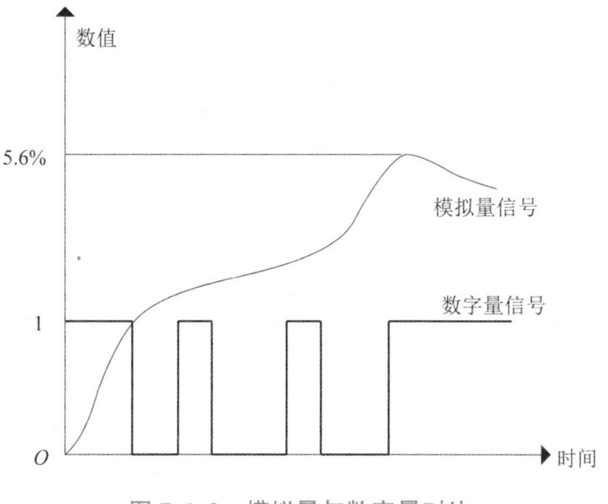

图 7.1.2　模拟量与数字量对比

3. 开关量-Switch Signal

开关量为通断信号、无源信号，电阻测试法为电阻 0 或无穷大；主要指开入量和开出量，譬如电动机的温控器所带的继电器的辅助触点（电动机超温后变位）、阀门凸轮开关所带的辅助触点（阀门开关后变位），接触器所带的辅助触点（接触器动作后变位）、热继电器（热继电器动作后变位），这些点一般都传给 PLC，电源一般是由 PLC 提供的，自己本身不带电源，所以叫无源开关量接点，也叫 PLC 的开关量。

7.1.2　PLC 的模拟量输入与输出

1. 模拟量的输入

模拟量无法直接被 PLC 处理，必须将模拟量转化为数字量之后才能处理，对于 S7-1200 PLC 而言，要想获取到外界的模拟量有两种方式，一是通过 CPU 自带的模拟量通道（仅支持 0~10 V 输入），二是通过外加扩展模块来获取外界模拟量信号，外加模块可以是信号板（SB）或者信号模块（SM）。

2. 模拟量的输出

模拟量输出模块输出的信号类型和数据转换格式与模拟量输入一样，不同之处是模拟量输出是将数字量转化为模拟量，有电流信号、电压信号之分。同样的，作为 PLC 而言，有两种方式输出模拟量信号，一是由 CPU 自身输出模拟量（仅支持 0~20 mA），二是通过外加扩展模块来输出模拟量，外加模块可以是信号板（SB）或者信号模块（SM）。

3. 输入模拟量精度

对于 S7-1200 而言，模拟量在其内部是以一个字来存在的。首先明确输入模拟量的两

个重要参数：模拟量转化分辨率、模拟量转换的精度（误差）。分辨率是 A/D 模拟量转换芯片的转换精度，即用多少位的数值来表示模拟量。一般来说，模拟量通常采用分辨率+符号位来表示。符号位总是在最高位（0 表示正值），非有效位总是在低位，且一直被置位为 0。SM 1231 模拟量模块的转换分辨率是 12 位，能够反映模拟量变化的最小单位是满量程的 $1/2^{12}$，若此模块输入了一个（0~20 mA）的电流信号，那么其最小可以分辨的模拟量（电流值）$=20/2^{12}=0.3125$（mA）。模拟量转换的精度除了取决于 A/D 转换的分辨率，还受到转换芯片的外围电路的影响。在实际应用中，输入的模拟量信号会有波动、噪声和干扰，内部模拟电路也会产生噪声、漂移，这些都会对转换的最后精度造成影响。这些因素造成的误差要大于 A/D 芯片的转换误差。S7-1200 模拟量模块型号参数如图 7.1.3 所示。

模板型号	订货号	分辨率	负载信号类型	量程范围
模拟量输入				
CPU 集成模拟量输入		10 位	0 ~ 10 V	0 ~ 27 648
SM 1231 4 x 模拟量输入	6ES7 231-4HD32-0XB0	12 位 + 符号位	±10 V ,±5 V,±2.5 V	-27 648 ~ 27 648
			0~20 mA，4~20 mA	0 ~ 27 648
SM 1231 4 x 模拟量输入	6ES7 231-5ND32-0XB0	15 位 + 符号位	±10 V ,±5 V,±2.5 V，±1.25 V	-27 648 ~ 27 648
			0~20 mA，4~20 mA	0 ~ 27 648
SM 1231 8 x 模拟量输入	6ES7 231-4HF32-0XB0	12 位 + 符号位	±10 V ,±5 V,±2.5 V	-27 648 ~ 27 648
			0~20 mA，4~20 mA	0 ~ 27 648
SM 1234 4 x 模拟量输入/2 x 模拟量输出	6ES7 234-4HE32-0XB0	12 位 + 符号位	±10 V ,±5 V,±2.5 V	-27 648 ~ 27 648
			0~20 mA，4~20 mA	0 ~ 27 648
SB 1231 1 x 模拟量输入	6ES7 231-4HA30-0XB0	11 位 + 符号位	±10 V ,±5 V,±2.5 V	-27 648 ~ 27 648
			0~20 mA	0 ~ 27 648
模拟量输出				
CPU 集成模拟量输出		10 位	0~20 mA	0 ~ 27 648
SM 1232 2 x 模拟量输出	6ES7 232-4HB32-0XB0	14 位	±10 V	-27 648 ~ 27 648
		13 位	0~20 mA，4~20 mA	0 ~ 27 648
SM 1232 4 x 模拟量输出	6ES7 232-4HD32-0XB0	14 位	±10 V	-27 648 ~ 27 648
		13 位	0~20 mA，4~20 mA	0 ~ 27 648
SM 1234 4 x 模拟量输入/2 x 模拟量输出	6ES7 234-4HE32-0XB0	14 位	±10 V	-27 648 ~ 27 648
		13 位	0~20 mA，4~20 mA	0 ~ 27648
SB 1232 1 x 模拟量输出	6ES7 232-4HA30-0XB0	12 位	±10 V	-27 648 ~ 27 648
		11 位	0~20 mA	0 ~ 27 648

图 7.1.3　S7-1200 模拟量模块型号参数

7.1.3　PLC 内模拟量的转化机制

（1）模拟量在 PLC 内部是一个在-27 648~27 648 的数，其关系如图 7.1.4 所示。

转换公式为

$$CEP=[(AIP-AIL)\times(CEH-CEL)/(AIH-AIL)]+CEL$$

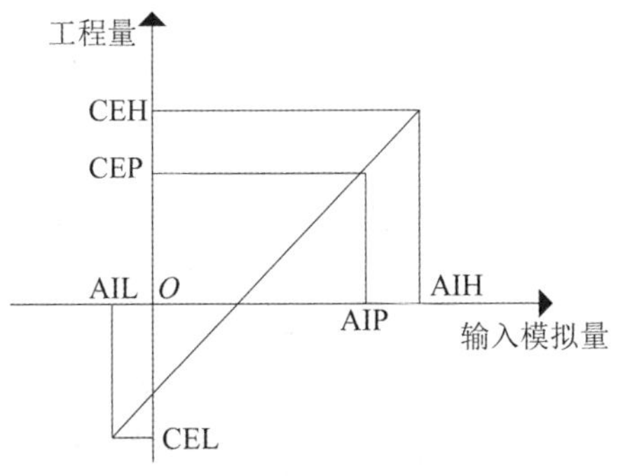

图 7.1.4　模拟量输入、输出与工程量的对应关系

CEH—工程量转换值高限；CEP—工程量转换过程值；CEL—工程量转换值低限；
AIH—模拟量输入值高限；AIP—模拟量输入过程值；AIL—模拟量输入值低限

比如选用 SM 1231 作为模拟量的输入取样模块，量程选用-10~10 V，查表可知其对应的工程量为-27 648~27 648，某时刻电压为 3.2 V，则其对应的工程量过程值 CEP 可以计算为

$$CEP=-27\,648+[(3.2+10)\times(27\,648+27\,648)/(10+10)]=8\,847$$

反过来也成立，假设已知工程量为-3 000，那么对应的模拟量可以计算为

$$AIP=-10+[(-3\,000+27\,648)\times(10+10)/(27\,648+27\,648)]=-1.08\ (V)$$

(2) 归一化与缩放指令 。

NORM_X 说明如表 7.1.1 所示，SCALE_X 说明如表 7.1.2 所示，NORM_X 和 SCALE_X 的线性关系如图 7.1.5 所示。

表 7.1.1　NORM_X 说明

<table>
<tr><th colspan="2">LAD/FBD</th><th colspan="2">说明</th></tr>
<tr><td colspan="2">NORM_X
Int to Real
EN　ENO
0 — MIN
16384 — VALUE　OUT — %MD100 "level_p"
27648 — MAX</td><td colspan="2">将输入 VALUE 中变量的值映射到线性标尺对其进行归一化。可以使用参数 MIN 和 MAX 定义（应用于该标尺的）值范围的限值。输出 OUT 中的结果经过计算并存储为浮点数，这取决于要标准化的值在该值范围中的位置。如果要标准化的值等于输入 MIN 中的值，则输出 OUT 将返回值“0.0”。如果要归一化的值等于输入 MAX 的值，则输出 OUT 需返回值“1.0”。
指令将按以下公式进行计算：
OUT=（VALUE – MIN）/（MAX – MIN）</td></tr>
<tr><td>参数</td><td>声明</td><td>数据类型</td><td>说明</td></tr>
<tr><td>MIN</td><td>IN</td><td>整数、浮点数</td><td>取值范围的下限</td></tr>
<tr><td>VALUE</td><td>IN</td><td>整数、浮点数</td><td>要归一化的值</td></tr>
<tr><td>MAX</td><td>IN</td><td>整数、浮点数</td><td>取值范围的上限</td></tr>
<tr><td>OUT</td><td>OUT</td><td>浮点数</td><td>归一化的结果</td></tr>
</table>

表 7.1.2　SCALE_X 说明

<table>
<tr><th colspan="2">LAD/FBD</th><th colspan="2">说明</th></tr>
<tr><td colspan="2">SCALE_X
Real to Real
EN — ENO
0.0 — MIN
%MD100 "level_p" — VALUE
2000.0 — MAX
OUT — %MD104 "Actual_level"</td><td colspan="2">可以使用“缩放”指令，通过将输入 VALUE 的值映射到指定的值范围内，对该值进行缩放。当执行“缩放”指令时，输入 VALUE 的浮点值会缩放到由参数 MIN 和 MAX 定义的值范围，存储在 OUT 输出中。
指令将按以下公式进行计算：
OUT=［VALUE×（MAX － MIN）］+MIN</td></tr>
<tr><th>参数</th><th>声明</th><th>数据类型</th><th>说明</th></tr>
<tr><td>MIN</td><td>IN</td><td>整数、浮点数</td><td>取值范围的下限</td></tr>
<tr><td>VALUE</td><td>IN</td><td>浮点数</td><td>要缩放的值</td></tr>
<tr><td>MAX</td><td>IN</td><td>整数、浮点数</td><td>取值范围的上限</td></tr>
<tr><td>OUT</td><td>OUT</td><td>整数、浮点数</td><td>缩放的结果</td></tr>
</table>

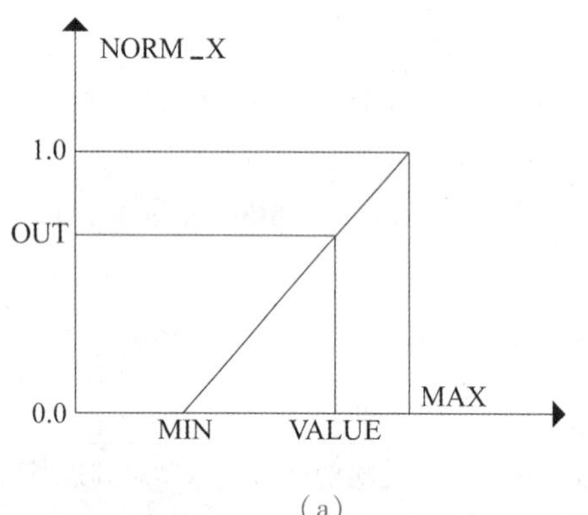

（a）

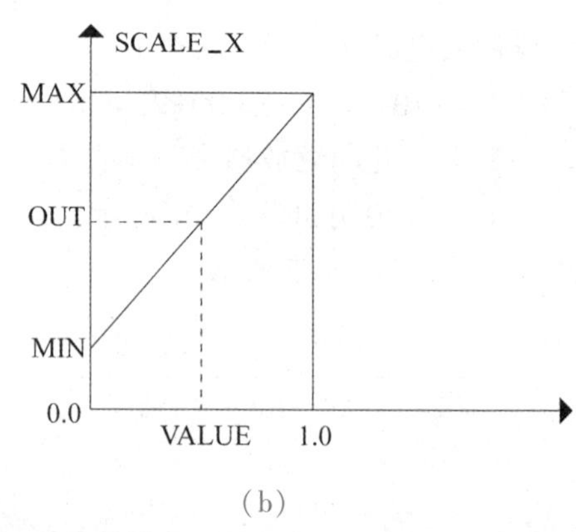

（b）

图 7.1.5　NORM_X 和 SCALE_X 的线性关系

（a）NORM_X；（b）SCALE_X

（3）归一化、缩放指令调用实例。

某流量计量程为 0~2 000 m^3/h，输出信号为 4~20 mA，地址为 IW80，将 0~20 mA 的电流信号转化为工程量 0~27 648，求以 m^3/h 为单位的浮点数流量值。

解析：4 mA 对应的工程量为 5 530，IW80 将 0~2 000 m^3/h 的流量值映射到工程量 5 530~27 648，用“归一化”指令 NORM_X 将 5 530~27 648 归一化为 0.0~1.0 的浮点数，然后使用“缩放”指令 SCALE_X 将归一化后的数字转化为 0~2 000 m^3/h 的浮点数流量值，用“实际流量”保存此值。

博途内对 AI 模块进行模拟量通道组态如图 7.1.6，I/O 地址设置如图 7.1.7 所示，程序编写如图 7.1.8 所示。

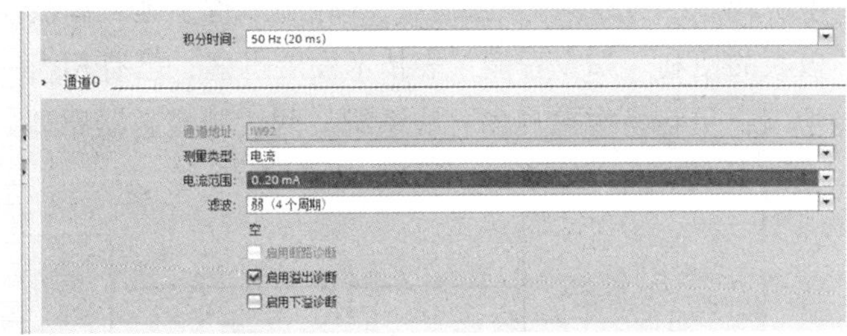

图 7.1.6　TIA 博途内对 AI 模块进行模拟量通道组态

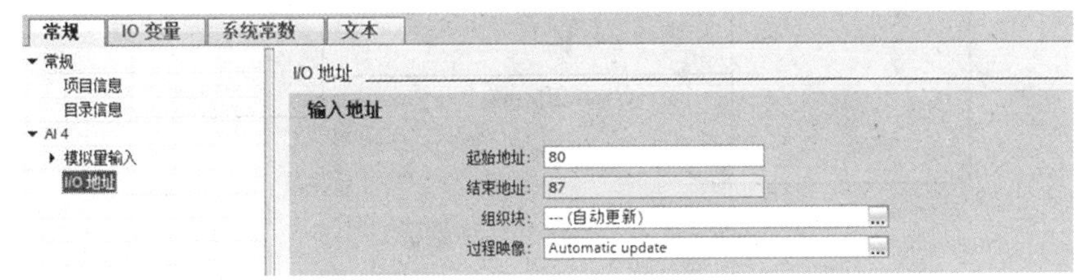

图 7.1.7　I/O 地址设置

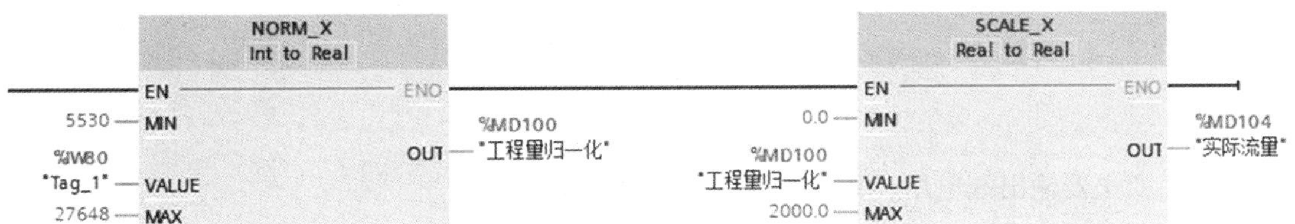

图 7.1.8　程序编写

7.1.4　几种不同的变送器接线制

工业上需要测量的各类非电物理量，如温度、压力、速度、角度等，需要转换成标准模拟量电信号才能传输到几百米外的控制室或显示设备上。这种将物理量转换成标准量程的直流电压或直流电流的设备称为变送器。相比较于电压输出类型的变送器，电流输出型对周围电磁干扰的耐受性更好。例如电压输入时 S7-1200 的模拟量输入模块的输入阻抗大于等于 9 MΩ，假设变送器距离 PLC 较远，那么微小的干扰信号电流在模块的输入阻抗上也会产生较大的干扰电压，若干扰电流为 1 μA，则模块的输入模块的输入阻抗上将产生 9 V 的干扰电压，这对模拟信号处理来讲是致命的。目前工业上广泛采用的标准模拟量电信号是用 4~20 mA直流电流来传输模拟量，之所以使用 4 mA 作为下限值是为了不让电气零点与机械零点重合，可以作为变送器信号线是否发生短线故障的一个重要指标。

1. 两线制变送器及其特点

所谓两线制接法就是将仪表（变送器）的电源线与信号线合二为一，与四线制接法刚好相反。由于电源线、信号线共用的特点，二线制节省了施工和线缆成本，给现场施工和后期维护带来了极大的便利。如今智能仪表技术发展迅猛，已有相当一部分两线制仪表同时支持 HART 传输协议，更容易对接现场总线系统。两线制变送器原理如图 7.1.9 所示。

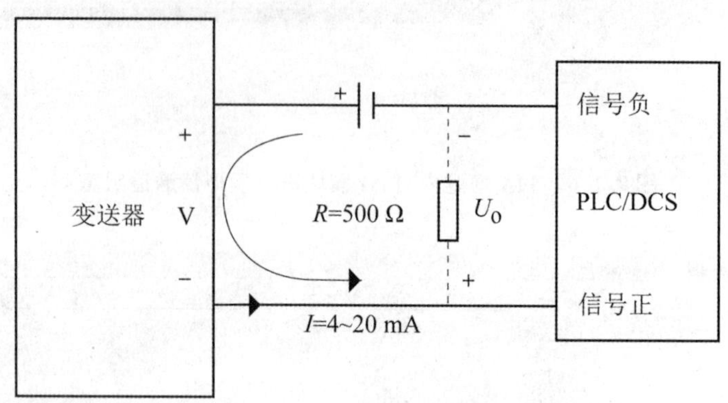

图 7.1.9　两线制变送器原理

两线制变送器需要满足以下条件：

（1）变送器的输出端电压 V 等于规定的最低电源电压与电流在负载电阻和传输导线电阻上的压降。

$$V \leqslant U_{\mathrm{Smin}} - I(R_{\mathrm{Wmax}} + R_{\mathrm{Lmax}}) \tag{1}$$

式中：

V——变送器输出端电压，V（伏特）；

U_{Smin}——电源（激励源）的最低电压，V（伏特）；

I——变送器输出的电流信号，A（安培）；

R_{Wmax}——回路中导线的各处直流电阻最大值之和，Ω（欧姆）；

R_{Lmax}——负载端口的直流等效电阻，Ω（欧姆）。

对于绝大多数仪表而言，$U_{\mathrm{Smin}} = 24(1-5\%) = 22.8$（V），其中 5% 为 24 V 电源允许的降低率。

（2）变送器的正常工作电流 I_a 必须小于或等于变送器的输出电流 I 的最小值。

（3）两线制变送器最小消耗功率 P 需要满足如下关系，而且通常小于 90 mW。

$$P < I_{\min}\,[\,U_{\mathrm{Smin}} - I_{\max}(R_{\mathrm{Wmax}} + R_{\mathrm{Lmax}})\,] \times 1\,000 \tag{2}$$

式中：

P——变送器最小消耗功率，mW（毫瓦）；

U_{Smin}——电源（激励源）的最低电压，V（伏特）；

$I_{\max}$——变送器最大输出的电流信号，A（安培）；

R_{Wmax}——回路中导线的各处直流电阻最大值之和，Ω（欧姆）；

R_{Lmax}——负载端口的直流等效电阻，Ω（欧姆）。

对于两线制仪表而言，在输出端并联一个电阻，如图 7.1.9 所示，可以把 4~20 mA 电流信号变换成 2~10 V 电压信号。

2. 三线制变送器及其特点

三线制变送器原理简图如图 7. 1. 10 所示，所谓三线制就是变送器电源正端用单独的一根线，信号输出正端单独用一根线，电源负端和信号负端共用一根线。其供电大多为 DC 24 V，输出信号通常为 4～20 mA，通过并联电阻的方法可以将此电流信号转化为电压信号。由于三线制变送器供电一般为 DC 24 V，在减少非安全电压供电的情况下，可以考虑选用三线制仪表。

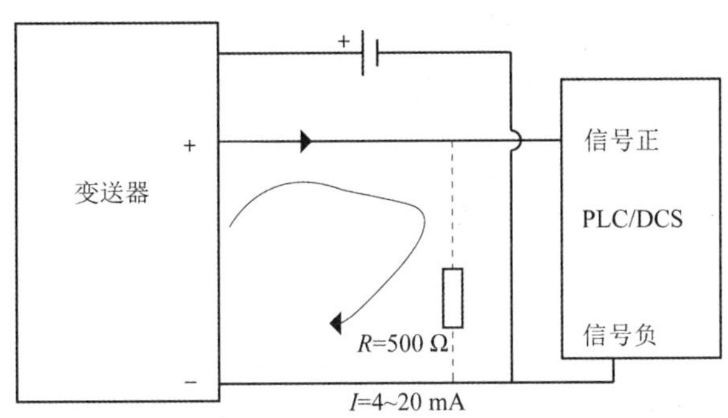

图 7. 1. 10　三线制变送器原理简图

3. 四线制变送器及其特点

部分仪表转换电路复杂、自生能量损耗大，如流量计、浓度计、密度计等仪表。由于仪表本身的特点，难以全部满足两线制变送器设计的三个条件，从而做不到两线制，只能采取外加激励的方式对其供电。四线制变送器的供电一般选用 220 V 交流电，少部分用的是 24 V 直流供电，对于四线制变送器而言，电源线、信号线是分开的，如图 7. 1. 11 所示。

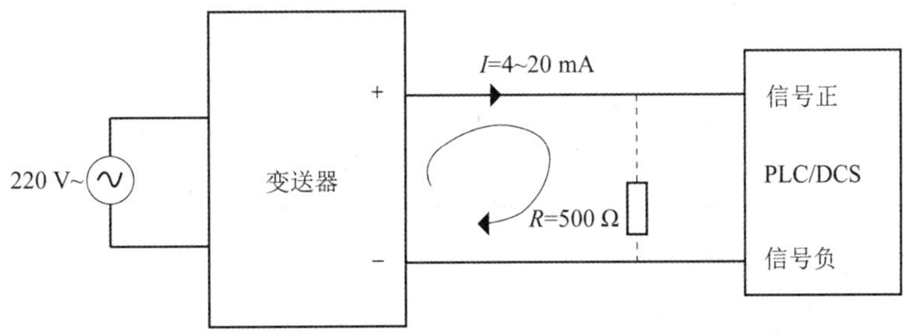

图 7. 1. 11　四线制变送器原理简图

任务实施

1. 任务说明

根据图 7. 1. 1 控制系统 PI 图以及系统简介可知，本套系统适用于药剂罐内药剂液位保持恒定，本实验内对此系统进行简化，以下是本系统的控制要求。

1）液位信号的获取

采用超声波液位计对罐内液位进行检测，超声波液位计为两线制接法，输出信号为 4~20 mA，距离罐体 3 m 处有一台 80 kW 的变频器。HMI 具有液位大于 1 800 mm 时高位报警、低于 150 mm 时低位报警的功能。

2）HMI 手动模式

通过一只操作模式转化开关进行手自动切换，手动模式下在触摸屏上对按钮进行开关泵、阀门操作，但是当罐内液位大于 1 800 mm 时不得启动泵。

3） 自动模式

当液位小于等于 500 mm 时泵自动启动，当液位大于等于 1 750 mm 时泵停止工作，当液位大于等于 500 mm 时阀门打开。

2. I/O 分析

根据上述的任务说明，可以得到如表 7. 1. 3 所示的 I/O 点位分析。

表 7. 1. 3 I/O 点位分析

信号类型	描述	PLC 地址	单项点位小计
DI	手自动切换—手动	I0. 0	6
	手自动切换—自动	I0. 1	
	泵机运行反馈	I0. 2	
	泵机热保护	I0. 3	
	阀门开到位	I0. 4	
	阀门关到位	I0. 5	
DO	泵机运行接触器	Q0. 0	3
	阀门正转接触器	Q0. 1	
	阀门反转接触器	Q0. 2	
AI	液位信号	IW92	1

3. 自动化系统核心器件选型

1） PLC 及其模拟量模块

根据上述 I/O 点位分析，控制器选用“CPU 1214C DC/DC/DC”作为核心控制器，由于“CPU 1214C DC/DC/DC” 自身集成的模拟量输入为电压信号，那么为了满足系统功能，这里额外选用一块 SM 1231（6ES7 231-4HD32-0XB0）作为模拟量的采集点。

2）HMI 可视化操作

从满足系统功能以及费用综合考虑情况下，这里选用西门子 KTP 700 精简面板，该面板支持 PN 通信，可以与整个自动化系统无缝集成，关于 KTP700 面板的介绍在之前的章节已做陈述，这里不再赘述。

3）模拟量隔离

项目所用的是两线制接法的液位计，为最大程度减少外部干扰对模拟量传输产生的影响，使用两线制无源信号隔离器对模拟量通道进行隔离。

4. 电气原理图（控制部分）设计

设计思路：在本项目内使用的是“CPU 1214C DC/DC/DC”，由于其输出为晶体管类型，带负荷能力有限。鉴于此，输出必须增加中间继电器做电气隔离，这样一方面可以最大程度防止 PLC 遭受外部电器的电气损坏，另一方面也可以提高 PLC 输入、输出的带载能力。需要注意距离超声波液位计 3 m 处有一台 80 kW 的变频器，容易使超声波液位计受到变频器的电磁骚扰，为了最大程度降低这种干扰对模拟量信号产生的影响，使用模拟量隔离栅对模拟量进行隔离，同时使用屏蔽电缆来传输模拟量信号。

电气原理图如图 7. 1. 12 所示。

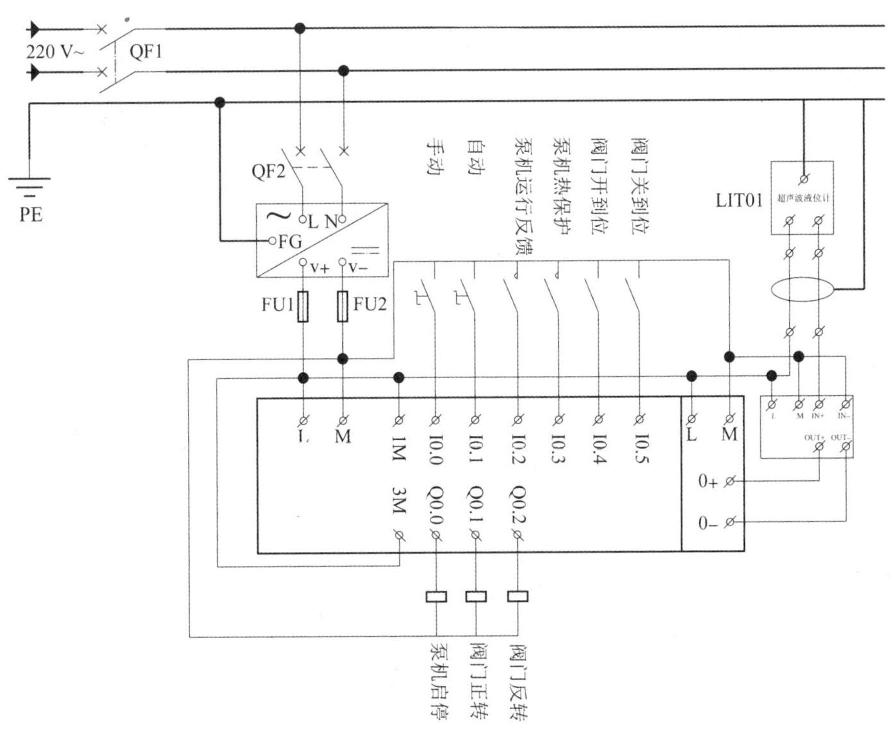

图 7. 1. 12　电气原理图（控制部分）

5. PLC 及 HMI 组态

1）控制系统硬件组态

PLC 硬件组态如图 7. 1. 13 所示，控制系统网络拓扑图组态如图 7. 1. 14 所示。

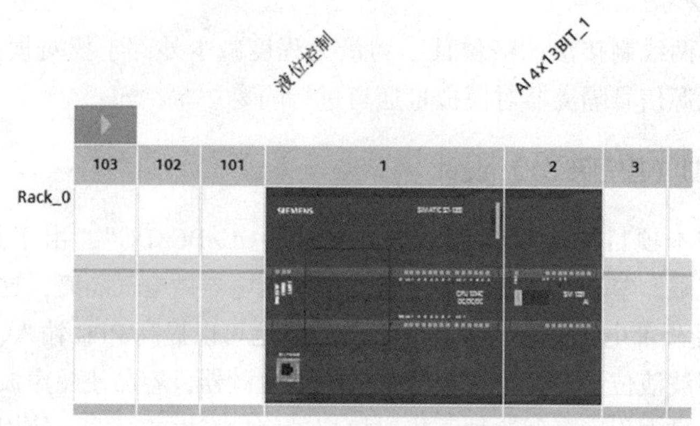

图 7.1.13　PLC 硬件组态

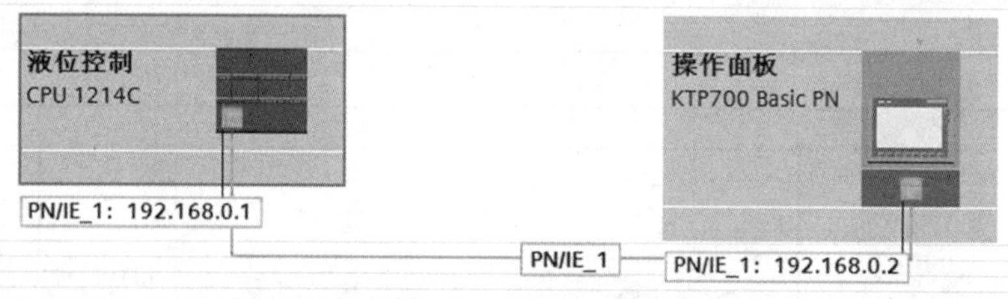

图 7.1.14　控制系统网络拓扑组态

2）PLC 变量组态

PLC 变量组态如图 7.1.15 所示。

液位控制 [CPU 1214C DC/DC/DC]

常规　IO 变量　系统常数　文本

名称	类型	地址	变量表
手动	Bool	%I0.0	Default tag table
自动	Bool	%I0.1	Default tag table
泵机运行反馈	Bool	%I0.2	Default tag table
泵机热保护	Bool	%I0.3	Default tag table
阀门开到位	Bool	%I0.4	Default tag table
阀门关到位	Bool	%I0.5	Default tag table
	Bool	%I0.6	
	Bool	%I0.7	
	Bool	%I1.0	
	Bool	%I1.1	
	Bool	%I1.2	
	Bool	%I1.3	
	Bool	%I1.4	
	Bool	%I1.5	
泵机启停	Bool	%Q0.0	Default tag table
阀门正转	Bool	%Q0.1	Default tag table
阀门反转	Bool	%Q0.2	Default tag table
	Bool	%Q0.3	

图 7.1.15　PLC 变量组态

3）SM 1231 相关组态

SM 1231 地址设置如图 7.1.16 所示，通道设置如图 7.1.17 所示，液位工程量通道命名如图 7.1.18 所示。

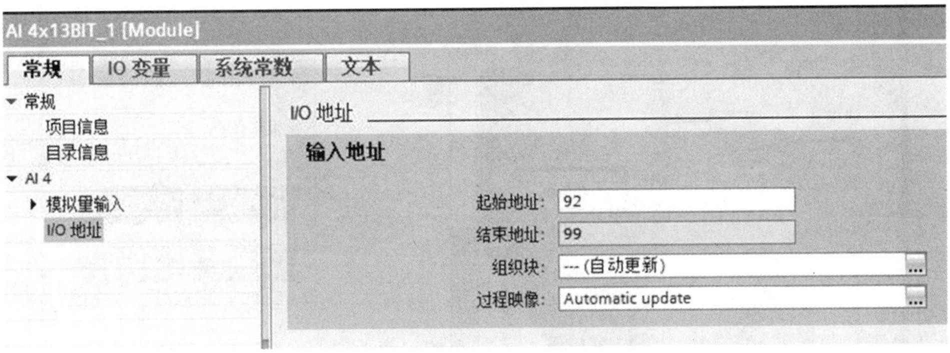

AI 4x13BIT_1 [Module]

常规 | IO 变量 | 系统常数 | 文本

▼ 常规
项目信息
目录信息
▼ AI 4
▶ 模拟量输入
I/O 地址

I/O 地址

输入地址

起始地址: 92
结束地址: 99
组织块: --- (自动更新)
过程映像: Automatic update

图 7.1.16　SM 1231 地址设置

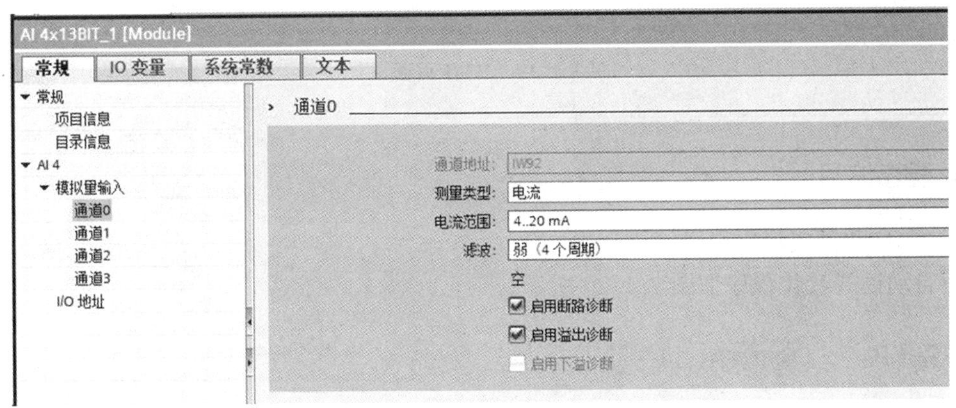

图 7.1.17　通道设置

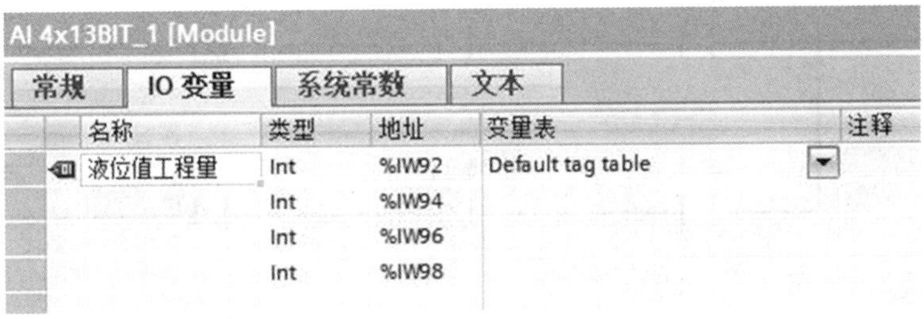

AI 4x13BIT_1 [Module]

常规 | IO 变量 | 系统常数 | 文本

名称	类型	地址	变量表	注释
液位值工程量	Int	%IW92	Default tag table	
	Int	%IW94		
	Int	%IW96		
	Int	%IW98		

图 7.1.18　液位工程量通道命名

4）HMI 页面设计

HMI 页面设计如图 7.1.19 所示。

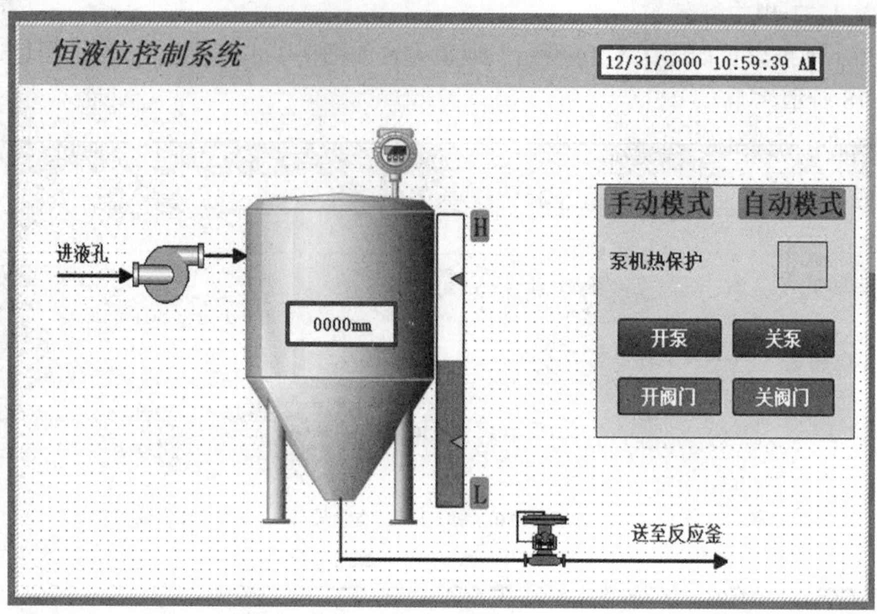

图 7.1.19　HMI 页面设计

6. 程序编写

1）手自动模式转化程序

手自动模式转化程序如图 7.1.20 所示。

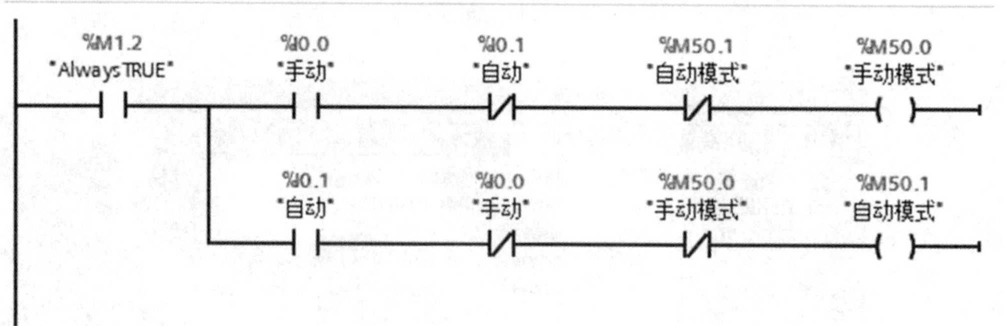

图 7.1.20　手自动模式转化程序

2）液位实际值计算

缩放子程序如图 7.1.21 所示，液位计算程序封装如图 7.1.22 所示。

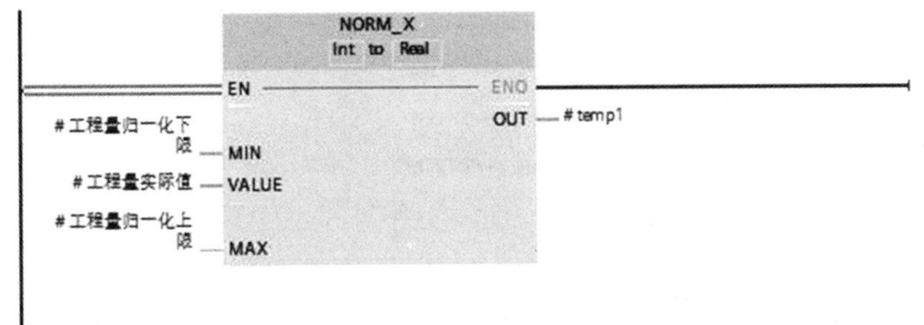

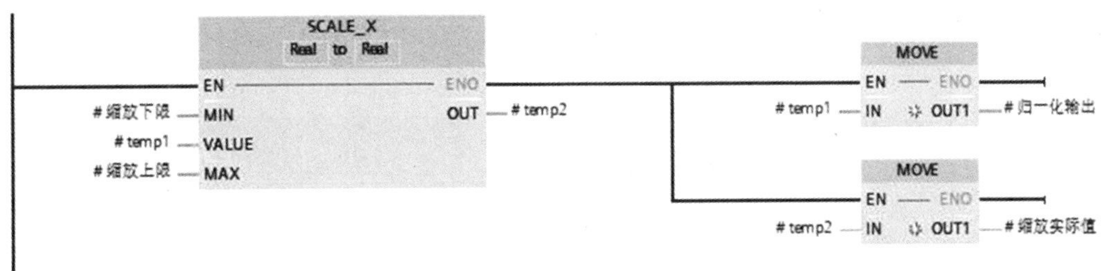

图 7.1.21　缩放子程序

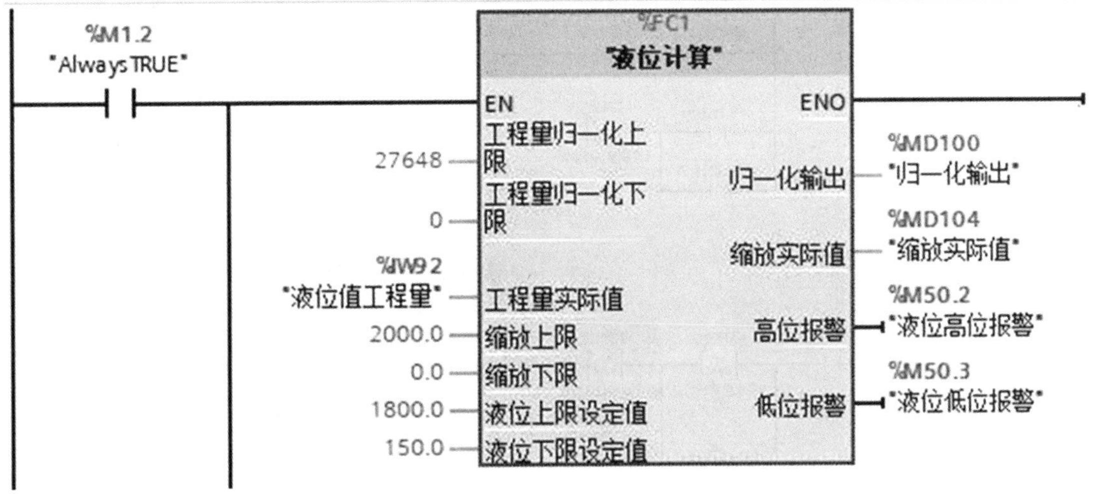

图 7.1.22　液位计算程序封装

3）泵机与阀门控制程序

泵机与阀门控制程序封装如图 7.1.23 所示，手自动控制模式相关逻辑如图 7.1.24 所示。

%DB1
"泵机与阀门控制_DB"
%FB1
"泵机与阀门控制"
EN
ENO
%MD104
"缩放实际值"
实际液位
泵机运行输出
%Q0.0
"泵机启停"
%M50.1
"自动模式"
自动模式
开阀门
%Q0.1
"阀门正转"
%M50.0
"手动模式"
手动模式
关阀门
%Q0.2
"阀门反转"
500.0
泵机自动启动液位
1750.0
泵机自动停机液位
1800.0
泵机手启保护液位
500.0
阀门动作阈值
%M50.4
"泵机启动"
泵机启动
%M50.5
"泵机停止"
泵机停止
%I0.2
"泵机运行反馈"
泵机运行反馈
%I0.3
"泵机热保护"
泵机热保护
%M50.6
"阀门正转启动"
阀门正转
%M50.7
"阀门反转启动"
阀门反转
%I0.4
"阀门开到位"
阀门开到位
%I0.5
"阀门关到位"
阀门关到位

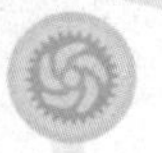

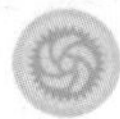

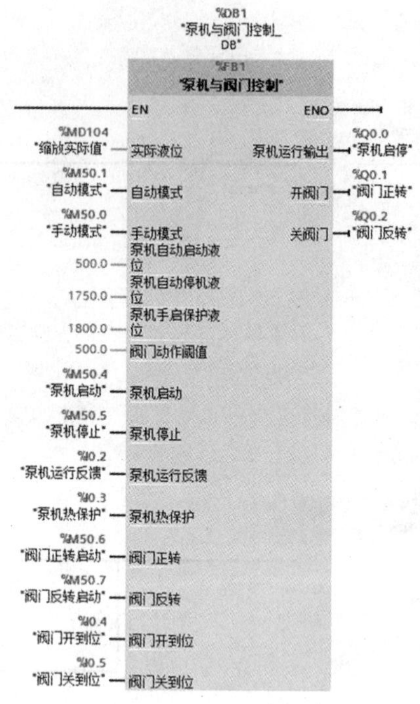

图 7.1.23　泵机与阀门控制程序封装

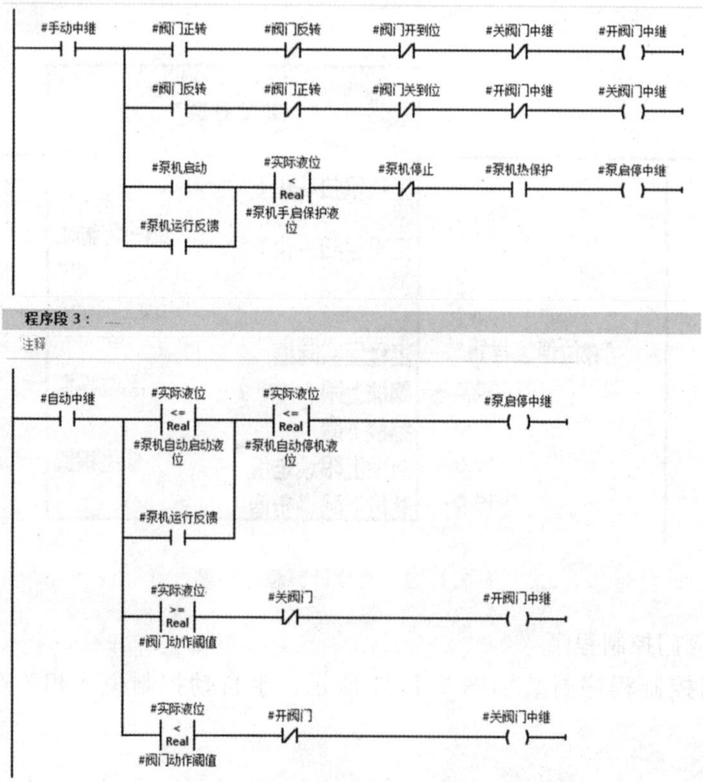

#手动中继
#阀门正转
#阀门反转
#阀门开到位
#关阀门中继
#开阀门中继
#阀门反转
#阀门正转
#阀门关到位
#开阀门中继
#关阀门中继
#泵机启动
#实际液位
<
Real
#泵机手启保护液位
#泵机停止
#泵机热保护
#泵启停中继
#泵机运行反馈
程序段 3：
注释
#自动中继
#实际液位
<=
Real
#泵机自动启动液位
#实际液位
<=
Real
#泵机自动停机液位
#泵启停中继
#泵机运行反馈
#实际液位
>=
Real
#阀门动作阈值
#关阀门
#开阀门中继
#实际液位
<
Real
#阀门动作阈值
#开阀门
#关阀门中继

图 7.1.24　手自动控制模式相关逻辑

7. 调试效果

1）程序调试

在进行最终的设备调试时，我们首先应当进行软调试，这里使用博途软件自带的仿真功能，由于软调试过程中较难获取真实的外接开关量状态，变量强制功能解决了这一问题。单击 F 操作后，可以将强制值赋给相应的地址。

变量强制功能如图 7.1.25 所示，调试结果如图 7.1.26~图 7.1.28 所示。

	i	名称	地址	显示格式	监视值	强制值	F
1	F	"手动":P	%I0.0:P	布尔型		FALSE	☑
2	F	"自动":P	%I0.1:P	布尔型		TRUE	☑
3	F	"泵机运行反馈":P	%I0.2:P	布尔型		FALSE	☑
4	F	"泵机热保护":P	%I0.3:P	布尔型		TRUE	☑
5	F	"阀门开到位":P	%I0.4:P	布尔型		TRUE	☑
6	F	"阀门关到位":P	%I0.5:P	布尔型		FALSE	☑
7	F	"液位值工程...	%IW92:P	带符号十进制		13000	☑
8			<新增>				☐

图 7.1.25 变量强制功能

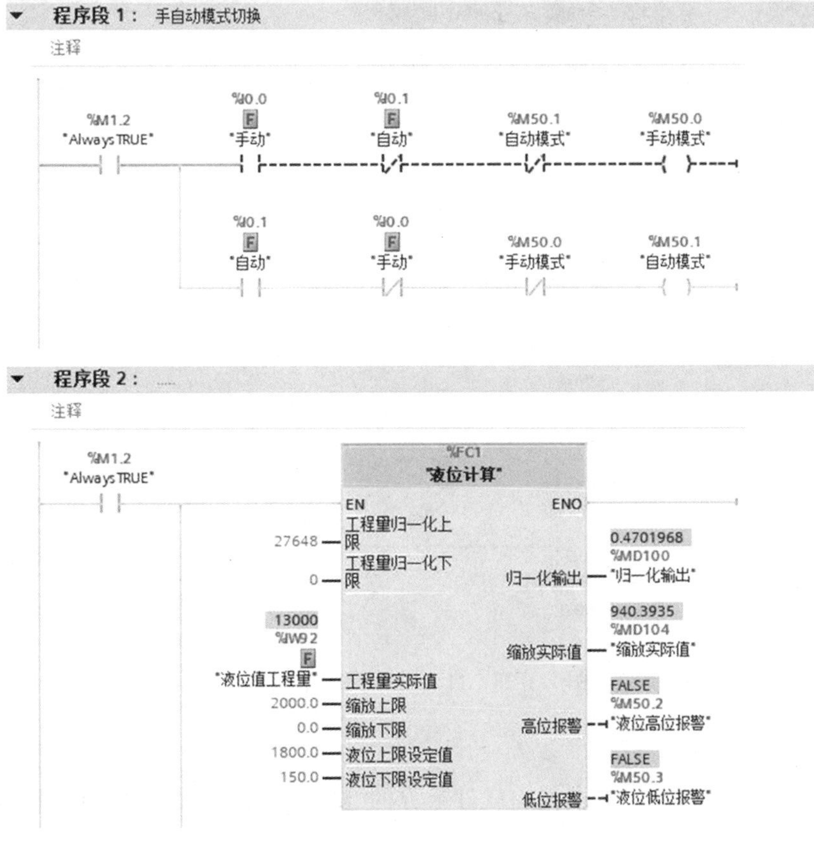

图 7.1.26 液位调试结果

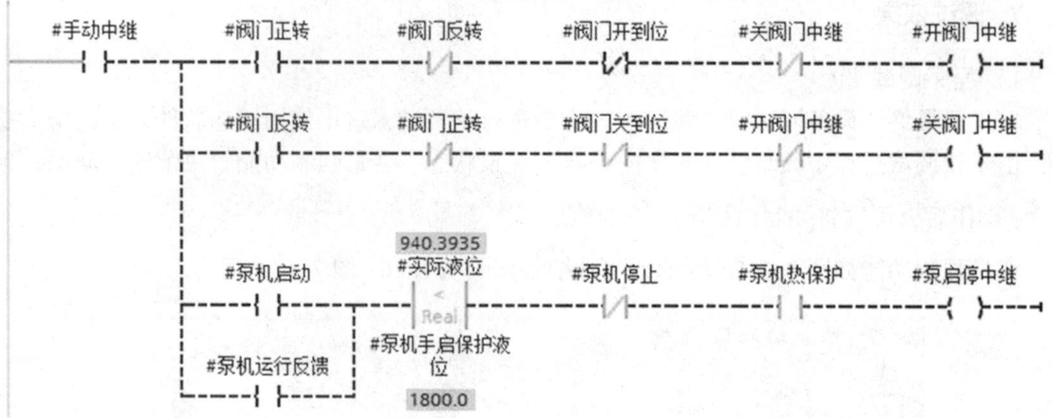

图 7.1.27　手动操作模式下的调试结果

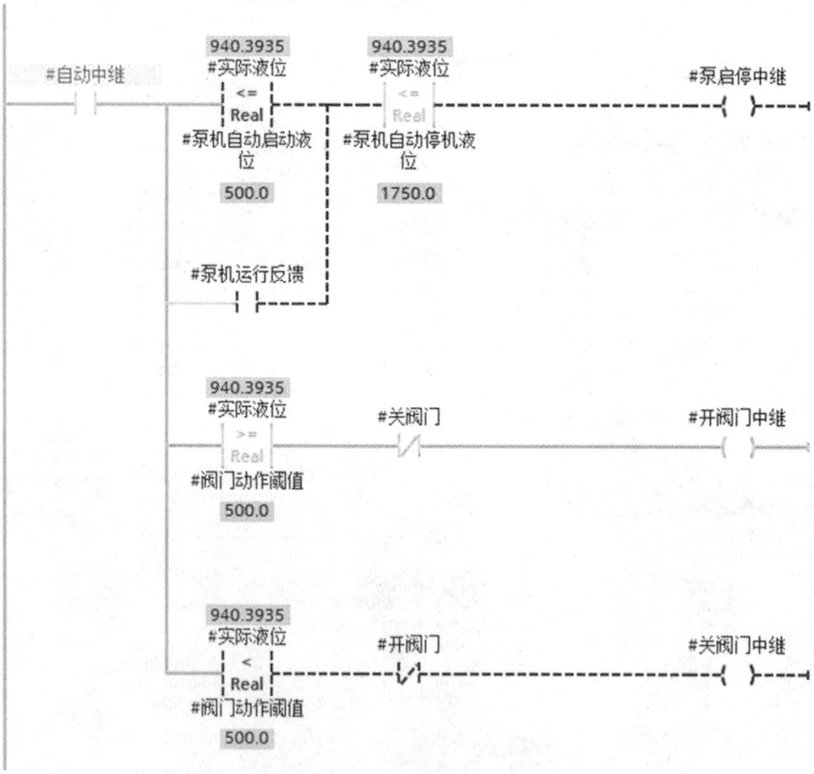

图 7.1.28　自动模式下的调试结果

2）HMI 调试效果

进入到 HMI 组态界面，单击博途软件上方的 图标，HMI 编译无误后即可进入仿真阶段，这里需要注意的是，HMI 仿真与电脑 PLC 仿真需要同时打开，如此才可以联动调试。HMI 仿真运行结果如图 7.1.29 所示。

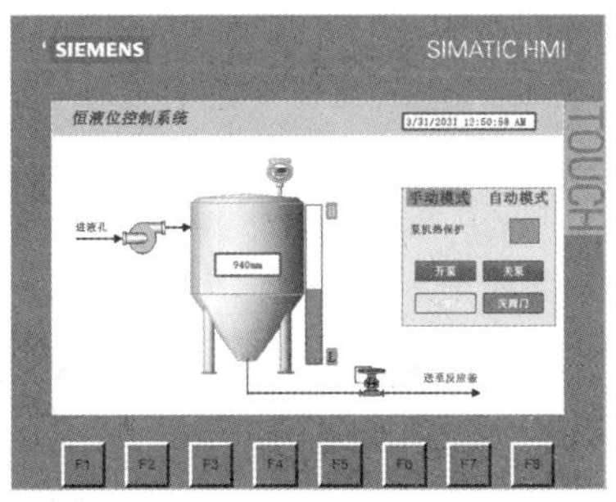

图 7.1.29　HMI 仿真运行结果

任务拓展

在上述任务的基础上在罐子底部 150 mm 处加装一个耐酸压力变送器，据此编写出计算罐子内部的溶液密度（kg/m^3）的程序，并在 HMI 上显示。任务拓展示意图如图 7.1.30 所示。

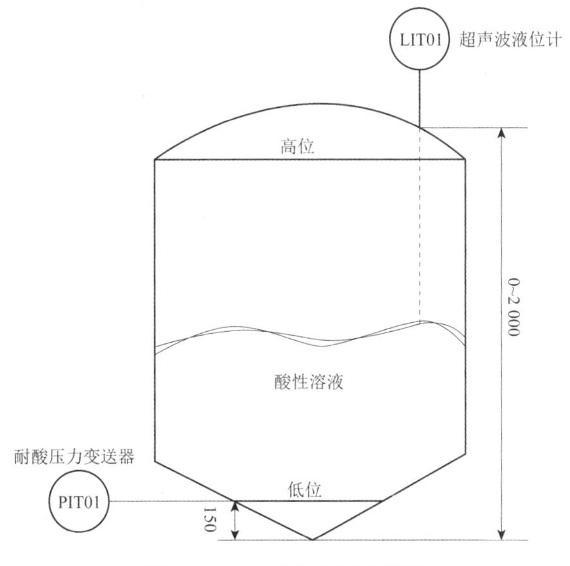

图 7.1.30　任务拓展示意图

思考与练习

1. 8 位分辨率（无符号位）的 ADC 芯片，采集 0~5 V 电压，最小电压分辨值为________。
2. 试分析电流类型模拟量信号较电压模拟量信号稳定的原因。
3. 使用 SCL 语言，编写出缩放与归一化程序。
4. 有一 0~20 mA 的电流模拟信号，欲转化成 0~10 V 信号，采用并联电阻的方法进行电压转化，需要电阻的阻值多大？

项目八 S7-1200 PLC 的以太网通信

任务 8.1　S7-1200 之间的开放式用户通信

任务目标

1. 了解通信基本知识，熟悉 PLC 与 PLC 之间的通信。

2. 熟悉 S7-1200 PLC 以太网的通信知识。

3. 掌握两台 S7-1200 PLC 之间通信的方法，掌握开放式用户通信（OUC）的通信方法。

任务描述

用 S7-1200 PLC 以太网通信（OUC 通信方式）实现设备 1 上的启动按钮控制设备 2 上 QB0 输出端 8 盏指示灯以流水灯形式点亮，即每按一次设备 1 上的启动按钮，设备 2 上的指示灯向左或向右流动一盏，按下停止按钮，8 盏灯均灭。

基本知识

8.1.1 通信基础知识

S7-1200 以太网通信概述

任意两台设备之间有信息交换时，它们之间就会产生通信。PLC 通信是指 PLC 与 PLC、PLC 与计算机、PLC 与现场设备或远程 I/O 之间的信息交换。PLC 通信的任务就是将不同位置的 PLC、计算机、各种现场设备等，通过通信介质连接起来，按照规定的通信协议，以某种特定的通信方式高效率地完成数据的传送、交换和处理。

工业以太网就是应用于工业领域的以太网，其技术与商用以太网兼容，传输对象主要为工厂控制信息，要求有很强的实时性与可靠性；在使用上，要满足工业现场的环境要求。

根据数据的传输方式，基本的通信方式有并行通信和串行通信两种。

1. 并行通信方式

并行通信是指一条信息的各数据位被同时传输，它以计算机的字长（通常是 8 位、16 位或 32 位）为传输单位，每次传输一个字长的数据。它的优点是传输速度快、效率高。其缺点是传输成本高，且只适用于近距离（相距数米）的通信。

2. 串行通信方式

串行通信是指一条信息的各数据位被逐位按顺序传播的通信方式。它的优点是传输距离远，可以从几米到几千米，成本低，其缺点是传输速度慢。按照信息的传送方向分为单工、半双工、全双工三种传输模式，按照串行数据的时钟控制方式不同，可分成同步通信、异步通信两种传输方式。

1）单工、半双工和全双工

单工通信：信息只能单向传送，即只能由发送端传输给接收端。

半双工通信：是指信息能双向传送但不能同时双向传送，只有一个方向的数据传送完成后，才能往另一个方向传送数据。

全双工通信：信息能够同时双向传送，通信的双方都有发送器和接收器，由于有两条数据线，所以双方在发送数据的同时可以接收数据。

2）同步通信和异步通信

同步通信：要求接收端时钟频率和发送端时钟频率一致，发送端发送连续的比特流，它广泛应用于位置编码器和控制器之间。同步通信效率高，但较复杂，双方时钟的允许误差较小。

异步通信：不要求接收端时钟和发送端时钟同步，发送端发送完一个字节后，可经过任意长的时间间隔再发送下一个字节。异步通信效率较低，但简单，双方时钟可允许一定误差。

S7-1200 PLC 的串行通信采用异步通信传输方式，每个字符由一个起始位、7 个或 8 个数据位、1 个奇偶校验位或无校验位、一个停止位组成，传输时间取决于 S7-1200 PLC 通信模块端口的波特率设置。

8.1.2　OSI通信参考模型

通信网络的核心是OSI（Open System Interconnection，开放式系统互联）参考模型。这个模型把网络通信的工作分为七层，分别是物理层、数据链路层、网络层、传输层、会话层、表示层和应用层。一~四层是低层，这些层与数据移动密切相关；五~七层是高层，包含应用程序级的数据。每一层负责一项具体的工作，然后把数据传到下一层。OSI七层结构示意图如图8.1.1所示。

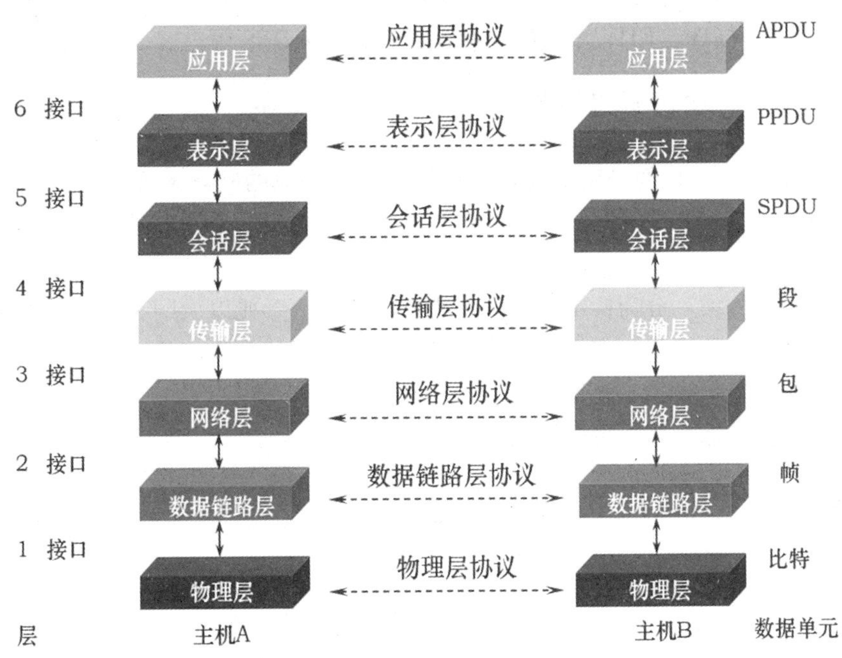

图8.1.1　OSI七层结构示意图

（1）物理层：是OSI模型的第一层，主要功能是利用传输介质为数据链路层提供物理连接，实现比特流的透明传输。它规定了物理连接的电气、机械功能特性。物理层的典型设备有网孔、网线、集线器（HUB）和中继器。

（2）数据链路层：是OSI模型的第二层，负责建立和管理节点间的链路。它的主要功能是通过各种控制协议，将有差错的物理信道变为无差错的、能可靠传输数据帧的数据链路。该层通常又被分为介质访问控制（MAC）和逻辑链路控制（LLC）两个子层。该层的典型设备有交换机和网桥等。

（3）网络层：是OSI模型的第三层，也是参考模型中最复杂的一层，主要解决不同子网之间的通信，协议有ICMP、IGMP、IP、ARP、RARP。网络层的典型设备是路由器。

（4）传输层：OSI下3层的主要任务是数据通信，上3层的任务是数据处理。而传输层（Transport Layer）是OSI模型的第四层。因此该层是通信子网和资源子网的接口和桥梁，起到承上启下的作用。该层的主要任务是：向用户提供可靠的端到端的差错和流量控制，保证

报文的正确传输。该层常见的协议：TCP/IP 中的 TCP 协议、Novell 网络中的 SPX 协议和微软的 NetBIOS/NetBEUI 协议。网关是互联网设备中最复杂的，它是传输层及以上层的设备。

（5）会话层（Session Layer）是 OSI 模型的第五层，是用户应用程序和网络之间的接口，主要任务就是组织和协调两个会话进程之间的通信，并对数据交换进行管理。

（6）表示层（Presentation Layer）是 OSI 模型的第六层，它对来自应用层的命令和数据进行解释，对各种语法赋予相应的含义，并按照一定的格式传送给会话层。其主要功能是"处理用户信息的表示问题，如编码、数据格式转换和加密解密"等。

（7）应用层（Application Layer）是 OSI 参考模型的最高层，它是计算机用户以及各种应用程序和网络之间的接口，其功能是直接向用户提供服务，完成用户希望在网络上完成的各种工作，协议有 HTTP、FTP、TFTP、SMTP、SNMP 和 DNS 等。

8.1.3 以太网通信基础

以太网（Ethernet）指的是由 Xerox 公司于 1973 年创建的网络系统，它是一种总线型局域网规范，以基带同轴电缆作为传输介质，采用 CSMA/CD 协议。以太网不是一种具体的网络，而是一种技术规范。

（1）以太网的分类：分为标准以太网、快速以太网、千兆以太网和万兆以太网。

（2）以太网的拓扑结构：有星形、总线形、环形、网状和蜂窝状等。

（3）以太网的工作模式：半双工和全双工。

（4）以太网的传输介质：可以采用多种传输介质。

8.1.4 S7-1200 PLC 以太网通信简介

S7-1200 CPU 本体上集成了一个 PROFINET 通信口，支持以太网和基于 TCP/IP 和 UDP 的通信标准。该以太网接口是支持 10/100 Mb/s 的 RJ45 口，支持电缆交叉自适应，因此一个标准的或是交叉的以太网线都可以用于这个接口。这个接口支持的通信服务功能有非实时通信和实时通信。其中非实时通信包括 PG 通信、HMI 通信、S7 通信、OUC 通信、Modbus TCP 通信、Web 服务器通信等，主要用于站点间的数据通信，而实时通信主要用于 PROFINET I/O 通信，用于连接现场分布式站点。PROFINET 接口支持的通信类型示意图如图 8.1.2 所示。

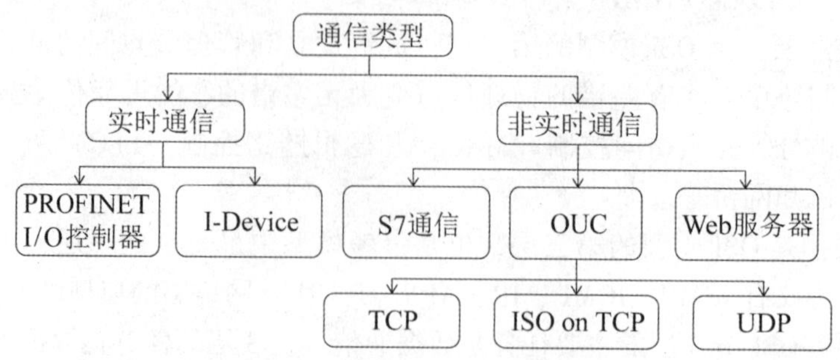

图 8.1.2 PROFINET 接口支持的通信类型示意图

1. 新一代的自动化总线标准——PROFINET

PROFINET 是新一代基于工业以太网技术的自动化总线标准，它为自动化通信领域提供了一套完整的网络解决方案，囊括了诸如实时以太网、运动控制、分布式自动化、故障安全以及网络安全等当前自动化领域的热点话题。同时也可以完全兼容工业以太网和现有的现场总线技术，保护现有投资。

为了保证通信的实时性，根据响应时间不同，PROFINET 支持 TCP/IP 标准通信、实时（RT）通信、等时同步实时（IRT）通信的通信方式。

PROFINET 主要有 PROFINET_ I/O 和 PROFINET_ CBA 两种应用方式，PROFINET_ I/O 适合模块化分布式的应用，有 I/O 控制器和 I/O 设备。

PROFINET_ CBA 适合分布式智能站点之间通信的应用 CBA（Component Based Automation，基于组件的自动化）。把大的控制系统分成不同功能、分布式、智能的小控制系统，使用组件自动化技术生成功能组件，利用 IMAP 工具软件连接各个组件之间组成通信。

2. S7-1200 的以太网通信连接

S7-1200 PLC 的 PROFINET 接口有两种网络连接方法：直接连接和网络连接。

1）直接连接

当只有两个通信设备连接时，比如 PLC 与一个 HMI 或 PLC 与另一个 PLC 连接，实现的是直接通信。直接连接不需要使用交换机，用网线直接连接两个设备即可，如图 8.1.3 所示。

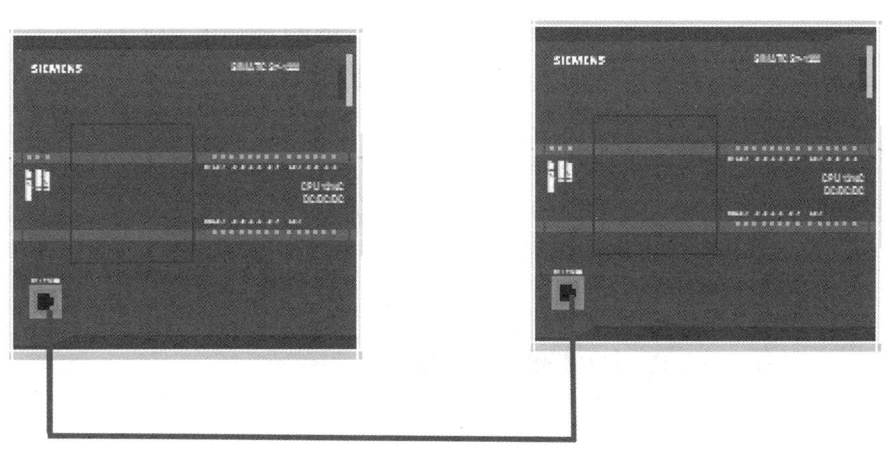

图 8.1.3　PLC 之间直接连接

2）网络连接

当多个通信设备进行通信时，也就是说通信设备数量为两个以上时，实现的是网络连接。多个通信设备的网络连接需要使用以太网交换机来实现。可以使用导轨安装的西门子 CSM1277 的 4 口交换机连接其他 CPU 或 HMI 设备。CSM1277 交换机是即插即用的，使用前不进行任何设置，如图 8.1.4 所示。

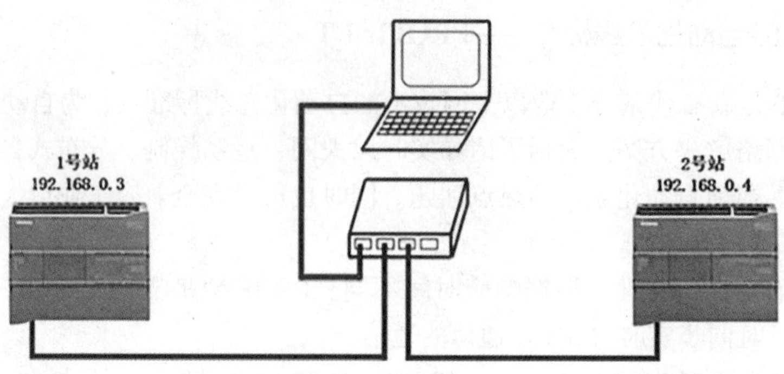

图 8.1.4　通过交换机实现的网络连接

3. 与 S7-1200 有关的以太网通信方法

(1) S7-1200 PLC 与 S7-1200 PLC 之间的以太网通信可以通过 TCP 或 ISO on TCP 协议来实现，使用的通信指令是在双方 CPU 调用 T-block（TSEND_C、TRCV_C、TCON、TDISON、TSEND、TRCV）指令来实现。

(2) S7-1200 PLC 与 S7-200 PLC 之间的以太网通信只能通过 S7 通信来实现，因为 S7-200 的以太网模块只支持 S7 通信。由于 S7-1200 的 PROFINET 通信口只支持 S7 通信的服务器端，所以在编程方面，S7-1200 PLC 不用做任何工作，只需在 S7-200 PLC 一侧将以太网设置成客户端，并用 ETHX XFR 指令编程通信。如果使用的是 S7-200 SMART PLC，则需要使用 PUT、GET 指令编程通信，与双方都可以做服务器。

(3) S7-1200 PLC 与 S7-300/400 PLC 之间的以太网通信：它们之间的以太网方式相对来说要多一些，可以采用下列方式：TCP、ISO on TCP 和 S7 通信。

使用 TCP 和 ISO on TCP 这两种协议进行通信所使用的指令是相同的，在 S7-1200 PLC 中使用 T_block 指令编辑通信。如果是以太网模块，在 S7-300/400 PLC 使用 AG_SEND、AG_RECV 编程通信。如果是支持 Open IE 的 PN 口，则使用 Open IE 的通信指令实现。

对于 S7 通信，由于 S7-1200 PLC 的 PROFINET 通信口只支持 S7 通信的服务器，所以在编程方面，S7-1200 PLC 不用做任何工作，只需在 S7-300/400 PLC 一侧建立单边连接，并用 PUT/GET 指令进行通信。

8.1.5　S7-1200 以太网通信指令

S7-1200 PLC 中所有需要编程的以太网通信都使用开放式以太网通信指令块 T-block 来实现，所有 T-block 通信指令必须在 OB1 中调用。T-block 指令分成带连接管理的 TSEND_C 和 TRCV_C 指令（见表 8.1.1），不带连接管理的 TCON、TDISCON、TSEND、TRCV 指令（见表 8.1.2）。实际上 TSEND_C 指令实现的是 TCON、TDISCON、TSEND 三个指令综合的功能，而 TRCV_C 指令实现的是 TCON、TDISCON 和 TRCV 三个指令综合的功能。

表 8.1.1　带连接管理的通信指令

指令	功能
TSEND_C	建立以太网连接并发送数据
TRCV_C	建立以太网连接并接收数据

表 8.1.2　不带连接管理的通信指令

指令	功能
TCON	建立以太网连接
TDISON	断开以太网连接
TSEND	发送数据
TRCV	接收数据

1. S7 通信指令

在 S7 通信中使用 PUT/GET 指令，PUT 和 GET 指令符号如图 8.1.5 所示，PUT 和 GET 指令各引脚含义如表 8.1.3 所示。

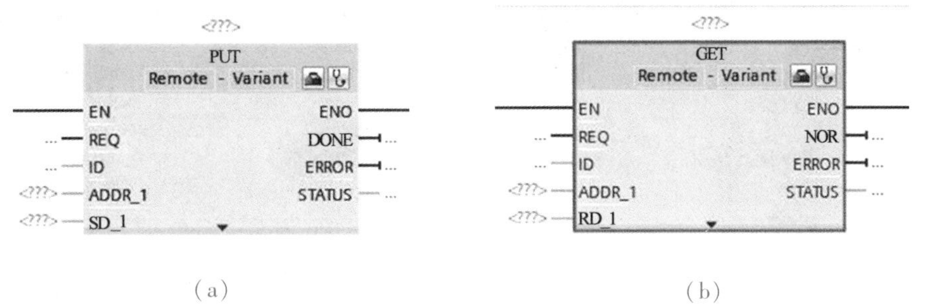

图 8.1.5　PUT 和 GET 指令
（a）PUT 指令；（b）GET 指令

表 8.1.3　PUT 和 GET 指令各引脚及含义

引脚	数据类型	含义
REQ	Bool	用于触发 PUT 和 GET 指令的执行，每个上升沿触发一次
ID	Word	S7 通信连接 ID，该连接 ID 在组态 S7 连接时生成
ADDR_X	远程	指向远程 CPU 中待读取（GET）或待发送（PUT）数据的存储区
SD_X（PUT） RD_X（GET）	Variant	指向本地 CPU 中待读取（GET）或待发送（PUT）数据的存储区

续表

引脚	数据类型	含义
DONE（PUT）	Bool	0 表示请求尚未启动或仍在运行 1 表示已成功完成任务
NDR（GET）	Bool	0 表示请求尚未启动或仍在运行 1 表示已成功完成任务
ERROR	Bool	0 表示无错误 1 表示执行错误，错误代码参考 STATUS
STATUS	Word	通信状态字，当 ERROR 为 TRUE 时，可通过代码查找错误原因

2. TSEND_C 和 TRCV_C 指令

TSEND_C 和 TRCV_C 指令符号如图 8.1.6 所示。

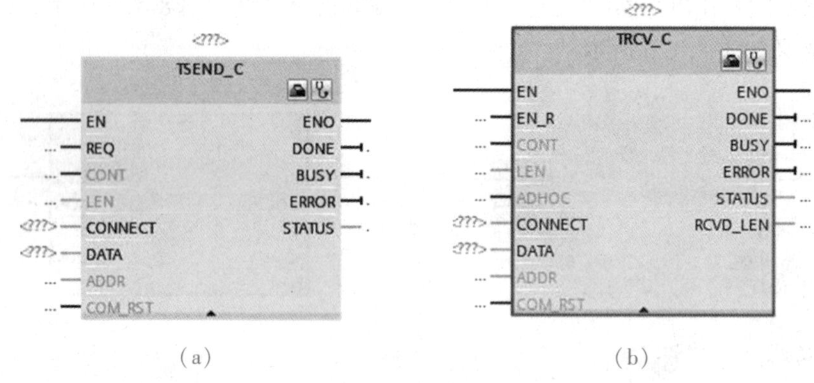

(a)　　(b)

图 8.1.6 TSEND_C 和 TRCV_C 指令符号

(a) TSEND_C；(b) TRCV_C

在开放式用户通信中，用到的 TSEND_C 和 TRCV_C 指令及参数如表 8.1.4 所示。

表 8.1.4　TSEND_C 和 TRCV_C 指令各引脚及含义

引脚	数据类型	含义
REQ（TSEND_C）	Bool	在上升沿启动具体 CONNECT 中所述连接的发送作业
EN_R（TRCV_C）	Bool	启用接收的控制参数，为 1 时表示准备接收，处理接收作业
CONT	Bool	0 表示断开连接 1 表示建立并保持连接
LEN	Uint	要发送（TSEND_C）或接收（TRCV_C）的最大字节数。如果在 DATA 参数中使用具有优化访问权限的接收区，LEN 参数值必须为 0

续表

引脚	数据类型	含义
CONNECT	ANY	连接数据 DB
DATA	ANY	（1）包含要发送数据的地址和长度（TSEND_C）； （2）包含接收数据的起始地址和最大长度（TRCV_C）
ADDR	ANY	（1）可选参数（隐藏），指向接收方地址的指针（TSEND_C）； （2）可选参数（隐藏），指向连接类型为 UDP 的发送地址的指针（TRCV_C）
COM_RST	Bool	允许重新启动命令 0：不相关； 1：完成函数块的重新启动，现有连接将终止
DONE	Bool	0：任务没有开始或正在运行； 1：任务没有错误地执行
BUSY	Bool	0：任务完成； 1：任务没有完成或一个新任务没有触发
ERROR	Bool	0：没有错误； 1：表示处理过程中有错误
STATUS	Word	包括错误信息的状态信息
RCVD_LEN	UDINT	实际接收到的数据（以字节为单位）（TRCV_C）

8.1.6 应用举例

基于同一项目下的两台 S7-1200PLC 通信

应用开放式用户通信（OUC 通信方式）实现 S7-1200 PLC 与 S7-1200 PLC 之间的数据传输。

本例以 TCP 协议通信的两个 S7-1200 PLC 之间的数据传输为例。

1）控制要求

设备 1 发送 5 个字节到设备 2，同时接收来自设备 2 的 5 个字节。

2）新建项目及硬件组态

（1）新建一个项目，命名为“S7-1200 以太网的 TCP 通信”。

（2）添加两台 S7-1200 PLC，分别命名为 PLC_1 和 PLC_2，PLC_1 端选择的是 CPU 1214C DC/DC/DC，IP 地址设置为 192.168.0.1，PLC_2 端选择的是 CPU 1214C AC/DC/RELY，IP 地址设置为 192.168.0.2。

（3）在设备和网络中选择网络视图，建立 PROFINET 连接，如图 8.1.7 所示。

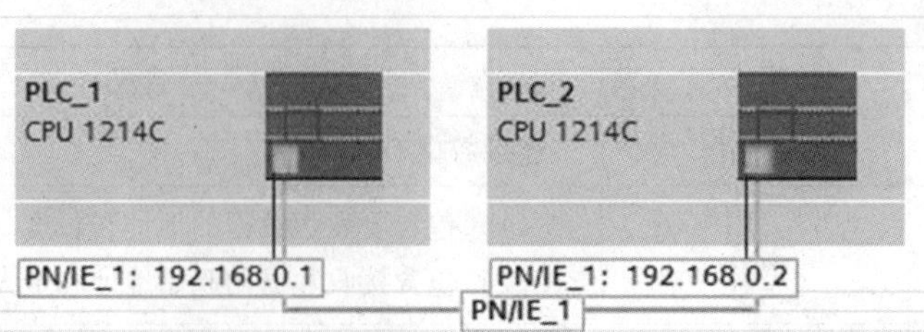

图 8.1.7 两台 PLC 的以太网连接

3）PLC_1 端编程通信

在主程序 OB1 调用 TSEND_C 和 TRCV 指令，如图 8.1.8 所示。

在程序段 1 中，TSEND_C 指令把 PLC_1 的 MB10 开始的连续 5 个字节的数据发送到 PLC_2中，在程序段 2 中，PLC_1 接收来自 PLC_2 的五个数据放到 MB20 开始的 5 个字节中。

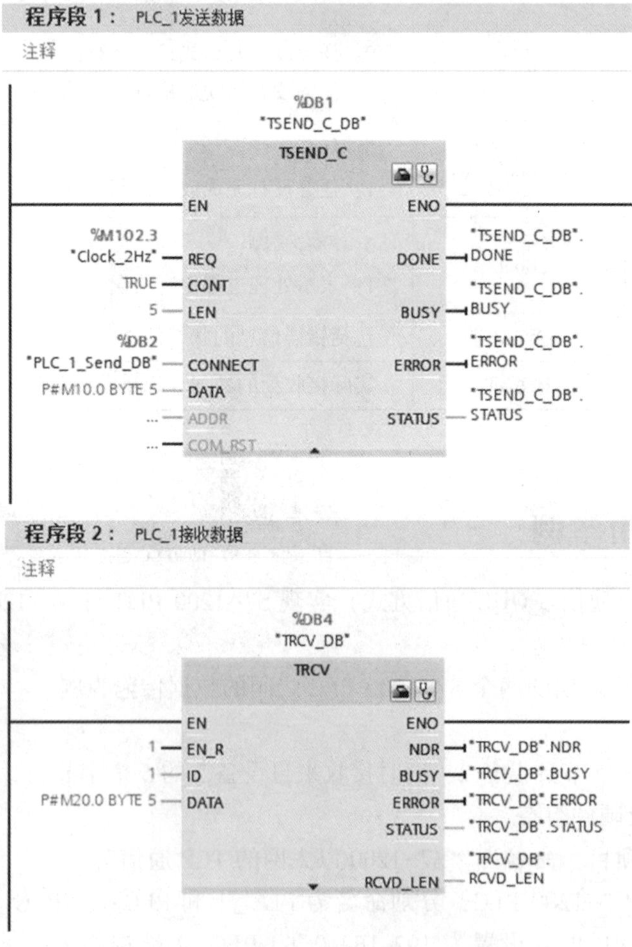

图 8.1.8 PLC_1 主程序（OB1）

（1）定义 PLC_1 的 TSEND_C 连接参数。

先选中 TSEND_C 指令，用鼠标右键单击该指令，在弹出的对话框中单击“属性”，打

开“属性”对话框，然后选择其左上角的“组态”选项卡，单击其中的“连接参数”选项，如图 8.1.9 所示。在右边窗口伙伴的“端点”中选择“PLC_2”，则断开、子网及地址等随之自动更新。此时“连接类型”和“连接 ID”两栏呈灰色，即无法进行选择和数据的输入。在连接数据栏中连接输入连接数据块“PLC_1_Connection_DB”（所有的连接数据都会存于该 DB 块中），或单击“连接数据”栏后面的倒三角，单击“新建”生成新的数据块。单击本地 PLC_1 的“主动建立连接”复选框（即本地 PLC_1 在通信时为主动连接方），此时“连接类型”和“连接 ID”两栏呈现亮色，即可以选择连接类型，本例选择 TCP，ID 默认是 1，然后在伙伴站的“连接数据”栏输入连接的数据块“PLC_2_Connection_DB”，或单击“连接数据”栏后面的倒三角，单击“新建”生成新的数据块。新的连接数据块生成后 ID 也自动生成，这个 ID 号在后面的编程中将会用到。

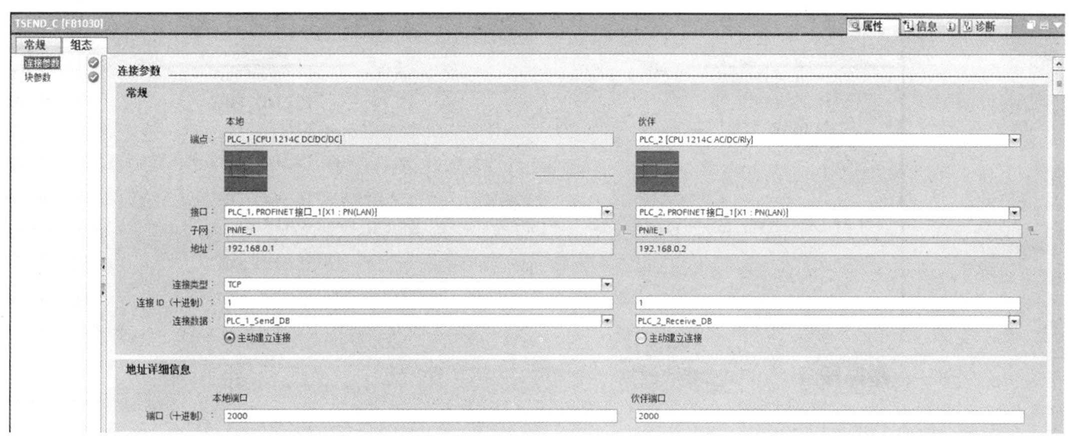

图 8.1.9　定义 TSEND_C 连接参数

（2）PLC_1 的 TSEND_C 块参数。

本例是在程序中直接编辑，如图 8.1.8 所示程序段 1，M102.3 为系统时钟存储器字节中的 2 Hz 频率接通的位，“PLC_1_send_DB”为设置连接参数时新建自动生成的连接描述数据块；P#M10.0 BYTE 5 表示传输的数据从 M10.0 开始，传输 5 个字节给 PLC_2。

（3）在 OB1 中调用接收指令 TRCV 并组态参数。

为了使 PLC_1 能接收到来自 PLC_2 的数据，在 PLC_1 调用接收指令 TRCV 并组态其参数。

接收数据与发送数据使用同一连接，所以使用不带连接管理的 TRCV 指令，其编程如图 8.1.8 所示。其中“EN_R”参数为 1，表示准备好接收数据，ID 号为 1，使用的是 TSEND_C 的连接参数中的“连接 ID”的参数地址；DATA 接的是数据接收区 MB20～MB24 的 5 个字节，RCVD_LEN 为实际接收到数据的字节数。

注意：本地使用 TSEND_C 指令发送数据，在通信伙伴（远程站）就得使用 TRCV_C 指令接收数据。双向通信时，本地调用 TSEND_C 指令发送数据和 TRCV 指令接收数据；在远程站调用 TRCV_C 指令接收数据和 TSEND 指令发送数据。TSEND 和 TRCV 指令只有块参数需要设置，无连接参数需要设置。

4）PLC_2 端编程通信

在主程序 OB1 调用 TSEND 和 TRCV_C 指令，如图 8.1.10 所示，在程序段 1 中，TSEND 指令把 PLC_2 的 MB30 开始的连续 5 个字节的数据发送到 PLC_1 中，存到 PLC_1 的 MB20 开始的连续 5 个字节。在程序段 2 中，PLC_2 接收来自 PLC_1 的 MB10 开始的连续五个字节的数据放到 MB40 开始的 5 个字节中。

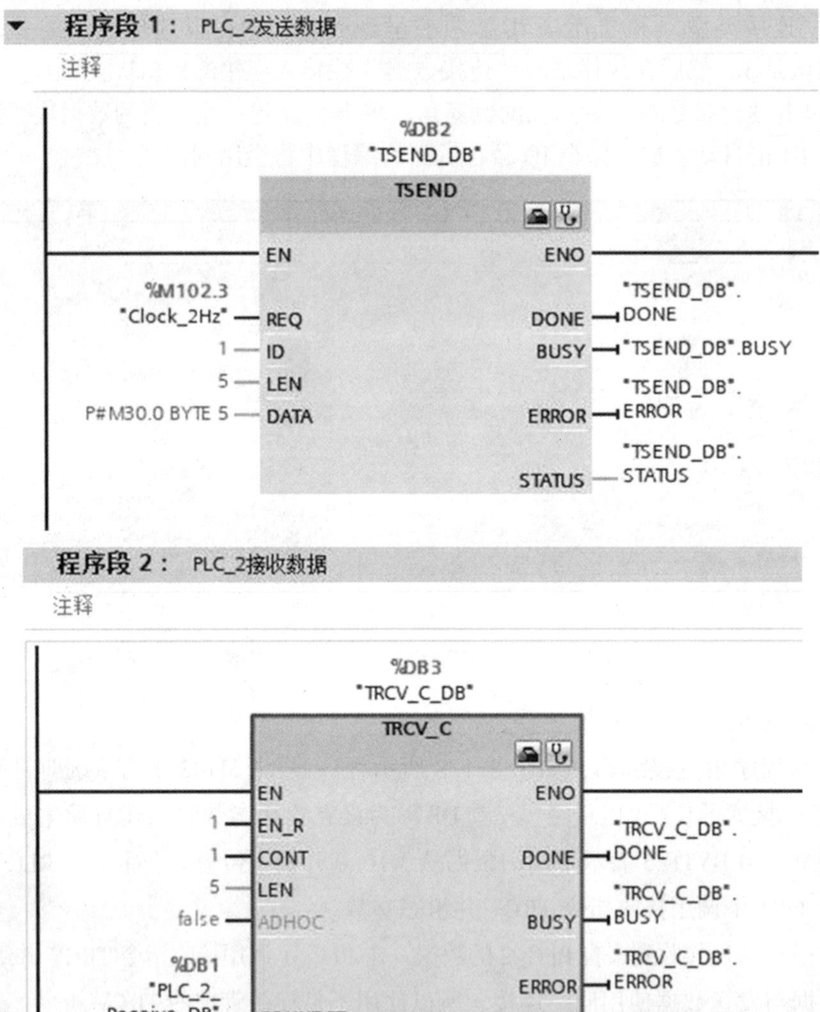

图 8.1.10 PLC_2 主程序（OB1）

（1）在 PLC_2 中调用指令 TRCV_C 并组态参数。

调用指令 TRCV_C 如图 8.1.10 所示，定义连接参数如图 8.1.11 所示，连接参数的组态与 TSEND_C 基本相似，各参数要与通信伙伴 CPU 对应设置。

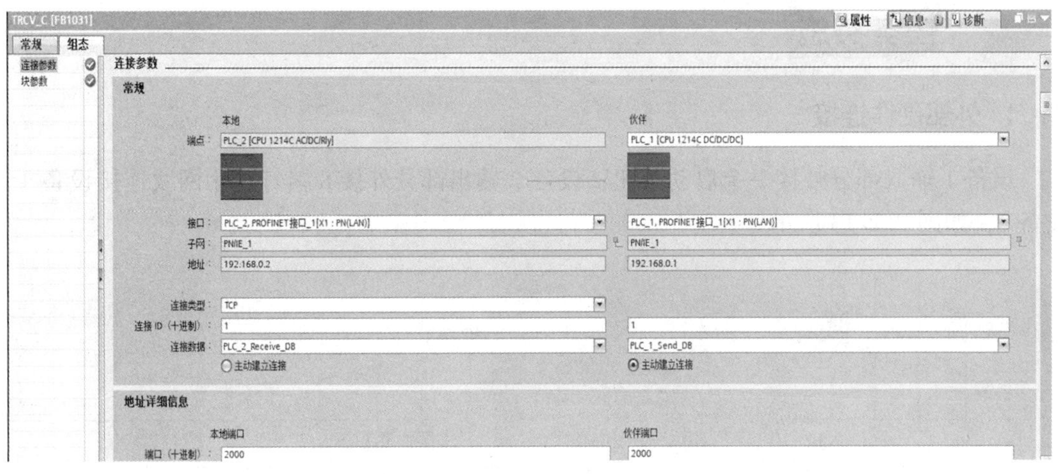

图 8.1.11　组态 TRCV_C 指令的连接参数

（2）在 PLC_2 中调用指令 TSEND 并组态参数。

在 PLC_2 调用 TSEND 发送指令并组态相关参数，发送指令与接收指令使用同一个连接，所以也使用不带连接的发送指令 TSEND，其块参数组态如图 8.1.10 中的程序段 1。

PLC_1 和 PLC_2 之间数据的传输如表 8.1.5 所示。

表 8.1.5　两台 PLC 之间的数据传输

PLC_1 发送数据	PLC_2 接收数据	PLC_2 发送数据	PLC_1 接收数据
PLC_1	PLC_2	PLC_2	PLC_1
MB10	MB40	MB30	MB20
MB11	MB41	MB31	MB21
MB12	MB42	MB32	MB22
MB13	MB43	MB33	MB23
MB14	MB44	MB34	MB24

（3）调试监控表。

监控表如图 8.1.12 所示。

0824以太网的TCP通信 ▸ PLC_1 [CPU 1214C DC/DC/DC] ▸ 监控与强制表 ▸ PLC_1监控表

	i	名称	地址	显示格式	监视值	修改值	⚡	注释
1			%MB10	十六进制	16#01	16#01	☑ !	
2			%MB11	十六进制	16#02	16#02	☑ !	
3			%MB12	十六进制	16#03	16#03	☑ !	
4			%MB13	十六进制	16#04	16#04	☑ !	
5			%MB14	十六进制	16#05	16#05	☑ !	
6			%MB20	十六进制	16#06		☐	
7			%MB21	十六进制	16#07		☐	
8			%MB22	十六进制	16#08		☐	
9			%MB23	十六进制	16#09		☐	
10			%MB24	十六进制	16#10		☐	

0824以太网的TCP通信 ▸ PLC_2 [CPU 1214C AC/DC/Rly] ▸ 监控与强制表 ▸ PLC_2监控表

	i	名称	地址	显示格式	监视值	修改值	⚡	注释
1			%MB30	十六进制	16#06	16#06	☑ !	
2			%MB31	十六进制	16#07	16#07	☑ !	
3			%MB32	十六进制	16#08	16#08	☑ !	
4			%MB33	十六进制	16#09	16#09	☑ !	
5			%MB34	十六进制	16#10	16#10	☑ !	
6			%MB40	十六进制	16#01		☐	
7			%MB41	十六进制	16#02		☐	
8			%MB42	十六进制	16#03		☐	
9			%MB43	十六进制	16#04		☐	
10			%MB44	十六进制	16#05		☐	

图 8.1.12　监控表

任务实施

1. 外部硬件连接

设备 1 输入部分外接一个启动按钮，设备 2 输出部分外接 8 盏灯，用网线连接设备 1 和设备 2，如图 8. 1. 13 所示。

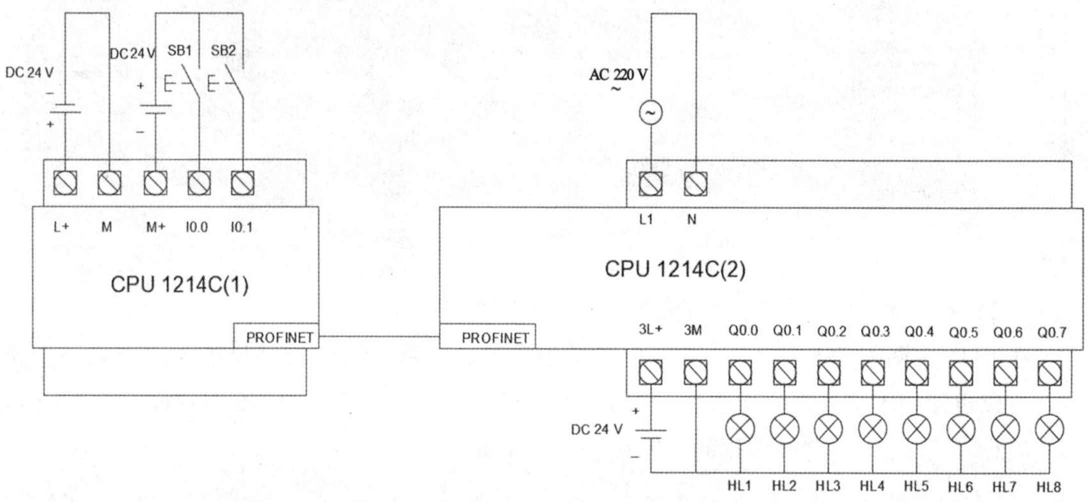

图 8. 1. 13　I/O 外部硬件接线图

2. 新建项目及硬件设备组态

（1）新建一个项目，命名为“以太网实现流水灯流动”。

（2）添加两台 S7-1200 PLC，分别命名为服务器端和客户端，设备 1 选择的是 CPU 1214C DC/DC/DC，IP 地址设置为 192. 168. 0. 1，设备 2 端选择的 PLC 为 CPU 1214C AC/DC/RELY，IP 地址设置为 192. 168. 0. 2，分别启用系统和时钟存储器字节。

（3）在设备视图中选择网络视图，建立 PROFINET 连接，如图 8. 1. 14 所示。

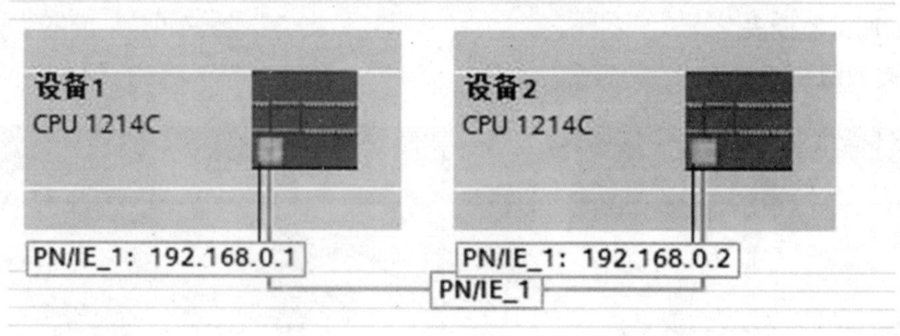

图 8. 1. 14　两台 PLC 连接

3. 编写程序

1）设备 1 端的 OB1 程序

设备 1 端的 OB1 程序如图 8.1.15 所示。

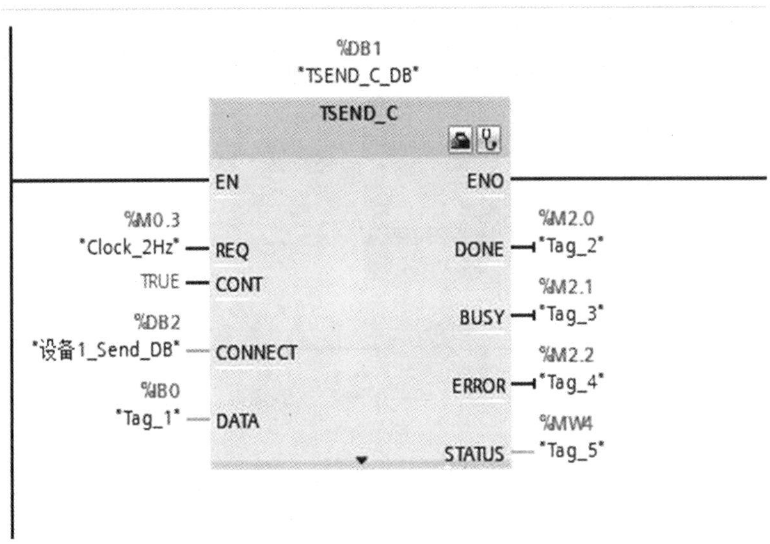

图 8.1.15 设备 1 端的 OB1 程序

2）设备 2 端的 OB1 程序

设备 2 端的 OB1 程序如图 8.1.16 所示。

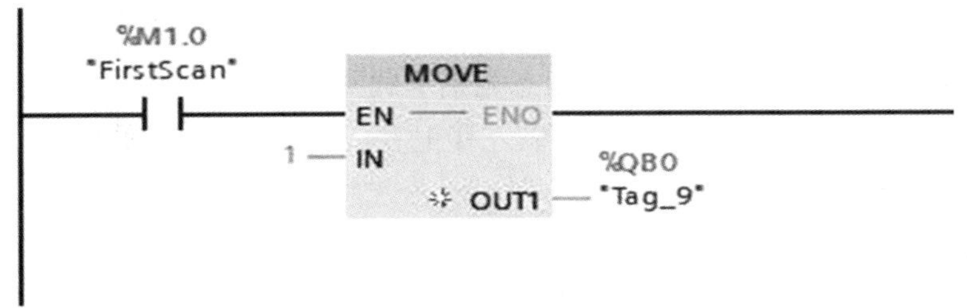

图 8.1.16 设备 2 端的 OB1 程序

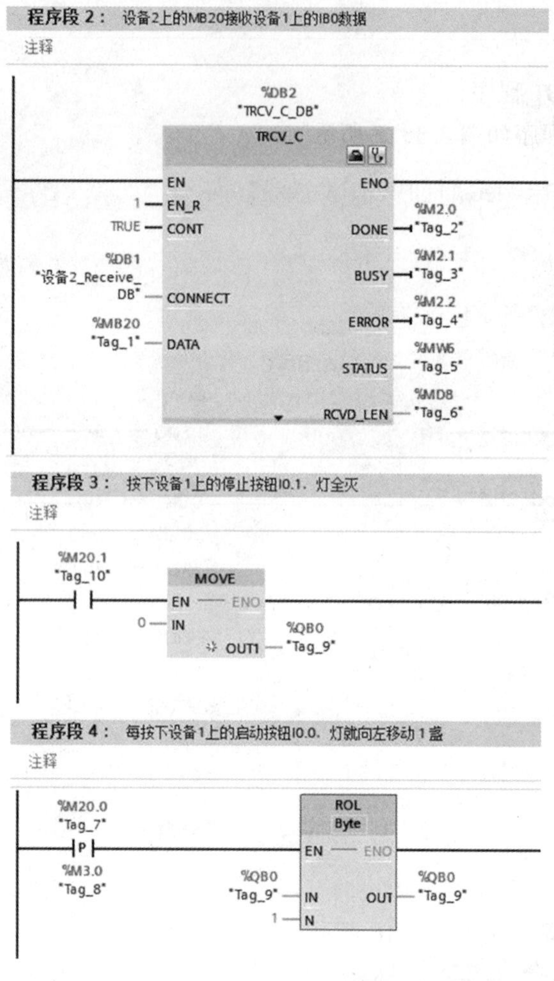

图 8.1.16　设备 2 端的 OB1 程序（续）

4. 调试程序

将编写好的用户程序及硬件和网络组态分别下载到各自 CPU 中，并连接好线路。如每次按下设备 1 的启动按钮，设备 2 上的灯就左移 1 盏，按下设备 1 上的停止按钮，设备 2 上的灯就灭，则说明本案例任务实现。

任务拓展

两个 S7-1200 PLC 通过 TCP 协议进行数据传输，系统具体控制要求如下：

（1）将 PLC_1 的通信数据区 DB3 块中的 10B 的数据发送到 PLC_2 的接收数据区 DB4 块中。

（2）将 PLC_2 的通信数据区 DB3 块中的 10B 的数据发送到 PLC_1 的数据接收区 DB4 块中。

根据控制要求建项目，进行通信组态，编制 PLC 程序并进行调试。

任务 8.2 S7-1200 之间的 Modbus TCP 通信

任务目标

1. 理解 Modbus TCP 通信的原理。

2. 学会设置 Modbus TCP 的 MB_CLIENT/MB_SERVER 指令块的参数。

3. 熟悉 Modbus TCP 控制系统的硬件组态及程序设计与调试方法。

任务描述

在两个 S7-1200 PLC 内分别建立 10 个字节，其中 5 个字节作为数据发送区，5 个字节作为数据接收区，使用博途软件自带的 Modbus TCP 功能块编写相应程序，要求在某一 PLC 内的数据发送区域输入数据，另一台 PLC 的数据接收区接收到相应数值。

基本知识

8.2.1 Modbus TCP 通信概述及通信指令说明

Modbus TCP 通信及举例

1. Modbus TCP 通信概述

Modbus 协议是一种广泛应用于工业领域的简单、经济和公开透明的通信协议，是一个请求/应答协议，它由 MODICON 公司（现在的施耐德电气 Schneider Eletric 公司）于 1979 年开发，用于不同类型总线或网络中的设备之间的客户端/服务器通信，Modbus 协议有 ASCII、RTU、TCP 三种报文类型。

Modbus TCP 是结合了 Modbus 协议和 TCP/IP 网络标准，它是 Modbus 协议在 TCP/IP 上的具体实现，它使用 CPU 上的 PROFITNET 连接器进行 TCP/IP 通信，不需要额外的通信硬件模块。

Modbus TCP 具有以下特点：

（1）用户可免费获得协议及样板程序。

（2）网络实施价格低廉，可全部使用通用网络部件。

（3）易于集成不同的设备，几乎可以找到任何现场总线连接到 Modbus TCP 的网关。

（4）网络的传输能力强，但实时性较差。

Modbus TCP 通信也是开放式的通信，同样需要使用 OUC 通信的连接资源。Modbus 协议赋予 TCP 端口号为 502，这是目前在仪表与自动化行业中唯一分配到的端口号，所使用的硬件接口为以太网接口。S7-1200 CPU 可作为 Modbus TCP 通信的客户端或服务器。

Modbus 设备可分为主站和从站，主站只有一个，从站有多个，主站向各从站发送请求帧，从站给予响应。在使用 TCP 通信时，主站为 Client（客户）端，主动建立连接，从站为 Sever（服务器）端，等待连接。

2. Modbus TCP 通信指令

TIA 博途软件为 S7-1200 CPU 实现 Modbus TCP 通信提供了 Modbus TCP 客户端指令（MB_CLIENT）和 Modbus TCP（MB_SERVER）服务器指令供用户选择使用。

1）MB_SERVER 指令

“MB_SERVER”指令是一个综合性的指令，其内集成了“TCON”“TSEND”“TRCV”和“TDICON”等 OUC 通信的指令，因此 Modbus TCP 建立连接的方式与 TCP 通信建立连接方式相同。

“MB_SERVER”指令作为 Modbus TCP 服务器通过 PROFINET 连接进行通信。“MB_SERVER”指令将处理 Modbus TCP 客户端的连接请求、接收并处理 Modbus 请求并发送响应，如图 8.2.1 所示。

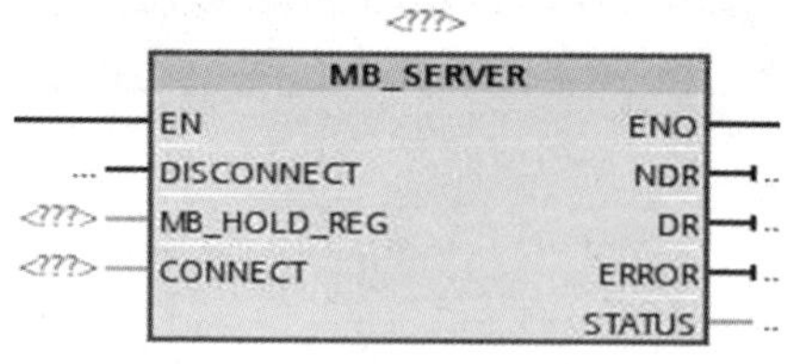

图 8.2.1　MB_SERVER 指令

MB_SEVER 指令及引脚含义如表 8.2.1 所示。

表 8.2.1　MB_SERVER 指令及引脚含义

引脚	数据类型	含义
DISCONNECT	Bool	0 表示建立被动连接，1 表示终止连接
MB_HOLD_REG（MB_SERVER）	Variant	指向“MB_SERVER”指令中 Modbus 保持性寄存器的指针。 MB_HOLD_REG 引用的存储区必须大于两个字节。 作为保持性寄存器，可以使用具有非优化访问权限的全局数据块，也可以使用位存储器的存储区
CONNECT（MB_SERVER）	Variant	指向连接描述结构的指针 可以使用下列结构（SDT）： TCON_IP_v4：包括建立指定连接时所需的所有地址参数。默认地址为 0.0.0.0（任何 IP 地址），但也可输入具体 IP 地址，以便服务器仅响应来自该地址的请求。用 TCON_IP_v4 时，可通过调“MB_SERVER”指令建立连接

续表

引脚	数据类型	含义
NDR（MB_SERVER）	Bool	0 表示无新数据； 1 表示从 Modbus 客户端写入的新数据
DR（MB_SERVER）	Bool	0 表示未读取数据，1 表示从 Modbus 客户端读取的数据
ERROR	Bool	0 表示无错误，1 表示有错误
STATUS	Word	包含错误信息的状态信息

注意：当 Modbus TCP 服务器如果需要连接多个 Modbus TCP 客户端时，则需要调用多个“MB_SERVER”指令。每个“MB_SERVER”指令需要分配不同的背景数据块和不同的连接 ID。

2）MB_CLIENT 指令

“MB_CLIENT”指令是一个综合性的指令，其内集成了“TCON”“TSEND”“TRCV”和“TDICON”等 OUC 通信的指令，因此 Modbus TCP 建立连接的方式与 TCP 通信建立连接方式相同。

该指令在客户端和服务器之间建立连接，发送 Modbus 请求，接收响应并控制 Modbus TCP 客户端的连接端，如图 8.2.2 所示。

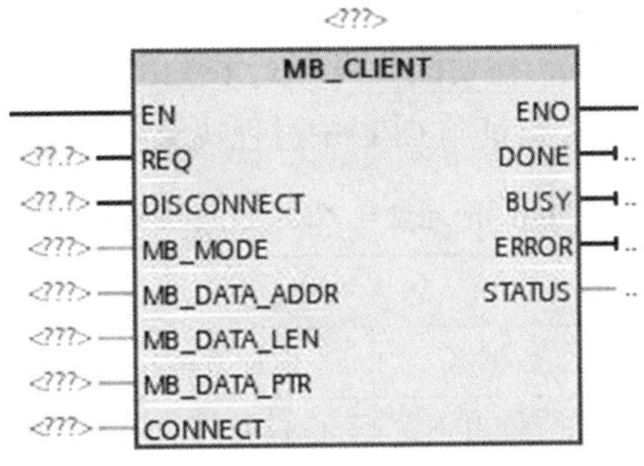

图 8.2.2　MB_CLIENT 指令

MB_CLIENT 指令及其参数如表 8.2.2 所示。

表 8.2.2　MB_CLIENT 指令及其参数

引脚	数据类型	含义
REQ	Bool	对 Modbus TCP 服务的 Modbus 查询 为 1 时就发送通信请求
DISCONNECT	Bool	为 0 时表示建立通信连接，为 1 时表示断开连接
MB_MODE	USint	选择 Modbus 的请求模式 0 表示读，1 表示写
MB_DATA_ADDR	UDint	对应的 Modbus 寄存器的地址
MB_DATA_LEN	Uint	数据长度

续表

引脚	数据类型	含义
MB_DATA_PTR	Variant	指向数据缓冲区的指针
CONNECT	Variant	指向连接描述结构的指针
DONE	Bool	0 表示任务未完成，1 表示任务完成
BUSY	Bool	0 表示完成任务，1 表示未完成任务
ERROR	Bool	0 表示无错误，1 表示有错误
STATUS	Word	包含错误信息的状态信息

Modbus TCP 客户端指令使用注意事项：

（1）Modbus TCP 客户端对同一个 Modbus TCP 服务器进行多次读写操作时，需要多次调用“MB_CLIENT”指令，每次调用“MB_CLIENT”指令是需要分配相同的背景数据块和相同的连接 ID 且同一时刻只能有一个“MB_CLIENT”指令被触发。

（2）Modbus TCP 客户端需要连接多个 Modbus TCP 服务器，则需要调用多个“MB_CLIENT”指令，每个“MB_CLIENT”指令是需要分配不相同的背景数据块和不相同的连接 ID，连接 ID 通过参数 CONNECT 指定。

3）Modbus 地址到 CPU 中过程映象的映射关系

MB_SERVER 允许进入的 Modbus 功能代码（1、2、4、5 和 15）在输入/输出过程映象区中直接对位/字进行读/写。对于数据传输功能代码（3、6、16），MB_HOLD_REG 参数必须定义为大于一个字节的数据类型。Modbus 地址与 CPU 中过程映象区的映射如表 8.2.3 所示。

表 8.2.3　Modbus 地址与 CPU 过程映象区的映射关系

Modbus 功能				S7-1200	
代码	功能	数据区	地址范围	数据区	CPU 地址
01	读位	输出	1~8 192	输出过程映象	Q0.0~Q1023.7
02	读位	输入	10 001~18 192	输入过程映象	I0.0~I1023.7
04	读字	输入	30 001~30 512	输入过程映象	IW0~IW1022
05	写位	输出	1~8 192	输出过程映象	Q0.0~Q1023.7
15	写位	输出	1~8 192	输出过程映象	Q0.0~Q1023.7

在 MB_SERVER 指令中，块参数 MB_HOLD_REG 用于指定保持型存储器的地址，引用的存储区必须大于两个字节，可以使用位存储器的存储区，也可以使用非优化访问的全局数据块。表 8.2.4 所示为 Modbus 地址与 MB_HOLD_REG 参数的对应关系。

表 8.2.4　Modbus 地址与 MB_HOLD_REG 参数的对应关系举例

Modbus 地址	MB_HOLD_REG 参数示例	
	P#M10.0 WORD 5	P#DB0.DBX0.0
40001	MW10	DB0.DBW0

续表

Modbus 地址	MB_HOLD_REG 参数示例	
	P#M10.0 WORD 5	P#DB0.DBX0.0
40002	MW12	DB0.DBW2
40003	MW14	DB0.DBW4
40004	MW16	DB0.DBW6
40005	MW18	DB0.DBW8

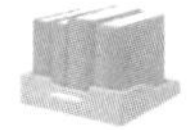

任务实施

1. 新建项目及硬件组态

（1）新建一个项目，命名为 Modbus TCP 通信。

（2）添加两台 S7-1200 PLC，分别命名为服务器端和客户端，服务器端选择的 PLC 为 CPU 1214C AC/DC/RELY，IP 地址设置为 192.168.0.3，客户端选择的是 CPU 1214C DC/DC/DC，IP 地址设置为 192.168.0.4。

（3）在设备视图中选择网络视图，建立 PROFINET 连接，如图 8.2.3 所示。

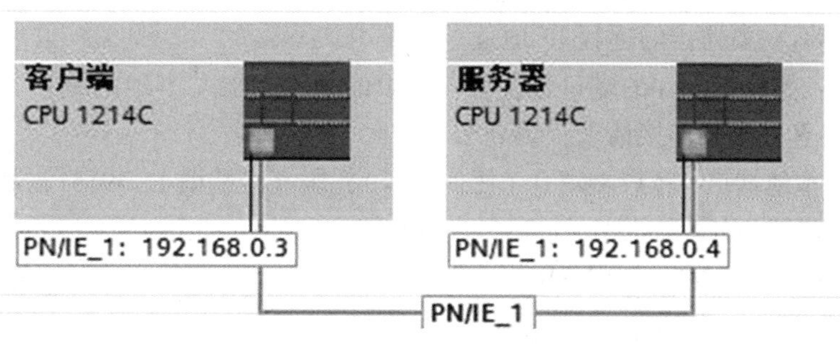

图 8.2.3 两台 PLC 连接

2. 在服务器端建立连接参数及编写服务器程序

（1）在服务器端添加一个新的数据块“数据块_1”，在数据块中添加变量 connect1，数据类型为 TCON_IP_v4，如图 8.2.4 所示。

数据块_1

	名称	数据类型	起始值
1	▼ Static		
2	▼ connect1	TCON_IP_v4	
3	InterfaceId	HW_ANY	64
4	ID	CONN_OUC	16#01
5	ConnectionType	Byte	16#0B
6	ActiveEstablished	Bool	false
7	▼ RemoteAddress	IP_V4	
8	▼ ADDR	Array[1..4] of Byte	
9	ADDR[1]	Byte	16#0
10	ADDR[2]	Byte	16#0
11	ADDR[3]	Byte	16#0
12	ADDR[4]	Byte	16#0
13	RemotePort	UInt	0
14	LocalPort	UInt	502

图 8.2.4　服务器端的 CONNECT 连接参数

说明：在 connect1 这个变量中，其中的参数含义如下。

Interfaceid：本机的以太网口的硬件标识（设备属性里），选择 64。

ID：每个通信实例的唯一标识。

ConnectionType：连接类型，对于 TCP 要选择 11（十进制），16 进制则为 16#0B。

ActiveEstablished：客户端为主动建立连接，要选择 1，服务器为被动连接，要选择 0。

RemortAddress：要连接的远程 IP 地址。

RemotePort：要连接伙伴的端口号，客户端填的是服务器端本地的端口（默认为 502），服务器为接收各客户端的连接请求，填 0。

LocalPort：本地端口，客户端填 0（任何断开），服务器端填 1~49151，默认 502 。

（2）编写服务器程序。

在主程序 OB1 调用 MB_SERVER 指令，如图 8.2.5 所示。

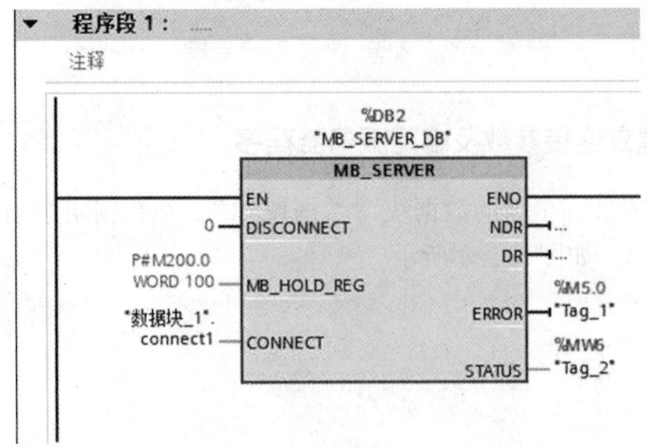

图 8.2.5　服务器端的主程序

说明：DISCONNECT：0 表示连接。

MB_HOLD_REG：设定保持性寄存器的起始地址和数量，可以为 DB 块或 M 存储区，本例选用 M 存储区。

本例 P#M200.0 WORD 100：从 M200.0 开始，设定 100 个字的保持性寄存器，Modbus 地址对应 PLC 的地址为：40 001~40 100 对应 MW200~MW398。

CONNECT：本服务器的连接参数（在 DB 块里定义，类型为 TCON_IP_v4），在本例中连接的是“数据块_1”的 connect1。

3. 在客户端建立连接参数及编写客户端程序

（1）在客户端添加一个新的数据块“DB”，在数据块中添加变量 connect1，数据类型为 TCON_IP_v4，如图 8.2.6 所示。

db

	名称	数据类型	起始值
1	▼ Static		
2	▪ ▼ connect1	TCON_IP_v4	
3	▪ InterfaceId	HW_ANY	64
4	▪ ID	CONN_OUC	16#02
5	▪ ConnectionType	Byte	16#0B
6	▪ ActiveEstablished	Bool	1
7	▪ ▼ RemoteAddress	IP_V4	
8	▪ ▼ ADDR	Array[1..4] of Byte	
9	▪ ADDR[1]	Byte	192
10	▪ ADDR[2]	Byte	168
11	▪ ADDR[3]	Byte	0
12	▪ ADDR[4]	Byte	4
13	▪ RemotePort	UInt	502
14	▪ LocalPort	UInt	0

图 8.2.6　客户端的 CONNECT 连接参数

在图 8.2.6 connect1 这个变量中，其中的参数含义如下：

Interfaced：客户端的硬件标识符，具体属性可在 PLC“属性”中的“硬件标识符”中查看，这里选择 64。

ID：标识符取值范围为 1~4 095，这里设为 2。

ConnectionType：连接类型，对于 TCP 选择 11（十进制），十六进制为 16#0B。

ActiveEstablished：是否主动建立连接。客户端为主动连接，选择 1，服务器为被动连接，为 0。

RemoteAddress：要连接的远程 IP 地址，本例就是连接服务器端，服务器端 IP 地址为 192.168.0.4。

RemotePort：要连接伙伴的端口号，客户端的端口号选 502。

LocalPort：本地端口，客户端填 0。

（2）编写客户端的程序。

在客户端的 CPU 的主程序 OB1 中调用 MB_CLIENT 指令，如图 8.2.7 所示。

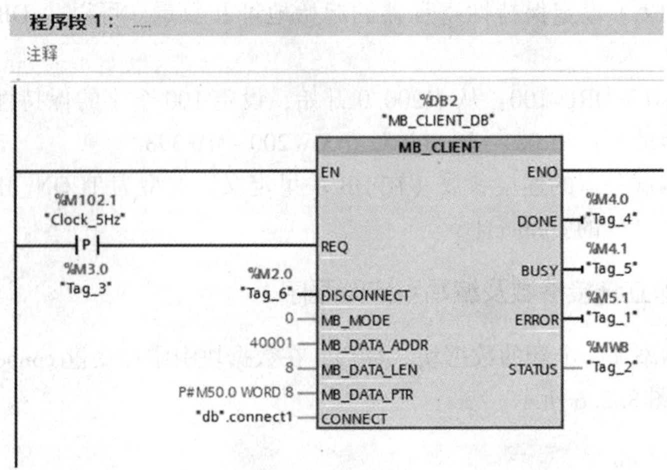

图 8.2.7　客户端的主程序

说明：REQ：接通系统时钟脉冲的上升沿，每 200 ms 接通一次，发送一次通信请求，系统时钟在 CPU 硬件设备组态中设置。

DISCONNECT：连接 M2.0，为 0 时接通连接，为 1 时断开连接。

MB_MODE：为 0 时表示读取远程 PLC，即服务器端的数据为 1 时则表示把本机数据写入服务器端。

MB_DATA_ADDR：读取服务器端的保持寄存器中的数据，MW200 开始的 8 个数据，对应 Modbus 地址 40001~40008。

MB_DATA_LEN：数据长度，这里为 8。

MB_DATA_PTR：将从服务器端读取的 MW200 开始的连续 8 个字的数据（MW200~MW214）放到客户端的 MW50 开始的连续 8 个字中（MW50~MW64）。

CONNECT：本客户端的连接参数（在 DB 块里定义，类型 TCON_IP_v4），在本例中连接的是“DB”的 connect1。

4. 调试程序

分别把程序下载到客户端和服务器，在客户端添加监控表，监控 MW50~MW64 八个字的数据，在服务器端添加监控表监控 MW200~MW214 八个字的数据，将 MW200~MW214 的数据修改，监控 MW50~MW64 八个字的数据是否跟着变化，跟着变化表示通信成功，服务器端 MW200 开始的连续八个字的数据，传到了客户端 MW50 开始的八个字中。客户端和服务器端数据监控如图 8.2.8 所示。

...信 ▸ 客户端 [CPU 1214C DC/DC/DC] ▸ 监控与强制表 ▸ 监控表_1

	i	名称	地址	显示格式	监视值	修改值
1	=		%MW50	十六进制	16#0111	16#0789
2			%MW52	十六进制	16#0222	16#0678
3			%MW54	十六进制	16#0333	16#0300
4			%MW56	十六进制	16#0444	16#0000
5			%MW58	十六进制	16#0555	16#0000
6			%MW60	十六进制	16#0666	16#0000
7			%MW62	十六进制	16#0777	16#0000
8			%MW64	十六进制	16#0888	16#0000

...信 ▸ 服务器 [CPU 1214C AC/DC/Rly] ▸ 监控与强制表 ▸ 监控表_1

	名称	地址	显示格式	监视值	修改值
1		%MW200	十六进制	16#0111	16#0111
2		%MW202	十六进制	16#0222	16#0222
3		%MW204	十六进制	16#0333	16#0333
4		%MW206	十六进制	16#0444	16#0444
5		%MW208	十六进制	16#0555	16#0555
6		%MW210	十六进制	16#0666	16#0666
7		%MW212	十六进制	16#0777	16#0777
8		%MW214	十六进制	16#0888	16#0888

图 8.2.8　客户端和服务器端数据监控

任务拓展

两台 S7-1200 PLC，一台作为客户机（PLC_1），另一台作为服务器（PLC_2），要求通过 Modbus TCP 通信实现如下功能：

（1）PLC_1 读取 PLC_2 保持寄存器中 10 个字的数据。

（2）PLC_1 向 PLC_2 保持寄存器写入 10 个字的数据。

思考与练习

1. 什么是串行通信和并行通信？
2. 什么是异步通信和同步通信？它们的区别是什么？
3. OSI 七层模型分别是哪七层？
4. S7-1200 PLC 以太网的通信类型有哪些？
5. S7-1200 PLC 之间的 OUC 有哪几种？分别需要哪些指令进行通信？
6. 简述 TCP 的通信步骤。

参考文献

[1] 侍寿永．西门子 S7－1200 PLC 编程及应用教程［M］．北京：机械工业出版社，2021.

[2] 廖常初．S7-1200 PLC 编程及应用 第 3 版［M］．北京：机械工业出版社，2019.

[3] 陈丽，程德芳．PLC 应用技术（S7-1200）［M］．北京：机械工业出版社，2021.

[4] Theodore Wildi. 电机、拖动及电力系统．潘在平，杨莉，等译［M］．原书第 6 版．北京：机械工业出版社，2016.

[5] 王兆安，刘进军．电力电子技术．第 5 版［M］．北京：机械工业出版社，2013.

[6] 邱关源，罗先觉．电路原理．第 5 版［M］．北京：高等教育出版社，2006.

[7] William Bolton. 机械电子学．付庄，译［M］．原书第 6 版．北京：机械工业出版社，2019.

[8] 张帆 工业控制网络技术［M］北京：机械工业出版社，2021.